科学是永无止境的、它是一个永恒之迷。

——爱因斯坦

“中国制造2025”

出版工程

"中国制造2025"
出版工程

"十三五"国家重点出版物
出版规划项目

多旋翼无人机系统与应用

彭程　白越　田彦涛　著

化学工业出版社
·北京·

本书从技术与应用相结合的角度，系统地介绍了多旋翼无人机系统的基本理论、设计方法与应用示范。全书内容包括多旋翼无人机的基本概念、飞行原理与动力学建模、系统构成与实现、空气动力学、导航信息融合、姿态稳定与航迹跟踪控制、故障容错控制、载荷系统以及应用示范。

本书适合多旋翼无人机领域的技术人员阅读，也可以作为高等院校无人机专业高年级本科生和研究生的教学参考。

图书在版编目（CIP）数据

多旋翼无人机系统与应用/彭程，白越，田彦涛著.—北京：化学工业出版社，2019.11

“中国制造2025”出版工程

ISBN 978-7-122-35163-0

Ⅰ.①多… Ⅱ.①彭…②白…③田… Ⅲ.①无人驾驶飞机-高等学校-教材 Ⅳ.①V279

中国版本图书馆CIP数据核字（2019）第202518号

责任编辑：宋 辉　　文字编辑：毛亚囡

责任校对：边 涛　　装帧设计：尹琳琳

出版发行：化学工业出版社（北京市东城区青年湖南街13号　邮政编码100011）

印　　装：三河市延风印装有限公司

710mm×1000mm　1/16　印张23½　字数445千字　2020年6月北京第1版第1次印刷

购书咨询：010-64518888　　售后服务：010-64518899

网　　址：http://www.cip.com.cn

凡购买本书，如有缺损质量问题，本社销售中心负责调换。

定　价：98.00元

序

制造业是国民经济的主体，是立国之本、兴国之器、强国之基。近十年来，我国制造业持续快速发展，综合实力不断增强，国际地位得到大幅提升，已成为世界制造业规模最大的国家。但我国仍处于工业化进程中，大而不强的问题突出，与先进国家相比还有较大差距。为解决制造业大而不强、自主创新能力弱、关键核心技术与高端装备对外依存度高等制约我国发展的问题，国务院于 2015 年 5 月 8 日发布了“中国制造 2025”国家规划。随后，工信部发布了“中国制造 2025”规划，提出了我国制造业“三步走”的强国发展战略及 2025 年的奋斗目标、指导方针和战略路线，制定了九大战略任务、十大重点发展领域。2016 年 8 月 19 日，工信部、国家发展改革委、科技部、财政部四部委联合发布了“中国制造 2025”制造业创新中心、工业强基、绿色制造、智能制造和高端装备创新五大工程实施指南。

为了响应党中央、国务院做出的建设制造强国的重大战略部署，各地政府、企业、科研部门都在进行积极的探索和部署。加快推动新一代信息技术与制造技术融合发展，推动我国制造模式从“中国制造”向“中国智造”转变，加快实现我国制造业由大变强，正成为我们新的历史使命。当前，信息革命进程持续快速演进，物联网、云计算、大数据、人工智能等技术广泛渗透于经济社会各个领域，信息经济繁荣程度成为国家实力的重要标志。增材制造（3D 打印）、机器人与智能制造、控制和信息技术、人工智能等领域技术不断取得重大突破，推动传统工业体系分化变革，并将重塑制造业国际分工格局。制造技术与互联网等信息技术融合发展，成为新一轮科技革命和产业变革的重大趋势和主要特征。在这种中国制造业大发展、大变革背景之下，化学工业出版社主动顺应技术和产业发展趋势，组织出版《“中国制造 2025”出版工程》丛书可谓勇于引领、恰逢其时。

《“中国制造 2025”出版工程》丛书是紧紧围绕国务院发布的实施制造强国战略的第一个十年的行动纲领——“中国制造 2025”的一套高水平、原创性强的学术专著。丛书立足智能制造及装备、控制及信息技术两大领域，涵盖了物联网、大数据、3D 打印、机器人、智能装备、工业网络安全、知识自动化、人工智能等一系列核心技术。丛书的选题策划紧密结合“中国制造 2025”规划及 11 个配套实施指南、行动计划或专项规划，每个分册针对各个领域的一些核心技术组织内容，集中体现了国内制造业领域的技术发展成果，旨在加强先进技术的研发、推广和应用，为“中国制造 2025”行动纲领的落地生根提供了有针对性的方向引导和系统性的技术参考。

这套书集中体现以下几大特点：

首先，丛书内容都力求原创，以网络化、智能化技术为核心，汇集了许多前沿科技，反映了国内外最新的一些技术成果，尤其使国内的相关原创性科技成果得到了体现。这些图书中，包含了获得国家与省部级诸多科技奖励的许多新技术，因此，图书的出版对新技术的推广应用很有帮助！这些内容不仅为技术人员解决实际问题，也为研究提供新方向、拓展新思路。

其次，丛书各分册在介绍相应专业领域的新技术、新理论和新方法的同时，优先介绍有应用前景的新技术及其推广应用的范例，以促进优秀科研成果向产业的转化。

丛书由我国控制工程专家孙优贤院士牵头并担任编委会主任，吴澄、王天然、郑南宁等多位院士参与策划组织工作，众多长江学者、杰青、优青等中青年学者参与具体的编写工作，具有较高的学术水平与编写质量。

相信本套丛书的出版对推动“中国制造 2025”国家重要战略规划的实施具有积极的意义，可以有效促进我国智能制造技术的研发和创新，推动装备制造业的技术转型和升级，提高产品的设计能力和技术水平，从而多角度地提升中国制造业的核心竞争力。

中国工程院院士 潘云鹤

前言

多旋翼无人机作为一个具有巨大市场潜力的新兴产品，得到了国内外研究者的广泛重视。 作者所在研究团队自 2007 年成立以来，进行了一系列多旋翼无人机相关关键技术突破和整机的研发工作，经过 11 年的研究积累，研制了具有完全自主知识产权的 H6、CQ8、CH12、CQ16、CQH36 系列 10 余款的工业无人机产品，完成了实验室技术研发及批量试用，目前正在农牧业、公安、电力、应急抢险等领域进行产业化推广。 本书是作者在多旋翼无人机研究工作的基础上，结合所在团队的研究成果及国内外研究进展编著而成的，系统地介绍了多旋翼无人机系统基本理论、设计方法与应用示范。

本书在介绍多旋翼无人机基础知识的基础上，对当前多旋翼无人机相关领域的研究前沿、热点问题进行了分析。 第 1 章主要介绍了多旋翼无人机的基本概念、发展历程、研究概况与应用。 第 2 章主要介绍了多旋翼无人机的飞行原理与动力学建模, 给出了多旋翼无人机稳定飞行的基本条件。 第 3 章主要介绍了多旋翼无人机系统构成与实现，针对多旋翼无人机系统中的执行单元、飞行控制系统、地面站系统、导航系统、测控链路及其自主控制体系结构分别加以阐述。 第 4 章主要讨论了多旋翼无人机的空气动力学，分别分析了在低雷诺数条件下的共轴双旋翼单元气动特性与非平面式双旋翼单元气动特性。 第 5 章主要研究了多旋翼无人机导航信息融合，设计了多旋翼无人机的姿态信息融合算法与位置、速度信息融合算法。 考虑到多旋翼无人机的低成本化趋势，进一步设计了低成本组合导航系统及具有主动容错能力的数据融合算法。 最后简要介绍了多旋翼无人机的状态感知理论。 第 6 章主要研究了多旋翼无人机的姿态稳定与航迹跟踪控制，为保证无人机达到姿态稳定，设计了姿态稳定控制器。 在执行器饱和情况下，设计了姿态抗饱和控制器。 进一步为实现精确航迹跟踪目标，设计了航迹跟踪控制器。 第 7 章主要介绍了多旋翼无人机故障容错控制。 针对十二旋翼无人机与六旋翼无人机分别设计了增益型故障的容错控制策略与执行单元失效故障容错控制策略。第8章主要介绍了多旋翼无人机载荷系统。重点介绍了作者团队自主研发的机载光电载荷装置、机载云台及其稳像控制、生物制剂投放载荷装置以及农药喷洒载荷装置。第9章主要介绍了作者团队自主研发的多旋翼无人机相关应用示范，重点介绍了在生物防治与精准农业上的应用。

本书中的研究工作得到了国家自然科学基金、吉林省与中国科学院产业化项目基金、吉林省科技发展计划重点科技攻关项目基金的资助，作者在此表示诚挚的感谢。本书的研究内容总结了作者团队的研究成果，特别感谢与作者共同研究并对这些研究成果做出贡献的研究人员：宫勋、雷瑶、赵常均、张欣、王日俊、徐东甫、裴信彪、王纯阳、裴彦华。

近年来，多旋翼无人机研究发展迅速，不断取得新的进展。作者虽然力图在本书中能够体现多旋翼无人机的主要进展，但由于多旋翼无人机技术不断发展，再加之作者水平有限，难以全面、完整地对当前研究前沿及热点问题一一探讨。书中存在的不妥之处，敬请读者批评指正，在此不胜感激。

著　者

说明：为了方便读者学习，书中部分图片提供电子版（提供电子版的图，在图上有“电子版”标识文字），在 www.cip.com.cn/资源下载/配书资源中查找书名或者书号，即可下载。

目录

第1章

绪论

无人飞行器（Unmanned Aerial Vehicle，UAV）简称无人机，是指机上不装载飞行员，利用机上的自主控制系统或地面遥控人员控制飞行器进行自主飞行或遥控飞行，能够携带杀伤性或非杀伤性载荷，能够完成高品质、近实时、全天候的侦察、监视、目标捕获、拦截和战损评估等任务，甚至可以直接攻击重要目标的一种飞行器类型。

无人飞行器目前主要包括固定翼无人机与旋翼式无人机。其中固定翼无人机在技术上已经非常成熟，可垂直起降（Vertical Take-off and Landing，VTOL）的旋翼式无人机发展比较缓慢，这是因为旋翼式飞行器系统比固定翼飞行器系统更加复杂，对其自主控制设计的要求较高，而早期的技术水平既无法设计高精度的控制系统，也不能提供足够运行能力的电子元件实现控制算法在飞行器上的应用。但是旋翼式无人机具有固定翼无人机难以比拟的优点：能够适应各种环境；具备自主起飞和着陆能力；飞行方式更为机动灵活，能以各种姿态飞行，如悬停、前飞、侧飞和倒飞等；能够完成固定翼无人机无法完成的慢速任务。这些优点决定了在某些特定场合只有旋翼式无人机才可以满足任务的要求而固定翼无人机却无法胜任。

当前，旋翼式无人机主要包括常规型无人直升机和多旋翼无人机。其中常规型无人直升机由常规的载人直升机演化而来，当前具有自主能力且满足军事上使用要求的无人直升机有美国的“火线侦察兵”、德国的“西莫”、英国的“斯普赖特”以及俄罗斯的“卡137”等有限的几款。四旋翼无人机是最早出现的多旋翼无人机，它比常规单旋翼直升机具有结构简单、体积小、成本低、驱动能力强等优势。

多旋翼无人机具有良好的环境适应性，能够实现多种姿态飞行，具有自主巡航飞行能力和自主起降能力，这些是固定翼无人机所不具备的优点，使得多旋翼无人机在军用领域与民用领域有着更为广阔的应用前景。

在军用领域内的应用：多旋翼无人机可以应用到军事卫星难以覆盖的小范围的军事盲区，获取目标信息，监视目标以及对目标进行评估；可以实现对如导弹发射井等敏感目标的全天候自动侦察；在复杂作战环境下还可以用作局部作战的侦察和攻击平台。此外，多旋翼无人机的应用提高了战场中信息获取的快速性和准确性，并通过共享这些信息，来提高集群战斗力。多旋翼无人机的便携性和模块化还可供单兵使用，提高单兵的作战能力，而且有效地减少了直接的人员伤亡。

在民用领域中的应用：在警用领域、农业领域、灾害监测与救援领域、消防领域、线路巡检领域、新闻报道领域等都有广泛应用前景。

在警用方面：发生人质劫持、恐怖袭击等突发状况时，无人机可以替代警力第一时间接近事发现场，利用可见光相机、热成像观测等机载设备，将第一现场的情况实时地回传指挥部，为有效行动方案的制定提供决策依据。发生群体性事件时，多旋翼无人机可以从空中机动灵活、实时地追踪事态的发展，协助应急处理工作的实施。无人机还能在加装空投设备后进行特定物品的投放，如催泪瓦斯，控制事态进一步恶化；播撒传单和空中喊话，向地面人员传递相关信息。此外，无人机还可用在对特定人员、特定目标区域的搜索行动中。

在农业方面：多旋翼无人机搭载可见光、近红外光等设备作为检测手段对土壤进行湿度监测，通过对比机载视频图像的各种空间分析特性，得到提供土壤湿度与包含信息的相关系数，实现土壤湿度的监测，而且具有时效性好、成本低、携带方便等优点。对农田进行农药喷洒作业，降低了农药喷洒过程中对操作者的伤害，提高了作业效率。对农业进行现代化管理，通过无人机搭载的摄像系统与地面站系统组成的低空监测系统，成本低、监测面积更大、全面性更强。

在灾害监测与救援方面：在灾害发生后的恶劣地理环境下，可以快速抵达受灾现场，实时监测灾情，为灾害的救援工作提供决策依据，提高了灾害的监测能力和救援工作的时效性。根据地面站监测系统获取的灾害现场视频图像，客观地提供灾情数据，对灾害的损失程度进行正确评估和判断，制定合理的救援方案，避免了灾害救援工作的盲目性。使用多旋翼无人机进行灾害监测，利用其相关数据建立灾害预警系统，提高预防灾害的准确性。无人机可以弥补航空或卫星遥感等在监测灾害精度上的不足，是对灾害监测系统的重要补充。

此外，多旋翼无人机在消防救援、电力线路巡检、新闻报道等方面，都已经有成功应用案例，这里不再举例，总之，多旋翼无人机正在应用于更广泛的领域。

参考文献

[1] HOW J P, BETHKE B, FRANK A, et al. Real-time indoor autonomous vehicle test environment[J]. Control Systems, IEEE, 2008, 28(2): 51-64.

[2] 肖永利，张琛. 微型飞行器的研究现状与关键技术[J]. 宇航学报，2001，22（5）：26-32.
[3] 郑攀. 小型无人机在公共安全领域的应用前景展望[J]. 警察技术，2013，4：3-55.
[4] 李继宇，张铁民，彭孝东，等. 小型无人机在农田信息监测系统中的应用[J]. 农机化研究，2010，5：183-186.
[5] 何勇，张艳超. 农用无人机现状及发展趋势[J]. 现代农机，2014，1：1-5.
[6] 雷添杰，李长春，何孝莹. 无人机航空遥感系统在灾害应急救援中的应用[J]. 自然灾害学报，2011，20（1）：178-183.

第2章

多旋翼无人机的飞行原理与动力学建模

2.1 多旋翼无人机的飞行原理

由于传统四旋翼无人机的飞行原理介绍及动力学建模较为常见，本书便不再介绍，这里针对十二旋翼无人机的飞行原理展开阐述。十二旋翼原型机如图 2-1 所示，其机械结构采用碳纤维材质，处于同一平面内的六个等长轻质连杆围绕无人机中心点均匀分布构成无人机的机体平面。由电机与旋翼构成的十二个驱动单元两两一组依次垂直安装于六个连杆的末端，如图 2-2 所示，每组上下两个旋翼转速相反，并且相邻两个旋翼转速也相反，即旋翼 1、3、5、8、10、12 逆时针旋转，旋翼 2、4、6、7、9、11 顺时针旋转，各个旋翼转轴与机体平面间成 γ（$0°<\gamma<90°$）角，相邻的两个旋翼转轴指向相反。十二旋翼无人机通过改变旋翼的转速实现无人机的水平运动以及姿态转动，与传统四旋翼无人机不同，其每个旋翼产生的升力与力矩不再只作用于一个状态通道。电机转轴所在平面与机体平面存在夹角，使得升力在偏航方向的分量增大，显著增强偏航控制力矩，弥补了常规多旋翼无人机采用旋翼反扭力矩控制偏航通道导致偏航力矩不足的本质缺陷。共轴结构设计保证了十二旋翼无人机带载能力显著增强，系统的冗余度与可靠性得到明显提升。

图 2-1　十二旋翼原型机

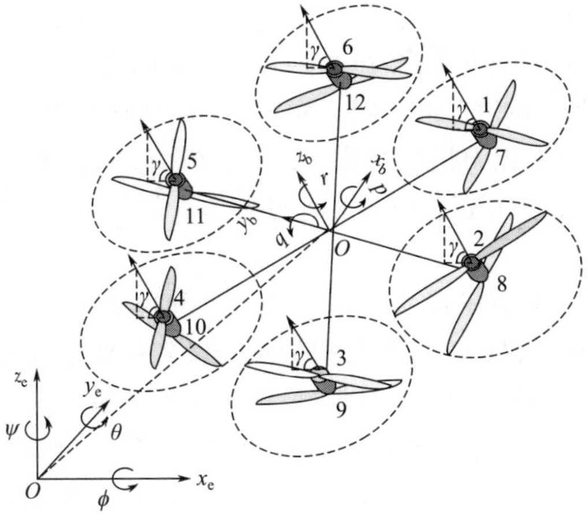

图 2-2 十二旋翼无人机结构示意图

2.2 多旋翼无人机的动力学建模

2.2.1 坐标及坐标转换关系

坐标系是为了描述无人机位置和运动规律而选取的参考基准。为建立无人机的数学模型，首先需要定义一些相关的坐标系，并建立坐标系之间相互转换的转换矩阵。选取的坐标系不同，建立的动力学模型的繁简程度与形式也就不同。本书选择地面坐标系、速度坐标系、与无人机整机固连的机体坐标系以及与各个驱动单元固连的旋翼坐标系作为建模的参考基准。以下将逐个介绍各个坐标系的定义及其相互之间的转换关系。

（1）参考坐标系定义

① 机体坐标系　机体坐标系 $O_bx_by_bz_b$ 的原点 O_b 取在无人机的质心上（由十二旋翼无人机的对称性可以认为其质心与机体的几何中心重合）；O_bx_b 轴与无人机的纵轴重合，指向前为正；O_bz_b 与无人机机体水平面垂直，指向上为正；O_by_b 垂直于 $O_bx_bz_b$ 平面，方向由右手直角坐标系确定。机体坐标系与无人机固连，属于一个动坐标系。

② 地面坐标系　地面坐标系 $O_gx_gy_gz_g$ 的原点 O_g 与机体坐标系的原点 O_b 重合；O_gx_g 轴在水平面内，指向地理北极为正；O_gz_g 轴垂直于水平面，指向

上为正；$O_g y_g$ 轴也在水平面内，指向西为正。因此，地面坐标系也称为“北西天”坐标系。

③ 速度坐标系　速度坐标系 $O_a x_a y_a z_a$ 也被称为气流坐标系。坐标系的原点 O_a 与以上两个坐标系的选取相同，而 $O_a x_a$ 轴选择与飞行速度 $\boldsymbol{V}$ 的方向一致，一般情况下 $\boldsymbol{V}$ 不一定在无人机的对称平面内；$O_a z_a$ 轴在无人机的对称面内垂直于 $O_a x_a$ 轴，指向机腹为正；$O_a y_a$ 轴与 $O_a x_a$ 轴、$O_a z_a$ 轴构成右手正交坐标系。

④ 旋翼坐标系　旋翼坐标系 $Axyz$ 是为了利用其与无人机机体坐标系的转换关系，将各个旋翼提供的升力与反扭力矩投影到机体坐标系上。十二个旋翼坐标系的指向均不同，但定义方式相似。以旋翼 1 坐标系 $A_1 x_1 y_1 z_1$ 为例，选择旋翼平面与电机转轴的交点作为坐标系的原点 A_1；$A_1 x_1$ 轴在旋翼平面内与连接杆平行，指向外为正方向；$A_1 z_1$ 沿电机转轴，指向上为正方向；$A_1 y_1$ 轴与其余两轴成右手直角坐标系。

（2）各个坐标系间的转换关系

① 地面坐标系与机体坐标系间的转换关系　机体坐标系与地面坐标系间的关系可由以下姿态角（又称欧拉角）表示：

滚转角 ϕ：机体坐标系 $O_b z_b$ 轴与通过机体坐标系 $O_b x_b$ 轴的铅垂面间的夹角。

俯仰角 θ：机体坐标系 $O_b x_b$ 轴与水平面间的夹角。

偏航角 ψ：机体坐标系 $O_b x_b$ 轴在水平面上的投影与地面坐标系 $O_g x_g$ 轴间的夹角。

从地面坐标系到机体坐标系的转换矩阵为

$$\boldsymbol{R}_{g-b}=\begin{bmatrix} \cos\theta\cos\psi & \sin\psi\cos\theta & -\sin\theta \\ \sin\theta\cos\psi\sin\phi-\sin\psi\cos\phi & \sin\theta\sin\psi\sin\phi+\cos\psi\cos\phi & \cos\theta\sin\phi \\ \sin\theta\cos\psi\cos\phi+\sin\psi\sin\phi & \sin\theta\sin\psi\cos\phi-\cos\psi\sin\phi & \cos\theta\cos\phi \end{bmatrix}$$

而从机体坐标系到地面坐标系的转换矩阵为

$$\boldsymbol{R}_{b-g}=\begin{bmatrix} \cos\psi\cos\theta & \cos\psi\sin\theta\sin\phi-\sin\psi\cos\phi & \cos\psi\sin\theta\cos\phi+\sin\psi\sin\phi \\ \sin\psi\cos\theta & \sin\psi\sin\theta\sin\phi+\cos\psi\cos\phi & \sin\psi\sin\theta\cos\phi-\cos\psi\sin\phi \\ -\sin\theta & \cos\theta\sin\phi & \cos\theta\cos\phi \end{bmatrix}$$

② 机体坐标系与速度坐标系间的转换关系　由方向余弦矩阵表示：

$$\boldsymbol{R}_{b-a}=\begin{bmatrix} \cos\alpha\cos\beta & \sin\beta & \sin\alpha\cos\beta \\ -\cos\alpha\sin\beta & \cos\beta & -\sin\alpha\cos\beta \\ -\sin\alpha & 0 & \cos\alpha \end{bmatrix}$$

其中 α 与 β 分别被称为攻角与侧滑角。

③ 各个旋翼坐标系与无人机机体坐标系间的转换关系　为了模型构建简便，

首先作如下简化：共轴十二旋翼工作时，每个机臂上执行机构的运行接收同一转速命令，因此理论上同一轴向的两部电机转速相同，实际工作时受气动干扰的影响，上下两个旋翼转速会有差别，为了清晰地构建动力学模型，将每组共轴旋翼简化为一个整体进行分析。

定义电机的转轴与十二旋翼无人机机体平面间的夹角为 γ。从旋翼 1 坐标系到机体坐标系的转换步骤可表示为：绕 X_1 顺时针旋转（$90°-\gamma$）角，再绕 $O_b z_b$ 轴逆时针旋转 30°角，则旋翼 1 坐标系和机体坐标系重合，由此可得从旋翼 1 到机体坐标系的转换矩阵为

$$
\boldsymbol{D}_1=\begin{bmatrix}\cos(\pi/6) & \sin(\pi/6) & 0\\ -\sin(\pi/6) & \cos(\pi/6) & 0\\ 0 & 0 & 1\end{bmatrix}\begin{bmatrix}1 & 0 & 0\\ 0 & \sin\gamma & -\cos\gamma\\ 0 & \cos\gamma & \sin\gamma\end{bmatrix}
=\begin{bmatrix}\sqrt{3}/2 & \sin\gamma/2 & -\cos\gamma/2\\ -1/2 & \sqrt{3}\sin\gamma/2 & -\sqrt{3}\cos\gamma/2\\ 0 & \cos\gamma & \sin\gamma\end{bmatrix}
$$

相似地，旋翼 2 与旋翼 3 机体坐标系的转换矩阵为

$$
\boldsymbol{D}_2=\begin{bmatrix}-\sqrt{3}/2 & \sin\gamma/2 & -\cos\gamma/2\\ -1/2 & -\sqrt{3}\sin\gamma/2 & \sqrt{3}\cos\gamma/2\\ 0 & \cos\gamma & \sin\gamma\end{bmatrix},\boldsymbol{D}_3=\begin{bmatrix}0 & -\sin\gamma & \cos\gamma\\ 1 & 0 & 0\\ 0 & \cos\gamma & \sin\gamma\end{bmatrix}
$$

由无人机的对称特性可得 $\boldsymbol{D}_4=\boldsymbol{D}_1$，$\boldsymbol{D}_5=\boldsymbol{D}_2$ 以及 $\boldsymbol{D}_6=\boldsymbol{D}_3$。

2.2.2 多旋翼无人机动力学方程

多旋翼无人机的运动模型是描述作用于无人机上的力、力矩与无人机的飞行状态参数（包括加速度、速度、位置以及姿态等）之间关系的方程组，一般由动力学方程、运动学方程、几何关系方程以及控制关系方程等组成。

由经典力学原理可知，多旋翼无人机在空间的任意运动，都可以被视为无人机质心的平移运动与无人机绕质心的转动运动的合成运动，即无人机在空间的瞬时状态由决定质心位置的三个自由度与决定无人机姿态的三个自由度共同表示。若选择 m 表示多旋翼无人机的质量，$\boldsymbol{V}$ 表示无人机的速度矢量，$\boldsymbol{H}$ 表示无人机相对于质心（O_b 点）的动量矩矢量，则描述无人机质心的平移运动与无人机绕质心的转动运动的动力学基本方程的矢量表达式为

$$
m\frac{\mathrm{d}\boldsymbol{V}}{\mathrm{d}t}=\boldsymbol{F},\frac{\mathrm{d}\boldsymbol{H}}{\mathrm{d}t}=\boldsymbol{M} \tag{2-1}
$$

式中，$\boldsymbol{F}$ 为作用于多旋翼无人机上的外力总和；$\boldsymbol{M}$ 为外力对无人机质心的主矩。

多旋翼无人机在空间的运动一般看成可控制的具有空间六个自由度的运动。

通常将无人机动力学基本方程式(2-1) 中的两个矢量方程投影到地面坐标系或者机体坐标系上，写成描述无人机质心在三个方向上平动特性的动力学标量方程和描述无人机绕质心转动在机体三个坐标轴上投影的动力学标量方程。

(1) 多旋翼无人机质心运动的动力学方程

由相关无人机工程实践经验可以知道，把矢量方程式(2-1) 投影在机体坐标系上的标量形式，方程最为简单，又便于分析无人机的运动特性。由于机体坐标系属于动坐标系，它相对于地面坐标系（惯性坐标系）既有相对的位置运动，又有转动运动。其中，位移运动用速度 $\mathbf{V}$ 表示，姿态转动用角速度 $\boldsymbol{\omega}$ 表示。

建立在动坐标系中的动力学方程由牛顿-欧拉公式可得

$$\frac{\mathrm{d}\mathbf{V}}{\mathrm{d}t}=\frac{\delta\mathbf{V}}{\delta t}+\boldsymbol{\omega}\times\mathbf{V} \tag{2-2}$$

式中，$\frac{\mathrm{d}\mathbf{V}}{\mathrm{d}t}$为惯性坐标系中速度矢量 $\mathbf{V}$ 的绝对导数；$\frac{\delta\mathbf{V}}{\delta t}$为动坐标系（机体坐标系）中矢量 $\mathbf{V}$ 的相对导数。于是，式(2-1) 可改写为

$$m\left(\frac{\delta\mathbf{V}}{\delta t}+\boldsymbol{\omega}\times\mathbf{V}\right)=\boldsymbol{F} \tag{2-3}$$

式中，$\boldsymbol{F}=[F_x,F_y,F_z]^{\mathrm{T}}$，包括旋翼升力、重力以及空气阻力等全部外力在机体坐标系下的投影；$\mathbf{V}=[u,v,w]^{\mathrm{T}}$ 为无人机质心速度矢量；$\boldsymbol{\omega}=[p,q,r]^{\mathrm{T}}$ 为机体坐标系相对地面坐标系的转动速度在机体坐标系 $O_{\mathrm{b}}x_{\mathrm{b}}y_{\mathrm{b}}z_{\mathrm{b}}$ 各轴上的投影。于是可以得到

$$\boldsymbol{\omega}\times\mathbf{V}=\begin{vmatrix}\boldsymbol{i}_{\mathrm{b}} & \boldsymbol{j}_{\mathrm{b}} & \boldsymbol{k}_{\mathrm{b}}\\ p & q & r\\ u & v & w\end{vmatrix}=\boldsymbol{S}(\boldsymbol{\omega})\mathbf{V} \tag{2-4}$$

式中，$\boldsymbol{S}(\boldsymbol{\omega})=\begin{bmatrix}0 & -r & q\\ r & 0 & -p\\ -q & p & 0\end{bmatrix}$，为 $\boldsymbol{\omega}$ 的斜对称算子，且对由机体坐标系到地面坐标系的转换矩阵有 $\dot{\boldsymbol{R}}_{\mathrm{b-g}}=\boldsymbol{R}_{\mathrm{b-g}}\boldsymbol{S}(\boldsymbol{\omega})$。将式(2-4) 代入式(2-3) 就可以得到

$$\begin{bmatrix}\dot{u}\\ \dot{v}\\ \dot{w}\end{bmatrix}=\begin{bmatrix}rv-qw\\ pw-ru\\ qu-pv\end{bmatrix}+\frac{1}{m}\begin{bmatrix}F_x\\ F_y\\ F_z\end{bmatrix}=-\boldsymbol{S}(\boldsymbol{\omega})\mathbf{V}+\frac{1}{m}\begin{bmatrix}F_x\\ F_y\\ F_z\end{bmatrix} \tag{2-5}$$

(2) 多旋翼无人机绕质心转动的动力学方程

同样将表示无人机绕质心转动的矢量方程投影到无人机机体坐标系上进行研究，则在动坐标系（机体坐标系）上建立的无人机绕质心转动的动力学标量方程

可写成

$$\frac{\mathrm{d}\boldsymbol{H}}{\mathrm{d}t}=\frac{\delta \boldsymbol{H}}{\delta t}+\boldsymbol{\omega}\times\boldsymbol{H}=\boldsymbol{M} \tag{2-6}$$

式中，$\boldsymbol{M}$ 为无人机受到的合力矩在机体坐标系上的投影；$\boldsymbol{H}$ 为无人机动量矩在机体坐标系各轴上的投影，可以表示为

$$\boldsymbol{H}=\boldsymbol{J}\boldsymbol{\omega} \tag{2-7}$$

式中，$\boldsymbol{J}$ 为无人机的惯性张量。则动量矩在机体坐标系各轴上的分量可具体表示为

$$\boldsymbol{H}=\begin{bmatrix}H_{\mathrm{b}x}\\H_{\mathrm{b}y}\\H_{\mathrm{b}z}\end{bmatrix}=\begin{bmatrix}I_x & -I_{xy} & -I_{xz}\\-I_{yx} & I_y & -I_{yz}\\-I_{zx} & -I_{zy} & I_z\end{bmatrix}\begin{bmatrix}p\\q\\r\end{bmatrix} \tag{2-8}$$

式中，I_x,I_y,I_z 为无人机对机体各轴的转动惯量；$I_{xy},I_{xz},\cdots,I_{yz}$ 为无人机对机体各轴的惯量积。由于无人机具有中心对称的外形，可以认为机体坐标系就是无人机的惯性主轴。在此条件下，无人机对机体坐标系各轴的惯量积为零，即有 $\boldsymbol{J}=\mathrm{diag}(I_x,I_y,I_z)$，则式(2-8) 可以简化为

$$\begin{bmatrix}H_{\mathrm{b}x}\\H_{\mathrm{b}y}\\H_{\mathrm{b}z}\end{bmatrix}=\begin{bmatrix}I_x & 0 & 0\\0 & I_y & 0\\0 & 0 & I_z\end{bmatrix}\begin{bmatrix}p\\q\\r\end{bmatrix}=\begin{bmatrix}I_x p\\I_y q\\I_z r\end{bmatrix} \tag{2-9}$$

进一步可以得到

$$\boldsymbol{\omega}\times\boldsymbol{H}=\begin{vmatrix}\boldsymbol{i}_{\mathrm{b}} & \boldsymbol{j}_{\mathrm{b}} & \boldsymbol{k}_{\mathrm{b}}\\p & q & r\\H_x & H_y & H_z\end{vmatrix}=\begin{vmatrix}\boldsymbol{i}_{\mathrm{b}} & \boldsymbol{j}_{\mathrm{b}} & \boldsymbol{k}_{\mathrm{b}}\\p & q & r\\I_x p & I_y q & I_z r\end{vmatrix}=\begin{bmatrix}(I_z-I_y)rq\\(I_x-I_z)pr\\(I_y-I_x)qp\end{bmatrix} \tag{2-10}$$

将式(2-9)、式(2-10) 代入式（2-6）中，得到无人机绕质心转动的动力学标量方程为

$$\begin{cases}I_x\dot{p}=M_x-(I_z-I_y)rq\\I_y\dot{q}=M_y-(I_x-I_z)pr\\I_z\dot{r}=M_z-(I_y-I_z)qp\end{cases} \tag{2-11}$$

其中，$\boldsymbol{M}=[M_x,\ M_y,\ M_z]^{\mathrm{T}}$ 为作用在无人机上的所有外力对无人机质心的力矩在机体坐标系各轴上的投影。

2.2.3 多旋翼无人机运动学方程

多旋翼无人机的运动模型还包括描述各运动参数之间关系的运动学方程。它

主要包括描述无人机质心与惯性地面之间相对位置变化的3个运动学方程以及描述无人机相对惯性空间姿态变化的3个运动学方程。

(1) 多旋翼无人机质心运动的运动学方程

要确定无人机质心相对于地面坐标系的运动轨迹，需要建立无人机质心相对于地面坐标系运动的运动学方程。首先定义变量 $\boldsymbol{P}=[x,y,z]^{\mathrm{T}}$ 表示无人机质心在地面坐标系下的空间位置，然后利用从机体坐标系到地面坐标系的转换矩阵 $\boldsymbol{R}_{\mathrm{b-g}}$ 得到无人机质心运动的运动学方程为

$$\dot{\boldsymbol{P}}=\boldsymbol{R}_{\mathrm{b-g}}\boldsymbol{V} \tag{2-12}$$

进一步有

$$\ddot{\boldsymbol{P}}=\dot{\boldsymbol{R}}_{\mathrm{b-g}}\boldsymbol{V}+\boldsymbol{R}_{\mathrm{b-g}}\dot{\boldsymbol{V}} \tag{2-13}$$

将式(2-5) 代入式(2-13)，并根据 $\dot{\boldsymbol{R}}_{\mathrm{b-g}}=\boldsymbol{R}_{\mathrm{b-g}}\boldsymbol{S}(\boldsymbol{\omega})$ 得到

$$\begin{cases}\ddot{x}=\dfrac{1}{m}[F_x\cos\psi\cos\theta+F_y(\cos\psi\sin\theta\sin\phi-\sin\psi\cos\phi)+F_z(\cos\psi\sin\theta\cos\phi+\sin\psi\sin\phi)]\\ \ddot{y}=\dfrac{1}{m}[F_x\sin\psi\cos\theta+F_y(\sin\psi\sin\theta\sin\phi+\cos\psi\cos\phi)+F_z(\sin\psi\sin\theta\cos\phi-\cos\psi\sin\phi)]\\ \ddot{z}=\dfrac{1}{m}(-F_x\sin\theta+F_y\cos\theta\sin\phi+F_z\cos\theta\cos\phi)\end{cases} \tag{2-14}$$

(2) 多旋翼无人机绕质心转动的运动学方程

要确定无人机在空间的姿态，就要建立描述无人机相对于地面坐标系姿态变化的运动学方程。根据欧拉角的定义及建立姿态欧拉角 $\boldsymbol{\eta}=[\phi,\theta,\psi]^{\mathrm{T}}$ 的变化速率与 $\boldsymbol{\omega}=[\omega_x,\omega_y,\omega_z]^{\mathrm{T}}$ 之间的关系，可以得到

$$\begin{bmatrix}\dot{\phi}\\ \dot{\theta}\\ \dot{\psi}\end{bmatrix}=\begin{bmatrix}1 & \sin\phi\tan\theta & \cos\phi\tan\theta\\ 0 & \cos\phi & -\sin\phi\\ 0 & \dfrac{\sin\phi}{\cos\theta} & \dfrac{\cos\phi}{\cos\theta}\end{bmatrix}\begin{bmatrix}p\\ q\\ r\end{bmatrix} \tag{2-15}$$

2.2.4 多旋翼无人机控制关系方程

(1) 旋翼驱动单元提供的升力

根据旋翼的气动力学知识，对于无人机上安装的小型旋翼，可以假设其产生的升力与其转速的平方成正比，且比例系数可取为常值 k_1，称为升力系数，则得到六个旋翼产生的升力在各个旋翼体坐标系下的投影为

$$\boldsymbol{f}_i=\begin{bmatrix}0\\0\\k_1\Omega_i^2\end{bmatrix},i=1,2,\cdots,6 \tag{2-16}$$

利用从旋翼坐标系到机体坐标系的转换矩阵 $\boldsymbol{D}_1\sim\boldsymbol{D}_6$，便得到旋翼的总升力在机体坐标系下的投影为

$$\boldsymbol{f}=\sum_{i=1}^{6}\boldsymbol{D}_i\boldsymbol{f}_i=\begin{bmatrix}f_x\\f_y\\f_z\end{bmatrix}=\begin{bmatrix}\frac{1}{2}k_1\cos\gamma(-\Omega_1^2-\Omega_2^2+2\Omega_3^2-\Omega_4^2-\Omega_5^2+2\Omega_6^2)\\\frac{\sqrt{3}}{2}k_1\cos\gamma(-\Omega_1^2+\Omega_2^2-\Omega_4^2+\Omega_5^2)\\k_1\sin\gamma(\Omega_1^2+\Omega_2^2+\Omega_3^2+\Omega_4^2+\Omega_5^2+\Omega_6^2)\end{bmatrix} \tag{2-17}$$

(2) 旋翼升力产生的力矩

每个旋翼提供的升力产生的力矩在各旋翼坐标系上的投影表示为

$$\boldsymbol{M}_i=\boldsymbol{r}_i\times\boldsymbol{f}_i,i=1,2,\cdots,6 \tag{2-18}$$

式中，$\boldsymbol{r}_i$ 为旋翼坐标系中心在机体坐标系上的坐标。进一步得到

$$\boldsymbol{M}_{1i}=\begin{bmatrix}0\\(-1)^i lk_i\Omega_i^2\\0\end{bmatrix},i=1,2,\cdots,6 \tag{2-19}$$

除了产生升力以外，旋翼的旋转还会产生反扭力矩，其大小同样与旋翼转速的平方成正比。则六个旋翼的反扭力矩在各自的旋翼坐标系中表示为

$$\boldsymbol{M}_{2i}=\begin{bmatrix}0\\0\\(-1)^i k_2\Omega_i^2\end{bmatrix},i=1,2,\cdots,6 \tag{2-20}$$

作用于机体坐标系下的合力矩表示为

$$\boldsymbol{M}=\sum_{i=1}^{6}\boldsymbol{D}_i(\boldsymbol{M}_{1i}+\boldsymbol{M}_{2i})=\begin{bmatrix}\frac{1}{2}(k_1 l\sin\gamma-k_2\cos\gamma)(-\Omega_1^2+\Omega_2^2+2\Omega_3^2+\Omega_4^2-\Omega_5^2-2\Omega_6^2)\\\frac{\sqrt{3}}{2}(-k_1 l\sin\gamma+k_2\cos\gamma)(\Omega_1^2+\Omega_2^2-\Omega_4^2-\Omega_5^2)\\(-k_1 l\cos\gamma-k_2\sin\gamma)(\Omega_1^2-\Omega_2^2+\Omega_3^2-\Omega_4^2+\Omega_5^2-\Omega_6^2)\end{bmatrix} \tag{2-21}$$

(3) 空气阻力与阻力矩

空气阻力 $F_A=-C_dV_k^2$，其中 C_d 受迎角 α、侧滑角 β、飞行高度 H 以及大气密度 ρ 等因素影响，V_k 为无人机的速度在速度坐标系上的投影的大小，则空气阻力在机体坐标系下的投影为

$$\boldsymbol{F}_f=\boldsymbol{R}_{\mathrm{a-b}}F_{\mathrm{A}}=\begin{bmatrix}-C_{\mathrm{d}}V_{\mathrm{k}}^2\cos\alpha\cos\beta\\ C_{\mathrm{d}}V_{\mathrm{k}}^2\sin\beta\\ C_{\mathrm{d}}V_{\mathrm{k}}^2\sin\alpha\cos\beta\end{bmatrix}\tag{2-22}$$

式中，$\boldsymbol{R}_{\mathrm{a-b}}$ 为速度坐标系到机体坐标系的转换矩阵。

考虑到多旋翼无人机具有中心对称的气动外形，假设空气阻力作用点与无人机的中心重合，则可以认为空气阻力不产生阻力矩。

(4) 旋翼陀螺效应

当多旋翼无人机姿态发生转动时，其安装的绕各自旋转轴高速旋转的旋翼会对姿态变化产生抗阻力矩，通常被称为陀螺力矩。各旋翼转速在机体坐标系内的投影表示为

$$\boldsymbol{V}_i=-D_i\begin{bmatrix}0\\0\\(-1)^i\Omega_i\end{bmatrix},i=1,2,\cdots,6\tag{2-23}$$

则总的陀螺效应力矩在机体坐标系中表示为

$$\boldsymbol{M}_{\mathrm{tl}}=\sum_{i=1}^{6}\boldsymbol{\omega}\times\boldsymbol{V}_iI_{\mathrm{r}}\tag{2-24}$$

式中，I_{r} 为旋翼以及电动机转子的转动惯量。

(5) 重力在机体坐标系上的投影

$$\boldsymbol{G}_{\mathrm{b}}=\boldsymbol{R}_{\mathrm{g-b}}\begin{bmatrix}0\\0\\-G\end{bmatrix}=\begin{bmatrix}G\sin\theta\\-G\cos\theta\sin\phi\\-G\cos\theta\cos\phi\end{bmatrix}\tag{2-25}$$

2.2.5 多旋翼无人机运动方程组

综合上述多旋翼无人机动力学与运动学相关方程及相关力与力矩的表达式，即组成描述多旋翼无人机的空间运动方程组：

$$\begin{bmatrix}\dot{\boldsymbol{P}}\\ \dot{\boldsymbol{\eta}}\end{bmatrix}=\begin{bmatrix}\boldsymbol{R}_{\mathrm{b-g}} & \boldsymbol{O}_{3\times3}\\ \boldsymbol{O}_{3\times3} & \boldsymbol{T}\end{bmatrix}\begin{bmatrix}\boldsymbol{V}\\ \boldsymbol{\omega}\end{bmatrix}\tag{2-26}$$

$$\begin{bmatrix}\dot{\boldsymbol{V}}\\ \dot{\boldsymbol{\omega}}\end{bmatrix}=\begin{bmatrix}-\boldsymbol{S}(\boldsymbol{\omega})\boldsymbol{V}\\ -\boldsymbol{J}^{-1}\boldsymbol{S}(\boldsymbol{\omega})\boldsymbol{J}\boldsymbol{\omega}\end{bmatrix}+\begin{bmatrix}\mathrm{diag}\left(\frac{1}{m},\frac{1}{m},\frac{1}{m}\right) & \boldsymbol{O}_{3\times3}\\ \boldsymbol{O}_{3\times3} & \boldsymbol{J}^{-1}\end{bmatrix}\begin{bmatrix}\boldsymbol{F}\\ \boldsymbol{M}\end{bmatrix}\tag{2-27}$$

式中，$\boldsymbol{P}=[x,y,z]^{\mathrm{T}}$ 为无人机在惯性坐标系下的位置；$\boldsymbol{\eta}=[\phi,\theta,\psi]^{\mathrm{T}}$ 为姿态角；$\boldsymbol{V}=[u,v,w]^{\mathrm{T}}$ 为飞行速度在机体坐标系上的投影；$\boldsymbol{\omega}=[p,q,r]^{\mathrm{T}}$ 为角速

度在机体坐标系上的投影；矩阵 $\boldsymbol{R}_{b-g}$ 为从机体坐标系到地面坐标系的转换矩阵；$\boldsymbol{J}$ 为无人机的转动惯量，矩阵 $\boldsymbol{T}$ 表示为

$$\boldsymbol{T}=\begin{bmatrix}1 & \sin\phi\tan\theta & \cos\phi\tan\theta \\ 0 & \cos\phi & -\sin\phi \\ 0 & \dfrac{\sin\phi}{\cos\theta} & \dfrac{\cos\phi}{\cos\theta}\end{bmatrix} \tag{2-28}$$

$\boldsymbol{M}$ 为合力矩在机体坐标系上的投影；变量 $\boldsymbol{F}$ 为无人机受到的合力在机体坐标系上的投影，表示为

$$\boldsymbol{M}=\begin{bmatrix}\dfrac{1}{2}(k_1 l\sin\gamma-k_2\cos\gamma)(-\Omega_1^2+\Omega_2^2+2\Omega_3^2+\Omega_4^2-\Omega_5^2-2\Omega_6^2) \\ \dfrac{\sqrt{3}}{2}(-k_1 l\sin\gamma+k_2\cos\gamma)(\Omega_1^2+\Omega_2^2-\Omega_4^2-\Omega_5^2) \\ (-k_1 l\cos\gamma-k_2\sin\gamma)(\Omega_1^2-\Omega_2^2+\Omega_3^2-\Omega_4^2+\Omega_5^2-\Omega_6^2)\end{bmatrix}$$
$$+\begin{bmatrix}I_r\begin{pmatrix}q\sin\gamma(-\Omega_1+\Omega_2-\Omega_3+\Omega_4-\Omega_5+\Omega_6) \\ +\dfrac{\sqrt{3}}{2}r\cos\gamma(-\Omega_1-\Omega_2+\Omega_4+\Omega_5)\end{pmatrix} \\ I_r\begin{pmatrix}p\sin\gamma(\Omega_1-\Omega_2+\Omega_3-\Omega_4+\Omega_5-\Omega_6) \\ +\dfrac{1}{2}r\cos\gamma(\Omega_1-\Omega_2-2\Omega_3-\Omega_4+\Omega_5+2\Omega_6)\end{pmatrix} \\ I_r\begin{bmatrix}\dfrac{\sqrt{3}}{2}p\cos\gamma(\Omega_1+\Omega_2-\Omega_4-\Omega_5) \\ -\dfrac{1}{2}q\cos\gamma(\Omega_1-\Omega_2-2\Omega_3-\Omega_4+\Omega_5+2\Omega_6)\end{bmatrix}\end{bmatrix} \tag{2-29}$$

$$\boldsymbol{F}=\begin{bmatrix}\dfrac{k_1}{2}\cos\gamma(\Omega_1^2+\Omega_2^2-2\Omega_3^2+\Omega_4^2+\Omega_5^2-2\Omega_6^2)+C_dV^2\cos\alpha\cos\beta+G\sin\theta \\ \dfrac{\sqrt{3}k_1}{2}\cos\gamma(\Omega_1^2-\Omega_2^2+\Omega_4^2-\Omega_5^2)+C_dV^2\sin\alpha\cos\beta-G\cos\theta\sin\phi \\ k_1\sin\gamma(\Omega_1^2+\Omega_2^2+\Omega_3^2+\Omega_4^2+\Omega_5^2+\Omega_6^2)+C_dV^2\sin\beta-G\cos\theta\cos\phi\end{bmatrix} \tag{2-30}$$

2.2.6 多旋翼无人机的机动性能分析

无人机的机动性是指其可能迅速地改变飞行速度大小和方向的能力，是评价其飞行性能的重要指标之一。无人机的机动性一般用切向加速度与法向加速度来表示，它们分别表示无人机能改变飞行速度大小和方向的迅速程度。为进行多旋

翼无人机的机动能力的研究，还需加入弹道坐标系（航迹固连坐标系）$Ox_k y_k z_k$，其与地面坐标系之间的夹角 θ_V 称为弹道倾角，ψ_V 称为弹道偏角。可以得到由地面坐标系到弹道坐标系的转换关系为

$$\begin{bmatrix} x_k \\ y_k \\ z_k \end{bmatrix} = \boldsymbol{L}(\boldsymbol{\theta}_V, \boldsymbol{\psi}_V) \begin{bmatrix} x \\ y \\ z \end{bmatrix} = \boldsymbol{L}(\boldsymbol{\theta}_V) \times \boldsymbol{L}(\boldsymbol{\psi}_V) \begin{bmatrix} x \\ y \\ z \end{bmatrix} \tag{2-31}$$

式中，$\boldsymbol{L}(\boldsymbol{\psi}_V) = \begin{bmatrix} \cos\psi_V & \sin\psi_V & 0 \\ -\sin\psi_V & \cos\psi_V & 0 \\ 0 & 0 & 1 \end{bmatrix}$，$\boldsymbol{L}(\boldsymbol{\theta}_V) = \begin{bmatrix} \cos\theta_V & 0 & -\sin\theta_V \\ 0 & 1 & 0 \\ \sin\theta_V & 0 & \cos\theta_V \end{bmatrix}$，

$\boldsymbol{L}(\boldsymbol{\theta}_V, \boldsymbol{\psi}_V) = \begin{bmatrix} \cos\theta_V \cos\psi_V & \cos\theta_V \sin\psi_V & -\sin\theta_V \\ -\sin\psi_V & \cos\psi_V & 0 \\ \sin\theta_V \cos\psi_V & \sin\theta_V \sin\psi_V & \cos\theta_V \end{bmatrix}$。

由牛顿-欧拉公式可得

$$m \frac{\mathrm{d}\boldsymbol{V}}{\mathrm{d}t} = m\left(\frac{\delta \boldsymbol{V}_k}{\delta t} + \boldsymbol{\omega}_k \times \boldsymbol{V}_k\right) = \boldsymbol{F}_k \tag{2-32}$$

式中，$\boldsymbol{V}_k$、$\boldsymbol{\omega}_k$ 为无人机质心速度与转动角速度在弹道坐标系上的投影。由

$\boldsymbol{V}_k = [V, 0, 0]^T$、$\boldsymbol{\omega}_k = \begin{bmatrix} \omega_{kx} \\ \omega_{ky} \\ \omega_{kz} \end{bmatrix} = \begin{bmatrix} -\dot{\psi}_V \sin\theta_V \\ \dot{\theta}_V \\ \dot{\psi}_V \cos\theta_V \end{bmatrix}$ 可以得到

$$\begin{cases} m \dfrac{\mathrm{d}V}{\mathrm{d}t} = F_{kx} \\ mV\cos\theta_V \dfrac{\mathrm{d}\psi_V}{\mathrm{d}t} = F_{ky} \\ -mV \dfrac{\mathrm{d}\theta_V}{\mathrm{d}t} = F_{kz} \end{cases} \tag{2-33}$$

式中，$\begin{bmatrix} F_{kx} \\ F_{ky} \\ F_{kz} \end{bmatrix} = \boldsymbol{L}(\boldsymbol{\theta}_V, \boldsymbol{\psi}_V) \left(\boldsymbol{R}_{b-g} \begin{bmatrix} \boldsymbol{F}_x \\ \boldsymbol{F}_y \\ \boldsymbol{F}_z \end{bmatrix} + \begin{bmatrix} 0 \\ 0 \\ -mg \end{bmatrix} \right)$。

可以此为基础分析无人机的机动过载能力。由十二旋翼无人机自身的结构特点可知其具有多种转弯机动方式。为简化分析首先只考虑无人机在水平面内进行机动转弯，即保持弹道倾角 $\theta_V=0$，同时也假设俯仰角 $\theta=0$。

(1) 侧滑转弯模式

此种转弯模式的特点为：保持滚转角 $\phi=0$，机体侧向力 $F_y=0$，利用改变偏航角度实现侧向机动。在此情况下，无人机平动的动力学模型可以简化为

$$\begin{cases}\ddot{x}=\dfrac{1}{m}F_x\cos\psi\\ \ddot{y}=\dfrac{1}{m}F_y\sin\psi\\ \ddot{z}=\dfrac{1}{m}F_z-g\end{cases} \tag{2-34}$$

可以得到 $P_z=mg$。切向加速度可表示为

$$m\frac{\mathrm{d}V}{\mathrm{d}t}=F_x\cos(\psi-\psi_V) \tag{2-35}$$

法向加速度为

$$mV\cos\theta_V\frac{\mathrm{d}\psi_V}{\mathrm{d}t}=F_x\sin(\psi-\psi_V) \tag{2-36}$$

其中

$$\begin{bmatrix}F_x\\F_y\\F_z\end{bmatrix}=\begin{bmatrix}\dfrac{1}{2}k_1\cos\gamma(-\Omega_1^2-\Omega_2^2+2\Omega_3^2-\Omega_4^2-\Omega_5^2+2\Omega_6^2)\\ \dfrac{\sqrt{3}}{2}k_1\cos\gamma(-\Omega_1^2+\Omega_2^2-\Omega_4^2+\Omega_5^2)\\ k_1\sin\gamma(\Omega_1^2+\Omega_2^2+\Omega_3^2+\Omega_4^2+\Omega_5^2+\Omega_6^2)\end{bmatrix}$$

(2) 平动转弯模式

在此种机动模式下，保持无人机的滚转角 $\phi=0$ 并同时保持偏航角指向不变，依靠机体自身提供的侧向力 F_y 实现转弯机动。此时模型可以简化为

$$\begin{cases}\ddot{x}=\dfrac{1}{m}F_x\\ \ddot{y}=\dfrac{1}{m}F_y\\ \ddot{z}=\dfrac{1}{m}F_z-g\end{cases} \tag{2-37}$$

切向加速度可表示为

$$m\frac{\mathrm{d}V}{\mathrm{d}t}=F_x\cos\psi_V+F_y\sin\psi_V \tag{2-38}$$

法向加速度为

$$mV\cos\theta_V\frac{d\psi_V}{dt}=-F_x\sin\psi_V+F_y\cos\psi_V \tag{2-39}$$

(3) 平滑转弯模式

结合之前两种模式的特点，同时利用侧向力 F_y 以及偏航角 ψ 来实现侧向机动。此时无人机的动力学模型可简化为

$$\begin{cases}\ddot{x}=\dfrac{1}{m}(F_x\cos\psi-F_y\sin\psi)\\\ddot{y}=\dfrac{1}{m}(F_x\sin\psi+F_y\cos\psi)\\\ddot{z}=\dfrac{1}{m}F_z-g\end{cases} \tag{2-40}$$

切向加速度可表示为

$$m\frac{dV}{dt}=F_x\cos(\psi-\psi_V)-F_y\sin(\psi-\psi_V) \tag{2-41}$$

法向加速度为

$$mV\cos\theta_V\frac{d\psi_V}{dt}=\sin(\psi-\psi_V)F_x+\cos(\psi-\psi_V)F_y \tag{2-42}$$

(4) 倾斜转弯模式

与之前三种模式中保持滚转角与俯仰角为零不同，在倾斜转弯模式中改变滚转角 ϕ、俯仰角 θ，使得升力在水平侧向方向产生分量，实现无人机的侧向机动。为简化控制过程，可在转弯机动时保持 $P_y=0$、$P_x=0$。此种模式下，无人机的动力学模型可以转化为

$$\begin{cases}\ddot{x}=\dfrac{1}{m}F_z(\cos\psi\sin\theta\cos\phi+\sin\psi\sin\phi)\\\ddot{y}=\dfrac{1}{m}F_z(\sin\psi\sin\theta\cos\phi-\cos\psi\sin\phi)\\\ddot{z}=\dfrac{1}{m}F_z\cos\theta\cos\phi-g\end{cases} \tag{2-43}$$

切向加速度可表示为

$$m\frac{dV}{dt}=F_z[\cos(\psi-\psi_V)\sin\theta\cos\phi+\sin(\psi-\psi_V)\sin\phi] \tag{2-44}$$

法向加速度为

$$mV\cos\theta_V\frac{d\psi_V}{dt}=F_z[\sin(\psi-\psi_V)\sin\theta\cos\phi-\cos(\psi-\psi_V)\sin\phi] \tag{2-45}$$

2.3 多旋翼无人机稳定飞行基本条件

多旋翼无人机稳定飞行的基本条件是软硬件的可靠性。软硬件可靠性的提升必须综合考虑无人机使用环境、自身特点等客观条件，从电路设计、元器件选择等方面入手。本书中多旋翼原型机架构包括运算层、通信层与任务层，如图2-3所示。其中，运算层是多旋翼无人机的核心，该层由高性能的微控制器（TMS320F28335）构成，协调控制整个多旋翼无人机；通信层主要负责运算层与任务层的数据交互；任务层负责实现具体的任务，该层由执行单元、多传感器导航单元、电源管理单元、无线数据通信单元、载荷单元等带有不同功能的单元模块组成。

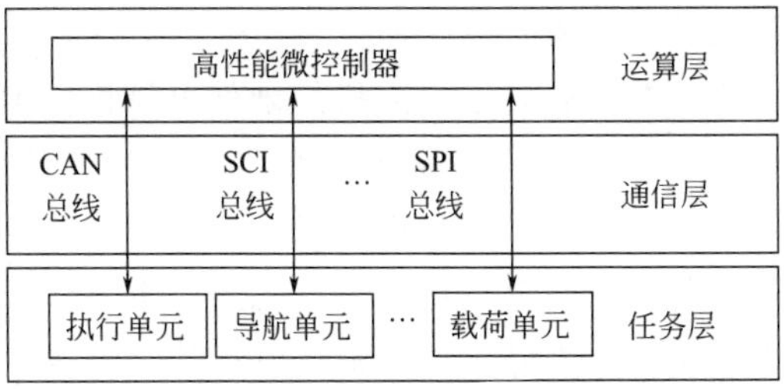

图2-3　多旋翼原型机架构

2.3.1 无人机硬件可靠性

硬件可靠性是指在给定的操作环境与条件下，硬件在一段规定的时间内正确执行要求功能的能力。考虑到多旋翼无人机使用环境、自身特点等客观条件，对原型机硬件可靠性设计有以下依据。

① 多旋翼无人机推重比系数较低（通常为2∶1）、结构非常紧凑、装载空间有限，故而在保证功能的前提下应尽可能选择贴片封装的元器件。

② 由于无人机在室外使用，空气中的腐蚀性物质、霉菌会逐渐腐蚀电路板，室外的环境温度会影响元器件参数。因此在组装工艺上采用防潮湿、防霉雾和防盐雾的三防技术，在元器件选型时考虑参数裕量（0.5～0.7），根据额定工作条件（如电流、电压、频率以及环境温度等）选择工业级的元器件。

③ 通过提高各个单元的电磁兼容性，防止其他电子设备与本系统各个单元之间的相互干扰，具体的方法包括：低通滤波电路、去耦电容、印制线路板布局

以及共模扼流圈等。

④ 印制线路板布局上各模块依据功能分块摆放，尽量均匀有规律。各层导线应该相互交叉、避免平行，减少线与线、线与地之间的等效电容。微控制运行频率高，采用多点接地，并做好数字地和模拟地的分离，减小电源环路。

⑤ 因为飞行过程中多旋翼无人机的机体振动，印制线路板间传输电信号的连接器便成为系统的薄弱环节，空气中的腐蚀性物质、霉菌也会逐渐氧化连接器的接线端子。对此，一方面减少印制线路板间连接器的数量，另一方面根据工作条件（如机械参数、屏蔽性以及环境温度等）选择连接器型号，最后采用镀金的接线端子保证接触电阻长时间内变化小。

⑥ 加装阻尼减振材料减小执行单元振动对惯导测量数据的影响。另外，磁力计所处位置的局部地磁场很容易被周边环境中的铁磁、电磁影响，磁力计自身无法区分地磁场与周边环境磁场，导致测量数据的偏差，所以布局上应当远离执行单元、电源管理单元等干扰源。

通过以上措施，从根本上提高了无人机的硬件可靠性。但是，对执行单元的硬件电路来说上述措施并不足够，这是因为在飞行过程中执行单元电路的负荷大、工作温度高、元器件老化快（98%以上的电能被执行单元消耗），导致执行单元故障率偏高，对无人机的安全飞行有重大隐患。本书将在后续章节中对执行单元硬件电路的故障展开进一步分析，并根据分析的结论改进设计。

2.3.2 无人机软件可靠性

软件可靠性是指程序在规定的条件下和规定的时间区间内完成规定功能的能力。在多旋翼无人机中提高软件可靠性的途径如下。

① 将多旋翼无人机的计算任务合理分配到各个单元中，再通过通信层的数据总线将计算结果汇总到运算层中，保证程序的实时性与高效性。

② 在程序中增加对输入变量与输出变量的校验，加强程序对错误输入的容错能力。

③ 通过软件算法补偿惯性测量模块的传感器，提高其测量精度，补偿措施包括：陀螺仪加速度计传感器温漂补偿、陀螺仪零偏补偿、磁力计校正等。

④ 通信层主要负责运算层与任务层的数据交互，由串口通信模块（Serial Communication Interface，SCI）、控制器局域网模块（Controller Area Network，CAN）等总线构成。SCI 总线负责与多传感器导航单元交互数据，CAN 总线负责与执行单元交互数据。本文设计它们的握手协议并加入循环冗余码 CRC 检验技术，保证数据交互的正确性。

以上方法在多旋翼无人机原型机硬件没有发生故障的情况下，能够保障无人机软件可靠性。但是原型机硬件的可靠性不可能达到100%，因此需要研究主动容错控制技术在硬件故障时保障无人机的安全飞行，相关内容将在后续章节中详细介绍。

参考文献

[1] MOFID O, MOBAYEN S. Adaptive sliding mode control for finite-time stability of quad-rotor UAVs with parametric uncertainties [J]. ISA Transactions, 2018, 72: 1-14.

[2] PAN F, LIU L, XUE D Y, et al. Optimal PID controller design with Kalman filter for Qball-X4 quad-rotor unmanned aerial vehicle [J]. Transactions of the Institute of Measurement and Control, 2017, 39 (12): 1785-1797.

[3] ZUO Z. Trajectory tracking control design with command- filtered compensation for a quadrotor [J]. IET Control Theory Appl, 2010, 4 (11): 2343-2355.

[4] ABAUNZA H, CASTILLO P, VICTORINO A. Dual quaternion modeling and control of a quad-rotor aerial manipulator [J]. Journal of Intelligent&Robotic Systems, 2017, 88 (2-4): 267-283.

第3章

多旋翼无人机系统构成与实现

3.1 执行单元

多旋翼无人机的执行单元主要包括螺旋桨、电机与电调系统。

3.1.1 螺旋桨

螺旋桨主要由桨叶和桨毂组成，是产生无人机上升、悬停以及前进动力的部件，是电推进系统中最重要的组成部分之一。自主研发的多旋翼无人机采用 3K 碳纤维材质的可折叠螺旋桨，如图 3-1 所示，螺旋桨长度为 17in（1in＝0.0254m），螺距为 17.67in，能够自由拆卸，便于储存与运输。

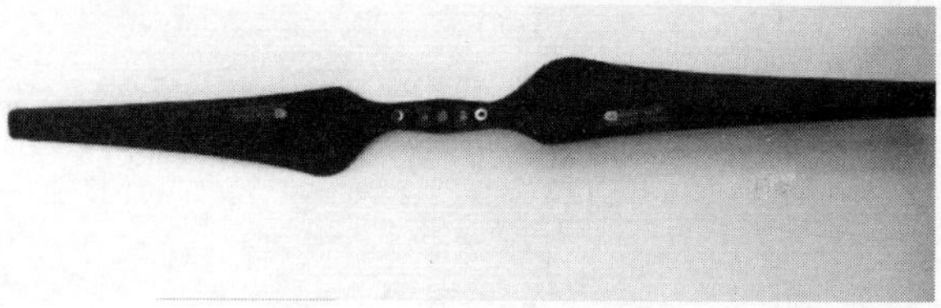

图 3-1 螺旋桨示意图

3.1.2 电机与电调

多旋翼无人机采用高性能盘式电机，易于转换电机输出轴方向；使用进口轴承，更安静、更轻巧、效率更高。电机如图 3-2 所示，其技术参数如下：

空载电流：1.1A/7.4V

工作电流：＜21A

产品净重：154g

最大功率：650W

支持锂电：6S

内阻：0.088Ω

最大电流：29A

图 3-2 电机示意图

电机驱动系统（电调系统）是控制多旋翼无人机系统的伺服结构。电调性能的好坏直接关系飞行系统的可靠性和稳定性。电调的工作原理是把收到的飞行控制命令转换为电信号，控制电机输出不同转速，产生不同方向的力，从而改变飞行轨姿态与航迹。

自主研发的电调系统采用分立式设计，各元器件采用集成化设计，具有体积小、重量轻、引出线和焊接点少、散热性能好、寿命长、可靠性高、稳定性强等优点。电调系统技术参数：

输出能力：持续电流 30A，短时电流 60A

电源输入：6S 锂电池组

功率峰值：800W

最高转速：8000r/min

参数编程方式：利用遥控器油门摇杆进行设置或 C2 调试下载

尺寸：ϕ55mm（直径）

质量：13g

3.2 飞行控制系统

飞行控制系统是多旋翼无人机的核心。全自主设计的 RP100 飞行控制系统如图 3-3 所示，其具有高可靠性的软、硬件构架。结合智能数据融合和控制算法，RP100 功能强大、使用方便、安全性和可靠性高，适用于 CH12、CQ8、CQ16 等多种构型的多旋翼无人机，可在极寒（－40℃）环境下可靠工作。具体功能特点如下。

① 在使用航向锁定功能时，飞行前向和主控记录的某一时刻的机头朝向

图 3-3 RP100 飞行控制系统示意图

一致。

② 在使用返航点锁定功能时，飞行前向为返航点到无人机的方向。

③ 支持自定义摇杆控制：可选择操作杆来控制无人机的上升、下降、转弯和姿态。

④ 具有三种运动模式：GPS 姿态模式、姿态模式和手动模式。可以在三种模式间自由快速切换，以适应各种飞行环境。

⑤ 精确悬停功能：锁定经纬度和高度精确悬停，在风力较大的情况下，同样可以在很小范围内稳定悬停。精度可以达到水平精度≤2m，垂直精度≤0.5m。

⑥ 具有智能失控保护：设置智能的失控保护，以确保多旋翼无人机在失去遥控信号等极端情况下也能自动悬停或自动返航，使用户搭载于无人机的机载设备有更好的安全保障。

⑦ 内置电机定速功能：内置电机定速功能实现的是参数调节的简易性，整体系统的协调性。

⑧ 主控与电机间采用双向通信方式，主控系统实时监控电机状态，提高系统的可靠性和容错能力。

⑨ 实时飞行过程中能随时编辑或改变航线：遇到特殊情况，能暂停飞行任务，编辑或改变航线任务，与此同时无人机自动悬空等待二次指令。

⑩ 可实时记录并下传到地面站，显示各分系统工作状态、飞行航迹等信息，并可回放和导出。

⑪ 内置硬盘：摄录图像信息和红外影像可在机载设备和地面站进行存储。

⑫ 具有飞行日志数据下载和分析工具。

⑬ 具有电池低电压报警保护功能，电压低时控制终端声音报警，飞行器智能判断电量后选择自动返航和降落。

⑭ 具备失去链路信号后的自动返航功能。只要遥测遥控信号出现中断，多旋翼无人机巡检系统应按预先设定的策略返航。

⑮ 具有断桨保护功能：在姿态或 GPS 姿态模式下，无人机意外缺失某一螺旋桨动力输出时，可以采用共轴对应桨迅速补偿方法，继续保持所需升力。此时无人机可以继续被操控，并安全返航。这一设计大大降低了坠机的风险。

⑯ 支持一键返航：当多旋翼无人机与遥控器之间，因为控制距离太远或者

信号干扰失去联系时，系统将触发失控保护功能，在GPS信号良好的情况下，自动触发自动返航安全着陆功能。

⑰ 显示高度模式：显示航点与无人机当前高度的相对值，使高度显示更加直观。

⑱ 具有实时下载地图功能，通过网络进行更新。

相关的技术规格参数如下：

工作电压：DC4.8～5.5V

功耗≤4.5W

工作温度－40～＋80℃

内置功能：定点悬停、轨迹飞行

悬停精度：±2m

高度方向：±0.5m

抗风能力：＜10m/s

滚转、俯仰最大旋转角度25°（可调）；偏航360°（连续）

垂直方向速度：±5m/s

3.3 地面站系统

自主开发的专用地面站系统具有接收高清图像、显示无人机状态等功能，携带方便；配备的笔记本具有防眩光功能，其内置自主开发的地面站软件可在地图上规划航点和编辑任务，无人机可按规划的航线自主飞行并执行任务。地面站系统如图3-4所示。

图3-4 地面站系统

地面站软件系统采用功能模块化设计思想，分为飞行监控模块、导航电子地图模块、飞行任务管理模块、数据库模块四个模块，如图3-5所示，每个模块独立设计，具有针对性，并且方便软件系统的调试与测试，更为灵活、高效。

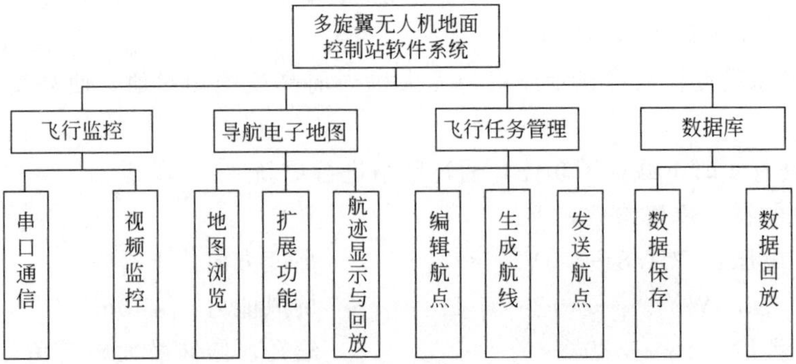

图 3-5 地面站软件系统的总体结构图

自主设计的地面站用户主界面包括三个主界面：视频界面、二维电子地图界面和三维电子地图界面。每个主界面均包括菜单栏、工具栏、状态栏，通过工具栏的切换按钮进行界面切换。

图 3-6 为视频主界面，划分为多旋翼无人机的飞行状态信息区域、通信状态区域、两个视频窗口区域。其中，无人机状态信息用于图形化与数字化地显示无人机的实时状态数据，包括无人机的位置（经度、纬度、高度）、速度、姿态角（俯仰、滚转、航向）、飞行器电压、地面站电压、测控链路质量等参数。通信状态区域主要是串口通信的设置与连接。两个视频窗口可以满足多个视频设备的显示与监控，较大窗口为视频主窗口，同时接收和显示两路视频图像（可见、红外）。另外，还包括视频录制与压缩等视频操作。

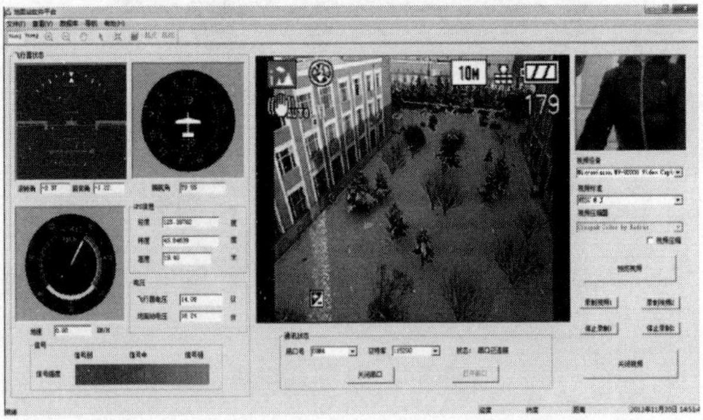

图 3-6 地面站软件系统的视频主界面

二维电子地图主界面主要包括无人机的飞行状态信息以及二维电子地图显示区域，每个主界面都包含无人机的飞行状态信息部分，以便地面操作员在任何一个主界面都能实时监控飞行器的飞行状况。二维电子地图部分除了基于 MapX 的 gst 格式地图外，还包括状态栏上的地图扩展操作。

图 3-7 表示三维电子地图主界面，包括无人机状态信息以及 Google Earth 电子地图，增加了高程信息。Google Earth 地图能通过网络进行更新。在电子地图上能够规划航点与航线，无人机实现任务飞行。

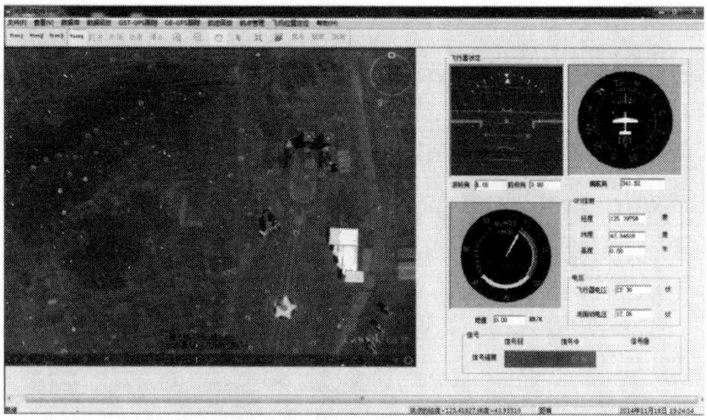

图 3-7　地面站软件系统的三维电子地图主界面

3.4 导航系统

导航系统采用的高精度 GPS 系统，如图 3-8 所示，碳纤维机身稳定耐用，安装便捷，是工业级产品。在发生坠机等意外事故时，可自动向地面控制站或遥控手柄等设备发送位置信息，最长 100 天持续发送位置。GPS 灵敏度超高，采用超低功耗 GPS 卫星定位芯片支持 A-GPS。外置长馈线设计，信号接收能力强。

图 3-8　GPS 系统

相关技术参数如下：

电源电流：125mA

定位精度：圆概率误差±2.5m

工作温度：−40～+85℃

时间精度：0.1μs

刷新频率：0.25s

GPS：1575.42MHz

GPS 冷启动时间：26s
速度精度：0.1m/s

3.5 测控链路

3.5.1 长距离遥控遥测装置

长距离遥控遥测装置有蓝光显示屏，如图 3-9 所示，能实时显示姿态角、经纬度、速度、油门量、信号强度、电池耗电量等实用参数；模型种类设定一步完成；高灵敏度；带滚珠轴承的万向接头；能够兼容 AFHSS 2.4GHz/PPM/PCM；可定制菜单；可转换的控制开关、按钮、操作杆及数字修正；具有报警功能。

图 3-9 长距离遥控遥测装置

相关技术参数如下：
频率：900MHz
可转换通道：8 个
测控距离：11km（空域、可扩展至 32km）

3.5.2 高清无线数字视频发射机

高清无线数字视频发射机外形小巧，如图 3-10 所示，可搭配高清镜头、高清摄像机，集 H264 低延时视频压缩、COFDM 无线调制及功率放大器于一体，整机质量小于 300g（不含电池），完全适应于多旋翼无人机机载设备要求。其 HD1080 高清视频传输和 300ms 低延时的性能特点也是为无人机量身定制的，传输距离最远可达 15km。相关技术参数详见表 3-1。

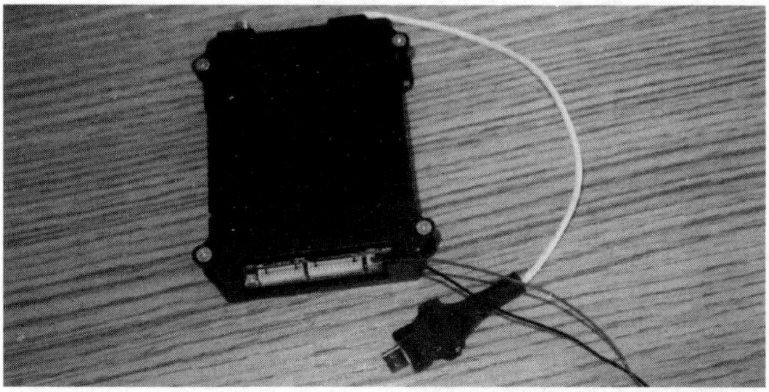

图 3-10 高清无线数字视频发射机

表 3-1 视频发射机相关技术参数

工作电压与工作电流	工作电压/V	DC7～16.8
	工作电流/A	≤0.6@DC12.5V
射频	工作频率范围/MHz	328～2500
	信道中心频率/MHz	可设置
	中心频率偏移/Hz	±20
	射频带宽/MHz	1.5/2,4,6/7/8
	输出功率/dBm	≥22
	功率可调范围/dB	15
	载噪比 C/N	≥28dB @ 22dBm
	杂散发射	≤−36dBm(在载波中心频率 f_c±5MHz 范围之外)
	调制方式	COFDM
	星座调制	QPSK,16QAM,64QAM 可选
	前向纠错码率	1/2,2/3,3/4,5/6,7/8 可选
	保护间隔	1/4,1/8,1/16,1/32 可选
CVBS	视频编码	H.264
	输入视频幅度	1～1.2Vp-p@75Ω
	输入视频制式	PAL/NTSC
	视频白条幅度/mV	650～720
	视频同步幅度/mV	260～275
	输入音频	左右声道,立体声
HDMI	版本	HDMI 1.4a
	HDCP 协议	支持

3.5.3 手持高清无线视频接收机

手持高清无线视频接收机如图 3-11 所示，可以在有建筑物遮挡的环境中或高速移动中接收、传输高品质全高清 1080P 的图像与声音，通视条件下传输距离可达 10km 以上。其具有体积小、重量轻、携带方便、覆盖范围广、灵敏度高、移动性好、抗干扰和抗衰落能力强、传输数据率高、稳定性和可靠性突出等显著优点，为指挥、抢险、侦察、野外作战等应急通信提供远距离、高质量、高速率、无线实时传输的理想解决方案，广泛应用于公安、武警、消防、野战部队等军事部门和交通、海关、油田、矿山、水利、电力、金融等国家重要部门。相关技术参数如表 3-2 所示。

图 3-11 手持高清无线视频接收机

表 3-2 手持高清无线视频接收机相关技术参数

视频射频		电源接口	DCϕ5mm/2.1mm 充电接口
解调方式	COFDM	其他	
星座解调	QPSK,16 QAM,64 QAM	屏幕尺寸	5in(可配折叠式遮光罩)
前向纠错码率	1/2,2/3,3/4,5/6,7/8	屏幕亮度	500cd/m^2
载波模式	2K	工作电流	≤1.3A@DC7.4V
保护间隔	1/4,1/8,1/16,1/32	充电电流	≤1.5A@CC-CV
视频图像	1920×1080×60i/50i(MAX)	输入电压	DC8.4V
视频解码标准	ISO/IEC13818-2 MPEG-2 MP@ML 或 H.264	环境温度	0～+45℃
		质量	480g(裸机,不含配件)
接口		电池容量	3400mA·h@7.4V
视频输出	HDMI A Type 支持 1.3	整机尺寸	145mm×94mm×35mm(裸机,不含配件)
录像及回放	TF CARD		
接收天线	SMA@50Ω(可选配低噪放)		145mm×94mm×50mm(配遮光罩)
天线馈电	5V@300mA	工作时间	>2h@25℃

3.6 多旋翼无人机系统自主控制体系结构

自主是指无人机系统拥有感知、观察、分析、交流、计划、制定决策和行动的能力，并且完成人类通过人机交互布置给它的任务。全自主意味着人的不可参与性，但是这难以满足无人机的诸多任务要求，如战略限制与战术意图，因此，不考虑人参与的全自主飞行并非最理想，而应该具有开放式的自主飞行体系，即不仅具有良好的自主飞行能力，并且对人开放，实现无人机自主控制与人在回路监控的结合，具有灵活的人机交互机制，同时为无人机自主执行任务提供了扩展能力。

基于递阶智能控制结构的思想，本节把多旋翼无人机系统进行层阶分解，建立了三层的自主控制体系，如图 3-12 所示。

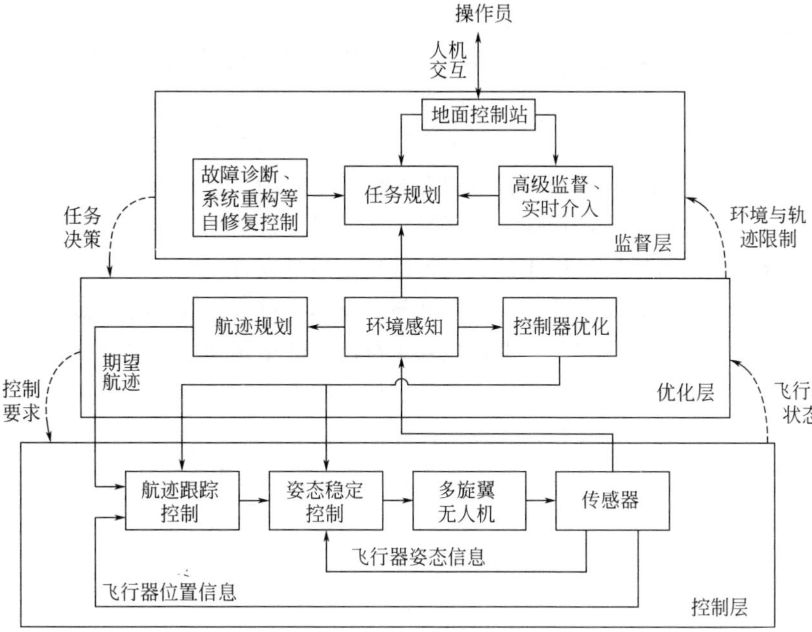

图 3-12 多旋翼无人机系统自主控制体系结构图

最底层是控制层，是多旋翼无人机最基本的飞行和运动控制回路。在遵守无人机的物理性能（空气动力学约束等）的前提下，主要包括无人机的姿态稳定控制和航迹跟踪控制，不需要学习与决策等功能。由于多旋翼无人机存在姿态和平动的耦合特性，可组成内外环的控制。根据高层体系指定的期望航迹命令，航迹跟踪控制为外环，姿态稳定控制为内环。另外，传感器测得多旋翼无人机的状态信息实时传送给本层的控制器，形成闭环路。同时，状态信息被传递给上一级，为高层体系提供相关决策依据。控制层主要依赖于无人机系统的自主行为，智能程度最低，控制精度最高。

中间层是优化层，是递阶智能控制的次高层，表示为了完成任务约束必须实现的智能体的动作。任务约束是最高层传递的指令与当前环境的限制，包括航迹必须经过导航点、及时达到目标、绕过障碍物、避免穿越禁飞区等。依据任务约束，通过 GPS、视觉传感器等途径获取环境信息，完成航迹规划。规划出的航迹即为控制层的控制指令。当无人机处于多变的环境或突发情况时，机上的实时重规划、在线环境感知是非常必要的。环境感知是对无人机当前所处的环境、地形、威胁的分布以及无人机的当前状态等信息进行实时获取，以达到飞行环境的自适应。一般需要根据先验知识库建立环境模型，并且环境信息同时传递给最高层，作为决策依据。此外，优化层对控制层的各个控制器可以进行参数整定与性能优化。

最高层是监督层，具有一定的学习能力和较高的智能程度。监督层主要包括任务规划，实时的故障诊断、预测、隔离以及系统重构等自修复控制，操作员的高级监督与实时介入。其中，任务规划是通过环境感知的评估，无人机进行任务分配与自主决策，但是像这样的完全自主的无人机尚未研制成功，目前，高自主级别的无人机往往是通过操作员进行任务的管理，无人机进行辅助决策。多旋翼无人机系统健康状态的监督可以通过操作员、无人机自动系统或者两者共同实施，从而保证无人机系统的可靠性和安全性。一旦有必要，操作员可以完全掌握监督主导，通过地面控制站实时介入飞行控制，重新规划飞行任务甚至切换遥控飞行模式保证必要的安全。地面控制站作为一个人机交互的平台，能够实时显示与保存飞行器的状态数据、飞行航迹以及飞行视频，为操作员提供了良好的监督环境。操作员通过地面控制站来控制飞机的自主飞行，向无人机发送任务命令、切换飞行模式、一键返航等。由此可见，人实时在环的监督控制为无人机自主控制体系提供了极大的安全性与灵活性，实现了人类智能与人工智能的完美融合。

参考文献

[1] MICHAEL N, MELLINGER D, LINDSEY Q, et al. The grasp multiple micro-uav testbed[J]. IEEE Robotics & Automation Magazine, 2010, 17(3): 56-65.

[2] 陈声麒，焦俊. 旋翼无人机螺旋桨静拉力性能的计算与试验验证[J]. 电子机械工程，2017，33(5)：60-64.

[3] 周超，张美红，高琳杰. 八旋翼无人机系统设计及性能分析[J]. 电子测试，2017，24-25.

[4] 张利国，谢朝辉. 电动多旋翼无人机螺旋桨的性能计算与分析[J]. 科技创新与应用，2016(1)：17-18.

[5] JIANG M，LUO Y，YANG S. Stochastic convergence analysis and parameter selection of the standard particle swarm optimization algorithm [J]. Information Processing Letters，2007，102(1)：8-16.

[6] 鲍帆. 无人机自主飞行控制与管理决策技术研究[D]. 南京：南京航空航天大学，2008.

第4章

多旋翼无人机空气动力学

4.1 概述

作为多旋翼无人机设计过程中必须考虑的问题，气动布局对整机气动性能产生的影响一直是空气动力学和飞行力学中的重点研究内容。目前，多旋翼系统常见气动布局主要有：双旋翼气动布局、周向三旋翼气动布局、周向四旋翼气动布局、六旋翼气动布局、八旋翼气动布局。多旋翼无人机中涉及的低雷诺数工作环境使得旋翼所具有的独特气动特性和愈加明显的翼间干扰引起了众多研究者的关注。其中传统控制理论中忽略旋翼低雷诺数空气黏度的影响和翼间的气动干扰对控制模型精度带来的影响逐渐成为制约多旋翼无人机继续发展的最为关键的技术瓶颈。由于我国对多旋翼无人机研制的迫切需求，建立一套适用于多旋翼无人机气动特性分析方法具有重要的实用价值。目前，有黏低雷诺数下旋翼的空气动力学特征研究主要采用理论分析和实验研究两种不同的研究手段。在理论计算时，多采用较为成熟的动量法、叶素法以及涡流理论等方法在低雷诺数下将空气黏性影响考虑进去进行分析。实验方面，常规旋翼气动特性的多种测量技术主要集中在旋翼升阻比相关的拉力和功耗。微小型旋翼实验台的关键技术主要集中在多参数可调的传动系统和测量系统，通过对旋翼转速及旋翼产生的拉力和转矩的测量来完成基本的气动测试。

首先，本章通过分析自主研发的非平面六旋翼无人机低雷诺数的空气动力学特征，利用修正的动量叶素法计算了计入空气黏度的旋翼拉力。考虑双旋翼翼间气动干扰对六旋翼无人机旋翼系统拉力的影响，通过非平面双旋翼单元的提出，定性分析了气动干扰对控制理论中动力学模型的影响。然后，结合双旋翼数值模拟和实验研究初步完成旋翼倾转角度、旋翼间距、旋翼转速等气动参数对平面式双旋翼系统气动特性的影响。针对非平面双旋翼系统，在不同设计参数条件下测量了拉力和功耗的变化，并分别与单旋翼和平面双旋翼进行了对比，定性分析了非平面双旋翼单元的相互作用和“增升”机理。最后，为了更加深入地研究多旋翼系统不同气动布局下的抗风扰性能，结合双旋翼气动测试实验台和风洞实验针对悬停状态的双旋翼单元开展了来流实验研究。

4.2 低雷诺数下的多旋翼系统

4.2.1 考虑空气黏度的旋翼气动理论计算

对于微小型无人机的旋翼，由于飞行环境与常规旋翼有明显不同，需要基于常用旋翼的空气动力学理论建立工程实用的、适合微小型旋翼气动性能的理论计算方法。目前研究旋翼气动特性的方法主要包括动量理论、叶素理论、涡流理论等。

(1) 常用的旋翼空气动力理论计算方法

由于旋翼工作环境的雷诺数范围在 1×10^5 左右，需要考虑空气黏性的影响，此时旋翼的升阻比会有所减小并影响整体拉力效率，因此需要对低雷诺数下的旋翼气动力进行合理计算。

① 动量理论　动量理论中假设空气是理想气体，旋转的旋翼为均匀无限薄的圆盘（桨盘），流过桨盘的气流速度为常数且没有扭转。由于桨盘产生的拉力均匀分布，此时可以由动量守恒算出气流的作用力为单位时间通过桨盘空气动量的增量，结合伯努利方程可以知道在桨盘处的速度增量 Δv_1 是滑流区速度增量 Δv_2 的一半。但是动量理论没有考虑旋翼几何形状等细节，认为诱导速度分布均匀，所以整个计算模型简单，只能用于初步的旋翼气动设计中。

② 叶素理论　叶素理论是假定旋翼气流无滑流收缩，将旋翼桨叶分成很多很小的小段，即叶素，根据旋翼翼型可以对每个叶素上的气动力进行计算，然后沿径向进行积分求得旋翼的总的气动力。叶素理论考虑了旋翼的几何特性和运动特性，但是不能计算径向诱导速度的分布和旋翼下洗流效应，所以也有一定的局限性。

③ 涡流理论　涡流理论考虑桨叶间的干扰，利用 Biot-savart 定理、Kelvin 定理和 Helmholtz 定理可以计算旋翼流场中任一点的诱导速度，进而得到计算旋翼周围的速度场。同样地，还可以构建旋翼拉力、功耗与气流之间的关系，最终来计算旋翼气动性能。另外，在涡流理论的基础上，还发展了片条理论，可以根据有限翼展理论，将气流经过机翼引起的下洗流考虑进来，并进一步由动量定律就可计算翼间干扰问题。

④ 自由尾迹分析方法　旋翼尾迹分析模型主要有固定尾迹、预定尾迹、自由尾迹和约束尾迹四种，其中自由尾迹法考虑了尾迹本身的作用和桨叶与尾迹之间的干扰，可以更接近实际尾迹形状的变化，但是在求解中数值处理比较复杂，

工作量很大。

(2) 旋翼空气动力学模型

常规旋翼空气动力特性分析方法由于忽略空气黏度作用，因此不再完全适用，本章首先通过对理论分析方法进行修正，尝试对低雷诺数下考虑黏性作用的方法建立旋翼空气动力学模型。

① 修正的动量法和叶素法　结合动量法和叶素法的优点，既可以在工程实际中简化计算过程，又可以得到可靠的旋翼气动力和力矩的近似理论结果。如图 4-1 所示，根据动量守恒定律可知，桨盘环带 dr 处的拉力 ΔT 和阻力转矩 ΔM 分别为

$$\Delta T = 2\rho v^2 (2\pi r) \mathrm{d}r \tag{4-1}$$

$$\Delta M = 2\rho u v (2\pi r) r \mathrm{d}r \tag{4-2}$$

式中，ρ 为空气密度；v 为下洗流效应引起的桨盘轴向干涉速度；u 为旋转诱导效应引起的桨盘环向干涉速度；r 为距离桨盘中心的距离，有 $r \ll R$（R 为旋翼半径最大值）；dr 为桨盘在半径方向上的微元。

叶素法理论分析图如图 4-2 所示，叶素的升力和阻力分别为：

$$\Delta L = qC_L (b\mathrm{d}r) \tag{4-3}$$

$$\Delta D = qC_D (b\mathrm{d}r) \tag{4-4}$$

式中，b 为弦长；C_L 为升力系数；C_D 为阻力系数；$q=\frac{1}{2}\rho W^2$，为动压；W 为合成速度，从图 4-2 中可知其表达式为：

$$W = \sqrt{v^2 + (\omega r - u)^2} \tag{4-5}$$

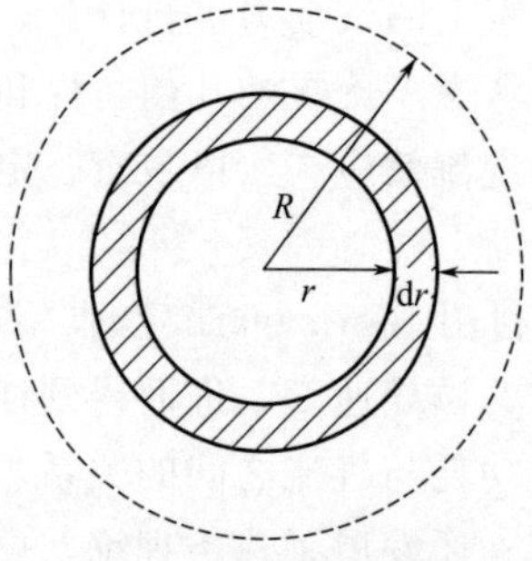

图 4-1　桨盘环带示意图

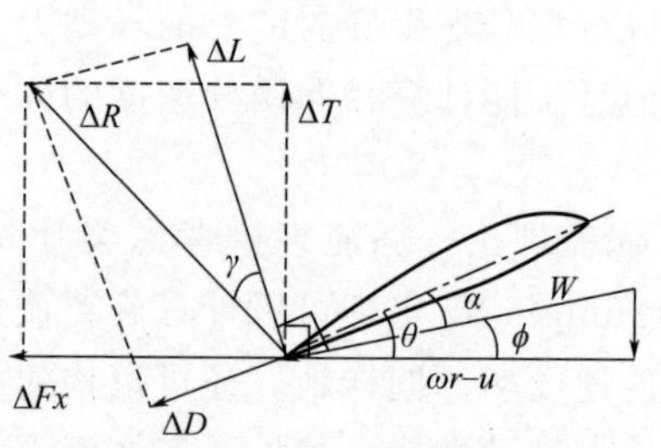

图 4-2　叶素法理论分析图

则作用在叶素上的气动合力 ΔR 为：

$$\Delta R = \sqrt{\Delta L^2 + \Delta D^2} \tag{4-6}$$

设桨叶个数为 N，即可代入得到叶素上的拉力 ΔT 和阻力转矩 ΔM 为

$$\Delta T = N\Delta R\cos(\phi+\gamma) = N(\Delta L\cos\phi - \Delta D\sin\phi) \tag{4-7}$$

$$\Delta M = Nr\Delta R\sin(\phi+\gamma) = Nr(\Delta L\sin\phi + \Delta D\sin\phi) \tag{4-8}$$

式中，ϕ 为诱导角，其表达式为 $\phi=\arctan\dfrac{v}{\omega r-u}$；$\gamma$ 为阻升角，其表达式为

$$\gamma = \arctan\frac{C_D}{C_L} \tag{4-9}$$

因此，本章设计的修正算法步骤如下。

首先，由于动量法中假定桨叶有无限多个，这与实际情况有较大出入，所以在有限桨叶数 N 下考虑翼型阻力造成的影响可以将式(4-1) 和式(4-2) 改写为：

$$\Delta T = 2\rho v^2(2\pi r)\mathrm{d}r - N\Delta D\sin\phi \tag{4-10}$$

$$\Delta M = 2\rho uv(2\pi r)r\,\mathrm{d}r + Nr\Delta D\cos\phi \tag{4-11}$$

其次，需要对两种方法涉及的桨尖损失作出修正，此时可以通过引入 Prandtl 因子来修正理论计算的误差，这种方法与实际情况比较吻合，其中 Prandtl 因子定义为

$$\lambda_{\mathrm{p}} = \frac{2}{\pi}\mathrm{arccos}e^{f} \tag{4-12}$$

式中，$f=-\dfrac{N}{2}\left(1-\dfrac{r}{R}\right)\dfrac{1}{\sin\phi_{\mathrm{tip}}}$；$\phi_{\mathrm{tip}}$ 为桨尖涡螺旋线速度。

因此，对两种方法修正后的公式分别为：

动量法：

$$\Delta T = 2\rho v^2(2\pi r)\lambda_{\mathrm{p}}\mathrm{d}r - N\Delta D\sin\phi \tag{4-13}$$

$$\Delta M = 2\rho uv(2\pi r)r\lambda_{\mathrm{p}}\mathrm{d}r + Nr\Delta D\cos\phi \tag{4-14}$$

叶素法：

$$\Delta T = N\left[\frac{1}{2}\rho(v^2+(\omega r-u)^2)\right]C_L b\lambda_{\mathrm{p}}\cos\phi\,\mathrm{d}r - N\Delta D\sin\phi \tag{4-15}$$

$$\Delta M = N\left[\frac{1}{2}\rho(v^2+(\omega r-u)^2)\right]C_L br\lambda_{\mathrm{p}}\sin\phi\,\mathrm{d}r - Nr\Delta D\cos\phi \tag{4-16}$$

此时对修正后的两组方程联立求解可以得到 v 和 u：

$$v = \sqrt{u(\omega r-u)} \tag{4-17}$$

$$u = \frac{1}{2}\left(-\omega r b_1^2 + \omega r b_1\sqrt{b_1^2+4}\right) \tag{4-18}$$

式中，$b_1=\left(\dfrac{N}{8\pi R}\right)C_L b$。

接下来利用已知的安装角 θ 求出诱导速度 u 为

$$u = \frac{\omega[1+2\theta(\theta+b_2)] - \omega r\sqrt{1+4b_2\theta}}{2[1+(b_2+\theta)^2]} \tag{4-19}$$

式中，$b_2=\dfrac{8\pi r}{Nb\alpha}$。

将 u 代入式(4-17) 即可得到 v，根据修正后的公式就可以进行拉力和转矩的计算了。

② 计入黏度的拉力和转矩修正模型　由于存在空气黏度，因此存在黏性力会引起水平诱导速度 u_v，此时合成速度 W 为

$$W=\sqrt{v^2+(\omega r-u-u_v)^2} \tag{4-20}$$

因此，诱导速度 u 和 v 的计算公式分别变为

$$v=\sqrt{u(b_3-u)} \tag{4-21}$$

$$u=\frac{1}{2}\left(-b_3b_1^2+\omega r b_3 b_1\sqrt{b_1^2+4}\right) \tag{4-22}$$

式中，$b_3=\omega r-u_v$。

由于 u_v 的计算相对复杂，可以采用计算公式近似求解：

$$u_v=c_1A_L^{c_2} \tag{4-23}$$

式中，A_L 为上一个桨叶的后缘与下一个桨叶后缘之间的弧长；$c_1=-3.0\times10^{-10}Re_{\omega r}^2-2.0\times10^{-6}Re_{\omega r}+0.241$；$c_2=3.0\times10^{-9}Re_{\omega r}^2-7.0\times10^{-5}Re_{\omega r}-0.372$。

接下来就可以通过修正的动量叶素法的公式计算考虑黏性的旋翼拉力和转矩了。

从理论计算上看，给定相对较大的安装角或者相对较高的转速可以增加拉力，但是转矩也有所增加，所以在考虑尽可能增加旋翼拉力的同时，应该要注重功率消耗。

4.2.2 考虑旋翼间干扰的多旋翼系统

本节以自主研发的六旋翼无人机为对象，进行旋翼间干扰的多旋翼系统分析。六旋翼无人机的原理样机及结构简图如图 4-3 所示。六旋翼无人机采用碳纤维材料，六个旋翼沿着圆周周向均布，旋翼支撑臂等长且夹角为 60°，机体中心为载荷平台，相邻旋翼旋转方向两两相反。另外，每个旋翼旋转平面与机体平面存在倾转角度，倾转角度的不同可以产生不同方向的力和力矩。该无人机具有固定的螺距，既不用像倾转旋翼机一样需要改变旋转平面的装置，又不用像传统的直升机或者共轴无人机一样需要倾转斜盘来调整螺距，因此六旋翼无人机保持了机体结构上的简洁性，避免了复杂的机械结构带来的额外重量。六旋翼无人机通过调节旋翼的转速来实现飞行运动，六个旋翼具有产生独立力和力矩的能力。

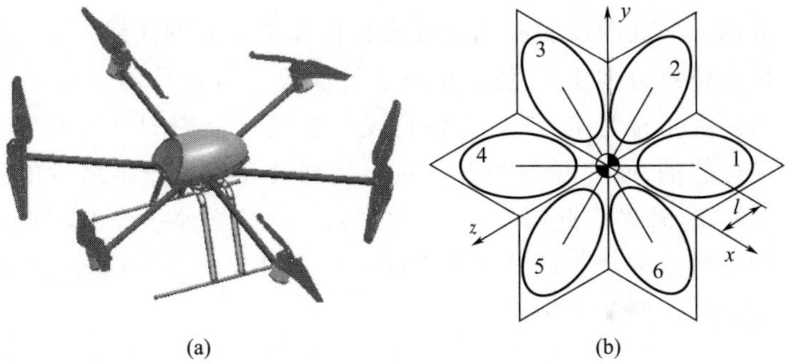

图 4-3 六旋翼无人机原理样机及结构简图

由于旋翼转向两两相反，为方便分析，我们定义 1 号、3 号和 5 号旋翼逆时针旋转，2 号、4 号和 6 号旋翼顺时针旋转；定义旋转平面与机体平面之间的夹角，即倾转角度为 ϕ；定义相邻两个旋翼产生拉力的夹角为 α；定义相邻两个旋翼的力矩夹角为 β，则可知这三个角度之间的关系为

$$\alpha=\arccos\left(-\frac{1}{2}\sin^2\phi+\cos^2\phi\right) \tag{4-24}$$

$$\beta=\pi-\arccos\left(\frac{1}{2}\cos^2\phi-\sin^2\phi\right) \tag{4-25}$$

当旋翼力和力矩夹角分别为 90°时，旋翼产生的力和转矩是正交的，此时要达到给定的力或转矩所需要的能量最少。当 α 和 β 与 90°相差较大时，有可能需要消耗很大的能量来抵消力或者转矩分量，使得在补偿时可能会导致控制能力下降。式(4-24) 和式(4-25) 之间的关系还可以用图 4-4 来表示。

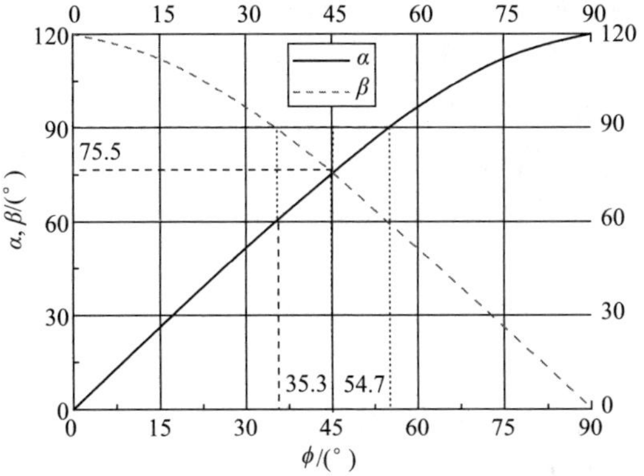

图 4-4 相邻旋翼的拉力夹角和力矩夹角与倾转角度的关系

为了达到悬停状态的效率，倾转角度应该趋于 0°，使得所有的旋翼产生的力都在一个方向，但此时旋翼拉力只能在机体参考平面的法线方向产生，失去了六旋翼无人机在任意方向上产生力和力矩的优势。当倾转角度 $\phi=45°$时，旋翼产生的力和力矩夹角都是 75.5°，这使得飞行器既有合理的悬停效率，又比较接近悬停效率最理想的 90°。尽管如此，对于达到最大拉力产生最少能量的理想情况应该在 $\alpha=90°$的时候，此时 $\phi=54.7°$，$\beta=60°$。这种状况下旋翼产生的拉力相互垂直，即三对旋翼产生的拉力在空间正交，可分别对单轴进行控制，不影响另外两轴，无耦合，简化了控制。

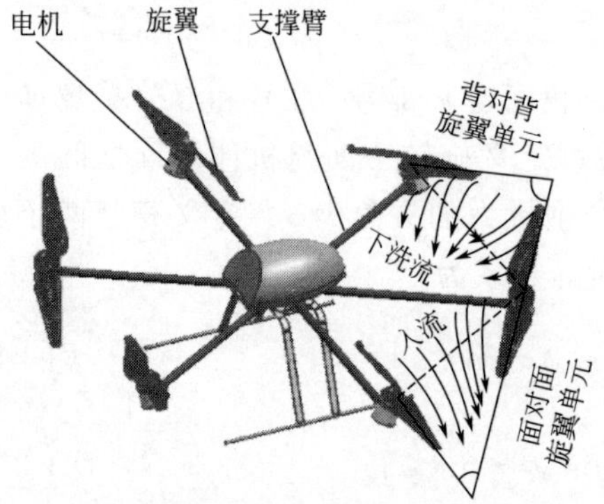

图 4-5 六旋翼无人机非平面单元示意图

为了考察六旋翼无人机相邻旋翼间的气动影响，以任一孤立旋翼为中心，将该旋翼和与它相邻的旋翼分别作为研究单元来分析，组成的面对面和背对背这两种非平面双旋翼研究单元，如图 4-5 所示。对周向分布的六个旋翼，对任意旋翼中心，面对面和背对背双旋翼单元都将同时作用在这个旋翼上。因此，要分析六旋翼无人机的升阻力产生机制，就必须深入研究这两种非平面旋翼单元间气流是如何运动的。

因此，本节将着重分析影响双旋翼性能的入流和下洗流变化规律。面对面双旋翼单元流场示意图如图 4-6 所示。影响面对面双旋翼单元流场的主要是入流，这样的倾斜配置不仅减小了气流对桨盘的冲击，在转速较大时还可以增加吸入的气流，使得气流对旋翼的反作用力也随之增加，起到了减小阻力的作用。此外，越靠近旋翼下方的流场重叠区域，气动干扰变得明显。但是，增加的入流使得气流轴向速度也随之增大，也使得这种翼间干扰有减小的趋势。

背对背双旋翼单元流场示意图如图 4-7 所示。从图中可以看出，影响背对背旋翼单元流场的主要是下洗流，此时旋翼单元下方的气流是两个旋翼共同作用的。相较于平面配置的旋翼单元，下洗流集中对称分布时有可能增加湍流强度使得气动干扰更加强烈，最终影响旋翼系统的整体拉力。这样的气动干扰在特定间距和倾转角度的配合下，有可能对无人机旋翼载荷朝着有利的方向发展。同时，由于上方间距较小，两个旋翼所排气流会在流场相交干扰区域相互作用，使得旋转平面的上半平面和下半平面处于不同的气动环境，可能会导致旋翼工作时的稳定性降低。

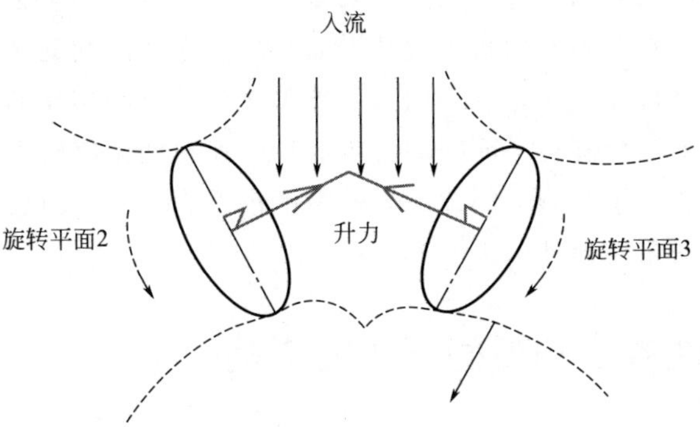

图 4-6　面对面双旋翼单元流场示意图

综合非平面配置的这两种双旋翼单元可以发现，任意相邻的面对面和背对背状态同时作用时，由于倾转角度带来的旋翼倾转平面间距不一致有可能得到改善。而此时轴向的入流和出流由于变得更加集中，相比于传统平面配置的旋翼，其拉力借助干扰气流将会进一步增加。

在此，对共轴双旋翼单元流场进行扩展研究，其示意图如图 4-8 所示。在共轴旋翼单元中，上旋翼向下排出的气流大部分直接作用在下旋翼，而下旋翼的大部分旋翼面积是在上旋翼尾涡中运转，这样形成的完全重叠区域使得双旋翼单元的气动干扰变得强烈，再加上共轴配置的间距一般小于旋翼半径，此时轴向流动受到限制，强烈的干扰还有可能对两个旋翼造成冲击，最终导致整体拉力下降。

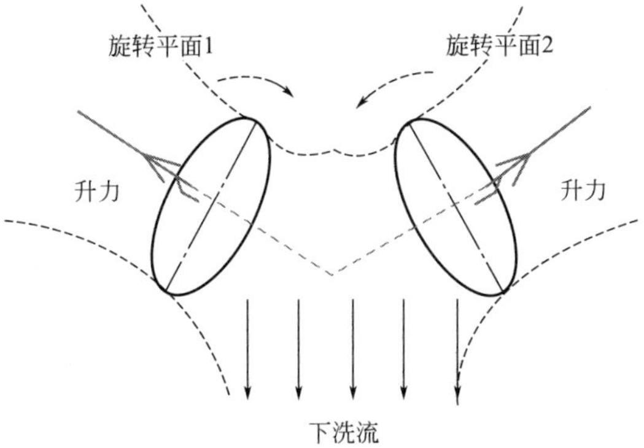

图 4-7　背对背双旋翼单元流场示意图

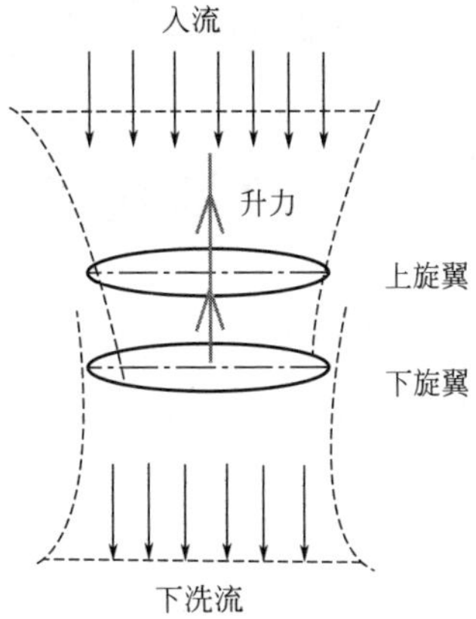

图 4-8　共轴双旋翼单元流场示意图

对于这三种双旋翼单元，翼间间距直接决定气动干扰作用的大小，因此成为气动布局设计时需要考虑的重要参数，在保证翼尖不相碰的条件下，间距越小，翼间干扰越强烈，然而间距过大虽然可以减小气动干扰，但又会导致整机重量的增加。对非平面双旋翼单元而言，旋转平面与机体平面之间的夹角使得翼间间距可以小于一个旋翼直径，这是非平面双旋翼单元对整机小型化的一个贡献。而倾转角度不仅决定了两个旋转平面间的气流流动，还对两个旋转平面在固定间距时可作用的范围也产生了影响，因此，倾转角度也作为另一个重要的气动参数计入整机旋翼系统气动布局设计中去。

4.2.3 黏性效应和翼间干扰的影响

根据雷诺数定义，由于沿着桨叶展向有不同的线速度，使得旋翼在不同半径处于不同的雷诺数范围，由此导致旋翼沿半径方向有不同的升阻特性。传统动力学建模中的无黏假设对具有小尺度特征的旋翼计算产生影响，并且可能会导致整个控制模型产生较大偏差，最终引起结果可信度不高且不利于飞行控制。

鉴于这种特殊构型的无人机较平面配置的翼间干扰程度要强烈得多，此时传统动力学建模多未考虑翼间干扰，通常将拉力和阻力分别与转速平方关系用常数代替，对六旋翼无人机来讲，较常规飞行器需要提高控制模型的精度，就需要引入空气黏度以及翼间干扰对旋翼拉力的影响进行详细分析和研究，进而对控制模型进行修正和完善。

对于本章涉及的黏性效应，可以根据翼型通过理论计算和数值模拟方法进行计算，而非平面式双旋翼间的气动干扰由于没有相关的理论基础作为支撑，有必要针对反映旋翼基本气动性能的拉力和功耗进行实验，并通过适合低雷诺数双旋翼单元的数值模拟方法对非平面双旋翼的流场细节进行分析。

4.3 数值模拟方法及验证

自主研发的六旋翼无人机空气动力学问题的特殊性在于非平面配置的两个旋翼间由于倾转角度和间距的变化存在不同程度的气动干扰，这具体表现在以下两个方面。

① 两个旋翼的尾迹相互诱导，并随着非平面状态（面对面状态和背对背状态）的改变，旋翼间的入流和下洗流也在随着相交干扰面积的变化而变化。

② 受空气黏性作用和速度梯度较大的气流作用，在相交干扰的重叠区域将会产生气流与旋翼以及气流与气流之间的撞击，并形成涡流，使得此时的干扰作用变得非常复杂。

基于上述表现，要观察非平面双旋翼单元流场的变化细节，就有必要从数值模拟方法入手。本书尝试引入可以对存在多个相对运动域的复杂流场进行三维计算求解的数值模拟方法，从考虑黏性影响的 N-S 方程入手，对模拟过程涉及的理论知识进行详细阐述，最后通过单旋翼的数值模拟与实验研究互相对比验证模拟方法的有效性。

4.3.1 旋翼数值模拟方法

在对流体进行分析的过程中，要用到两类物理模型和三条基本定理。其中两个物理模型分别为有限控制体和流体微元，三条基本定律分别为质量守恒定理、牛顿第二定律和能量守恒定律。基于这三条基本定律，N-S 方程就包括以下三个方程：

连续方程：

$$\frac{\partial \rho}{\partial t}+\nabla \cdot (\rho \boldsymbol{V})=0 \tag{4-26}$$

动量方程：

$$\rho\left[\frac{\partial}{\partial t}\boldsymbol{V}+(\boldsymbol{V} \cdot \nabla)\boldsymbol{V}\right]=\rho \boldsymbol{f}-\nabla \boldsymbol{p}+\boldsymbol{F}_{\text{viscosity}} \tag{4-27}$$

能量方程：

$$\begin{aligned}&\frac{\mathrm{d}}{\mathrm{d}t}\iiint_{\tau}\rho(e+\boldsymbol{V}^2/2)\mathrm{d}\tau\\&=\iiint_{\tau}\rho q\,\mathrm{d}\tau+\oiint_{\tau}k(\nabla\cdot \boldsymbol{n})\mathrm{d}A+\iiint_{\tau}\rho(\boldsymbol{f}\cdot \boldsymbol{V})\mathrm{d}\tau-\oiint_{A}(\boldsymbol{V}\cdot \boldsymbol{n})\mathrm{d}A+W_{\text{viscosity}}\end{aligned} \tag{4-28}$$

式中，ρ 为空气密度；$\boldsymbol{V}$ 为速度；$\boldsymbol{f}$ 为单位质量的体积力；e 为单位体积的总能量；q 为动压；A 为控制面的面积；$\boldsymbol{n}$ 为控制面的法线方向；$W_{\text{viscosity}}$ 为黏性力所做的功；k 为流体的热传导系数。

本书中涉及的流场是指多旋翼系统在悬停状态下的空气流场。旋翼的悬停状态是多旋翼无人机最常见也是研究最多的飞行状态，由于悬停状态下需要考虑流场的定常变化过程，因此，在数值模拟时需要捕获旋翼域周边细节的流场信息。另外，针对双旋翼单元，由于存在两个旋翼的相对运动，因此本章利用多重参考坐标系模型 MRF 采用有限体积法对雷诺平均 N-S 方程进行数值求解。

计算过程中，整个计算域含有两个旋转运动区域以及一个静止区域，两个旋翼转速相同、转向相反，可以在各自计算域内通过旋转坐标系进行独立参数控制，外部空气流体域通过静止坐标系进行设置，区域间的流场信息转换由相邻的交接面通过网格节点的插值计算来完成。

由于三维情形下的数值模拟相对于二维有更多的困难，增加了模拟的难度，因此这里对本章数值模拟方法涉及的基本控制方程、方程求解方式、边界条件和湍流模型等方面进行简单概述。

(1) 流体主控方程

要研究低雷诺数下旋翼单元的气动性能，可以通过求解 N-S 方程得到速度和压力场以及相应的流迹。在连续介质假设的前提下，可以认为，流体质点连续地占据了整个流体空间。为了描述流体的运动，必须把流体的几何位置和时间联系起来，可以有两种基本不同的方法。第一种方法称为拉格朗日法。它研究个别流体质点的运动与它们的轨迹，及它们在各自轨迹的各点上的速度和加速度等。这便要求追随着每个流体质点进行观察和研究，因而一般是困难的，没有太大的实用价值。第二种方法也是最常用的方法，称为欧拉法。它研究任一时刻 t，在个别空间点处流体质点的运动。场的概念便是根据这种局部的观察方法引出来的。任意拉格朗日欧拉方法将描述流体运动的这两种方法结合起来，绝对坐标系下，该方法表示的可压缩 N-S 方程的积分形式为：

$$\frac{\partial \boldsymbol{W}}{\partial t}+\nabla \cdot (F(\boldsymbol{W})-\boldsymbol{F}_v)=0 \tag{4-29}$$

式中，$\boldsymbol{W}$ 为守恒变量；$F(\boldsymbol{W})$ 为对流通量；$\boldsymbol{F}_v$ 为黏性通量。

对任意控制体 $\Omega(t)$ 进行积分，可以得到

$$\int_{\Omega(t)}\frac{\partial \boldsymbol{W}}{\partial t}\mathrm{d}V+\oint_{\partial\Omega(t)}\boldsymbol{F}(\boldsymbol{W})\mathrm{d}S=\oint_{\partial\Omega(t)}\boldsymbol{F}_v\mathrm{d}S \tag{4-30}$$

可以进一步变换为

$$\frac{\partial}{\partial t}\int_{\Omega(t)}\boldsymbol{W}\mathrm{d}V=\int_{\Omega(t)}\frac{\partial \boldsymbol{W}}{\partial t}\mathrm{d}V+\oint_{\partial\Omega(t)}(\dot{\boldsymbol{x}}\boldsymbol{n})\boldsymbol{W}\mathrm{d}S \tag{4-31}$$

式中，$\dot{\boldsymbol{x}}$ 和 $\boldsymbol{n}$ 为控制体边界 $\partial\Omega(t)$ 的运动速度和法向矢量，如果定义 $v_{\mathrm{gn}}=\dot{\boldsymbol{x}}\boldsymbol{n}$，则有

$$\frac{\partial}{\partial t}\int_{\Omega(t)}\boldsymbol{W}\mathrm{d}V+\oint_{\partial\Omega(t)}(\boldsymbol{F}(\boldsymbol{W})-v_{\mathrm{gn}}\boldsymbol{W})\mathrm{d}S=\oint_{\partial\Omega(t)}\boldsymbol{F}_v\mathrm{d}S \tag{4-32}$$

式中，v_{gn} 任意给定；$\dot{\boldsymbol{x}}$ 和 $\boldsymbol{n}$ 随时间变化。

在数值积分前将上式变量分别进行无量纲化，则式(4-32) 的变量表达式分别变为

$$\boldsymbol{W}=\begin{bmatrix}\rho\\ \rho u\\ \rho v\\ \rho w\\ \rho e\end{bmatrix} \tag{4-33}$$

式中，$\rho e=\frac{p}{\gamma-1}+\frac{1}{2}\rho(u^2+v^2+w^2)$。

$$(\boldsymbol{F}(\boldsymbol{W})-v_{\mathrm{gn}}\boldsymbol{W})=\begin{bmatrix}\rho(\theta-v_{\mathrm{gn}})\\ \rho u(\theta-v_{\mathrm{gn}})+n_x p\\ \rho v(\theta-v_{\mathrm{gn}})+n_y p\\ \rho w(\theta-v_{\mathrm{gn}})+n_z p\\ \rho h(\theta-v_{\mathrm{gn}})+v_{\mathrm{gn}} p\end{bmatrix} \tag{4-34}$$

式中，$\theta=un_x+vn_y+wn_z$；$\rho h=\rho e+p$。

$$\boldsymbol{F}_v=\begin{bmatrix}0\\ T_x\\ T_y\\ T_z\\ uT_x+vT_y+wT_z-\boldsymbol{Q}_{\mathrm{n}}\end{bmatrix} \tag{4-35}$$

式中，$T_x=n_x\tau_{xx}+n_y\tau_{xy}+n_z\tau_{xz}$；$T_y=n_x\tau_{xy}+n_y\tau_{yy}+n_z\tau_{yz}$；$T_z=n_x\tau_{zx}+n_y\tau_{zy}+n_z\tau_{zz}$；$\tau_{xx}=\frac{2}{3}\frac{Ma_\infty}{Re}(\mu+\mu_{\mathrm{t}})\left(2\frac{\partial u}{\partial x}-\frac{\partial v}{\partial y}-\frac{\partial w}{\partial z}\right)$；$\tau_{xy}=\tau_{yx}=\frac{Ma_\infty}{Re}(\mu+\mu_{\mathrm{t}})\left(\frac{\partial u}{\partial y}+\frac{\partial v}{\partial x}\right)$；$\tau_{yy}=\frac{2}{3}\frac{Ma_\infty}{Re}(\mu+\mu_{\mathrm{t}})\left(2\frac{\partial v}{\partial y}-\frac{\partial u}{\partial x}-\frac{\partial w}{\partial z}\right)$；$\tau_{xz}=\tau_{zx}=\frac{Ma_\infty}{Re}(\mu+\mu_{\mathrm{t}})\left(\frac{\partial u}{\partial z}+\frac{\partial w}{\partial x}\right)$；$\tau_{zz}=\frac{2}{3}\frac{Ma_\infty}{Re}(\mu+\mu_{\mathrm{t}})\left(2\frac{\partial w}{\partial z}-\frac{\partial u}{\partial x}-\frac{\partial v}{\partial y}\right)$；$\tau_{yz}=\tau_{zy}=\frac{Ma_\infty}{Re}(\mu+\mu_{\mathrm{t}})\left(\frac{\partial v}{\partial z}+\frac{\partial w}{\partial y}\right)$；$\boldsymbol{Q}_{\mathrm{n}}=n_xq_x+n_yq_y+n_zq_z$，$q_x=-\frac{Ma_\infty}{(\gamma-1)Re}\left(\frac{\mu}{pr}+\frac{\mu_{\mathrm{t}}}{pr_{\mathrm{t}}}\right)\frac{\partial T}{\partial x}$；$q_y=-\frac{Ma_\infty}{(\gamma-1)Re}\left(\frac{\mu}{pr}+\frac{\mu_{\mathrm{t}}}{pr_{\mathrm{t}}}\right)\frac{\partial T}{\partial y}$；$q_z=-\frac{Ma_\infty}{(\gamma-1)Re}\left(\frac{\mu}{pr}+\frac{\mu_{\mathrm{t}}}{pr_{\mathrm{t}}}\right)\frac{\partial T}{\partial z}$；$Ma_\infty$为来流马赫数；$\mu$ 为层流黏性系数；μ_{t} 为湍流黏性系数。

对理想气体，满足：

$$T=\frac{\gamma p}{\rho} \tag{4-36}$$

对上述方程，黏性系数由萨德兰公式（Surtherland's Law）得到：

$$\tilde{\mu}=\tilde{\mu}_0\left(\frac{\tilde{T}}{\tilde{T}_0}\right)^{1.5}\frac{\tilde{T}_0+C}{\tilde{T}+C} \tag{4-37}$$

式中，$\tilde{\mu}$ 为黏性系数；$\tilde{T}$ 为温度；$\tilde{T}_0=288.15\mathrm{K}$ 为海平面上的标准温度；

$\widetilde{\mu}_0=1.7894\times10^{-5}\mathrm{N\cdot s/m^2}$ 为海平面标准温度下的空气黏性系数；$C=110.4\mathrm{K}$。

(2) 方程的离散和求解

方程求解之前需要将流体控制方程转化到计算域中各节点的代数方程组上，即实现控制方程的离散，对计算域生成网格。常用的离散方法有有限差分法、有限元法以及有限体积法这三种。其中有限体积法计算量较小，应用最广泛。

对任意控制体 V 进行积分得到的方程可以表示为：

$$\oint\rho\phi\boldsymbol{v}\mathrm{d}\boldsymbol{A}=\oint\Gamma_\phi\ \nabla\phi\mathrm{d}\boldsymbol{A}+\int_v S_\phi\mathrm{d}V \tag{4-38}$$

式中，ρ 为密度；$\boldsymbol{v}$ 为速度矢量；$\boldsymbol{A}$ 为曲面面积矢量；Γ_ϕ 为 ϕ 的扩散系数；$\nabla\phi$ 为 ϕ 的梯度；S_ϕ 为每一单位体积 ϕ 的源项。

将上式应用于整个区域内，对于三角形单元，该方程为

$$\sum_f^{N_f}\rho_f v_f A_f\phi_f=\sum_f^{N_f}\Gamma_\phi(\nabla\phi)_x A_f+S_\phi V \tag{4-39}$$

式中，N_f 为封闭区域的面的个数；ϕ_f 为通过面的值；$\rho_f v_f A_f$ 为通过体积的质量流量；A_f 为表面的面积。

表面值 ϕ_f 可以使用迎风格式进行插值计算。本章使用二阶迎风格式，使用多维线性重建方法来计算单元表面处的值。此时表面值 ϕ_f 可以从下式计算出来：

$$\phi_f=\phi+\nabla\phi\Delta\boldsymbol{S} \tag{4-40}$$

式中，ϕ 为单元中心值；$\nabla\phi$ 为迎风单元的梯度值；$\Delta\boldsymbol{S}$ 为由迎风单元中心到表面中心的位移矢量。

梯度$\nabla\phi$ 的离散格式可以写为

$$\nabla\phi=\frac{1}{V}\sum_f^{N_f}\phi_f\boldsymbol{A} \tag{4-41}$$

式中，ϕ_f 可以由相邻两个单元 ϕ 求平均值来确定。

对于标量输运方程的离散格式也可以通过设定 $\phi=u$ 用于离散动量方程，以此得到 x 向的动量方程为

$$a_p u=\sum_{nb}a_{nb}u_{nb}+\sum P_f\hat{\boldsymbol{l}}\boldsymbol{A}+S \tag{4-42}$$

式中，P_f 为表面 f 的压力；$\hat{\boldsymbol{l}}$ 为通过面距离矢量。

对于已知的压力场和表面质量流量而言，直接求解上式就可以获得速度场。

将质量连续方程在三角体上积分，就可以得到离散方程为

$$\sum_f^{N_f}J_f A_f=0 \tag{4-43}$$

式中，J_f 为表面 f 的质量流量。

在基于压力基求解的时候，可以选择 SIMPLE 算法。一旦开始方程的求解，就可以在离散的网格上获得每个时间步的相应的速度和压力元，最后通过对每个时间步的压力黏性元进行积分，就获得了每个时刻相应的气动力。

(3) 边界条件

① 远场特征边界　在悬停状态，对于远场入流和出流边界，假设物体对远场影响很小，就需要该计算边界取得足够远，否则会限制旋翼尾迹的变化，从而导致计算收敛缓慢。基于动量理论的远场边界速度分布方法将出流速度 W_e 和拉力系数 C_T 的关系式表示为

$$W_e = -M_{tip}\sqrt{2C_T} \tag{4-44}$$

$$C_T = T/\rho\pi R_{tip}^2 M_{tip}^2 \tag{4-45}$$

$$R_{out} = R_{tip}/\sqrt{2} \tag{4-46}$$

式中，M_{tip} 为桨尖马赫数；R_{tip} 为桨尖半径；R_{out} 为出流半径。因此出流平面的面积为旋翼面积的一半。

远场边界上的入流速度 W_r 指定为

$$W_r = -\frac{M_{tip}}{4}\sqrt{\frac{C_T}{2}}\left(\frac{R_{tip}}{r}\right)^2 \tag{4-47}$$

这样在指定了边界速度后，就比较接近实际的流动情况。

② 物面边界　物面边界对 N-S 方程来说，假定边界法向为 $\boldsymbol{\xi}$ 向，对于场内第一个格心点的法向速度为

$$\boldsymbol{U}_1 = u_1\hat{\boldsymbol{\xi}}_x + v_1\hat{\boldsymbol{\xi}}_y + w_1\hat{\boldsymbol{\xi}}_z + \hat{\boldsymbol{\xi}}_t \tag{4-48}$$

式中，$\hat{\boldsymbol{\xi}}_x$、$\hat{\boldsymbol{\xi}}_y$、$\hat{\boldsymbol{\xi}}_z$ 为单位化的方向矢量；$\hat{\boldsymbol{\xi}}_t$ 为 $\boldsymbol{\xi}$ 的矢量。

边界速度满足无滑移条件，壁面速度等于网格运动速度时有

$$u_0 = u_{mesh}, v_0 = v_{mesh}, w_0 = w_{mesh} \tag{4-49}$$

③ 周期边界　对于旋翼的悬停流场，由于具有旋转对称性，因此对周向上划分的每份 $1/N$ 的区域流场是相同的，因此只需要计算其中一个的流场。周期边界需要网格点一一对应，可以对压力、速度和能量直接给定，其速度矢量可以通过下式得到：

$$\boldsymbol{u}_{jmax} = C(2\pi/n)\boldsymbol{u}_1 \tag{4-50}$$

$$\boldsymbol{C}(\boldsymbol{\omega t}) = \begin{bmatrix} \cos(\omega t) & -\sin(\omega t) & 0 \\ \sin(\omega t) & \cos(\omega t) & 0 \\ 0 & 0 & 1 \end{bmatrix} \tag{4-51}$$

式中，$\boldsymbol{u}_{jmax}$ 为速度矢量 $\boldsymbol{u}_1$ 绕 Z 轴旋转 $2\pi/n$ 后的新矢量。

(4) Spalart-Allmaras 湍流模型

Spalart-Allmaras 模型（简称 S-A 模型）属于一方程模型，与 k-ε 模型和 k-ω

模型相比，不需要非常密的网格，可以针对低雷诺数特性应用壁面函数，计算快，常用在飞行器、翼型等绕流流场分析，更适合小型旋翼流场的仿真计算中。导出的与黏性相关的 $\tilde{v}$ 的输运方程的无量纲形式为

$$\frac{\partial \tilde{v}}{\partial t}+\frac{\partial}{\partial x_{\mathrm{j}}}(\tilde{v}V_{\mathrm{j}})=C_{\mathrm{b1}}(1-f_{\mathrm{t2}})\tilde{S}\tilde{v}+\frac{1}{\sigma}\left\{\frac{\partial}{\partial x_{\mathrm{j}}}\left[(v_L+\tilde{v})\frac{\partial \tilde{v}}{\partial x_{\mathrm{j}}}\right]+C_{\mathrm{b2}}\frac{\partial \tilde{v}}{\partial x_{\mathrm{j}}}\times\frac{\partial \tilde{v}}{\partial x_{\mathrm{j}}}\right\}-\left[C_{\omega 1}f_{\omega}-\frac{C_{\mathrm{b1}}}{\kappa^2}f_{\mathrm{t2}}\right]\left(\frac{\tilde{v}}{d}\right)^2 \tag{4-52}$$

方程右边分别称为湍流涡黏性的产生项、耗散项和毁灭项。

另外，湍流黏性系数表示为

$$\mu_{\mathrm{t}}=f_{v1}\rho\tilde{v} \tag{4-53}$$

式中，$\tilde{v}$ 为与黏性相关的应变量；$\tilde{S}=\frac{\tilde{v}fv_2}{\kappa^2 d^2}$；$f_{v2}=1-\frac{\chi}{1+\chi f_{v1}}$；$f_{v1}=\frac{\chi^3}{\chi^3+C_{v1}^3}$；$\chi=\frac{\tilde{v}}{v_L}$；$f_{\omega}=g\left(\frac{1+C_{\omega 3}^6}{g^6+C_{\omega 3}^6}\right)^{\frac{1}{6}}$；$g=r+C_{\omega 2}(r^6-r)$；$r=\frac{\tilde{v}}{\tilde{S}\kappa^2 d^2}$；$f_{\mathrm{t2}}=C_{\mathrm{t3}}\exp(-C_{\mathrm{t4}}\chi^2)$；$C_{\mathrm{b1}}=0.1355$；$C_{\mathrm{b2}}=0.622$；$C_{v1}=7.1$；$C_{v2}=5$；$\sigma=2/3$；$\kappa=0.4187$；$C_{\omega 1}=C_{\mathrm{b1}}/\kappa^2+(1+C_{\mathrm{b2}})/\sigma=3.2059$；$C_{\omega 2}=0.3$；$C_{\omega 3}=2.0$；$C_{\mathrm{t1}}=1.3$；$C_{\mathrm{t4}}=0.5$。

4.3.2 单旋翼数值模拟

(1) 计算流程

如前文所述，按照对整机轻量化的要求，旋翼材料为碳纤维，旋翼流场计算的基本参数如表 4-1 所示。

表 4-1 旋翼基本参数

半径/mm	200	弦长/mm	35
叶片数	2	流体体积/mm	1400
额定转速/(r/min)	2200	迎角/(°)	−2～12
雷诺数 $Re_{\mathrm{tip}}/\times 10^5$	1	典型雷诺数 $Re/\times 10^5$	0.49,0.74,0.94,1.18
马赫数 M_{tip}	0.14		

由于孤立旋翼在旋转过程中，桨叶尾迹强烈收缩会产生桨尖涡，并向周围发散，直至下游很远处才耗散，因此需要确定的计算域尺寸足够大。为了全面分析单旋翼的气动特性，我们取了 −2°～12°这个迎角范围来计算旋翼的升阻力系数，并为充分对比低雷诺数下的升阻系数特点，分别针对旋翼工作范围内的 0.49×10^5、0.74×10^5、0.84×10^5 和 1.18×10^5 这几个典型雷诺数下的升阻力系数的变化。在计算前还需要通过网格歪斜检查网格质量，尽量将旋翼附近的网格划分得细致些，

这样既能较好地保证计算精度，又可以节约计算时间。

由于旋翼尺寸小，多旋翼无人机飞行的雷诺数范围小于 10^5，已接近黏性流动的雷诺数范围，由于桨尖马赫数远小于 1，因此流体按不可压流处理。设远场的流体速度为零，远场边界速度为旋转速度，另外，N-S 方程满足无滑移条件，物面边界速度同样等于旋翼旋转速度。初始条件为静止流场，采用二阶迎风格式计算无黏通量，采用一阶迎风格式计算黏性通量，速度场和压力场的耦合采取 SIMPLE 法。在旋转坐标系下计算定常流场，流场的收敛通过残差和升力系数的收敛曲线判断，收敛过程涉及的升力系数 C_L、阻力系数 C_D 分别定义为

$$C_L = \frac{F_y}{0.5\rho U_{\text{ref}}^2 S_{\text{ref}}} \tag{4-54}$$

$$C_D = \frac{F_x}{0.5\rho U_{\text{ref}}^2 S_{\text{ref}}} \tag{4-55}$$

式中，U_{ref} 为参考速度，一般情况取来流速度或边界运动的平均速度；S_{ref} 为参考面积，一般取旋翼旋转的投影面积。

（2）升阻特性

为了描述旋翼工作范围内的低雷诺数的影响，我们选取了几个典型的雷诺数范围对比了升力系数和阻力系数随迎角的变化，结果如图 4-9 所示。

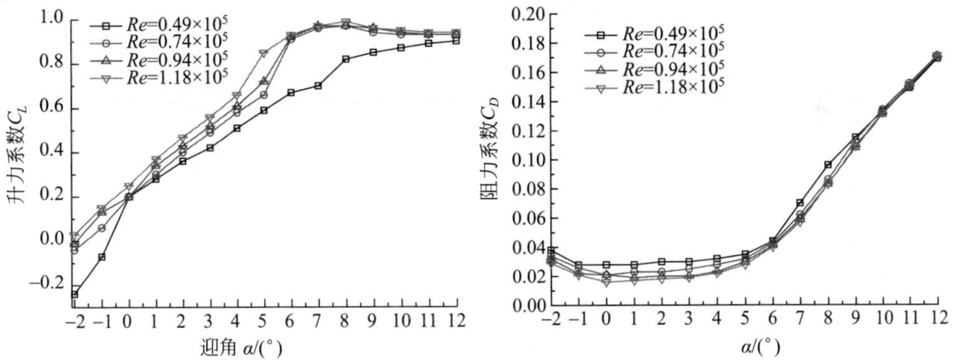

(a) 升力系数　　(b) 阻力系数

图 4-9　典型雷诺数下的旋翼升阻特性曲线

从图 4-9 中可以看出，对转速范围内的不同雷诺数，整体升力系数随着迎角增加而增加，当迎角增大到 7°时升力系数达到最大，此时随着雷诺数的增加，同一迎角升力系数也稍有增加，达到最大值后，较低雷诺数 $Re=0.49\times10^5$ 的升力系数的增加相比于高雷诺数开始呈下降趋势，两者升力系数最大相差 0.35。随着迎角的继续增加，整体升力系数变化较小，并开始趋于稳定。相比较而言，

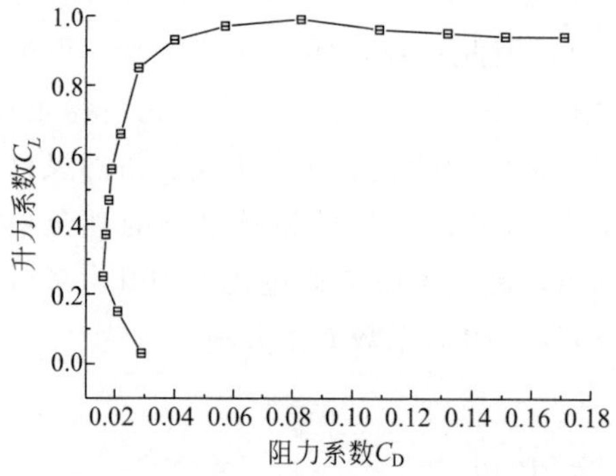

图 4-10 旋翼升阻特性曲线

较低雷诺数 $Re=0.49\times10^5$ 的阻力系数也偏高，其阻力系数随迎角增加而增大。相比较而言，随着雷诺数的降低，旋翼升阻比下降，说明此时旋翼气动性能也有所下降。

根据 CFD 方法模拟得出了所用旋翼的升阻特性变化曲线如图 4-10 所示。从图中可以看出该翼型具有较好的升阻比。

(3) 流场分析

为了深入对比旋翼在各典型雷诺数范围流场分布特性，图 4-11 给出了额定转速下旋翼截面上的压强分布。

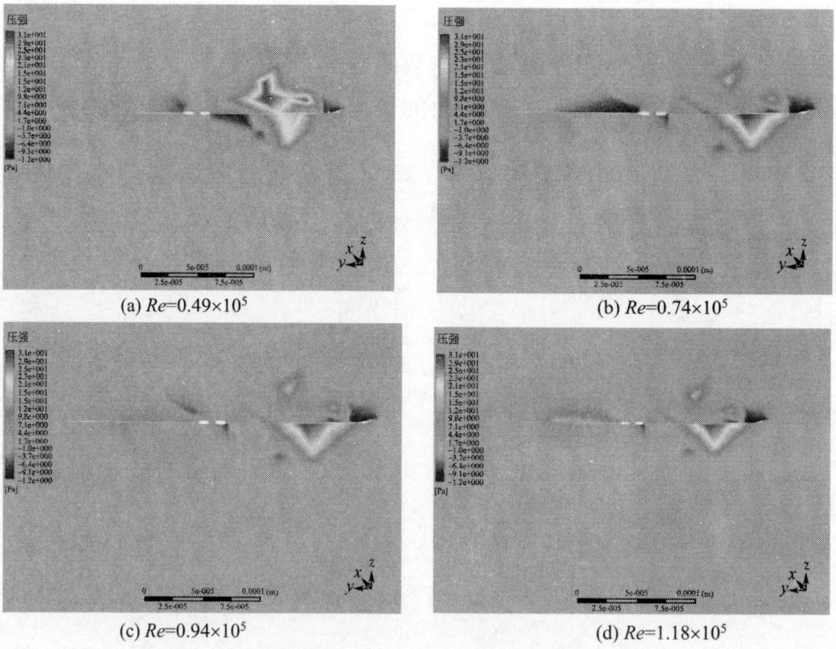

(a) $Re=0.49\times10^5$

(b) $Re=0.74\times10^5$

(c) $Re=0.94\times10^5$

(d) $Re=1.18\times10^5$

图 4-11 额定转速时典型雷诺数下旋翼压强分布图（电子版❶）

❶ 为了方便读者学习，书中部分图片提供电子版（提供电子版的图，在图上有“电子版”标识文字），在 www.cip.com.cn/资源下载/配书资源中查找书名或者书号，即可下载。

旋翼在固定转速下，压差变化最大发生在靠近桨尖的位置，并伴随有明显的负压区。在较低雷诺数 $Re=0.49\times10^5$ 下，旋翼上、下表面的压强差较大，随着雷诺数的增加，旋翼上、下表面的压强差有所减小，负压区域也开始变得狭窄。当 Re 为 0.74×10^5、0.94×10^5 和 1.18×10^5 时，整体压强分布变化不大。

图 4-12 给出了单旋翼额定转速下流线的变化。从图中可以看出，旋翼径向流线分布均匀，轴向分布的流线清晰呈螺旋状，为后续双旋翼单元的流线分布提供了对比。

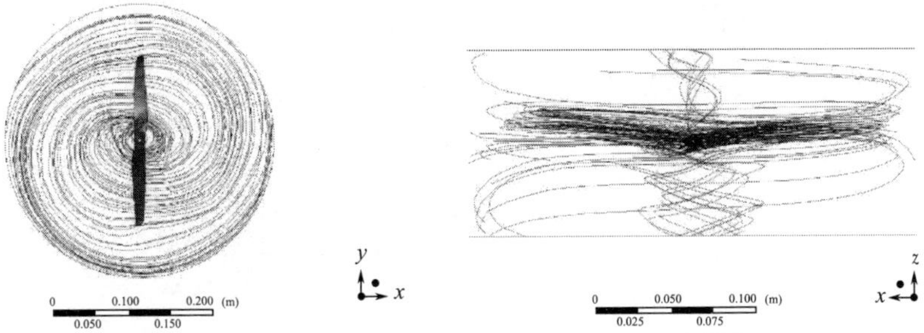

(a) z向视图　　(b) y向视图

图 4-12　旋翼流线分布

4.3.3 单旋翼实验验证

(1) 实验装置

针对旋翼尺寸小、旋翼产生的拉力有限的特点，建立小型孤立旋翼气动测试实验台对单旋翼悬停时的气动特性进行实验测定。整套实验设备如图 4-13 所示。

主要包括以下四部分。

① 旋翼动力系统　动力系统由直流电源、直流无刷电机及调速系统组成，负责为旋翼和力传感器提供动力。电源选用型号为 WYJ-2015 的 15V 大容量电源，电机为自制内转子无刷电机。

② 旋翼操作系统　操纵系统对旋翼转速采用由遥控器给出的 PWM 信号进行调节。通过改变 PWM 控制脉冲的占空比来调节输入无刷直流电动机的平均直流电压（线电压），以达到调速的目的。

③ 测量系统　测量系统对实验各参数进行实时数据采集、显示。主要包括对旋翼转速的测量和对旋翼产生的拉力及功耗的测量。

转速测量采用非接触式测量的手持光电测速仪在旋翼上安装反光纸后进行测量。拉力测量采用支撑臂安装力传感器进行测量，该传感器可以将重量变化转化成电压信号显示，传感器供电电源型号为 SK1731SL5A。功耗的测量可以分别通过电压和电流的记录来进行数据后处理。

④ 支座　用于安装支架，支撑整套旋翼传动系统。在实际测量时，为了尽量避免地面效应对旋翼气动特性测定的影响，底座高度为 1.5m。

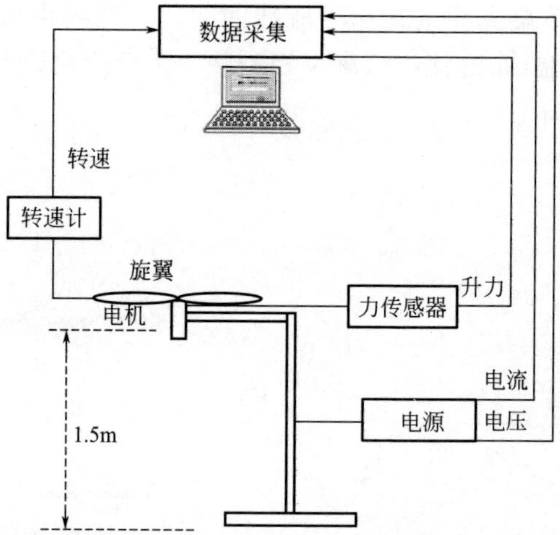

图 4-13　单旋翼实验原理图

(2) 实验方法

① 传感器精度测试　传感器精度测试拟合曲线如图 4-14 所示。从图中可以确定传感器精度为−0.017V/10g，且在 250g 之后具有较好的一致性。

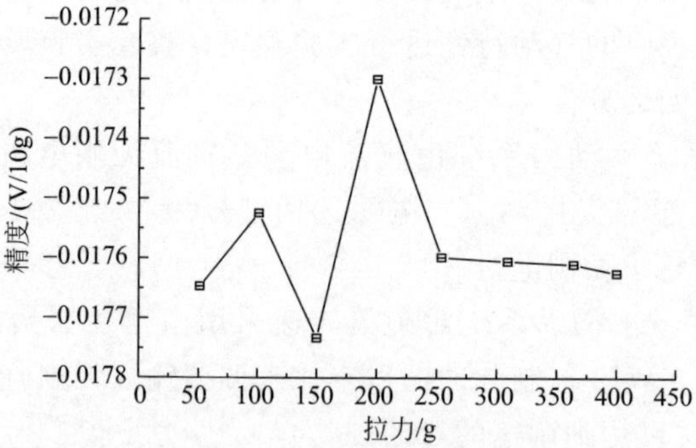

图 4-14　传感器精度拟合曲线

② 机械损耗测试　不装旋翼，测出不同转速下电机空载时的机械损耗 P，表示如下：

$$P = UI_i - I_i^2 R \tag{4-56}$$

式中，U 为给定电压值；R 为电机和导线的等效电阻，0.9925Ω；I_i 为不同转速条件下测量的电流值。

③ 旋翼拉力和功耗测试 安装旋翼，测出旋翼的拉力和功耗，并进行实时采集。

(3) 实验结果分析

① 电机空载的机械功耗 电机空载的机械损耗随转速变化的拟合曲线如图 4-15 所示。机械损耗随转速增加而增大，在额定转速 2200r/min 下可达 3.6W，该部分损耗对无人机来讲是不可忽略的。

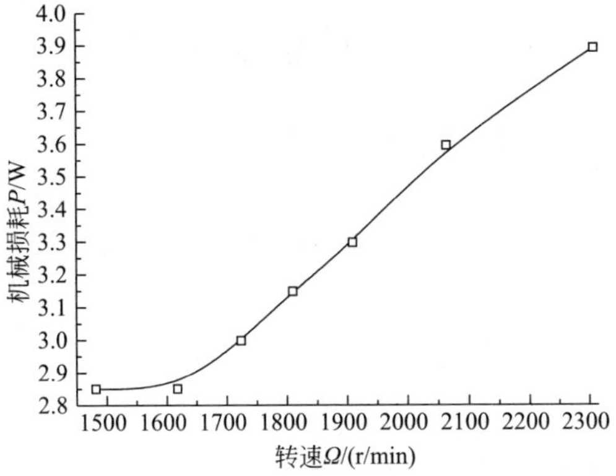

图 4-15 机械损耗随转速变化的拟合曲线

② 旋翼拉力和功耗 旋翼在 1500～2500r/min 工作范围内的拉力、功耗以及功率载荷（Power Loading）的变化如图 4-16 所示。

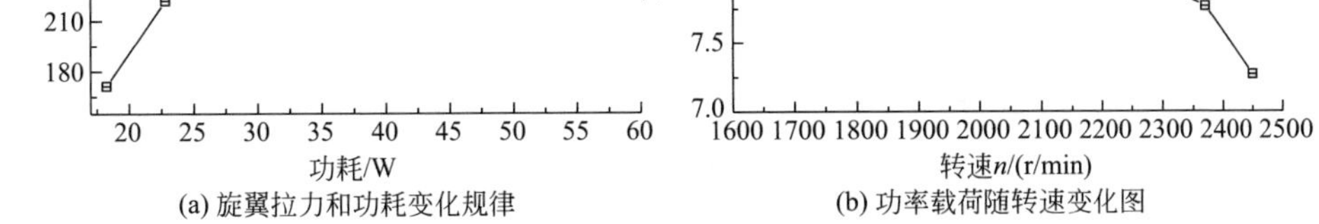

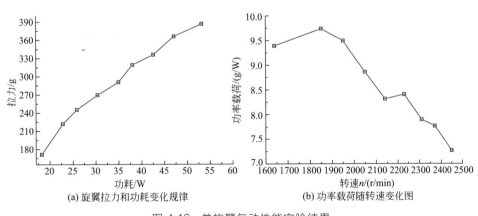

图 4-16 单旋翼气动性能实验结果

伴随转速的增加，拉力和功耗随之增大，最大值分别可以达到 386g 和 53W。在转速低于 1900r/min 时，功率载荷小幅增加，并达到最大值 9.7g/W，随后由于功耗继续增加，功率载荷随转速增加呈降低趋势，转速越大，下降越快。因此，对于旋翼气动性能，在关注拉力增加的同时，还应该注重功耗的变化。

③ 悬停性能 我们将拉力与功率无因次化，采用与旋翼转速无关的拉力系数和功率系数表示的单旋翼气动悬停性能。拉力系数、功率系数以及旋翼的悬停效率表达式为

$$C_T=\frac{T}{\rho A\Omega^2R^2} \tag{4-57}$$

$$C_P=\frac{P}{\rho A\Omega^3R^3} \tag{4-58}$$

$$\eta=\frac{C_T^{3/2}}{\sqrt{2}C_P}=\frac{T^{3/2}}{P\sqrt{2\rho A}} \tag{4-59}$$

式中，ρ 为空气密度；A 为桨盘面积；Ω 为旋翼转速；R 为旋翼半径。

旋翼悬停性能变化规律如图 4-17 所示。从图中可以看出，旋翼最大拉力系数可达 0.021，而最大功率系数不到 0.004，在拉力系数 0.0165 处的悬停效率达到最大值 0.576，再次说明该旋翼具有较好的悬停性能。

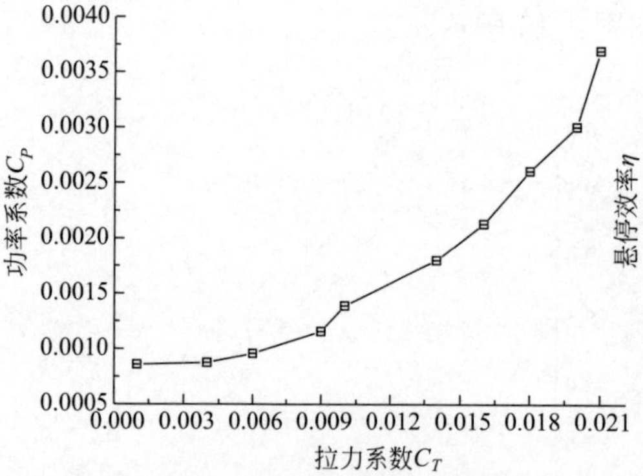

(a) 功率系数随拉力系数变化

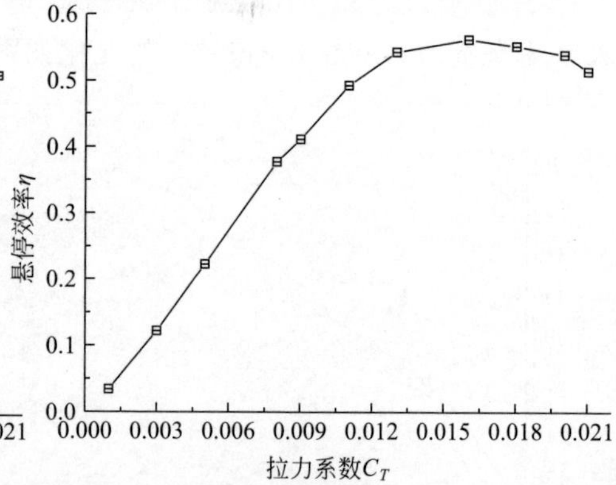

(b) 悬停效率随拉力系数变化

图 4-17 旋翼悬停性能变化规律

(4) 验证分析

根据升力和阻力公式，可以得到如图 4-18 所示的实验状态下的旋翼升阻特

性曲线与数值模拟结果相比较的结果。从图中可以看出，数值模拟结果与实验结果吻合较好，它们的升力和阻力系数随迎角变化的总体趋势也是一致的，这验证了本文数值计算方法的有效性。

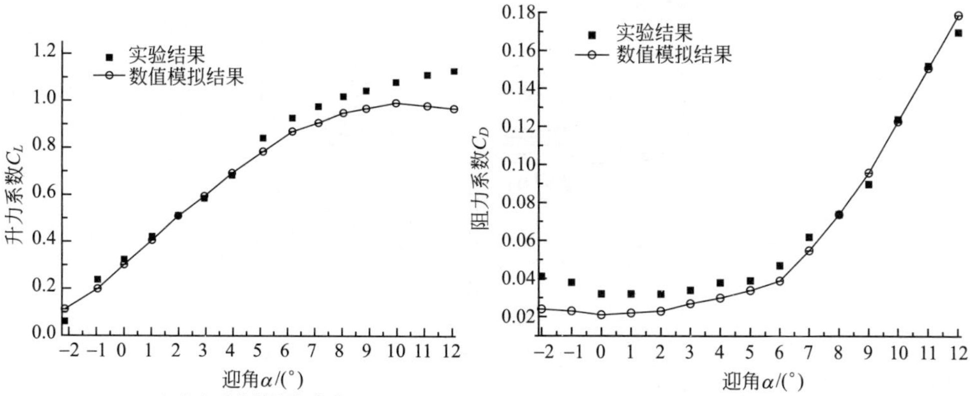

(a) 升力系数随迎角变化

(b) 阻力系数随迎角变化

图 4-18 实验结果与数值模拟结果对比

对升力系数，实验结果在迎角大于 5°之后略高于数值模拟结果，同时阻力系数在迎角低于 7°时的实验结果也略高于数值模拟结果。造成这种误差的原因可能是实验稳定转速和升力理论计算值所用转速之间存在误差，另外，数值模拟时的初始化给定的参考面积也可能使计算结果出现一定误差，从实验值与计算值误差的比率上看，均在合理的范围内。

4.4 共轴双旋翼单元气动特性分析

目前，国内外对共轴双旋翼单元气动干扰的研究主要集中在对双旋翼构型的大型直升机进行的旋翼的拉力和功率测量，近几年才开始陆续出现小型共轴双旋翼气动特性测试实验台。由于共轴双旋翼单元气动布局涉及多个气动参数，测试过程需要反复迭代测量，本节重点研究气动干扰对双旋翼拉力、功耗及气动性能的影响。实验台的搭建主要涉及旋翼操纵系统对气动参数的调节、实验台动态的拉力和功耗测试以及实时结果存储和分析。

共轴双旋翼测试原理如图 4-19 所示。实验装置具有布局紧凑、无支架干扰的特点，另外，支撑方式简单使得实验台具有规则的外形。同时，自行研制的小体积旋翼电机保证了实验台整体布局的优化。

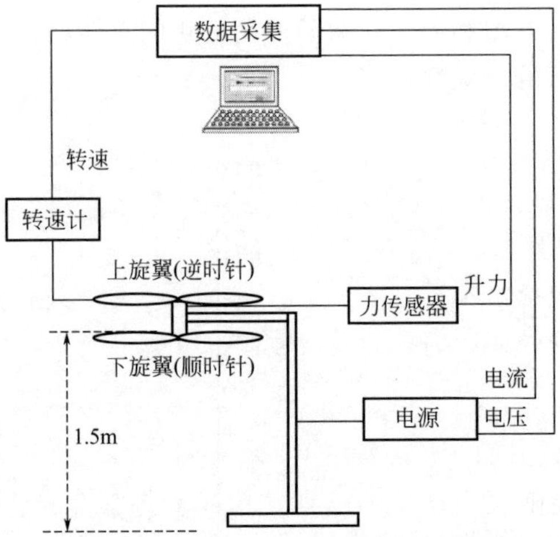

图 4-19 共轴双旋翼气动测试原理图

（1）实验参数的设定

① 在共轴双旋翼单元实验过程中，假定上下旋翼的转速相同，以保证共轴双旋翼系统转矩为零，并以上旋翼转速为统一转速，忽略下旋翼对上旋翼的气动干扰。

② 由于共轴间距 S 的特征尺寸小于一个旋翼半径 R，因此我们取 S/R 作为间距比来简化旋翼尺寸带来的影响。在既不增加整机尺寸又不会让两个旋翼发生相互碰撞的状态下，分别取间距比 S/R 为 0.32、0.39、0.45、0.52、0.58、0.65、0.75 这七个状态进行了测量。选择的间距间隔小、测量范围大，有利于进一步的深入研究。

③ 旋翼电机转速测量范围为 1500～2400r/min，旋翼额定转速为 2200r/min，此时实验设计状态如表 4-2 所示。

表 4-2 共轴双旋翼实验设计状态

构型	半径/mm	桨叶	V_{tip}/(m/s)	$Re_{tip}/\times10^5$	S/R
单旋翼(上旋翼)	200	2	33.30～49.43	0.74～1.19	0
单旋翼(下旋翼)	200	2	34.35～51.31	0.74～1.19	0
共轴双旋翼		4	28.27～53.40	0.74～1.19	0.32～0.75

（2）实验步骤

① 为了对比两个旋翼单独工作与共轴配置时气动特性的区别，实验首先分别测量了无干扰的单独上、下旋翼的拉力和功耗值。

测试中用遥控器通过PWM设定预定转速，旋翼转速稳定后记录实验值。数据记录部分由计算机实时给定和采集，采样周期为5s，部分由人工记录，如旋翼稳定转速。

② 安装共轴双旋翼，测量不同间距下共轴双旋翼的拉力和功耗值。

记录的实验结果包括：

a. 实时给定各间距状态的旋翼转速数据；

b. 实时记录的包括力传感器电压值、两个旋翼工作电压值和电流值。

最后，通过数据处理得到拉力和功耗值。

（3）实验结果分析

① 间距对共轴拉力的影响　单独的上、下旋翼拉力和功耗如图4-20所示。在转速范围内，功耗随拉力增加而增加，单独最大拉力可达400g，相应功率也随之增加到53.2W；相同转速下，上、下旋翼拉力相差在3.6%以内，转速范围内两个旋翼具有较好的一致性。

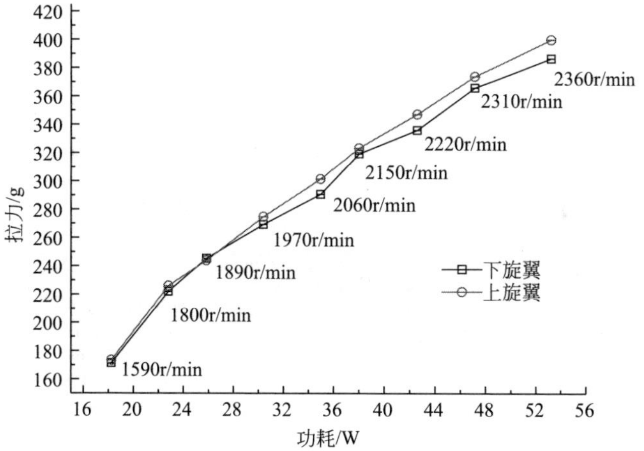

图4-20　单独上旋翼和单独下旋翼的拉力和功耗

不同间距下共轴双旋翼的平均拉力和功耗变化如图4-21所示。在1580～1960r/min转速范围内，间距比$S/R=0.32$、0.39、0.65较其他间距比，拉力增加了12g左右，增量稳定在3.9%以内。随着转速的增加，$S/R=0.32$和0.39的总体拉力有了明显增加，并大大超过了其他间距比，其中$S/R=0.32$增加了5.5%，$S/R=0.39$增加了约11.5%，此时，这两种间距比下的共轴双旋翼单元具有较高的悬停效率，而此区间$S/R=0.65$的拉力却开始呈下降趋势，该间距比拉力下降了约5%，其他间距比相差不大。由于间距比在0.45、0.52、

0.58、0.75 时变化趋势相似，取 0.45 作为典型间距比，将整个间距比具有的拉力和功耗变化规律在图 4-22 中给出。

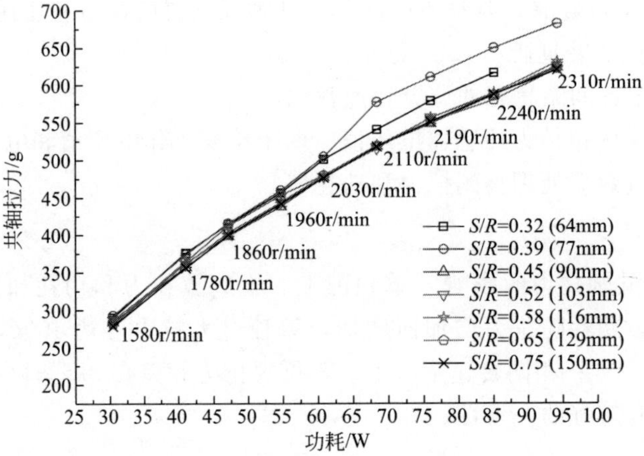

图 4-21 共轴双旋翼的平均拉力和功耗

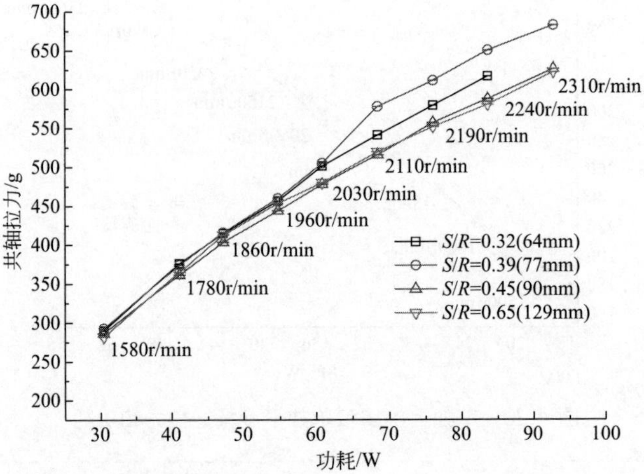

图 4-22 典型间距的平均拉力和功耗

从图 4-22 中可以看出，对于这种尺寸下的小型旋翼，小间距比下的共轴拉力表现出了明显的优势，此时由于旋翼距离较近，上、下旋翼间气流的作用和反作用力比较强烈，这种作用朝着有利的方向减小了双旋翼的气动干扰，在功耗增加不大的情况下，迅速提高了系统气动特性，而随着间距的增加，上旋翼排出的气流受到下旋翼的吸力增强，使得上旋翼对受压气流的作用力减小，说明此时上旋翼尾迹作用在下旋翼的面积增大，使得干扰直接影响了共轴双旋翼的气动载荷。

② 转速对悬停效率的影响　各典型转速时拉力随间距的变化规律如图 4-23 所示。在转速范围内，分别取典型的 1580r/min、2000r/min 和 2400r/min 来对比共轴拉力随间距的变化。从图 4-23 中可以看出，各间距拉力浮动较小，整体趋势一致，但在 2000r/min 间距比 $S/R=0.39$(77mm）外共轴拉力呈现大幅增加趋势，约增加了 25%，使得这一间距的优势非常明显。

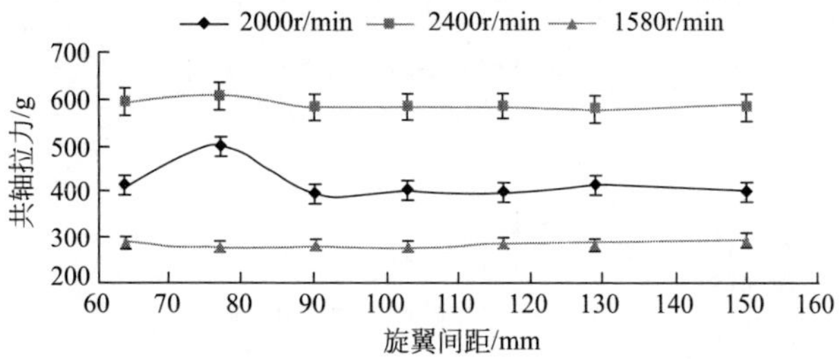

图 4-23　典型转速下共轴单元拉力随间距变化规律

为了详细分析间距比 $S/R=0.39$(77mm）的气动特性，图 4-24 给出了间距比 $S/R=0.39$(77mm）下共轴单元平均拉力、转矩以及功率载荷随转速的变化。从图 4-24 中可以看出，该间距比下拉力稳定增加，最大值可达 611.3g，拉力值的均方差也随之增加；转矩值 Q 及其均方差也呈一定趋势稳定增加，转矩最大可达 0.37N·m；功率载荷在 1950r/min 之前下降缓慢，之后下降速度增加，说明该间距比在低速范围具有较好的悬停效率性能，高速范围下随功率增加悬停效率有所减小。

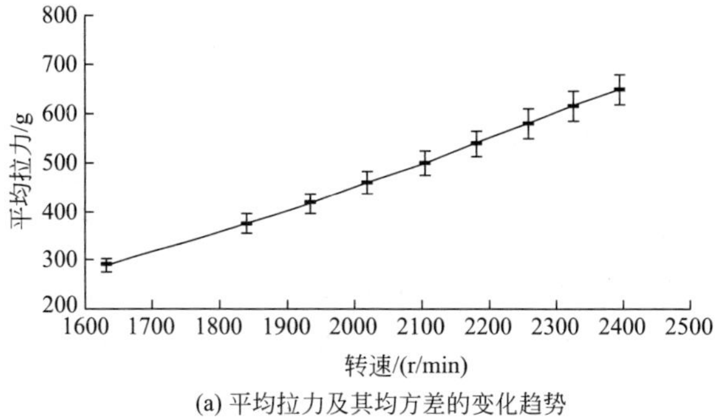

(a) 平均拉力及其均方差的变化趋势

图 4-24

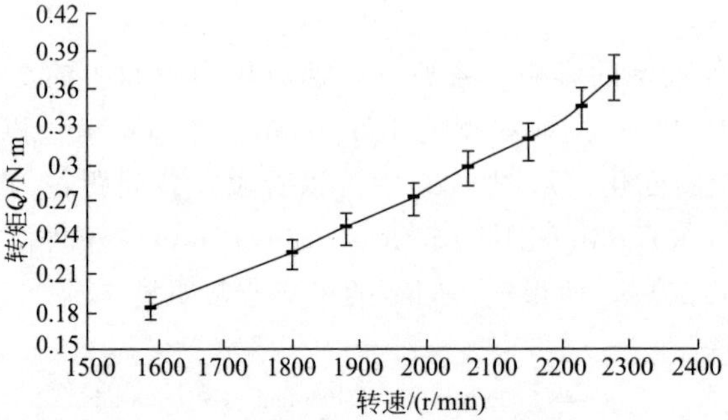

(b) 转矩及其均方差的变化趋势

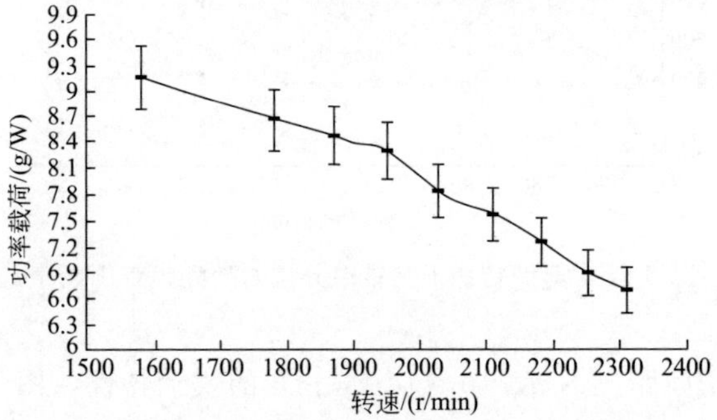

(c) 功率载荷及其均方差的变化趋势

图 4-24 间距比为 S/R= 0. 39 (77mm) 的气动特性

转速对共轴双旋翼单元的拉力产生的影响可表示为

$$\frac{\Delta C_T}{C_T}=\sqrt{\left(\frac{\Delta T}{T}\right)^2+4\left(\frac{\Delta\Omega}{\Omega}\right)^2} \tag{4-60}$$

可以得出的共轴拉力误差变化以及上、下旋翼转速误差如图 4-25 所示。转速范围内，共轴拉力误差不超过 2%，2000r/min 时误差达到最大；上、下旋翼转速误差在低转速范围达到最大约 4.6%，随转速增加，转速误差趋于平衡，约为 2%，都在可接受的误差范围内。

③ 气动干扰作用分析 对于共轴双旋翼，除了旋翼自身的诱导作用外，还有另一个旋翼产生的影响，为了定性分析翼间气动干扰的影响到底有多大，需要对比无干扰的单旋翼气动特性来对共轴双旋翼存在的重叠区域带来的影响进行分析。同时，为得出双旋翼单元总体的气动性能变化，分别定义拉力干扰因子 K_T 和功率干扰因子 K_P 来进行说明。

$$K_T=(T_{\text{twin}}-T_{\text{isolated}}^{\text{upper}+\text{lower}})/T_{\text{isolated}}^{\text{upper}+\text{lower}} \tag{4-61}$$

$$K_P=(P_{\text{twin}}-P_{\text{isolated}}^{\text{upper}+\text{lower}})/P_{\text{isolated}}^{\text{upper}+\text{lower}} \tag{4-62}$$

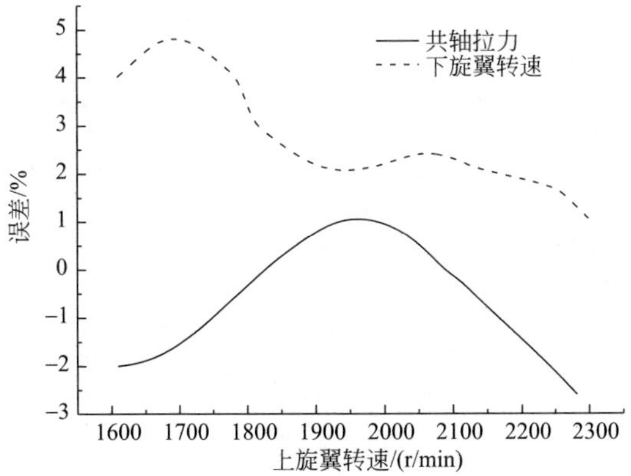

图 4-25　共轴拉力和上、下旋翼转速误差

式中，T_{twin} 为共轴双旋翼单元产生的拉力；$T_{\mathrm{isolated}}^{\mathrm{upper+lower}}$ 为未受干扰的单独上旋翼拉力与单独下旋翼拉力之和；P_{twin} 为共轴双旋翼单元产生的功耗；$P_{\mathrm{isolated}}^{\mathrm{upper+lower}}$ 为未受干扰的单独上旋翼功耗与单独下旋翼功耗之和。

图 4-26 给出了不同雷诺数下共轴双旋翼单元拉力干扰因子和功率干扰因子随间距的变化规律。总体来看，相比于无干扰状态，共轴双旋翼的 K_T 和 K_P 都有所下降，而 K_T 下降幅度较大。与两个独立的单旋翼相比，在较低雷诺数 $Re=0.79\times10^5$ 时，共轴双旋翼单元的拉力干扰因子和功耗干扰因子分别在 −0.14 和 −0.18 之间浮动，此时共轴拉力相对减小，功耗也相对减小，随着间距的增加，K_P 变化不敏感，K_T 增量随间距增加而减小，说明翼间气动干扰对双旋翼整体气动载荷产生了不利影响，但是该雷诺数下的功耗大大减小，使得双旋翼系统维持了相对较好的悬停性能。

当雷诺数 Re 增加到 0.99×10^5 时，K_T 依然保持在 −0.17 左右，而 K_P 减小的速率却有所减少，此时对共轴双旋翼而言，总功耗相对增大，说明随雷诺数增加，共轴双旋翼单元的悬停性能同低雷诺数相比有所下降。随着共轴间距的增加，K_T 和 K_P 变量在 0.02 左右，说明间距对该雷诺数下双旋翼单元的拉力和功耗影响差不多。

当雷诺数继续增加到 1.09×10^5 和 1.19×10^5 时，两个因子呈现的趋势一致，并且 K_P 和 K_T 都在间距比 S/R 小于 0.45 的范围内出现了大幅波动，尤其在 $Re=1.09\times10^5$ 时，K_P 和 K_T 最大值分别达到了 0.08 和 −0.04，即共轴拉力相对减小，而功耗却开始有小幅增加。$Re=1.19\times10^5$ 时，由于 K_T 大幅下降，此时相比于无干扰的两个旋翼，其悬停性能开始下降。随着间距的进一步增加，K_T 和 K_P 趋于平衡，由于共轴功耗的减小，悬停性能随间距进一步增加的趋势得到了控制。

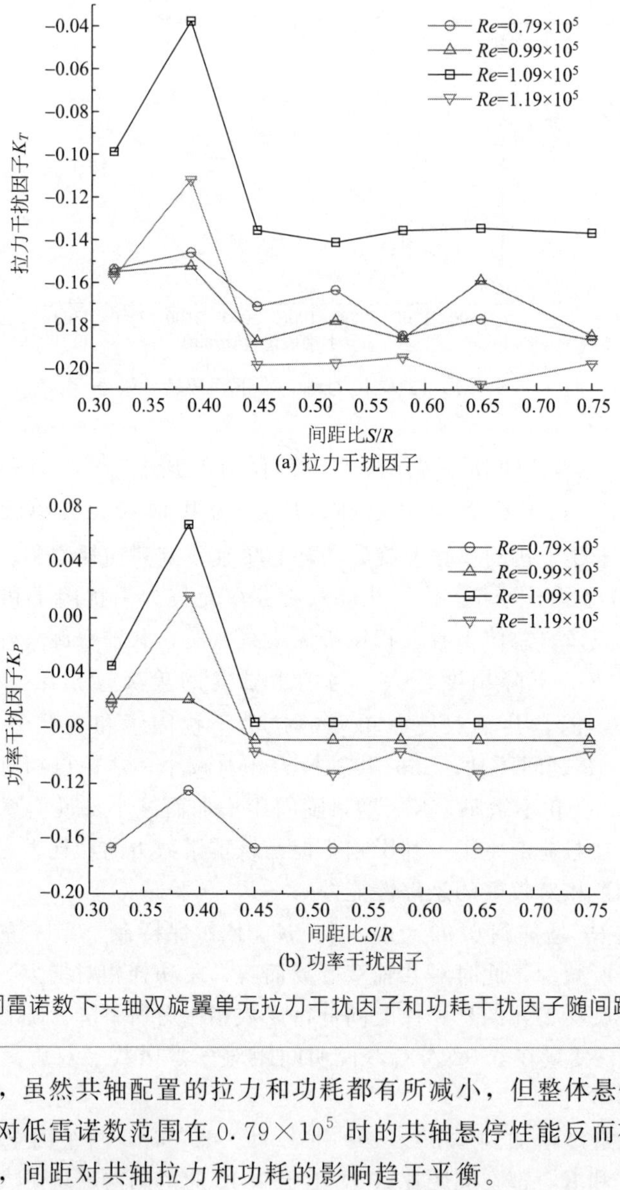

(a) 拉力干扰因子

(b) 功率干扰因子

图 4-26 不同雷诺数下共轴双旋翼单元拉力干扰因子和功耗干扰因子随间距的变化规律

总体而言，虽然共轴配置的拉力和功耗都有所减小，但整体悬停效率并未因此降低，尤其对低雷诺数范围在 0.79×10^5 时的共轴悬停性能反而有所改善。随着间距的增加，间距对共轴拉力和功耗的影响趋于平衡。

（4）数值模拟结果分析

为了能直观地从流场结构等细节来观察共轴双旋翼周围及重叠区域的流场特点，本小节从数值模拟角度来对比实验结果并对共轴双旋翼系统上、下旋翼间的气动干扰进行分析介绍。

① 流线分布　流线的定义为流场中某一瞬时的一条空间曲线，在此曲线上各点，流体质点的速度方向与曲线在该点的切线方向一致，因此，流线可以表征同一瞬时空间中不同点的速度方向的图案。流线上各点的切线与该点的流向一致，则流线上的切线的三个方向余弦 dx/ds、dy/ds、dz/ds 和流速的三个分量 u、v、w 与流速 V 所夹的三个角度余弦相同，表示为微分形式有

$$\frac{dx}{u}=\frac{dy}{v}=\frac{dz}{w} \tag{4-63}$$

图 4-27 给出了额定转速 2200r/min 时双旋翼单元在典型间距比下旋翼附近的流场流线分布 z 向视图。从图 4-27 中可以清楚地看到旋翼在旋转过程中由于上、下旋翼转向相反，各自引起的周向流线随着翼间干扰伴有明显的桨涡出现，螺旋状分布的流线开始纠缠变形。间距比 $S/R=0.32$ 时，在离旋翼较近的位置开始出现小的旋涡，而在较远的边界处两个旋翼的流线开始出现了明显的边界。随着间距的增加，两个旋翼的流线开始互相缠绕，形成的旋涡开始向四周散去，当间距比增加到 0.45 时，旋涡与旋涡之间开始互相影响，伴随更多小的旋涡出现，形成了没有规则的流线分布。当间距比达到 0.65 时，流线表现出的区域性越来越不明显，由于间距增加，干扰作用有所减弱。

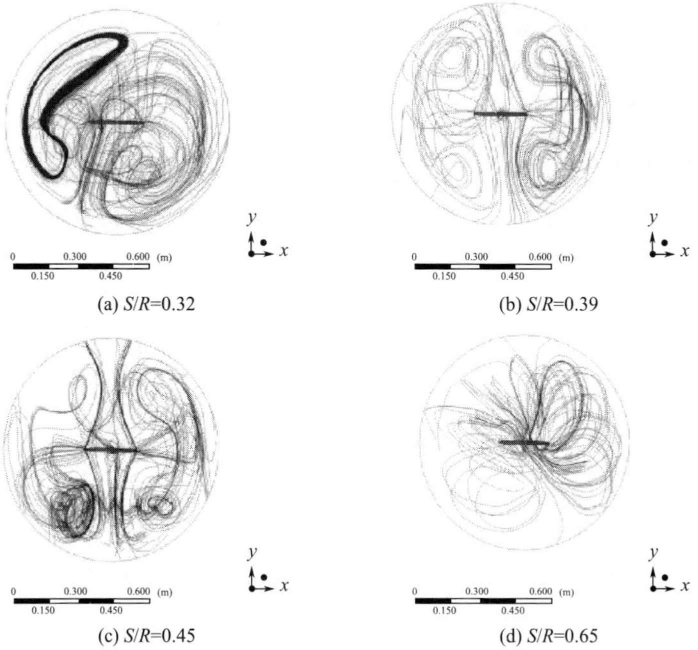

图 4-27　额定转速 2200r/min 时典型间距比下的共轴双旋翼流场流线分布 z 向视图

为观察共轴双旋翼轴向气流分布，图 4-28 给出了额定转速 2200r/min 时典型间距比下双旋翼单元在 y 向的流场流线分布。在 $S/R=0.32$ 处，由于距离较近，形成的旋翼轴向流作用强烈，螺旋线在发散过程中发生干扰，旋翼流线边界不明确。间距比达到 0.39 时，由于靠近旋翼桨尖部分的气流速度大，加上上、下旋翼的相互诱导，旋翼气流开始向周向发散，此时干扰作用有所减小。当间距比增加到 0.45 时，由于下洗流作用加大，气流边界继续发散使得周向各气流开始再次相互缠绕，有明显的桨涡出现，并沿着旋翼旋转的周向移动。当间距比增加到 0.65 时，各个桨涡混合在一起，并开始朝轴向发展，此时翼间的轴向流开始发挥作用，使得整体流线开始由周向变为轴向流动，此时翼间干扰依然强烈，但是比较稳定。共轴中的下旋翼由于上旋翼下洗流的干扰其流场变得混乱而难以捕捉。在流场重叠区域，干扰比较明显，整个流场位置和形状变得很不相同，整个区域边界有明显拉伸。

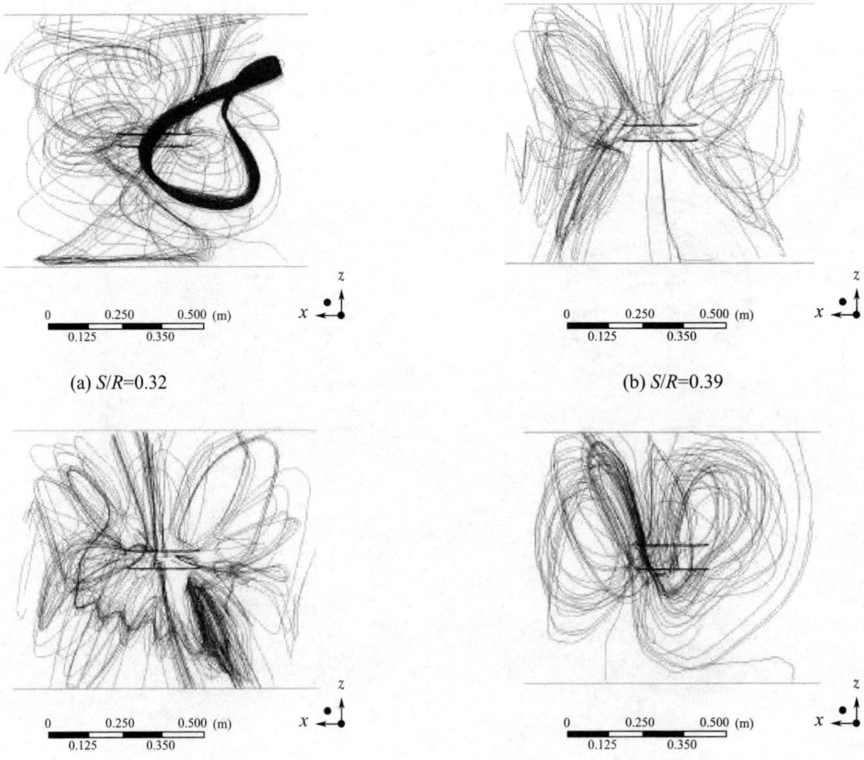

(a) S/R=0.32　　(b) S/R=0.39

(c) S/R=0.45　　(d) S/R=0.65

图 4-28　额定转速 2200r/min 时典型间距比下的共轴双旋翼流场流线分布 y 向视图

② 压强分布　取旋翼中心所在平面，额定转速时各典型间距下在双旋翼 y 向的流场静态压强分布如图 4-29 所示。从表面压强分布可以看出，$S/R=0.32$ 时，上、下旋翼表现出了不同的气动环境，此时上旋翼表面压差明显大于下旋翼表面压差，且上旋翼表面具有相对较大的压强区域面积，说明此时上旋翼产生的拉力较大，下旋翼受上旋翼下洗流作用影响明显，这种影响使得上、下旋翼的需用功耗也跟着变化。当 $S/R=0.39$ 和 0.45 时，下旋翼桨尖位置开始产生较大区域的负压，说明此时拉力有明显增加，随着间距进一步的增加，负压区域有所减少，导致拉力也有所减小，但总体来说变化不是很大。当 $S/R=0.45$ 时，下旋翼压差有所增加，尤其在 $S/R=0.65$ 时，下旋翼表面负压区域明显减小使得拉力变小，伴随最大压差位置随间距增加逐渐向桨尖位置靠拢，旋翼间尾迹收缩也跟着发生改变，表明此时下旋翼受上旋翼尾迹的影响开始变得明显。

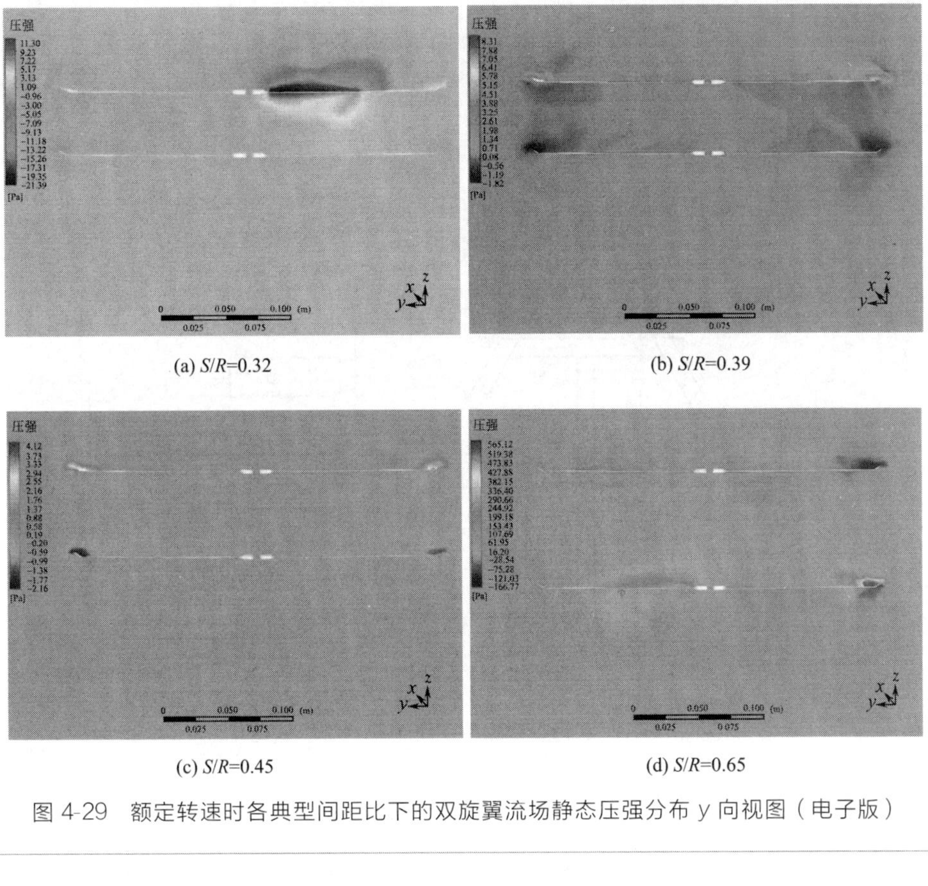

(a) $S/R=0.32$　(b) $S/R=0.39$

(c) $S/R=0.45$　(d) $S/R=0.65$

图 4-29　额定转速时各典型间距比下的双旋翼流场静态压强分布 y 向视图（电子版）

4.5 非平面式双旋翼单元气动特性分析

4.5.1 非平面双旋翼实验研究

为了对非平面双旋翼进行气动测试，本实验在共轴旋翼实验台的基础上进行了一些改造：通过两根碳纤维支撑臂分别放置两个旋翼来调节旋翼状态，由于六旋翼周向均布，所以两个支撑臂夹角为 60°；通过两个单独的力传感器以及单独的电流、电压的测量实现了悬停状态下可分别对上旋翼和下旋翼的拉力和功率进行记录；间距 l 由两旋翼中心点手动测得；倾转角度使用数显式倾角仪进行测量，测量时，将倾角仪放置在旋翼轴套圆周表面，就可读出倾转角度，并定义按水平放置时逆时针旋转的角度为正。

非平面双旋翼单元气动测试实验台结构如图 4-30 所示。该实验装置布局紧凑，操作简便，转速、旋翼间距和倾转角度等气动参数的调整十分方便。该实验数据处理中，稳定后的转速依然需要手工通过测速计进行转速实测并记录。

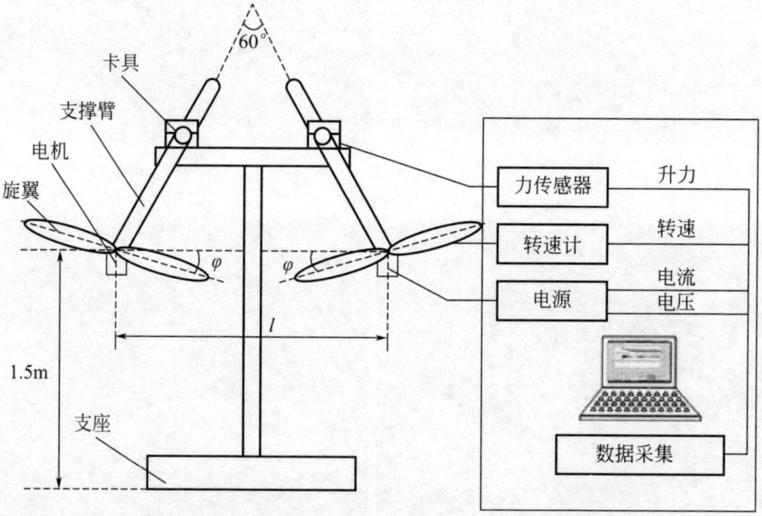

图 4-30 非平面双旋翼单元气动测试实验台结构图

(1) 实验方法

在实验中，两旋翼之间重叠区域的大小通过改变两旋翼的水平间距和倾转角度来调整，最终以此来研究两旋翼的相互干扰的影响并确定最佳气动布局。

由于涉及双旋翼不同状态、不同间距、不同倾转角度以及不同转速下的拉力和功耗，并需要对比相同条件下平面状态的双旋翼的拉力和功耗，因此每次只改变一个气动参数，并保持其他气动参数不变，将整个实验过程分为不同的设计状态进行一一测量。实验时，旋翼间距取两旋翼中心点之间的距离。由于非平面的两个旋翼间距 l 的特征尺寸大于一个旋翼直径 D，所以取 l/D 作为间距比来简化旋翼尺寸带来的影响。因此，旋翼间距比选取从 $l/D=1.0$ 至 2.0 取每间隔 0.2 的六个不同旋翼间距比，倾转角度选取从 0 至 50°间隔 10°的六个不同倾转角度，转速测量范围 1500～2300r/min。实验涉及的几个设计状态如表 4-3 所示。

表 4-3 非平面双旋翼单元实验设计状态

参数	数值
D/mm	400
转速/(r/min)	1500～2300
$Re_{tip}/10^5$	0.74～1.13
M_{tip}	0.09～0.14
φ/(°)	(0,0),(−10,10),(−20,20),(−30,30),(−40,40),(−50,50)
l/D	2.0,1.8,1.6,1.4,1.2,1.0
状态	F F(Face to face rotor type) B B(Back to Back rotor type)

实验涉及的面对面和背对背的两种旋翼状态如图 4-31 所示。

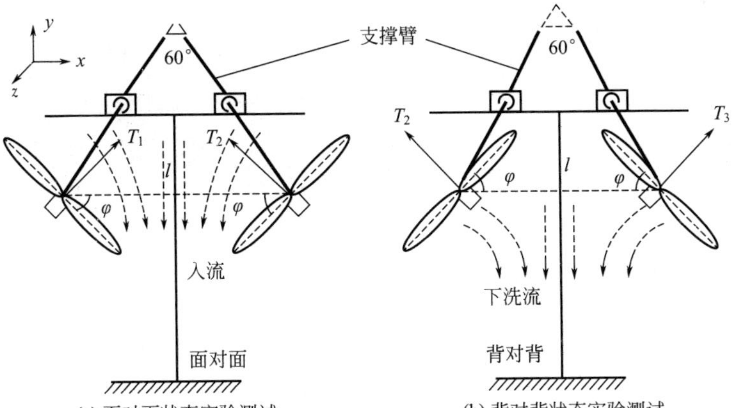

(a) 面对面状态实验测试　(b) 背对背状态实验测试

图 4-31 两种旋翼状态实验测试图

(2) 实验结果分析

① 倾转角度的影响　在保持翼间距 l 不变的情况下，测量各倾转角度在不

同转速下的拉力和功耗就可以得到倾转角度对非平面旋翼单元性能的影响。为方便比较，对同一参数的坐标显示范围进行了统一。另外，为方便阐述，将旋翼间距和倾转角度的配合写成间距比-倾转角度（l/D-φ），下文中所述拉力为双旋翼单元在垂直旋转平面上的合力，功耗为旋翼单元的总功耗值。

a. 额定转速下倾转角度对拉力的影响。图 4-32 所示为在额定转速 2200r/min 时旋翼的拉力随不同倾转角度的变化曲线，其中 0°（虚线部分）表示旋翼状态为平面配置。总体上看，随着倾转角度的增大，两个状态下的平均拉力都有不同程度的增加；面对面状态较背对背状态拉力增加更加稳定。

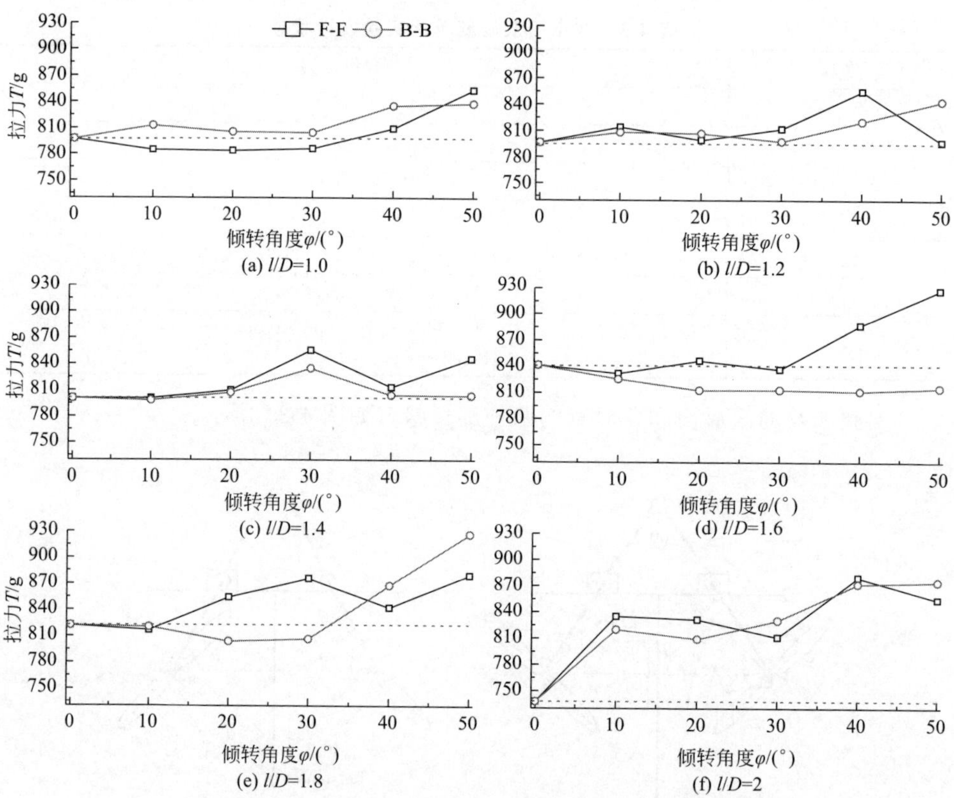

图 4-32 额定转速 2200r/min 时拉力随倾转角度的变化

$l/D=1.0$ 时，背对背状态下拉力随倾转角度的增大而稳定增加，在 50°达到最大，比平面配置增加了 5.1%。而面对面状态下拉力一直低于平面配置的拉力（倾转角度小于 35°），降低了约 1.5%，但是整体呈现增长趋势，当倾转角度 $\varphi>35°$ 时拉力开始大于平面配置的拉力，依然在 50°达到最大，比平面配置增加了 7%。

$l/D=1.2$ 时，两个旋翼状态都表现出了良好的拉力特性，当 $\varphi<30°$时，两者平均拉力稳定增长在 2%左右；当角度增加到 40°时面对面拉力达到最大，增加了 7.3%，随后在 50°拉力降低并与平面配置的拉力持平；而背对背在 50°时拉力增加达到最大，相应增加了约 5.9%。

$l/D=1.4$ 时，两个旋翼状态在 $0°<\varphi<20°$时稍有增加，随后面对面状态在 30°和 50°得到大幅增加，分别增加了 6.9%和 5.7%；而背对背拉力在 30°增加到 835g 之后随后减小到与平面配置持平。

$l/D=1.6$ 时，面对面状态在倾转角度大于 30°之后开始大幅增加，并在 50°达到了 927g；背对背状态一直处于低于平面配置状态，拉力下降了约 4%。

$l/D=1.8$ 时，面对面状态呈增加趋势，并在 30°达到最大，增加了 6.6%；而背对背状态在 22°之后才开始有所增加，并在 50°达到最大，增加了约 12.7%。

$l/D=2$ 时，平均拉力随倾转角度的增大得到大幅增加，此时面对面和背对背状态下的拉力在 $40°<\varphi<50°$ 时达到了最大，比平面配置的拉力增加了近 20.5%。

综合来看，在给定间距条件下，两种状态的拉力都有所增加，倾转角度对于背对背状态下拉力的影响比面对面状态的影响要大。总体拉力有所下降主要集中在面对面状态 $\varphi<40°$的 $l/D=1.0$、背对背状态下的 $l/D=1.6$ 以及 $\varphi<30°$的 $l/D=1.8$。

b. 额定转速下倾转角度对功耗的影响。图 4-33 分别给出了额定转速时面对面状态和背对背状态下双旋翼单元功耗随倾转角度的变化。功耗作为另一个重要指标，直接决定了旋翼单元的气动性能。随着倾转角度的增加，与平面状态相比，功耗总体呈增加趋势。对于面对面状态，$l/D=1.8$ 和 2.0 时，功耗随角度增加的增量最大，分别为 11.4%和 21.6%；其他增量保持在 2%左右，其中 $l/D=1.0$ 的功耗最大，约 96W。

对于背对背状态，由于下洗干扰强烈使得 $l/D=1.0$ 的功耗随角度的增加而快速增长，在 50°时已达 116W，增加了约 23.4%。$l/D=1.2$ 的功耗也随倾转角度增加而增加，在 50°时达到了 96W，比平面配置的功耗增加了约 9%。另外，$l/D=2.0$ 在 10°的功耗较平面状态也增加了 19%，但随着角度增加变化很小；其他间距下功耗增量维持在 4%左右。

综合来看，倾转角度对功耗的影响较小，功耗较平面配置大幅增加的情形主要集中在小间距背对背状态的 $l/D=1.0$、面对面状态 $\varphi>10°$的 $l/D=1.8$ 以及两种状态下的 $l/D=2.0$，此时双旋翼单元由于功耗增加使得悬停性能有所下降。

② 旋翼间距的影响

a. 旋翼间距对拉力的影响。额定转速 2200r/min 时，旋翼间距对旋翼单元拉力的影响如图 4-34 所示。

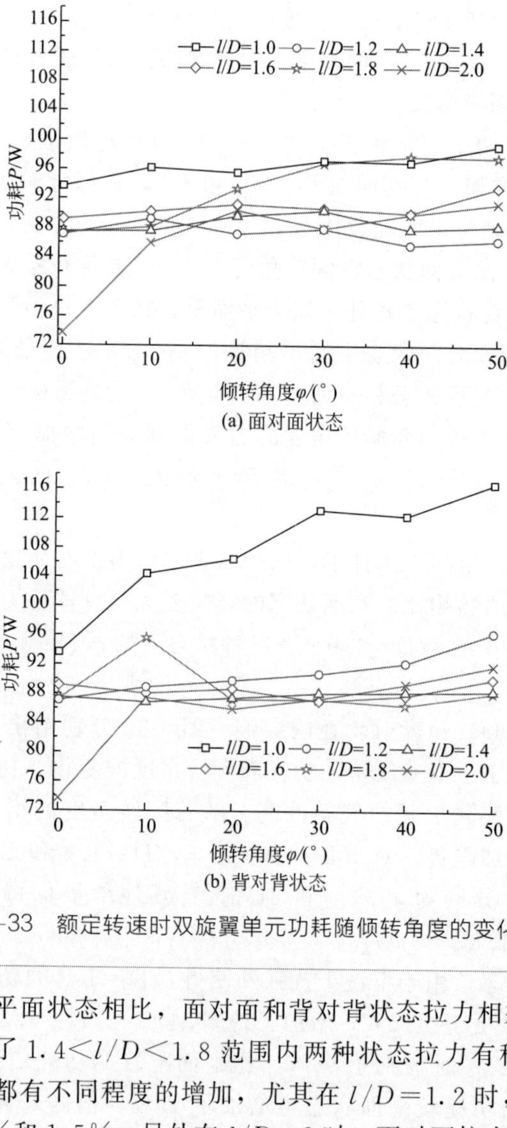

图 4-33 额定转速时双旋翼单元功耗随倾转角度的变化图

$\varphi=10°$时，与平面状态相比，面对面和背对背状态拉力相差不大，说明此时干扰相对较小，除了 $1.4<l/D<1.8$ 范围内两种状态拉力有稍微减少外，其他间距比范围内拉力都有不同程度的增加，尤其在 $l/D=1.2$ 时，面对面和背对背拉力分别增加了 2%和 1.5%；另外在 $l/D=2$ 时，面对面拉力增加了 2.5%，在 $l/D=1.0$ 时背对背状态拉力增加了 1.9%。

$\varphi=20°$时，面对面状态表现出了良好的拉力特性，拉力稳定增加，在 $l/D=1.8$ 时增加了约 3.9%；而背对背状态，整体拉力稳定，与平面状态相比，在 $l/D>1.4$ 时拉力大幅下降，最大下降了 3.6%。

$\varphi=30°$时，面对面状态依然表现出了较好的拉力特性，与平面状态相比，拉力在 $l/D=1.8$ 时达到了 880g；而背对背状态在 $1.4<l/D<2.0$ 时拉力有所下降。

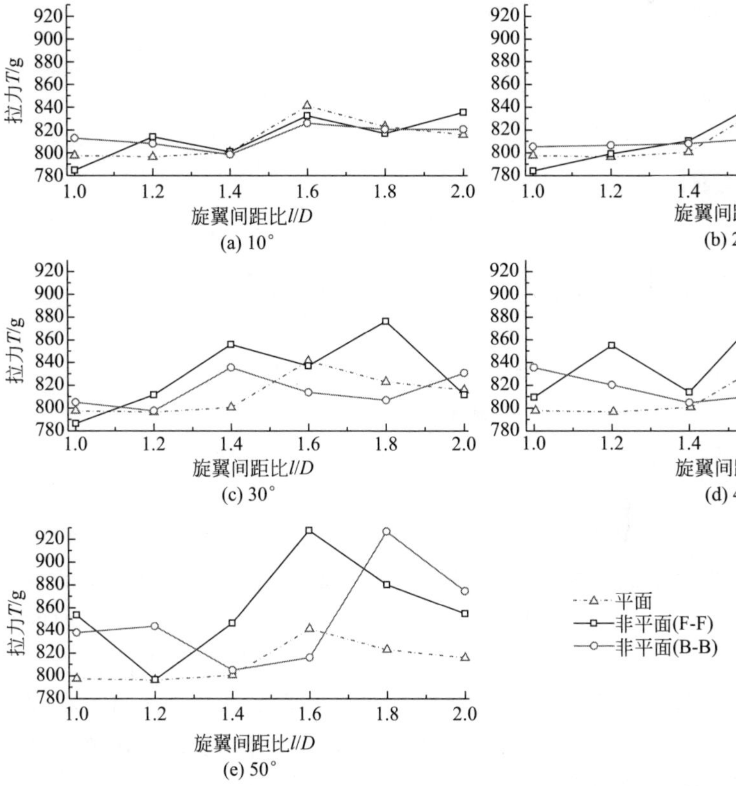

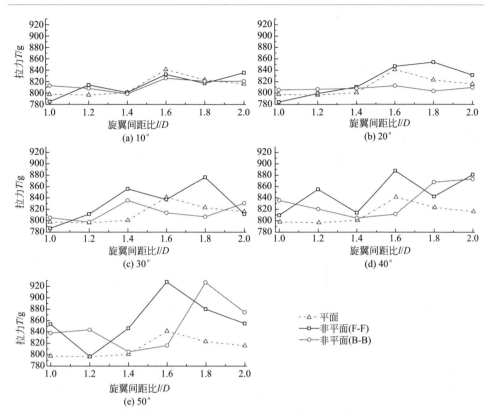

图 4-34 额定转速 2200r/min 时拉力随旋翼间距的变化总图

$\varphi=40°$时，与 30°相似，面对面状态拉力持续走高，背对背状态仅在 $l/D=1.6$ 时下降了约 2.5%。

$\varphi=50°$时，两种状态拉力开始大幅增加，尤其在 $l/D=1.0$ 时，拉力特性有了明显改善，它们在 $l/D=1.6$ 和 1.8 分别达到峰值 926g，增加了约 12.7%。

综合来看，拉力随间距增加而增大，间距影响对面对面状态的拉力影响较小，由于背对背状态的拉力有所改善使得间距比 $l/D=1.2$、1.4 和 2.0 在各倾转角度的拉力都有所增加。

b. 旋翼间距对功耗的影响。对于同一间距比，各个角度的功率变化趋势一致且相差很小。图 4-35 给出了额定转速下 $\varphi=0°$时平均功耗随旋翼间距的变化规律。

从图 4-35 中可以看出，小间距 $l/D=1.0$ 时消耗的功率最大，可达 94W 左右，该部分功率的明显增加有可能是小间距下旋翼间较为强烈的气动干扰带来的额外功耗。随着间距的增加，功耗稳定在 88W 左右，变化范围在 2%波动，说明间距对功耗的影响不是很明显。

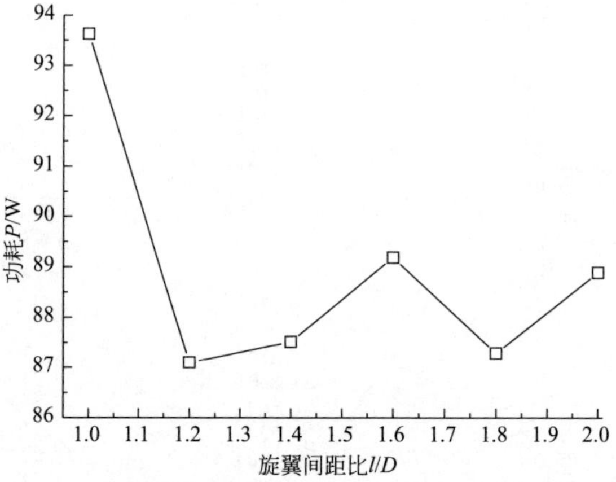

图 4-35 额定转速下 φ= 0°时平均功耗随旋翼间距的变化规律

③ 雷诺数的影响

a. 雷诺数对拉力增量的影响。取两种旋翼状态都具有较好拉力特性的典型间距比 l/D＝1.2 和 l/D＝1.4 分别进行分析，其拉力增量随雷诺数增加的变化分别如图 4-36 和图 4-37 所示。随着雷诺数的增加，两种状态下的拉力都有不同程度的增加，整体趋势变化平缓，增量变化稳定在 5％以内。同时在间距比 l/D＝1.2 情况下，大角度为 40°和 50°时的拉力增量相对较大。在该雷诺数范围内，面对面状态的拉力增量变化不大，但背对背状态下拉力增量状况得到改善。

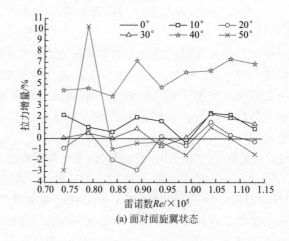

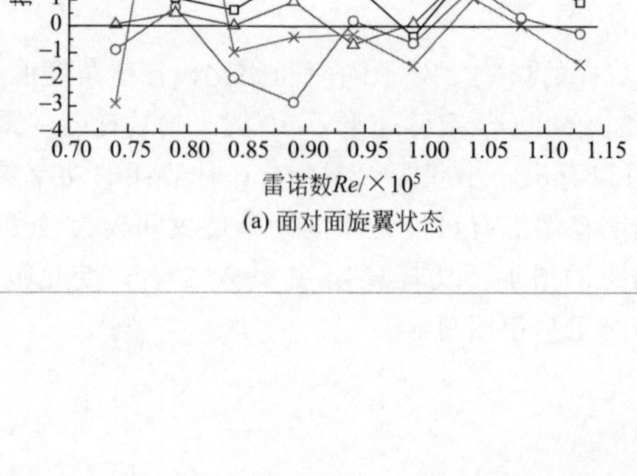

(a) 面对面旋翼状态

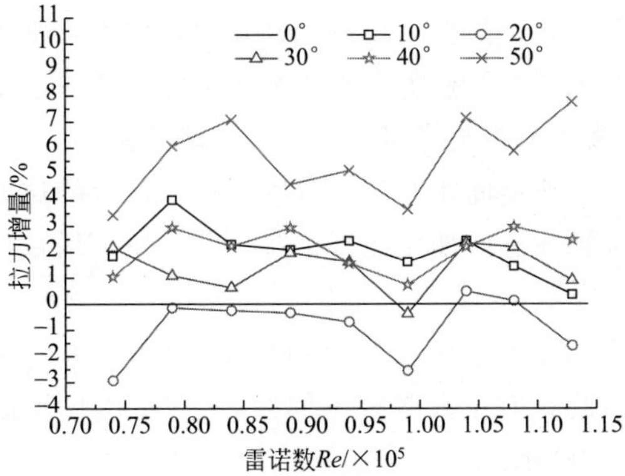

(b) 背对背旋翼状态

图 4-36 拉力增量随 Re 的变化图（l/D= 1.2）

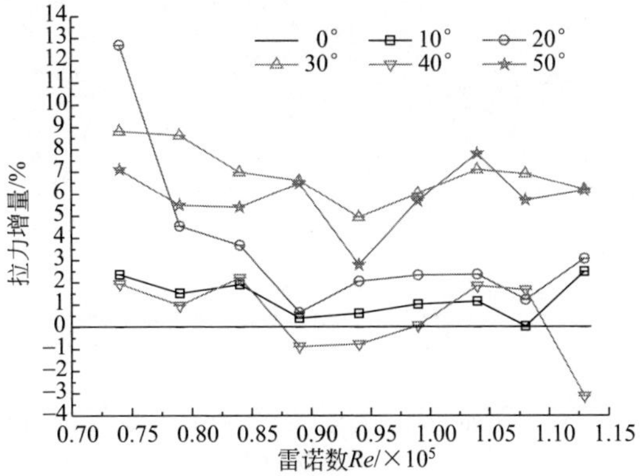

(a) 面对面旋翼状态

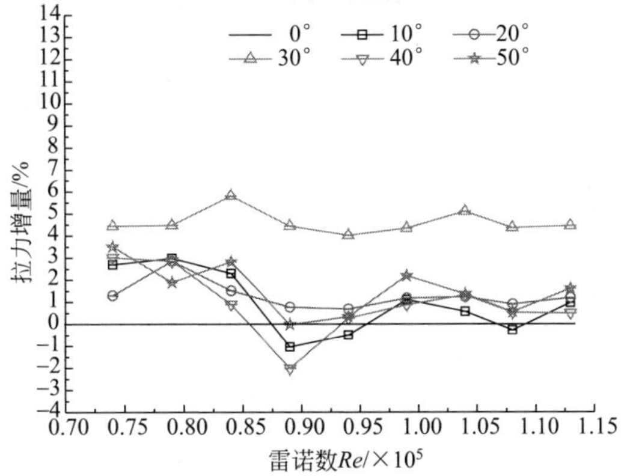

(b) 背对背旋翼状态

图 4-37 拉力增量随 Re 的变化图（l/D= 1.4）

在间距比 $l/D=1.4$ 的情况下，与平面配置相比，除了 40°的拉力增量在某个范围有所降低，其他角度的拉力增量分别在两种状态下都表现良好。最大增幅依然出现在角度较大的 50°，在面对面和背对背状态下的增量分别达到了 9%和 6%。随着雷诺数的增加，拉力增量整体呈现下降趋势。

总体来看，这两个典型间距在较大角度（$\varphi>30°$）的拉力增量在雷诺数范围内增加最大，但是旋翼状态的变化使得这些角度的拉力增量随雷诺数变化而变得不稳定。

b. 雷诺数对功率的影响。由于每个角度在相同间距下随雷诺数变化规律相似，且相差很小，因此我们主要观察不同间距下的功耗增量随雷诺数增加的变化，变化规律如图 4-38 所示。

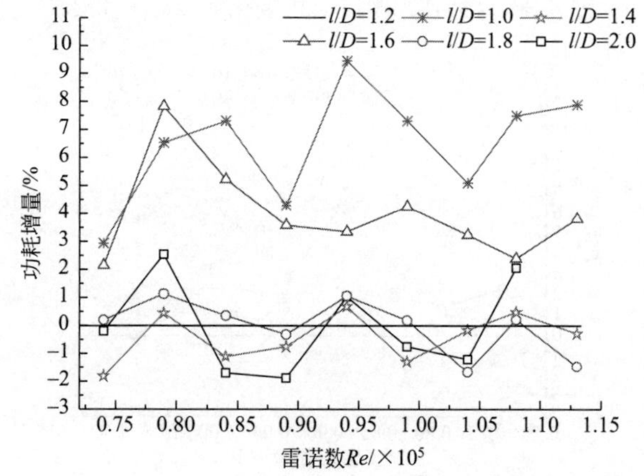

图 4-38 功耗增量随 Re 的变化规律

从图 4-38 中可以看出，小间距 $l/D=1.0$ 由于旋翼距离较近，干扰带来的额外功耗使得旋翼单元的整体功耗相对增加，稳定在 4%。随着间距进一步增加，干扰减小，相对整体功耗也有所减小，但当 $l/D=1.6$ 时的功耗增量再次增大为 7%左右，说明此时两个旋翼气流的相互交替作用增大，该间距可以看作间距影响的临界值，造成这种情形的原因有可能是该间距下，两个旋翼的相交干扰面积达到最大，引起的干扰增加了额外的功率消耗。随着雷诺数的增加，整体功耗增量趋于平衡，功耗增量区域稳定并在 4%内浮动。

④ 气动干扰作用分析　额定转速为 2200r/min 时，非平面双旋翼单元各倾转角度下的拉力干扰因子和功率干扰因子随间距变化分别如图 4-39 和图 4-40 所示。

从图 4-39 中可以看出，非平面配置的两种双旋翼单元拉力合力明显比无干扰状态的两个独立旋翼产生的拉力要大。面对面状态的 K_T 随间距增加呈现增加的趋势，而背对背状态的 K_T 则变化比较平稳，说明面对面状态产生拉力的能力比背对背状态要好。对比无干扰状态，各间距的 K_T 随倾转角度的增加而增加。另外，还可以看出，$\varphi>40°$的 K_T 随间距增加变化起伏很大，而小角度（$\varphi<40°$）的 K_T 变化就相对稳定，特别地，倾转角度为 20°时，两个状态下的 K_T 都随间距增加而稳定增加。

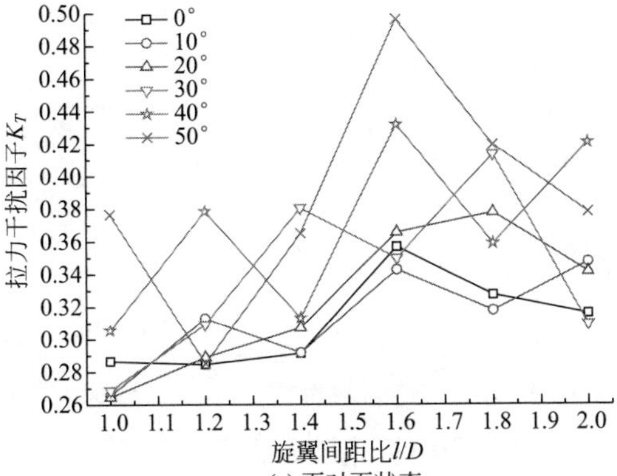

(a) 面对面状态

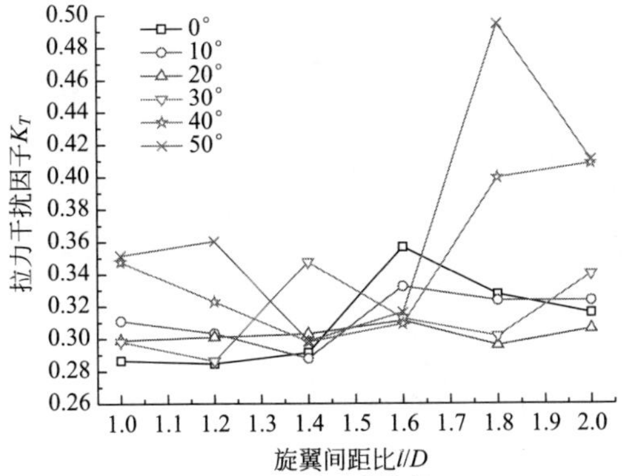

(b) 背对背状态

图 4-39　非平面状态双旋翼额定转速下各倾转角度拉力干扰因子随间距变化图

伴随 K_T 的增加，K_P 在两种状态下随间距都有不同程度的增加，这对提高双旋翼单元悬停性能带来了不利影响。面对面状态下，各倾转角度的 K_P 在 $l/D=1$ 时都处于最大值，说明该间距下由于气动干扰带来的额外功耗此时达到最大。随间距增加，K_P 开始有所减小，但是较大倾转角度（$\varphi>30°$）的 K_P 在 $l/D=1.8$ 处又开始增加，其中 40°和 50°重新回到最大值 0.28 处，说明此时气流干扰消耗了额外的功率。背对背状态下，各倾转角度的 K_P 值在 $l/D=1$ 处依然处于最高点，并随角度增加，K_P 值逐渐增大，其中在较大倾转角度（30°、40°和 50°）的 K_P 值达到了 0.5，远高于面对面状态，说明此间距下的背对背状态的气动性能较差。随着间距增加，K_P 值趋于稳定，各个倾转角度的差距变得很小，此时都集中在 0.15～0.2 之间，说明间距比大于 1 时，背对背状态的气动性能得到了较大的提升。

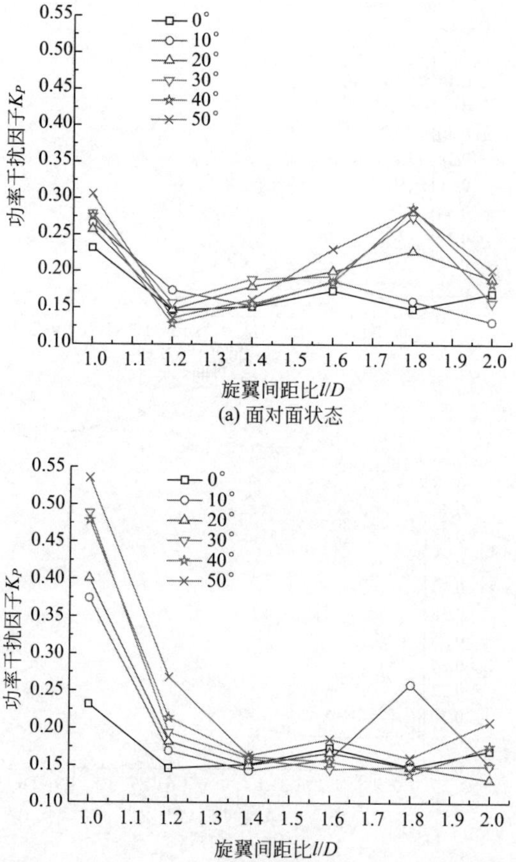

(a) 面对面状态

(b) 背对背状态

图 4-40 非平面状态双旋翼额定转速下各倾转角度功率干扰因子随间距变化图

与共轴双旋翼通过同时减小 K_T 和 K_P 来获得较好的悬停性能的情况不同，非平面双旋翼单元的 K_T 和 K_P 都有不同程度的增加，特别地，K_T 比 K_P 大，且 K_P 的变化很小，因此，非平面双旋翼单元的悬停性能要优于共轴双旋翼单元，并且翼间的这种相交干扰是朝着有利于改善悬停性能的方向发展的。

4.5.2　非平面双旋翼气动特性数值模拟

(1) 面对面状态流线分布

由于在额定转速下，间距比 $l/D=1.2$ 在各个倾转角度下都具有较好的悬停性能，因此，图 4-41 和图 4-42 分别给出了该间距下各个倾转角度的 z 向和 y 向流线图。可以看到，由于两个旋翼转向相反，此时由于干扰形成的旋涡主要集中在下半平面靠近桨尖的一段区域内，随着角度的增加，旋涡区域有明显向内收缩的趋势，并逐渐向旋翼靠拢。此时两个旋翼流场流线不再像单旋翼那样规则分布。

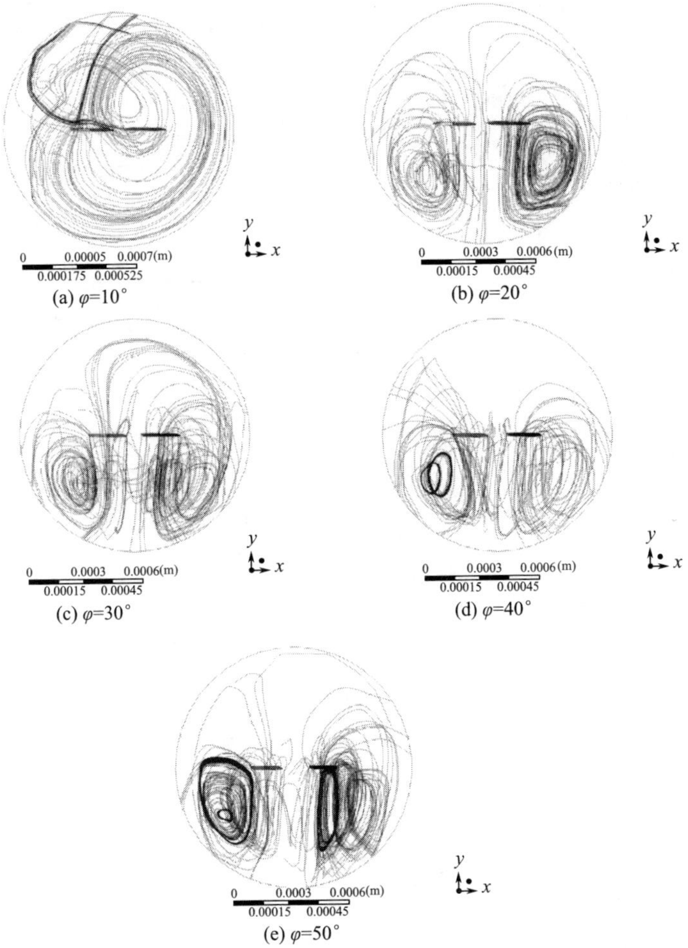

图 4-41　面对面状态额定转速下 $l/D=1.2$ 时各倾转角度的 z 向流线分布

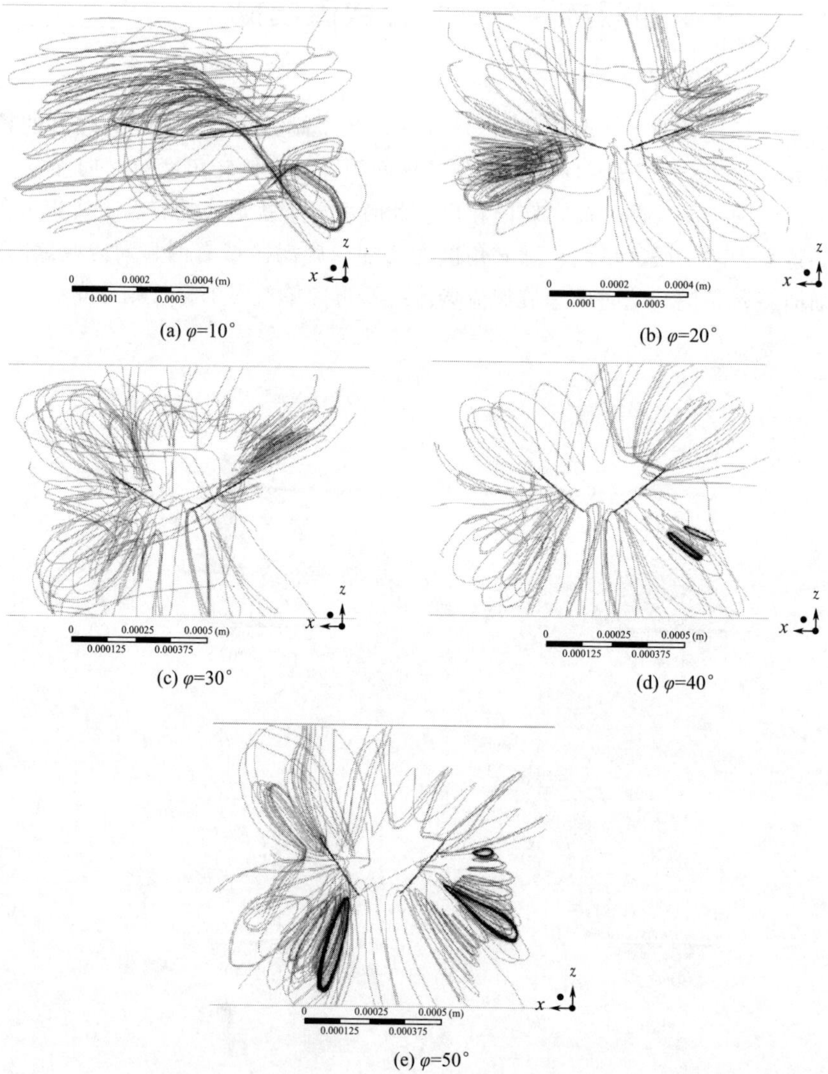

(a) φ=10°　(b) φ=20°　(c) φ=30°　(d) φ=40°　(e) φ=50°

图 4-42　面对面状态额定转速下 l/D= 1.2 时各倾转角度的 y 向流线分布

对于面对面状态 z 向流线分布（图 4-41），由于倾转角度的存在，沿旋翼表面的入流干扰随着角度增加而逐渐增加。对于固定间距，在较小倾转角度 10°时，两个旋翼流线呈现出与单旋翼相似的单个较大的涡流。随着角度的增加，与共轴双旋翼的流线有所不同，面对面状态的旋翼周围流线开始出现几何对称的涡流并产生分离，角度增加到 50°时，流线越来越密集，形成的两个旋涡开始收拢变小，并聚集在桨尖外侧，此时，由倾转角度引起的干扰达到最大。

总体来看，面对面状态下的双旋翼流场开始变得复杂，与单旋翼相比，由于干扰作用，随倾转角度激烈变化，旋翼下方气流随着相交面积增加，流线波动变得更为明显，这样的变化直接影响旋翼的流场特性。

整体来看，随角度增加，y 向流线（图 4-42）开始由周向的螺旋线流动逐渐转变为轴向旋涡式流动，倾转角度为 10°时，流线分层明显，与单旋翼流线分布相比，此时双旋翼单元在旋翼下方开始出现流线变形。另外，轴向的流动随角度的增加而变得集中，整体开始大范围向四周发散，到 40°时开始在下洗流中出现小的涡流，达到 50°时趋于稳定，但增加的小的旋涡可能会给旋翼气动载荷带来扰动。整个气流基本呈发散流动，轴向收缩也随角度增加而加快，下洗流随相交干扰的重叠区域面积的增加而变得剧烈，并向下偏斜，整体变化规律比共轴双旋翼单元要好。此时，这些靠近旋转平面的旋涡可能会使旋翼载荷和稳定性下降。

对比实验结果，我们对各典型配合下的 1.0－50°、2.0－10°、1.4－30°以及 1.8－50°也分别进行了分析，其面对面状态的 z 向和 y 向视图如图 4-43 和图 4-44 所示。

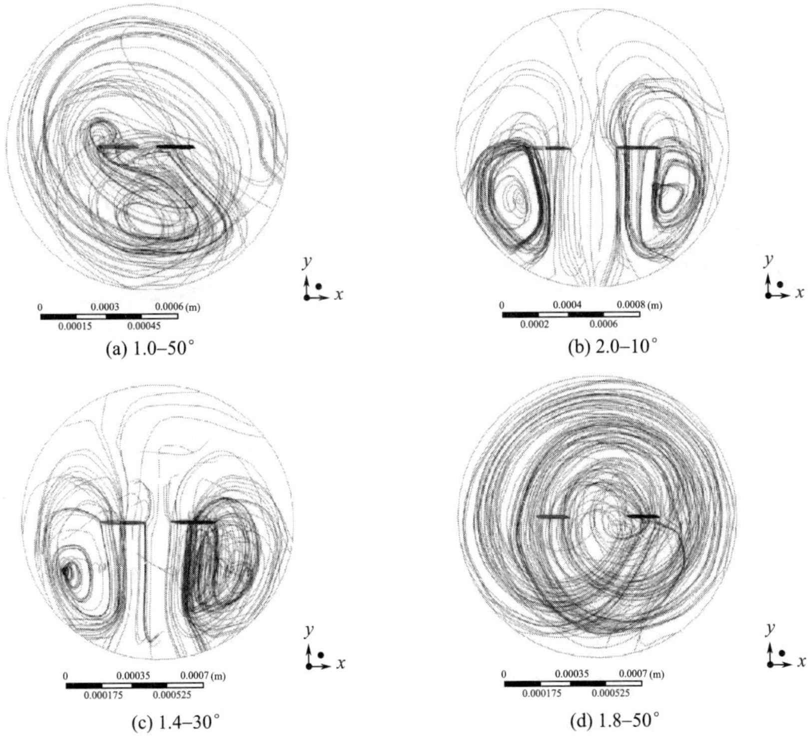

(a) 1.0–50°　(b) 2.0–10°　(c) 1.4–30°　(d) 1.8–50°

图 4-43　面对面状态额定转速下典型气动配合下的 z 向流线分布

对小间距配合大角度的 1.0－50°，由于两个旋翼转向相反，整个 z 向流线（图 4-43）在距离较近的桨尖处靠近下方的位置开始形成较小涡流。对大间距配合小角度的 2.0－10°形成的涡线分离明显。而对于 1.4－30°，此时涡流分离开始形成，但伴随流线纠缠，涡线边界不如 2.0－10°的明显。另外对于 1.8－50°，两个旋翼流线开始在上方和下方分别发散，此时间距和倾转角度都较大，使得入流变大并形成了两个互为中心的旋涡，两个旋翼被流线完全包裹，相比小间距 1.0－50°，此时由于重叠面积增加使得这种趋势更加显著。

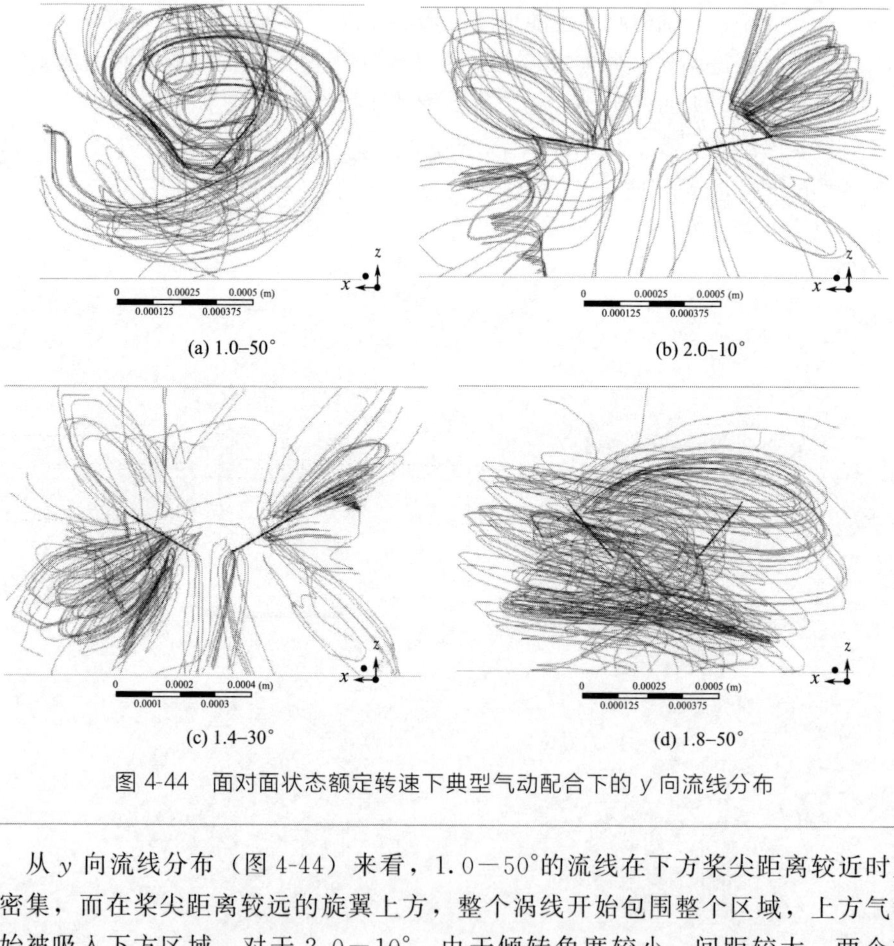

(a) 1.0–50°　(b) 2.0–10°　(c) 1.4–30°　(d) 1.8–50°

图 4-44　面对面状态额定转速下典型气动配合下的 y 向流线分布

从 y 向流线分布（图 4-44）来看，1.0－50°的流线在下方桨尖距离较近时显得密集，而在桨尖距离较远的旋翼上方，整个涡线开始包围整个区域，上方气流开始被吸入下方区域。对于 2.0－10°，由于倾转角度较小，间距较大，两个旋翼的相交干扰使得轴向流动较少，整个流线集中在干扰较弱的外侧区域。相比较而言，对于 1.4－30°，间距的减小和角度的增加使得整个旋翼下方区域的干扰有所增加。而对于 1.8－50°，流线包围了整个流场，气流由上往下开始收缩，在旋翼下方变得集中，旋涡卷起趋势不明显使得双旋翼间的桨尖涡相互耗散以至于尾迹变得混乱而难以捕捉和观测。

(2) 背对背状态流线分布

额定转速下，典型间距比 $l/D=1.2$ 在各角度下的 z 向和 y 向的流线分布分别在图 4-45 和图 4-46 中给出。

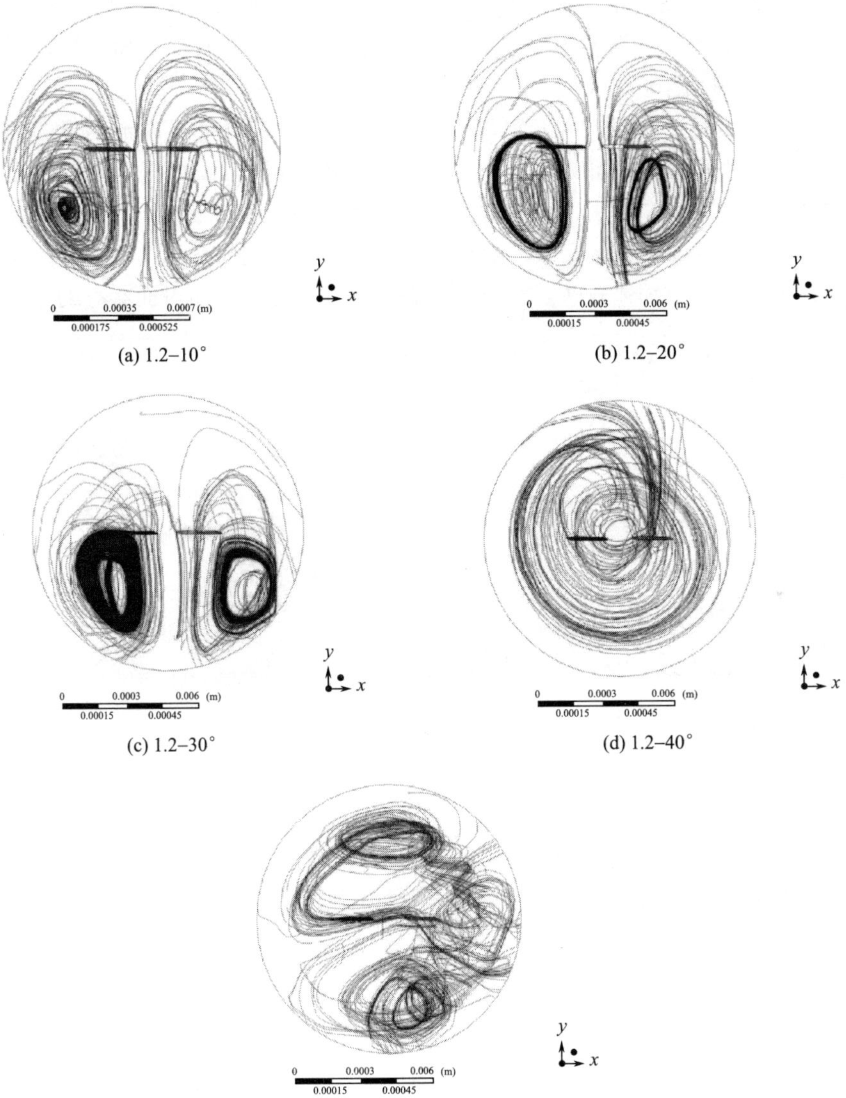

(a) 1.2–10°

(b) 1.2–20°

(c) 1.2–30°

(d) 1.2–40°

(e) 1.2–50°

图 4-45 背对背状态下 l/D=1. 2 时各倾转角度的 z 向流线分布

从图 4-45 中可以明显看出，背对背状态的 z 向流线分布明显比面对面状态的复杂，由于两个旋翼下洗流强烈且存在相互诱导，处于旋翼下方相交区域的流线由于气流相互撞击开始纠缠，此时干扰较面对面状态明显变强，尤其是在角度增加到一定程度后，流线开始伴有涡的出现，并随角度增加收缩半径减小，逐渐向旋翼靠拢。倾转角度达到 40°时整个双旋翼流线开始作用为一体，呈现出环向流动趋势，此时下洗流的吸附作用开始变强。当角度进一步增加到 50°时，流线开始呈不规则状态，更加混乱而难以辨认，此时相交干扰面积增加，扰动可能会增加旋翼的需用功率。

总体而言，在 y 向轴流显示区域（图 4-46），背对背状态下洗流明显随角度的增加而加大，小角度时，各处流线分区明确，当角度增加到 40°以上时最终在整个流场内开始不规则分布。由于背对背状态下方的轴流速度与面对面状态相比较小，因此上方入流处的流线较为密集，出现明显的反流区。同时，每个旋涡轴向位置会越来越往上移动，收缩比较快，背对背状态的双旋翼性能比面对面状态的差。

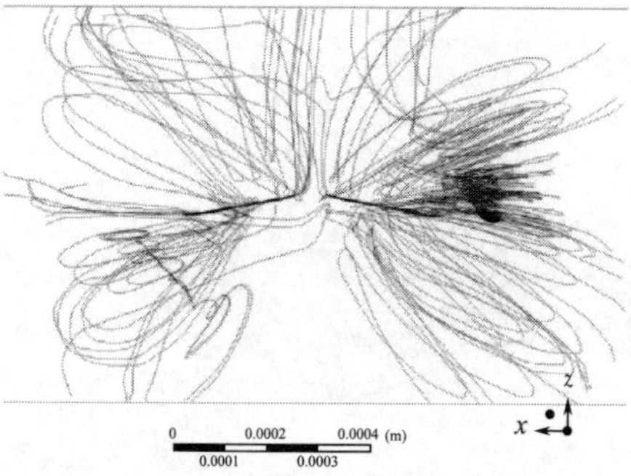

(a) 1.2–10°

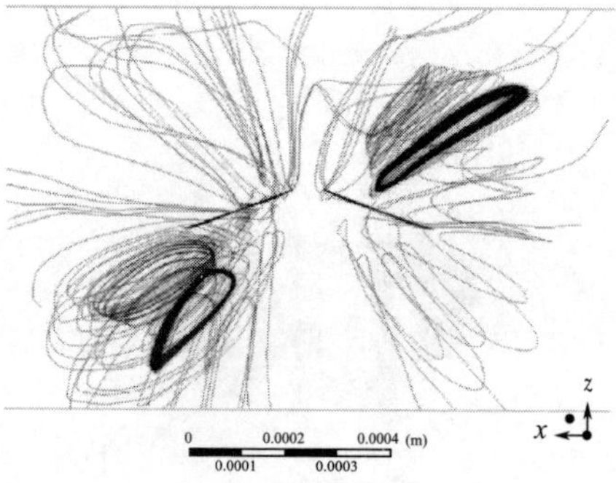

(b) 1.2–20°

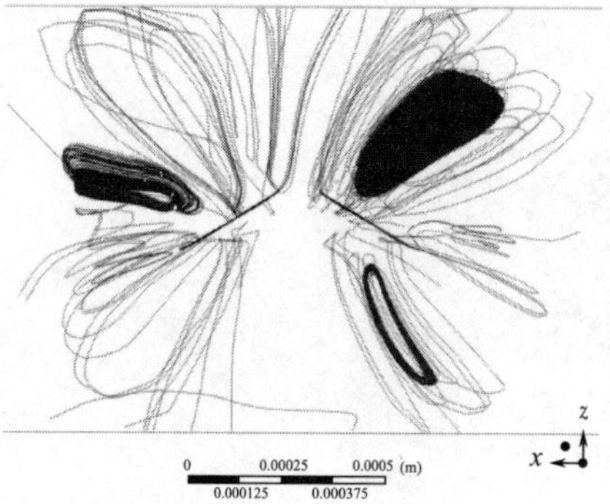

(c) 1.2–30°

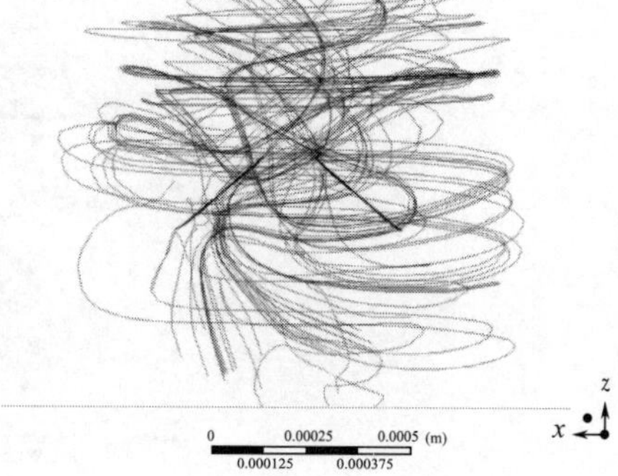

(d) 1.2–40°

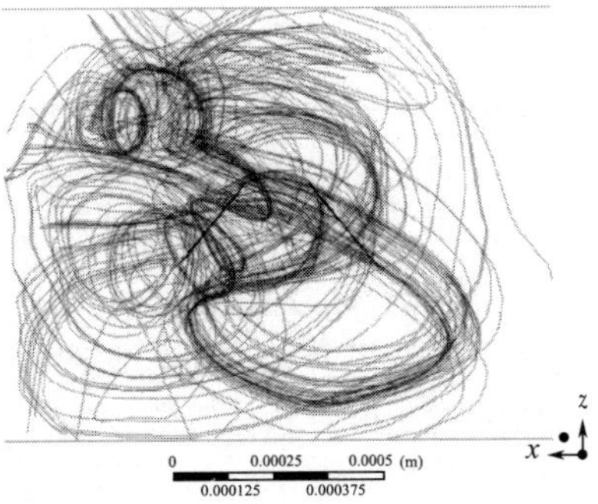

(e) 1.2–50°

图 4-46 背对背状态下 l/D= 1.2 时各倾转角度的 y 向流线分布

额定转速下，对典型配合 1.0—50°、2.0—10°、1.4—30°以及 1.8—50°也分别进行了分析，其背对背状态的 z 向和 x 向视图如图 4-47 和图 4-48 所示。

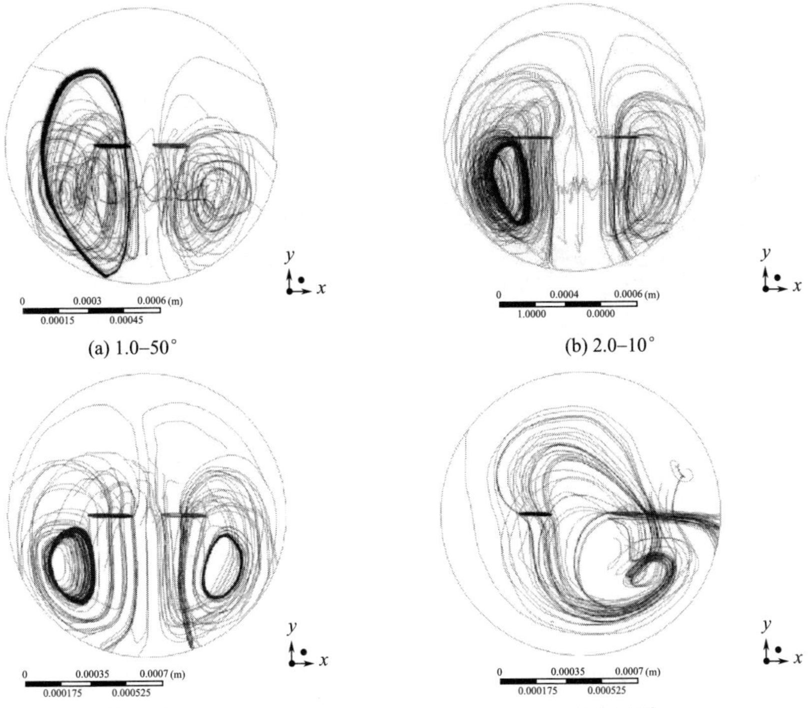

图 4-47 背对背状态下几个典型配合下的 z 向流线分布

背对背状态的各典型配合下的 z 向流线分布（图 4-47）出现了不同程度较密集的旋涡，小间距大角度的 1.0—50°时，两个旋涡流线分布不规则，旋涡边界将旋翼包围，此时的气动干扰可能会对旋翼载荷产生不利影响。相对而言，大间距小角度的 2.0—10°时旋涡边界明显收缩，并出现在桨尖附近靠流场的外侧区域，此时相交干扰较小。而在 1.4—30°时，两个旋涡分布在旋翼两侧基本对称，处于远离桨尖靠流场外侧区域，翼间流线使得旋涡收缩产生的边界并不明显。在 1.8—50°时，由于间距和角度同时增加，使得下洗流场开始交汇，此时并未出现明显的旋涡现象，间距的增加使得干扰程度有所减弱，但对整体影响较小。

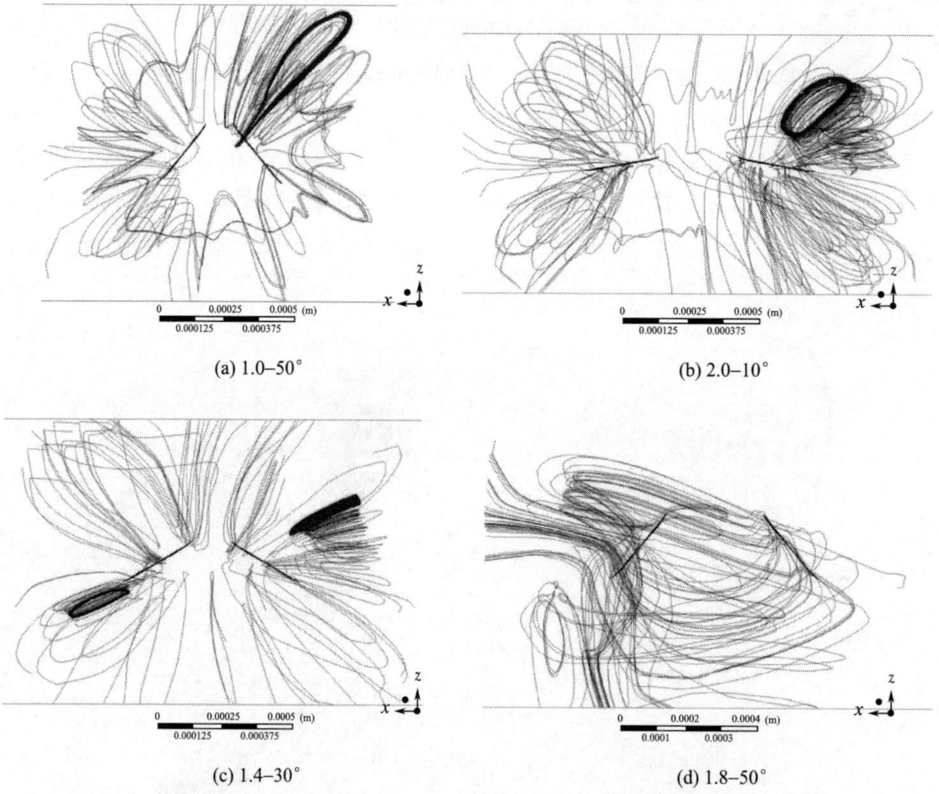

(a) 1.0–50°　(b) 2.0–10°

(c) 1.4–30°　(d) 1.8–50°

图 4-48　背对背状态下几个典型配合下的 y 向流线分布

从 y 向流线分布（图 4-48）可以看出，背对背状态在 1.0—50°时由于干扰作用强烈，流线呈现波浪状向旋翼四周发散，在桨尖距离较近的地方流线密集开始有旋涡出现，这可能会导致旋翼旋转时的稳定性变差。相比较而言，2.0—10°时由于间距变大，旋翼轴流间的作用减小，流线密集区主要集中在区域两侧。对于 1.4—30°，角度的增加使得旋翼上方气流加强，逐渐向周围发散，并在各自旋翼附近出现明显收缩变小的旋涡。而 1.8－50°时下洗流干扰使得整个流场开始在旋翼周围相互缠绕，此时流线边界分布不清晰。

（3）典型状态压强分布

图 4-49 分别给出了额定转速下面对面状态和背对背状态在两种典型配合下旋翼周围的压强分布。

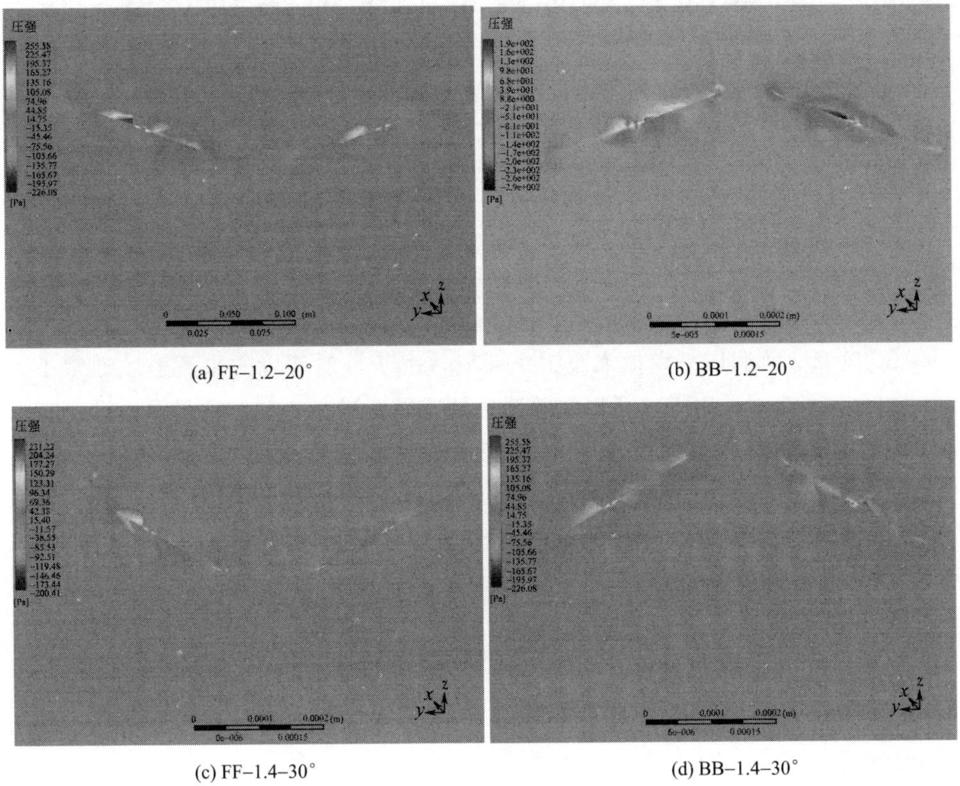

(a) FF–1.2–20°　(b) BB–1.2–20°

(c) FF–1.4–30°　(d) BB–1.4–30°

图 4-49　典型配合下旋翼周围的压强分布（电子版）

相对于共轴双旋翼而言，非平面双旋翼单元的负压区域明显变大。对于 1.2－20°的气动布局，两个状态的旋翼上表面的压强明显大于下表面，而且旋翼桨叶外侧由于旋转速度大，出现了明显的负压区域，该部分产生的拉力最大。相比于面对面状态的左侧旋翼，背对背状态左侧旋翼的压差有所减小。而背对背状态的右侧旋翼相比于面对面状态的右侧旋翼开始有较大面积的负压区域出现，说明背对背状态右侧旋翼的拉力相对较大，该状态的气动环境得到了改善。此时也反映了流场对两个旋翼的影响是不一样的，并进一步表明了非平面配置的流场分布的复杂程度。随着间距和角度的增加，在 1.4－30°气动配置下，背对背状态下旋翼的上下表面压差比面对面状态的压差大，而面对面状态压强分布较均匀，与1.2－20°的面对面状态相比，整体旋翼表面压差有所减小，说明增大间距和角度使得下洗流作用有所减弱。

4.6 非平面式双旋翼单元来流实验研究

为了测试非平面六旋翼无人机旋翼系统在自然环境中飞行时的抗风扰性能，本节针对自然来流常见的二级风（1.6～3.3m/s）和三级风（3.4～5.4m/s）的典型值进行了非平面双旋翼的来流抗风性实验。

4.6.1 实验设计

（1）实验装置

① 风洞　风洞用来模拟来流工作环境，由于自然环境的来流速度通常不大于三级风，约 5m/s 以下，所以实验选择低速风洞进行实验。此风洞为开口式回流低速风洞，实验段截面形模为 1.5m×1m。

② 双旋翼气动特性测试实验台　由于对气动参数调整操作的特殊性，依然采用上一节的非平面双旋翼实验台，并选取二级风中的 2.5m/s 和三级风中的 4m/s 来进行来流实验。

（2）实验方法

为了确定具有良好抗风性能的最佳气动布局，非平面双旋翼单元的来流实验也对比无来流状态 0m/s 测量来流风速 2.5m/s 和 4m/s 时的拉力和功耗；间距比和倾转角度设置同上一节。

为保证测量结果的精度，风洞实验要求对实验状态的相关参数进行测量，具体参数和设计状态分别在表 4-4 中给出。

表 4-4　实验状态和测量参数

参数		符号	单位	精度	取值范围
记录参数	密度	ρ	kg/m^3		
	温度	t	℃		
	压力	P	hPa		
	转速	n	r/min	±5	1500～2400
	风速	V	m/s	±1%	2.5,4

续表

参数		符号	单位	精度	取值范围
记录参数	倾转角度	φ	(°)	±0.1	(−50,50),(−40,40),(−30,30),(−20,20),(−10,10),(0,0)
	旋翼间距比	l/D		±0.01	1.0,1.2,1.4,1.6,1.8
测量参数	拉力	T	g	±1%	
	功耗	P	W	±1%	

双旋翼单元测量实验台在风洞中的放置如图 4-50 所示。由于双旋翼实验台存在特殊参数的调整，为保证实验过程的安全进行，需要对旋翼拉力、功率和转速等信号以及电源灯进行实时监控。

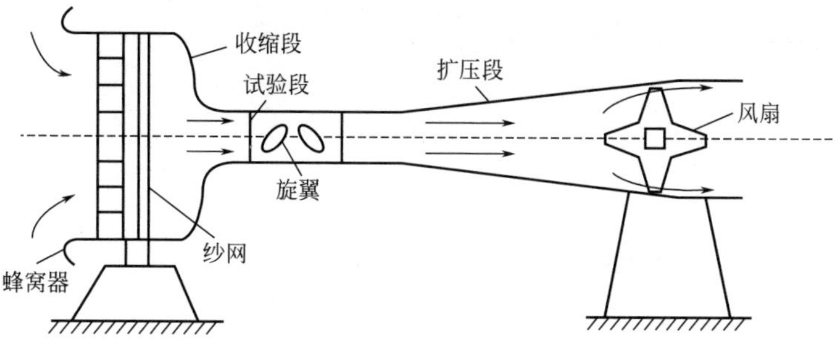

图 4-50 双旋翼单元测量实验台在风洞中的放置

4.6.2 非平面旋翼实验结果分析

(1) 倾转角度的影响

工作转速下，来流状态面对面双旋翼单元的拉力和功耗随倾转角度的变化规律如图 4-51 所示。为方便对比，各坐标显示范围一致。

对于 $l/D=1.0$，总体上，来流状态下的拉力和功耗随倾转角度明显高于无来流状态。由于此时两旋翼距离较近，此时旋翼附近气流干扰强烈，在 $\varphi=10°$ 和 50°时拉力随风速增加而增大，相比于无来流状态拉力分别增加了 1.9% 和 3.2%，说明增加的来流同时增加了原本强烈的翼间气流在旋翼上的拉力分量，使得拉力有所上升；在 $\varphi=20°$ 和 30°时，来流风速下的拉力相差不大；但当倾转角度增加到 40°时，4m/s 时的拉力与无来流时的相差不大，而 2.5m/s 时的拉力却增加了近 2%；伴随拉力的增加此时功耗也随之增加，两个来流风速下的功耗分别增加了 2% 和 3%，随倾转角度的增加，功耗整体浮动很小。

$l/D=1.2$ 时，随倾转角度的增加，拉力和功耗总体变化趋势一致且与无来流时相差较小，说明整体抗风性较好；当 $\varphi=50°$ 时，拉力开始大幅下降，来流风速在 2.5m/s 和 4m/s 时拉力分别下降了 3.8%和 2.2%，这可能是因为该角度下入流达到最大，易受来流影响，使得气流与旋翼表面的撞击增加影响整体拉力。

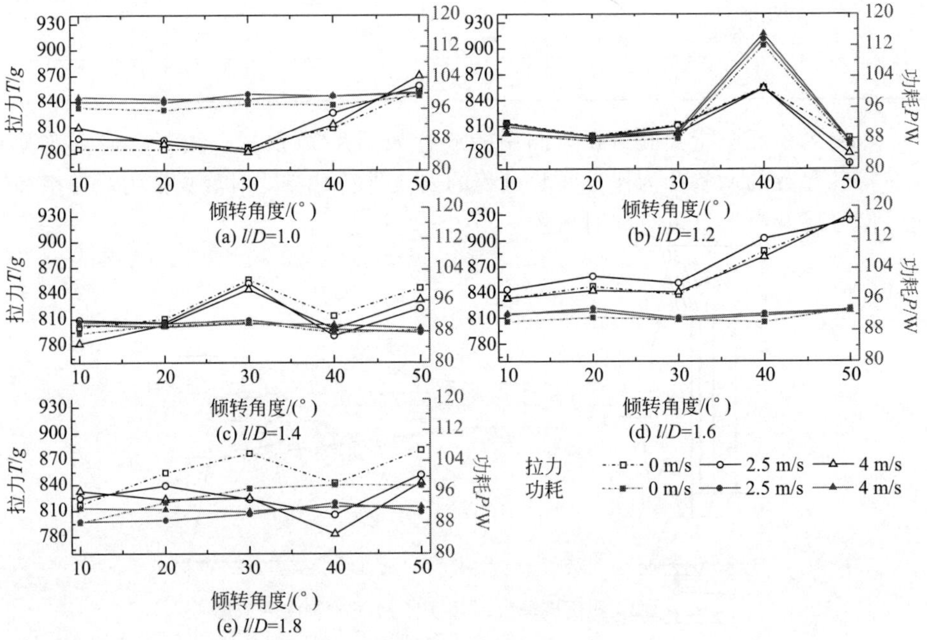

图 4-51 来流状态面对面双旋翼单元拉力和功耗随倾转角度的变化规律

$l/D=1.4$ 时，来流风速下拉力有所减小，功耗变化不大。尤其当倾转角度增加到 40°和 50°时，风速越大，拉力下降得越快，这是由于当两旋翼间距增加时，倾转角度的增大使得气流变得发散，拉力作用减小。

$l/D=1.6$ 时，来流功耗较 0m/s 时在 2%上下浮动；来流 4m/s 较无来流的拉力相差小，而来流 2.5m/s 时的整体拉力却提高了约 1.7%，产生这种现象的原因可能是因为在该间距下，随着来流风速的增加，2.5m/s 作为一个临界值使得在低于 2.5m/s 时来流对旋翼间气流在拉力方向上的作用加强，大于 2.5m/s 之后该作用就会减弱。

$l/D=1.8$ 时，来流拉力和功耗大大低于无来流状态，拉力在 30°和 40°时分别下降近 6.4%和 7%，而功耗虽然受倾转角度影响很小，但是总体下降了约 6.2%。由于旋翼间距足够大使得两个旋翼相对独立，集中入流变小，受风扰影响大，拉力会减小。

总体来看，面对面状态具有较好的抗风扰能力，来流下拉力变化不大，与无来流相比，在大间距比 $l/D=1.8$ 下的抗风性能最差；另外，来流状态的功耗随倾转角度变化很小。对于面对面状态的非平面双旋翼，在来流风速下，倾转角度在 20°、30°、40°时表现出了较好的抗风扰性能。

工作转速下，来流状态背对背双旋翼单元的拉力和功耗随倾转角度的变化规律如图 4-52 所示。

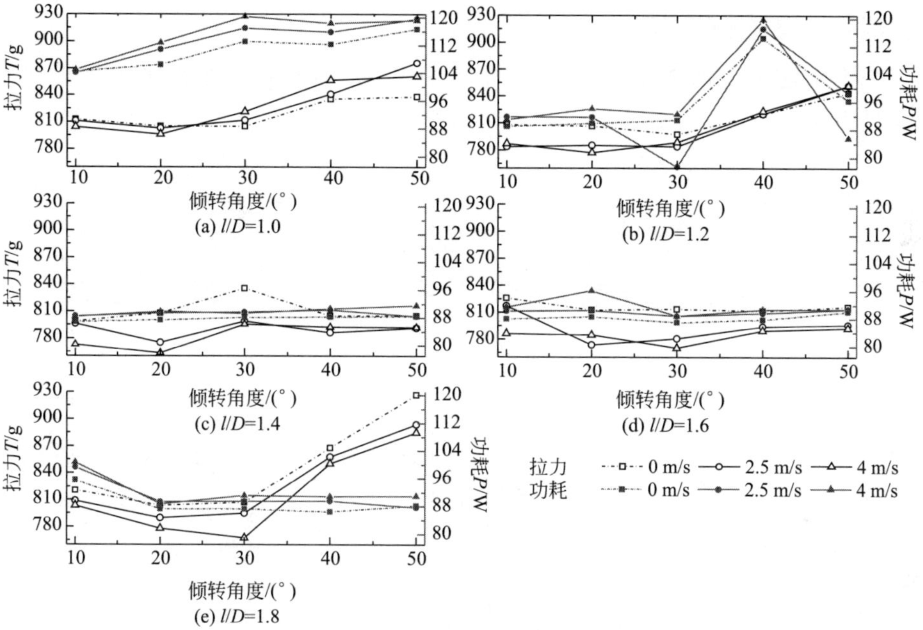

图 4-52 来流状态背对背双旋翼单元拉力和功耗随倾转角度的变化规律

对于 $l/D=1.0$，$\varphi>30°$时拉力开始较无来流状态有所升高，在 50°时达到最大，此时来流风速拉力分别增加了 4.5%和 2.7%；而功耗较无来流状态一直有所增加，到 30°时达到最大，来流风速下分别增加了 2.7%和 6%。由于旋翼间距小，背对背状态的下洗流作用随倾转角度的增加变得更加强烈，使得来流风速的影响减小，拉力有所升高。

对于 $l/D=1.2$，整体拉力比无来流状态拉力小，且两种状态下的拉力差随倾转角度的增加而减小，拉力差最大可达 3%；相比于无来流状态，2.5m/s 的功耗在 30°和 4m/s 的功耗在 50°分别减小了 14%和 11.5%。

对于 $l/D=1.4$，来流状态拉力依然呈减小趋势，并在 20°时达到最低，分别减小了 4%和 5.5%；功耗对来流不敏感，在 2.2%内浮动。

对于 $l/D=1.6$，来流状态拉力远低于无来流状态，抗风扰能力差；20°时功耗增加了约 9%。

对于 $l/D=1.8$，整体抗风性能较差，在 30°时来流状态拉力在两个风速下分别减小了 1.9%和 4.8%；功耗增加了约 5%。

综合来看，背对背状态的抗风扰性能较差，背对背状态直接决定了旋翼系统的整体性能，另外，来流下的功耗基本不受倾转角度的影响。结合表现性能较好的 $l/D=1.0$ 和 1.2 可以进一步确定旋翼系统的气动布局。

（2）旋翼间距的影响

来流风速下，面对面双旋翼单元拉力和功耗随旋翼间距的变化规律如图 4-53 所示。

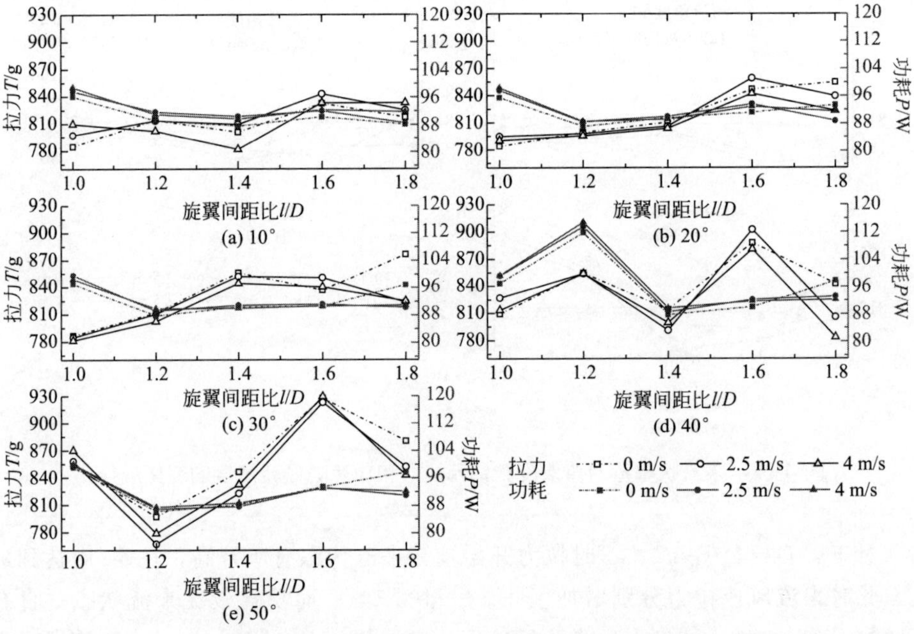

图 4-53 来流风速下面对面双旋翼单元拉力和功耗随旋翼间距的变化规律

$\varphi=10°$时，面对面状态在 2.5m/s 时具有较好的抗风扰性能，当风速增加到 4m/s 时，$1.2<l/D<1.6$ 的拉力开始下降，最大降了 2.3%；功耗稳定增加在 3%左右。

$\varphi=20°$时，来流下的拉力与无来流状态持平，直到 $l/D=1.8$ 时来流风速下的拉力分别下降了 1.8%和 3.7%；功耗稳定增长在 5%左右。

$\varphi=30°$时，2.5m/s 时的拉力与无来流状态持平，当风速增加到 4m/s 时，拉力略下降了 1.3%；在 $l/D=1.8$ 时两个风速来流下的拉力和功耗都下降了约 6%，其他间距下功耗增长稳定在 2%左右。

$\varphi=40°$时，整个间距的功耗稳定增加了约 2%；l/D 在 1.4 和 1.8 时来流拉力有所下降，在 $l/D=1.8$ 时拉力最大下降了 4.4%和 7%，相比于小间距，功耗下降了 5%。

$\varphi=50°$时，功耗增加了 1%；l/D 在 1.2、1.4 和 1.8 时来流拉力都有所下降，在 $l/D=1.8$ 时拉力最大下降了 3.3%和 4.3%，同时功耗也下降了 7%。

总体来看，面对面状态在两个典型风速影响下，随着旋翼间距的增加，抗风扰性能会下降，尤其在大间距 $l/D=1.8$ 时抗风扰性能降到最低。在来流风速下，间距比 l/D 在 1.0、1.2 和 1.6 时表现出了较好的抗风扰性能。

来流风速下，背对背双旋翼单元拉力和功耗随旋翼间距的变化规律如图 4-54 所示。

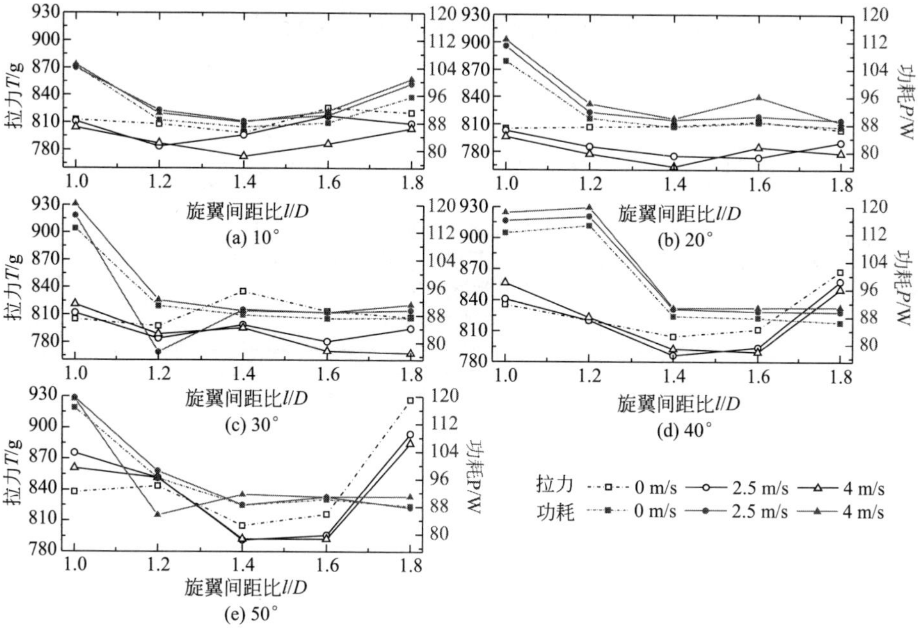

图 4-54 来流风速下背对背双旋翼单元拉力和功耗随旋翼间距的变化规律

$\varphi=10°$和 20°时，来流拉力低于无来流状态，另外，拉力随风速增加而减小，这两个角度的功耗分别稳定增加了 5%和 9%。

$\varphi=30°$、40°和 50°时，$l/D<1.2$ 时来流拉力有所增加，抗风扰性能较好，当 $l/D>1.2$ 时，来流拉力迅速减小；另外，$l/D=1.2$ 时，2.5m/s 在 $\varphi=30°$和

4m/s 在 $\varphi=50°$ 的功耗大幅度减小，分别减小了 25％和 11％。

综合来看，背对背状态在小角度下的抗风扰能力较好，这是由于小角度下的背对背下洗流较弱，受到外界风速的干扰较小。

(3) 雷诺数的影响

来流风速下，非平面双旋翼单元在几个典型角度和间距组合下的拉力增量和功耗增量随雷诺数的变化规律如图 4-55～图 4-58 所示。

对小间距配合大角度的气动布局，图 4-55 给出了 $l/D=1.0$、$\varphi=50°$ 时的拉力增量和功耗增量随雷诺数 Re 的变化规律。

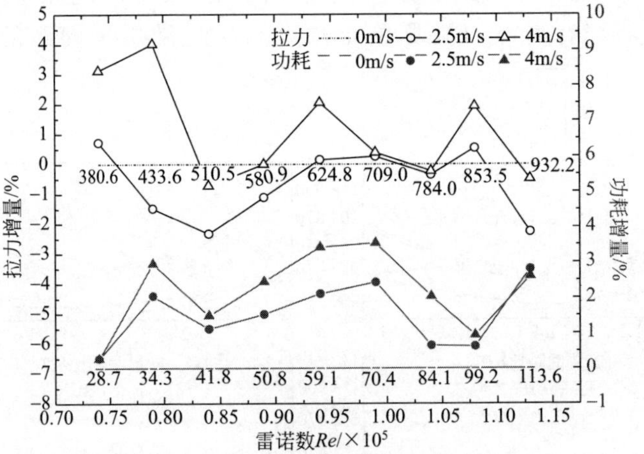

(a) 面对面双旋翼单元

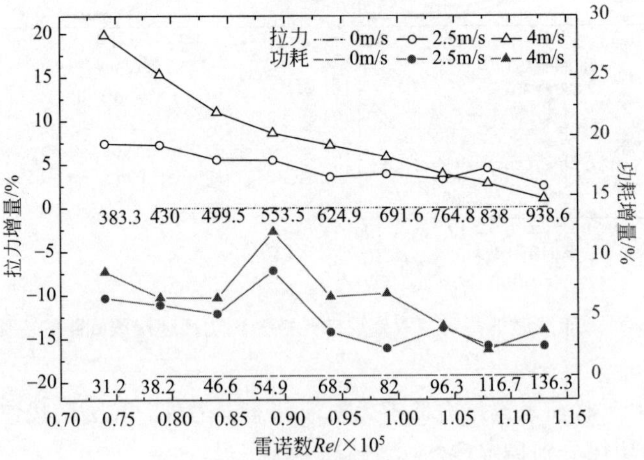

(b) 背对背双旋翼单元

图 4-55 来流风速下拉力增量和功耗增量随雷诺数 Re 的变化规律（$l/D=1.0$，$\varphi=50°$）

面对面状态下，随着来流风速的增加，来流拉力增量逐渐变大；低雷诺数范围（$0.72\times10^5<Re<0.82\times10^5$）内来流拉力增量变化较大，其中 4m/s 的拉力增量增加到了 4.5%；来流状态功耗增量在 3% 范围内变化，该雷诺数范围的双旋翼单元具有较好的悬停性能，随着 Re 进一步增加，功耗增量的增加使得气动性能随之下降。

背对背状态下，来流拉力增量随 Re 增大呈线性减小，低雷诺数下 $Re=0.73\times10^5$ 时拉力增量达到了 20%；功耗增量随 Re 总体上也呈减小的趋势，当 $Re>0.9\times10^5$ 时，拉力增量明显低于功耗增量，此时悬停性能开始变差。

对大间距配合小角度的气动布局，图 4-56 给出了 $l/D=1.8$、$\varphi=10°$时的拉力增量和功耗增量随雷诺数 Re 的变化规律。

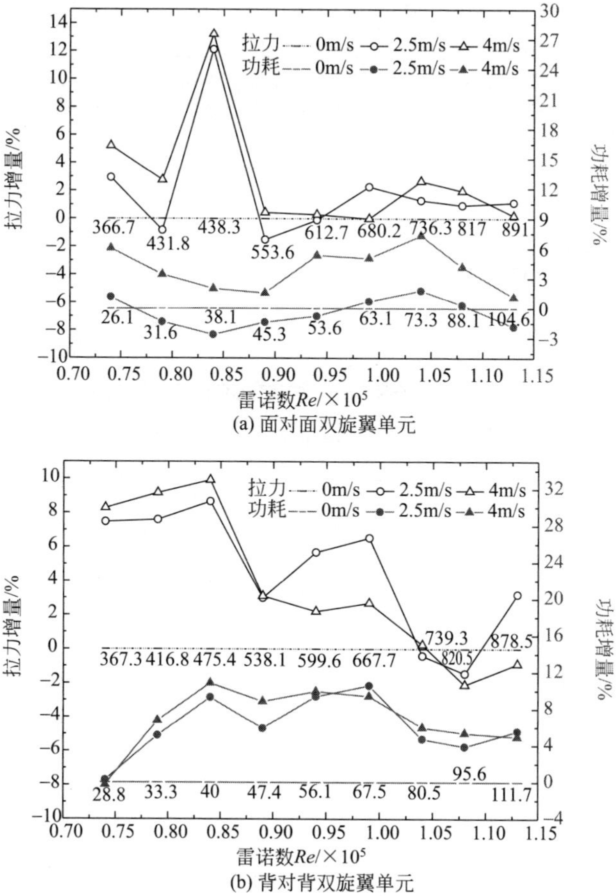

图 4-56 来流风速下拉力增量和功耗增量随雷诺数 Re 的变化规律（$l/D=1.8$，$\varphi=10°$）

面对面状态下，拉力增量随 Re 增加逐渐趋于平衡，在 $Re<0.84\times10^5$ 时，拉力增量在 5%内波动，并在 0.84×10^5 时出现一次峰值，拉力增量达到了 13%；而雷诺数范围内的来流状态的功耗增量在 5%内波动，其中 2.5m/s 时的功耗增量开始出现负值，在低雷诺数范围内显示出了较好的悬停效率。

背对背状态下，拉力增量随 Re 增加开始大幅度减小，$Re<1\times10^5$ 时，该气动布局的拉力增量最大达到了 10%，其中当 $0.74\times10^5<Re<0.87\times10^5$ 时，较高风速 4m/s 下的拉力增量较大，当 $0.87\times10^5<Re<1\times10^5$ 时，2.5m/s 下的拉力增量表现出了很大的优势，比 4m/s 下的拉力增量大了 4%；此时，功耗增量随 Re 增加先增大后减小，在 5%范围内波动。

对中等间距配合中等角度的气动布局，图 4-57 给出了 $l/D=1.4$、$\varphi=30°$时的拉力增量和功耗增量随雷诺数 Re 的变化规律。

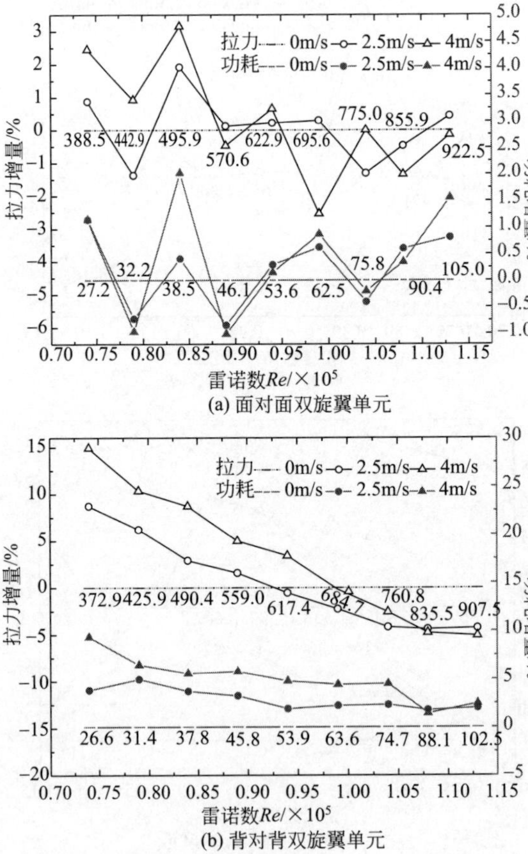

图 4-57 来流风速下拉力增量和功耗增量随雷诺数 Re 的变化规律（$l/D=1.4$，$\varphi=30°$）

面对面状态的拉力增量随 Re 增加出现振荡，尤其在低雷诺数范围内比较明显，在3%范围内波动，随后振荡减小并逐渐向无来流状态靠近。伴随拉力的变化，功耗变化伴随拉力变化趋势在3%范围内波动。来流4m/s在 $Re<0.9\times10^5$ 时由于拉力增量大于功耗增量使得整体性能得到改善，随着雷诺数进一步增加，气动性能开始恶化。

背对背状态来流拉力随风速增加而增大，整体随 Re 增加而线性减小，在 $Re=0.74\times10^5$ 时来流风速拉力增量分别达8%和15%。$Re>0.94\times10^5$ 时，拉力增量开始变为负值。此时的功耗增量也呈相似变化趋势在5%范围内波动，该状态的气动性能开始下降。

对中等间距配合中等角度的气动布局，图4-58给出了 $l/D=1.2$、$\varphi=20°$ 时的拉力增量和功耗增量随雷诺数 Re 的变化规律。

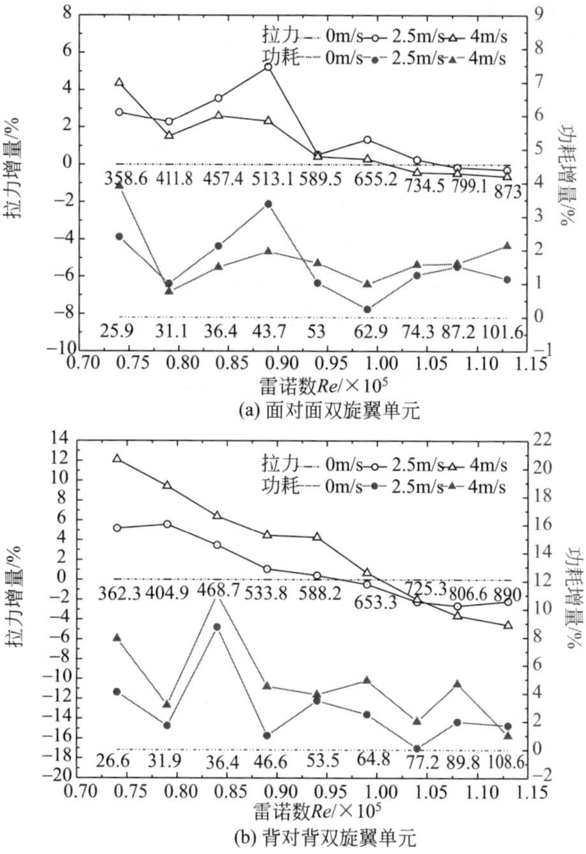

(a) 面对面双旋翼单元

(b) 背对背双旋翼单元

图4-58 来流风速下拉力增量和功耗增量随雷诺数 Re 的变化规律（$l/D=1.2$，$\varphi=20°$）

该布局配置下，面对面状态的拉力增量为正，随雷诺数增加呈下降趋势，而功耗增量范围保持在4%以内，拉力增量大于功耗增量，具有较好的气动性能。同时，随雷诺数增加，来流2.5m/s时的拉力增量明显比4m/s大了1～3个百分点，而来流2.5m/s的功耗增量在$0.95\times10^5<Re<1\times10^5$范围内却明显比4m/s低，说明该雷诺数范围内，面对面状态的悬停性能达到最优。说明此时来流2.5m/s在较低雷诺数范围内对整体气动性能产生了有利影响。

相对而言，背对背状态的拉力增量和功耗增量整体大幅度增加，随雷诺数增加，拉力增量整体呈现下降趋势，且来流风速越大，拉力增量越大。而此时的功耗增量也随着来流风速的增加而小幅度增加，当$Re>0.9\times10^5$时，拉力增量开始小于功耗增量，此时背对背状态的悬停性能开始下降。

总体上看，这几个典型气动布局中背对背状态的气动性能得到了很大改善，使得非平面双旋翼单元整体抗风扰能力增加，另外，低雷诺数范围$Re<0.8\times10^5$时，各个典型具有较好的悬停性能，随着雷诺数的增加，典型布局配置1.2－20°开始表现出较好的抗风扰性能。

(4) 气动干扰作用分析

为了对比来流状态下非平面双旋翼单元的气动干扰特点，本小节对无干扰下的单旋翼进行了来流实验。水平来流下单旋翼在不同风速下的拉力和功耗变化规律如图4-59所示。从图中可以看出，旋翼在来流状况下的拉力明显比无来流时的拉力大，具有良好的抗风扰性能，且随着风速的增加，拉力也随之增加；来流2.5m/s时最大增加了5.4%，来流4m/s时最大增加了10%。功耗随拉力增加而增大，各来流风速下功耗相差很小。

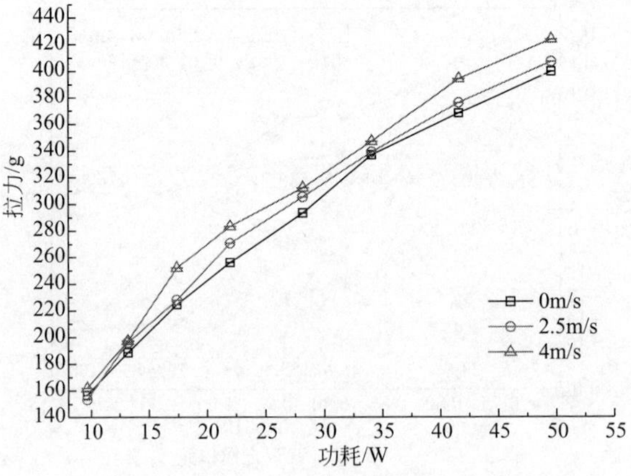

图4-59 水平来流下单旋翼在不同风速下拉力和功耗变化规律

额定转速下，面对面状态和背对背状态分别在 2.5m/s 和 4m/s 来流时的拉力干扰因子 K_T 和功率干扰因子 K_P，如图 4-60～图 4-63 所示，为方便比较，同一变量坐标范围一致，K_T 为 0.1～0.39，K_P 为 0.1～0.8。

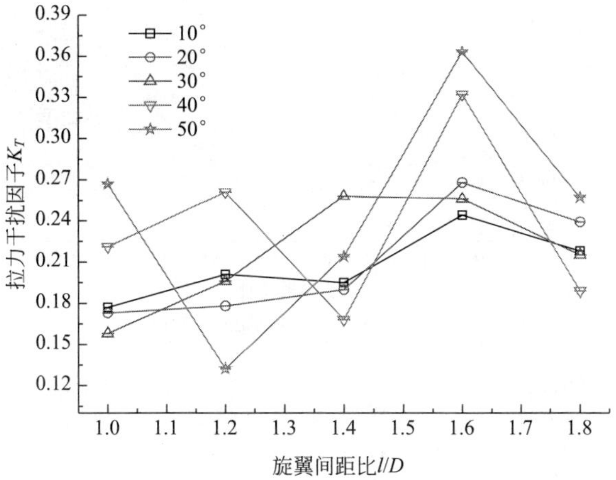

(a) 各角度K_T随间距变化规律

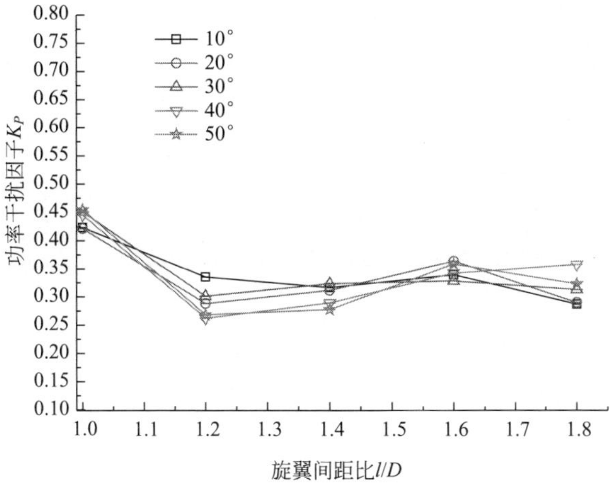

(b) 各角度K_P随间距变化规律

图 4-60 面对面状态在 2.5m/s 来流时各角度的 K_T 和 K_P 随间距的变化规律

从图 4-60 中可以看出，面对面状态在 2.5m/s 来流时的 K_T 在小角度（$\varphi<30°$）时随间距增加而小幅增长，而较大角度的变化幅度较大，而各角度功率干扰因子 K_P 随间距增加波动很小，最大值出现在小间距比 $l/D=1.0$ 处，整体稳定在 0.25～0.45 之间。总体来看，该状态下在 2.5m/s 来流时的悬停性能有所减小，但随间距增加，干扰作用变小，悬停性能有所提高。

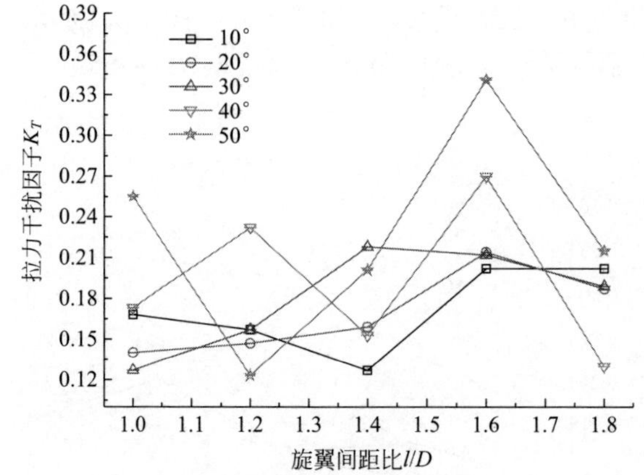

(a) 各角度K_T随间距变化规律

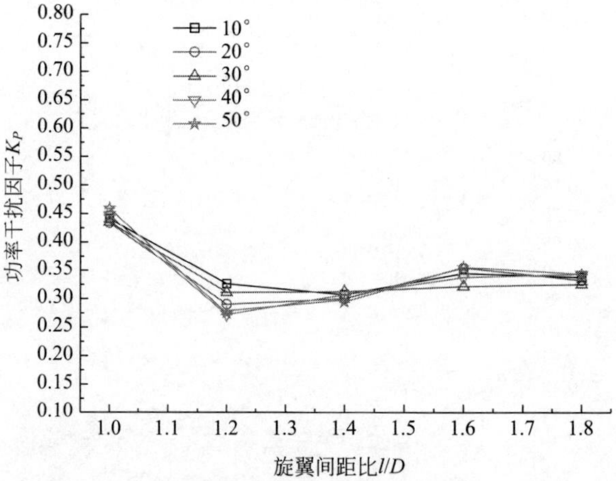

(b) 各角度K_P随间距变化规律

图 4-61 面对面状态在 4m/s 来流时各角度的 K_T 和 K_P 随间距的变化规律

从图 4-61 中可以看出，面对面状态在 4m/s 来流时的拉力干扰因子在较小角度 20°和 30°时随间距增加变化稳定，较大角度（$\varphi>40°$）时依然有大幅变动，说明来流状态下大角度的干扰开始变得不稳定。相比于 2.5m/s 来流，4m/s 时各角度的 K_P 相差非常小，总体依然稳定在 0.25～0.45 之间，此时总体悬停性能有所下降，较大角度的悬停性能相对有所改善。

从图 4-62 中可以看出，相比于面对面状态，背对背状态 2.5m/s 的 K_T 在小角度（$\varphi<30°$）时随间距增加开始有小幅下降趋势，而大角度（$\varphi>40°$）在较小间距和较大间距开始有大幅增加趋势。同时功率干扰因子 K_P 在 $l/D<1.4$ 时明

显高于面对面状态，另外，随间距增加 K_P 开始大幅下降，增加到 $l/D>1.4$ 时各角度 K_P 开始稳定在 0.33 左右。此时，虽然整体悬停性能有所下降，但是在大间距 $l/D>1.4$ 时的悬停性能由于 K_P 趋于稳定而有所提高。

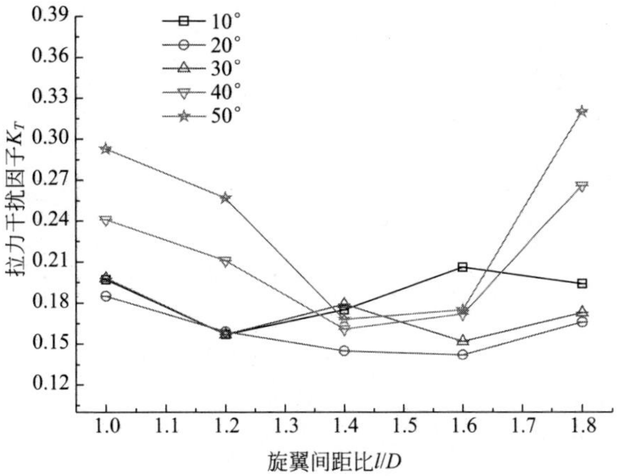

(a) 各角度K_T随间距变化规律

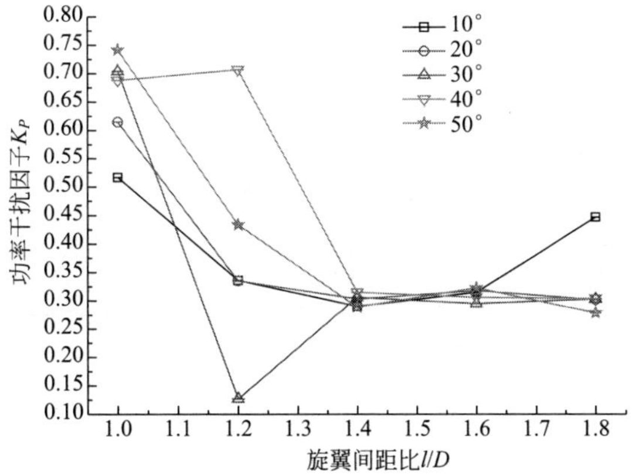

(b) 各角度K_P随间距变化规律

图 4-62 背对背状态 2.5m/s 来流时各角度的 K_T 和 K_P 随间距的变化规律

从图 4-63 中可以看出，相对于 2.5m/s 的背对背状态，4m/s 的 K_T 随来流风速增加整体趋势有所下降，而此时的 K_P 却有所增加，说明较大风速 4m/s 来流使得整体悬停性能变差。K_T 和 K_P 总体走势与较大间距相比，在 $l/D<1.4$ 时由于干扰作用增强而下降很快。

总体而言，相对于无来流状态，非平面双旋翼单元在来流风速下的 K_T 相对下降了 0.13，同时 K_P 却相对增加了 0.15，说明来流作用降低了双旋翼单元的悬停性能。

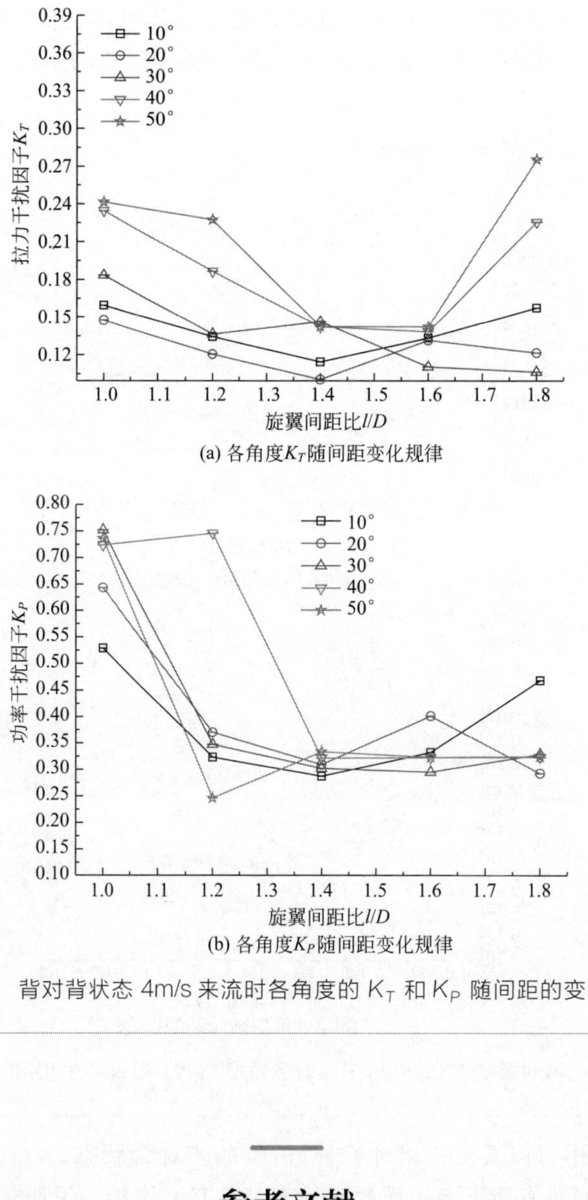

图 4-63 背对背状态 4m/s 来流时各角度的 K_T 和 K_P 随间距的变化规律

参考文献

[1] 李春华. 旋翼流场气动干扰计算与分析[D]. 南京：南京航空航天大学，2004.

[2] BENEDICT M. Fundermental understanding of the cycloidal-rotor concept for micro air vehicle applications [D]. Maryland：Department of Aero-

space Engineering, University of Maryland, 2010.

[3] 代刚. MEMS-IMU 误差分析补偿与实验研究 [D]. 北京：清华大学，2011.

[4] 王畅. 微型旋翼气动特性分析方法与实验研究[D]. 南京：南京航空航天大学，2010.

[5] 朱雨. 直升机旋翼与机身气动干扰的计算[D]. 南京：南京航空航天大学，2007.

[6] 钱翼稷. 空气动力学[M]. 北京：北京航空航天大学出版社，2004: 34-50.

[7] POUNDS P, MAHONY R, CORKE P I. Design of a static thruster for micro air vehicle rotorcraft [J]. Journal of Aerospace Engineering, 2009, 22 (1): 85-94.

[8] JOHNSON W. Helicopter theory [M]. Princeton: 1st ed, Princeton Univercity Press, 1980: 320-338.

[9] SINGH A P. A computational study on airfoils at low Reynolds numbers [C]. Proceedings of the ASME Fluids Engineering Division, Boston, MA, 2000.

[10] 白越，曹萍，高庆嘉，等. 六转子微型飞行器及其低雷诺数下的旋翼气动性能仿真[J]. 空气动力学学报，2011，29 (3): 325-329.

[11] 左德参. 仿生微型飞行器若干关键问题的研究[D]. 上海：上海交通大学，2007.

[12] BENEDICT M. Fundermental understanding of the cycloidal-rotor concept for micro air vehicle applications [D]. Maryland: Department of Aerospace Engineering, University of Maryland, 2010.

[13] BOUABDALLAH S, SIEGWART R. Design and control of a miniature quadrotor [J]. Intelligent Systems, Control and Automation: Science and Engineering, 2012, 1 (33): 171-210.

[14] BELL J, BRAZINSKAS M, PRIOR S. Optimizing performance variables for small unmanned aerial vehicle co-axial rotor systems [J]. Engineering Psychology and Cognitive Ergonomics, 2011 (6781): 494-503.

[15] SCHAFROTH D, BERMES C, BOUABDALLAH S, et al. Modeling and system identification of the muFly micro helicopter [J]. J Intell Robot Syst, 2010 (57): 27-47.

第5章

多旋翼无人机导航信息融合

5.1 引言

信息融合技术（Multi-sensor Information Fusion）提出于1973年，经过40多年的研究，已经成为了一个广泛应用于工业控制、车辆、航天航空等多个领域的热门技术。它通过对多源数据进行检测、校正与估计，提高状态和信息估计的精度。多传感器组合导航系统以多传感器的数据为融合对象，以信息融合算法为融合核心，以输出高精度的导航信息为融合目的，信息融合算法直接关系到最终的结果。基于无人机的多传感器组合导航系统可以充分利用机载多个不同传感器的数据，通过无人机的姿态、速度、位置等信息，依据各个状态信息间的解析关系把多个传感器之间相互冗余或互补的测量信息进行重新组合和推导，以获得无人机状态信息更为精确的反馈信息。和简单的系统冗余不同，通过信息融合技术结合多个传感器的特性，当导航系统中的某个传感器出现数据故障时，与其相关的传感器可以继续提供准确信息，因此基于信息融合技术设计的组合导航系统具有很强的容错性。

稳定、准确的导航信息是多旋翼无人机实现自主飞行的基础。本章为适应多旋翼无人机的使用环境，提高导航信息精度，针对多旋翼无人机导航信息融合展开阐述。首先，本章为了获得准确有效的导航信息，首先对传感器展开误差分析与数据预处理。进而，探讨多旋翼无人机的姿态信息融合，针对无人机振动大、加速度计信息误差较大的特殊使用环境导致普通的自适应卡尔曼（Kalman）滤波算法极易发散的问题，引入互补滤波思想，在线调整低通和高通滤波比重，获取精确系统噪声方差，保证滤波算法的准确性和稳定性。接下来，针对速度和位置信息融合进行设计。在水平方向使用GNSS模块和加速度计进行数据融合，针对低空飞行对高度信息高精度的要求，高度方向加入激光测距模块，同时设计一套高度信息融合结构以自适应切换融合传感器，最终获取准确、稳定的速度、位置信息。考虑到多旋翼无人机向低成本化发展，接下来，本章采用低成本的MEMS（Micro Electro Mechanical System）惯性测量元件、磁场测量元件与全球定位系统（GNSS）组成的组合导航系统，进行特性分析及预处理，并且进一步设计了 EKF-CPF 组合导航信息融合算法，针对 EKF 易发散的特点，提出了 EKF-CPF 主动容错方法，显著提高低成本组合导航的可靠性。通过仿真验证了导航算法的稳定性与可行性，通过实测，对比验证了本章的低成本组合导航算法输出精度高、实时性良好的优点。最后针对多旋翼无人机状态感知展开叙述，在 GNSS、磁力计信号较弱的飞行区域，引入 SLAM（Simultaneous Localization and Mapping）技术解决多旋翼无人机在未知环境中的自主导航问题，并简单介绍了基于 SLAM 的飞行环境建模。SLAM 不仅能够生成高质量的三维场景认知地图，而且能够利用环境信息准确更新无人机自身位置，实现无人机状态感知。

5.2 传感器特性分析与数据预处理

传感器导航信息融合以获取准确的导航信息为目的。传感器的输出精度决定导航信息精度。在介绍导航信息融合之前，有必要对传感器特性进行详细分析。同时，由于多旋翼无人机复杂的飞行环境，传感器的输出会受到较强干扰，输出数据有较大误差，直接使用会严重影响导航信息的准确性，因此必须对传感器进行误差分析与数据预处理。

5.2.1 传感器介绍与特性分析

本节采用 AHRS/GNSS 组合导航系统，其中 AHRS 系统包括多种 MEMS 传感器，MEMS 传感器具有成本低、体积小、重量轻、自主性能好等优点，被广泛地应用在微小型无人机的研制上。同时 MEMS 测量元件也存在着测量精度低、性能稳定性差、误差随时间的增长而迅速积累等缺点，因此需要另一种误差不随时间积累的导航系统对其进行辅助。GNSS 是一种高精度的全球三维实时卫星导航系统，导航精度比较高且定位误差不随时间积累，十分适合用来对惯性测量系统的导航信息进行校正，但是绝对精度较低，且易被遮挡。因此，在自主研制的多旋翼无人机中选择 AHRS/GNSS 组合导航系统以克服两者单独工作的缺点，完成较高精度的长期导航任务。其中，AHRS 系统为 AD 公司的 ADIS16488 模块。该模块采用 MEMS 技术，内置了一个三轴陀螺仪、一个三轴加速度计、一个三轴磁力计以及一个气压高度计，提供较精确的传感器测量。

（1）数字陀螺仪

ADIS16488 集成了三轴 MEMS 数字陀螺仪，可以测量多旋翼无人机运动状态下的三轴角速率。该陀螺仪具有动态响应速度较快、短时精度较高的优点。表 5-1 给出了三轴 MEMS 数字陀螺仪的主要技术参数。但由于陀螺仪对角速率积分存在静差，长期使用时姿态数据会随着时间出现漂移，因此陀螺仪无法在多旋翼无人机自主导航中单独使用。

表 5-1 ADIS16488 陀螺仪主要技术参数

参数	数据	参数	数据
动态范围灵敏度	±1000(°)/s	偏置电源灵敏度	0.2(°)/(s·V)
温度系数	$\pm40\times10^{-6}$℃	输出噪声(无滤波)	0.27(°)/s rms
线性加速度对偏置的影响	0.015(°)/(s·*g*)	传感器谐振频率	17.5kHz
初值偏置误差	0.5(°)/s	非线性质	0.01%
运动中偏置稳定度	14.5(°)/h	正交误差	0.05%
角度随机游动	0.66(°)/$\sqrt{\text{h}}$		

(2) 加速度计

MEMS 三轴加速度计可以输出三轴线加速度信息 $\boldsymbol{V}_E$、$\boldsymbol{V}_N$、$\boldsymbol{V}_U$，其本身是一种稳定的惯性器件，长期输出性能稳定。在计算姿态信息时，加速度计的输出不通过积分直接解算，没有静差，长期性能稳定；在计算速度和位置信息时，加速度计的输出需要通过积分获得，长期精度较差。在解算姿态角时不存在积分过程，但在解算速度、位置信息时存在积分过程。表 5-2 给出了 ADIS16488 内置三轴加速度计的主要技术参数。

表 5-2 ADIS16488 加速度计主要技术参数

参数	数据	参数	数据
动态范围	±18*g*	传感器谐振频率	5.5kHz
温度系数	$\pm40\times10^{-6}$℃	非线性质	0.1%
偏置电源灵敏度	5m*g*/V	正交误差	0.04%
输出噪声(无滤波)	5.1m*g* rms		

(3) 数字磁力计

地球是一个大磁体，地磁场强度在同一区域大致不变，三轴磁力计通过磁敏器件，获取地磁场在机体坐标系下的三维投影，即三个磁场分量 $\boldsymbol{m}_{\text{b}}=[m_x, m_y, m_z]^{\text{T}}$。在已知俯仰角和滚转角的前提下，利用这三个磁场分量就可以计算出机体坐标系纵轴相对于磁北的航向角，最终获得偏航角信息。磁力计在解算姿态角时不存在积分过程，是一种长期稳定的器件。表 5-3 给出了三轴磁力计的主要技术参数。

表 5-3 磁力计的主要技术参数典型值

磁力计参数	ADIS16488 典型值	磁力计参数	ADIS16488 典型值
动态范围	±2.5G①	初始偏置误差	±15mG
初始灵敏度	0.1mG/LSB	非线性度	0.5%

① $1G=10^{-4}T$。

加速度计和磁力计解算的姿态信息没有漂移，但是精度较差，加速度计解算的速度信息漂移严重，加速度计和磁力计都无法在多旋翼无人机自主导航中单独使用。

(4) 气压高度计

ADIS16488 模块集成了气压高度计，可以获得高度信息。空气随着高度的上升而稀薄，气压也随之降低，通常情况下高度和气压是一一对应的。气压高度计通过测量所在高度的大气压值确定无人机所处的高度。在标准大气条件下，气压和高度的关系为：

$$h=\frac{T_b}{\beta}\left[\left(\frac{P_h}{P_b}\right)^{-\beta R/g_n}-1\right]+h_b \tag{5-1}$$

式中，R 为空气气体常数；g_n 为自由落体加速度；β 为温度垂直变化率；T_b、P_b、h_b 为相应大气层的大气温度下限值、大气压力和重力势高度；P_h 为当前高度测量到的大气静压。

将起飞位置的气压计所测高度作为基准高度，与当前气压高度计所测值做差，即为导航所需要的高度信息。表 5-4 给出了 ADIS16488 内置气压高度计的主要技术参数。

表 5-4 气压高度计主要技术参数典型值

气压高度计参数	ADIS16488 典型值	气压高度计参数	ADIS16488 典型值
压力范围	300～1100mbar①	相对误差	2.5mbar
初始灵敏度	0.6×10^{-7}mbar/LSB	线性度	0.1%
总误差	4.5mbar		

① $1bar=10^5Pa$。

(5) 激光测距模块

考虑安全因素，多旋翼无人机的高度精度要求很高，在组合导航系统应用于无人机的同时引入了激光测距模块，如图 5-1 所示，该模块的量程为 0.1～0.125m，有效的输出频率为 100Hz。

图 5-1 激光测距模块

5.2.2 传感器误差分析与校正

传感器存在误差，为了获得更准确的输出信息，有必要对传感器的误差进行分析。由于自主研制的多旋翼无人机所采用的传感器大部分都是 MEMS 器件，其误差主要分为确定性误差和随机误差。本节将对这两种误差进行详细分析。

（1）确定性误差

对 MEMS 器件来说确定性误差从误差来源可分为自身误差和外界误差两种，自身误差是指在制造过程中，由于结构和模型参数不准确导致的误差，例如零偏误差，非对准、非正交误差和刻度因数误差等；外界误差是指因外部环境的变换导致的误差，例如运动相关误差（运动漂移）、温度相关误差（温度漂移）。MEMS 器件的确定性误差的输入和输出有确定的数学关系，可以通过数学建模的方法进行误差修正。

① 确定性误差建模　对三轴 MEMS 器件（包括三轴陀螺仪，三轴加速度计和三轴磁力计），其主要确定性误差可表示为

$$\boldsymbol{\sigma}=\boldsymbol{\sigma}_0+\boldsymbol{\sigma}_T+\boldsymbol{\sigma}_{\mathrm{e}}+\boldsymbol{\sigma}_S+\boldsymbol{\sigma}_{\mathrm{C}}+\boldsymbol{\sigma}_{\mathrm{A,G}} \tag{5-2}$$

式中，$\boldsymbol{\sigma}$ 为总的确定性误差；$\boldsymbol{\sigma}_0$ 为零偏误差；$\boldsymbol{\sigma}_T$ 为温度相关误差；$\boldsymbol{\sigma}_S$ 为刻度因数误差；$\boldsymbol{\sigma}_{\mathrm{C}}$ 为非对准、非正交误差；$\boldsymbol{\sigma}_{\mathrm{e}}$ 为外部环境固定干扰带来的误差；$\boldsymbol{\sigma}_{\mathrm{A,G}}$ 为陀螺仪和加速度计之间互相的影响误差，该误差数值很小，可以忽略不计。

确定误差的输入输出可表示为

$$\widetilde{\boldsymbol{O}}=\boldsymbol{b}_0+\boldsymbol{b}_T+\boldsymbol{SMO}+\boldsymbol{\sigma}_{\mathrm{e}} \tag{5-3}$$

式中，$\widetilde{\boldsymbol{O}}$ 为实际输出；$\boldsymbol{O}$ 为理想输入；$\boldsymbol{b}_0$ 为零偏校正矩阵；$\boldsymbol{b}_T$ 为温偏校正矩阵；$\boldsymbol{S}$ 为刻度因数矩阵；$\boldsymbol{M}$ 为交差耦合矩阵；$\boldsymbol{\sigma}_{\mathrm{e}}$ 为外部固定误差。

对于加速度计有：

$$\begin{bmatrix}\widetilde{O}_{\mathrm{A}x}\\ \widetilde{O}_{\mathrm{A}y}\\ \widetilde{O}_{\mathrm{A}z}\end{bmatrix}=\begin{bmatrix}b_{0\mathrm{A},x}\\ b_{0\mathrm{A},y}\\ b_{0\mathrm{A},z}\end{bmatrix}+\begin{bmatrix}b_{T\mathrm{A},x}\\ b_{T\mathrm{A},y}\\ b_{T\mathrm{A},z}\end{bmatrix}+$$
$$\begin{bmatrix}S_{\mathrm{A}x}&0&0\\ 0&S_{\mathrm{A}y}&0\\ 0&0&S_{\mathrm{A}z}\end{bmatrix}\begin{bmatrix}\cos\alpha_{\mathrm{A}}&0&\sin\alpha_{\mathrm{A}}\\ \sin\beta_{\mathrm{A}}\cos\gamma_{\mathrm{A}}&\cos\beta_{\mathrm{A}}\cos\gamma_{\mathrm{A}}&\sin\gamma_{\mathrm{A}}\\ 0&0&1\end{bmatrix}\begin{bmatrix}O_{\mathrm{A}x}\\ O_{\mathrm{A}y}\\ O_{\mathrm{A}z}\end{bmatrix}+\begin{bmatrix}\sigma_{\mathrm{eA},x}\\ \sigma_{\mathrm{eA},y}\\ \sigma_{\mathrm{eA},z}\end{bmatrix} \tag{5-4}$$

对于陀螺仪有：

$$\begin{bmatrix}\widetilde{O}_{Gx}\\ \widetilde{O}_{Gy}\\ \widetilde{O}_{Gz}\end{bmatrix}=\begin{bmatrix}b_{0G,x}\\ b_{0G,y}\\ b_{0G,z}\end{bmatrix}+\begin{bmatrix}b_{TG,x}\\ b_{TG,y}\\ b_{TG,z}\end{bmatrix}+$$

$$\begin{bmatrix}S_{Gx} & 0 & 0\\ 0 & S_{Gy} & 0\\ 0 & 0 & S_{Gz}\end{bmatrix}\begin{bmatrix}\cos\alpha_G & 0 & \sin\alpha_G\\ \sin\beta_G\cos\gamma_G & \cos\beta_G\cos\gamma_G & \sin\gamma_G\\ 0 & 0 & 1\end{bmatrix}\begin{bmatrix}O_{Gx}\\ O_{Gy}\\ O_{Gz}\end{bmatrix}+\begin{bmatrix}\sigma_{eG,x}\\ \sigma_{eG,y}\\ \sigma_{eG,z}\end{bmatrix} \tag{5-5}$$

对于磁力计有：

$$\begin{bmatrix}\widetilde{O}_{Mx}\\ \widetilde{O}_{My}\\ \widetilde{O}_{Mz}\end{bmatrix}=\begin{bmatrix}b_{0M,x}\\ b_{0M,y}\\ b_{0M,z}\end{bmatrix}+\begin{bmatrix}b_{TM,x}\\ b_{TM,y}\\ b_{TM,z}\end{bmatrix}+$$

$$\begin{bmatrix}S_{Mx} & 0 & 0\\ 0 & S_{My} & 0\\ 0 & 0 & S_{Mz}\end{bmatrix}\begin{bmatrix}\cos\alpha_M & 0 & \sin\alpha_M\\ \sin\beta_M\cos\gamma_M & \cos\beta_M\cos\gamma_M & \sin\gamma_M\\ 0 & 0 & 1\end{bmatrix}\begin{bmatrix}O_{Mx}\\ O_{My}\\ O_{Mz}\end{bmatrix}+\begin{bmatrix}\sigma_{eM,x}\\ \sigma_{eM,y}\\ \sigma_{eM,z}\end{bmatrix} \tag{5-6}$$

在模型中待校正的参数为：加速度计、陀螺仪和磁力计的零偏校正矩阵、温偏校正矩阵、刻度因数矩阵、交叉耦合矩阵。以下将针对上述待标定的参数设计校正实验，对模型参数进行标定。

② 确定性误差椭球拟合校正　在三轴 MEMS 器件中，零偏误差、刻度因数误差和交叉耦合误差都来源于制造过程，通常使用 6 位置法进行校正，但是 6 位置法需要将传感器固定在转台上，通过测量 6 个位置的误差，获取标定参数。

本书使用椭球拟合的方法，将陀螺仪、加速度计和磁力计的零偏误差、刻度因数误差和交叉耦合误差通过椭球拟合的方法一次校正，节省了大量的时间和工作量，同时不需要转台等外部设备，简化了校正的成本和步骤，降低了校正成本。

当三轴 MEMS 器件没有零偏误差、刻度因数误差和交差耦合误差等误差时，将其旋转一周，输出数据的模值 $\|\boldsymbol{O}\|=\sqrt{O_x^2+O_y^2+O_z^2}$ 应为一个常值。当旋转覆盖所有空间，三轴 MEMS 器件的输出应为一个中心在原点的球面。但是 MEMS 器件存在确定性误差时，标准的球面会变形，具体表现为：当有零偏误差存在时，球面的球心会偏移原点；当有刻度因数误差和交叉耦合误差存在时，球面会拉伸，变成椭球面。因此，椭球拟合校正的核心，就是在空间内采集足够

的采样点，进行椭球面拟合，通过拟合出的椭球面，确定椭球面参数，从而对MEMS器件进行标定。进行椭球面拟合的具体步骤如下：

a. 首先，确认椭球面的参数方程。椭球面是二次曲面的一种，其参数方程为：

$$F(\boldsymbol{\zeta},\boldsymbol{v})=\boldsymbol{\zeta}^{\mathrm{T}}\boldsymbol{v}=ax^2+by^2+cz^2+2dxy+2exz+2fyz+2px+2qy+2rz+g=0 \tag{5-7}$$

式中，$\boldsymbol{\zeta}=[a,b,c,d,e,f,p,q,r,g]^{\mathrm{T}}$ 为椭球面的参数；$\boldsymbol{v}=[x^2,y^2,z^2,2xy,2xz,2yz,2x,2y,2z,1]^{\mathrm{T}}$ 为计算系数；$F(\boldsymbol{\zeta},\boldsymbol{v})$ 为 MEMS 器件的输出 $[x,y,z]$ 到椭球面的距离和。

b. 距离最小时，即为拟合所需参数，应满足：

$$\min_{\boldsymbol{\zeta}\in\boldsymbol{R}^2}=\|F(\boldsymbol{\zeta},\boldsymbol{v})\|^2=\min_{\boldsymbol{\zeta}\in\boldsymbol{R}^2}\boldsymbol{\zeta}^{\mathrm{T}}\boldsymbol{D}^{\mathrm{T}}\boldsymbol{D}\boldsymbol{\zeta} \tag{5-8}$$

式中：

$$\boldsymbol{D}=\begin{bmatrix} x_1^2 & y_1^2 & z_1^2 & 2x_1y_1 & 2x_1z_1 & 2y_1z_1 & 2x_1 & 2y_1 & 2z_1 & 1 \\ x_2^2 & y_2^2 & z_2^2 & 2x_2y_2 & 2x_2z_2 & 2y_2z_2 & 2x_2 & 2y_2 & 2z_2 & 1 \\ \vdots & \vdots & \vdots & \vdots & \vdots & \vdots & \vdots & \vdots & \vdots & \vdots \\ \vdots & \vdots & \vdots & \vdots & \vdots & \vdots & \vdots & \vdots & \vdots & \vdots \\ x_{10}^2 & y_{10}^2 & z_{10}^2 & 2x_{10}y_{10} & 2x_{10}z_{10} & 2y_{10}z_{10} & 2x_{10} & 2y_{10} & 2z_{10} & 1 \end{bmatrix} \tag{5-9}$$

c. 通过椭球面的约束条件，确定拟合椭球面，令

$$\begin{cases} I=a+b+c \\ J=ab+bc+ac \end{cases} \tag{5-10}$$

椭球的约束条件为

$$kJ^2-I^2=1(k=4) \tag{5-11}$$

令

$$\boldsymbol{Q}_1=\begin{bmatrix} -1 & 1 & 1 \\ 1 & -1 & 1 \\ 1 & 1 & -1 \end{bmatrix},\boldsymbol{Q}=\begin{bmatrix} \boldsymbol{Q}_1 & 0 \\ 0 & 0 \end{bmatrix} \tag{5-12}$$

由约束条件定义得到：

$$\begin{cases} \boldsymbol{v}^{\mathrm{T}}\boldsymbol{Q}\boldsymbol{v}=1 \\ \boldsymbol{D}\boldsymbol{D}^{\mathrm{T}}\boldsymbol{v}=\boldsymbol{\lambda}\boldsymbol{Q}\boldsymbol{v} \end{cases} \tag{5-13}$$

式中，$\boldsymbol{\lambda}$ 为椭球面系数矩阵。

令

$$\boldsymbol{D}\boldsymbol{D}^{\mathrm{T}}=\begin{bmatrix} \boldsymbol{W}_{11} & \boldsymbol{W}_{12} \\ \boldsymbol{W}_{12}^{\mathrm{T}} & \boldsymbol{W}_{22} \end{bmatrix},\boldsymbol{v}=\begin{bmatrix} \boldsymbol{v}_1 \\ \boldsymbol{v}_2 \end{bmatrix} \tag{5-14}$$

解方程组可得椭球面参数：

$$\begin{cases}(\boldsymbol{W}_{11}-\lambda\boldsymbol{Q}_1)\boldsymbol{v}_1+\boldsymbol{W}_{12}\boldsymbol{v}_2=0\\ \boldsymbol{W}_{12}^{\mathrm{T}}\boldsymbol{v}_1+\boldsymbol{W}_{22}\boldsymbol{v}_2=0\end{cases} \tag{5-15}$$

d. 求取标定系数，拟合的椭球面整理如下：

$$(\boldsymbol{X}-\boldsymbol{X}_0)^{\mathrm{T}}\boldsymbol{A}(\boldsymbol{X}-\boldsymbol{X}_0)=1 \tag{5-16}$$

式中，$\boldsymbol{X}$ 为椭球面点；$\boldsymbol{X}_0$ 为椭球圆心；$\boldsymbol{A}=\begin{bmatrix}a & d & e\\ d & b & f\\ e & f & c\end{bmatrix}$，$\boldsymbol{A}^{-1}=\begin{bmatrix}a' & d' & e'\\ d' & b' & f'\\ e' & f' & c'\end{bmatrix}$。

通过计算得到标定参数，零偏误差：$\boldsymbol{b}_0=\left[-\frac{p}{a},-\frac{q}{b},-\frac{f}{c}\right]^{\mathrm{T}}$；刻度因数误差：$\boldsymbol{S}=\mathrm{diag}\left[\frac{\sqrt{a'}}{\|\boldsymbol{O}\|},\frac{\sqrt{b'}}{\|\boldsymbol{O}\|},\frac{\sqrt{c'}}{\|\boldsymbol{O}\|}\right]^{\mathrm{T}}$；对准、正交误差（其属于交叉耦合误差）：$[\hat{\alpha},\hat{\beta},\hat{\gamma}]^{\mathrm{T}}=\left[\arcsin\left(\frac{e'}{\sqrt{a'c'}}\right),\arcsin\left[\frac{d'c'-e'f'}{(a'c'-e'^2)(b'c'-f'^2)}\right],\arcsin\left(\frac{f'}{\sqrt{b'c'}}\right)\right]^{\mathrm{T}}$。

将 MEMS 器件通过椭球拟合法，一次校正，得到加速度计、陀螺仪和磁力计的标定参数如表 5-5 所示。

表 5-5　确定性误差标定参数

参数	加速度计			陀螺仪			磁力计		
	X 轴	Y 轴	Z 轴	X 轴	Y 轴	Z 轴	X 轴	Y 轴	Z 轴
零偏误差	8.6 °/h	7.3 °/h	9.8 °/h	25.4653 mg	24.1246 mg	29.6835 mg	14.6 mG	10.8 mG	11.9 mG
刻度因数 /$\times10^{-6}$	100	150	100	50	60	40	150	150	100
不正交角/(″)	30	25	28	32	41	40	87	106	95

③ 三点校正法温度相关误差校正　和确定性误差相似，温度相关误差也可以通过建模校正，其输出的数据表示为

$$\boldsymbol{O}=(\boldsymbol{O}_{\mathrm{G}}-d_0(\mathrm{Temp}))/s(\mathrm{Temp}) \tag{5-17}$$

式中，$\boldsymbol{O}_{\mathrm{G}}$ 为陀螺仪传感器的直接测量值；$d_0(\mathrm{Temp})$ 为温度补偿中的加性补偿；求取公式为

$$d_0(\mathrm{Temp})=d_0+a_{\mathrm{null}}(T_{\mathrm{temp}}-T_{\mathrm{temp0}})+b_{\mathrm{null}}(T_{\mathrm{temp}}-T_{\mathrm{temp0}})^2 \tag{5-18}$$

令 d_0 和 T_{temp0} 为 25℃时的零位输出和温度输出，d_1 和 T_{temp1} 为传感器在 −20℃时的输出和温度输出，d_2 和 T_{temp2} 为在 55℃时传感器的输出和温度输

出，s_0 为25℃时陀螺仪的比例因子。系数 a_{null}、b_{null} 可计算如下：

$$\begin{cases} b_{null}=\dfrac{[(d_1-d_0)/(T_{temp1}-T_{temp0})-(d_2-d_0)/(T_{temp2}-T_{temp0})]}{(T_{temp1}-T_{temp0})} \\ a_{null}=(d_1-d_0)/(T_{temp1}-T_{temp0})-b_{null}(T_{temp1}-T_{temp0}) \end{cases} \tag{5-19}$$

温度补偿中的乘性补偿表示为

$$s(\text{Temp})=s_0+a_{scale}(T_{temp}-T_{temp0})+b_{scale}(T_{temp}-T_{temp0})^2 \tag{5-20}$$

式中，系数 a_{scale}、b_{scale} 表示为

$$\begin{cases} b_{scale}=\dfrac{[(s_1-s_0)/(T_{temp1}-T_{temp0})-(s_2-s_0)/(T_{temp2}-T_{temp0})]}{(T_{temp1}-T_{temp0})} \\ a_{scale}=(s_1-s_0)/(T_{temp1}-T_{temp0})-b_{scale}(T_{temp1}-T_{temp0}) \end{cases} \tag{5-21}$$

式中，s_1 为−20℃时陀螺仪的比例因子；s_2 为55℃时陀螺仪的比例因子。同理可以用上述方法对加速度计进行温度补偿。

④ 三点外部固定干扰误差校正　传感器在使用中，环境的一些因素也会给传感器带来确定性误差。对于陀螺仪，在线性加速度下，陀螺仪的输出会发生偏置，但是影响很小，量级只有0.01°/(s・g)，多旋翼无人机的线性加速度对陀螺仪带来的影响可以忽略不计。对于加速度计。不同地点的重力加速度 g 也会不同，如果不进行修正，在姿态修正时就会出现误差，使MEMS加速度计处于静止状态，此时加速度计只受重力加速度 g 的影响，加速度计的输出数据为白噪声和慢变随机函数的叠加，慢变随机函数噪声较小，忽略不计。在一段时间内对加速度计进行采样并累加，求取平均作为当地的标准重力加速度 g。对于磁力计，在某些场地，由于外部环境中的铁磁材料的影响，会对磁力计的输出带来不良影响，是造成偏航误差的主要来源。外部磁场误差又称罗差，罗差分为硬磁误差和软磁误差，其误差校正表示如下：

$$\begin{bmatrix} m'_x \\ m'_y \\ m'_z \end{bmatrix}=\begin{bmatrix} S_{11} & S_{12} & S_{13} \\ S_{21} & S_{22} & S_{23} \\ S_{31} & S_{32} & S_{33} \end{bmatrix}\begin{bmatrix} m_x \\ m_y \\ m_z \end{bmatrix}+\begin{bmatrix} B_X \\ B_Y \\ B_Z \end{bmatrix} \tag{5-22}$$

式中，$\begin{bmatrix} m_x \\ m_y \\ m_z \end{bmatrix}$ 为磁力计的测量值；$\begin{bmatrix} m'_x \\ m'_y \\ m'_z \end{bmatrix}$ 为磁力计的校正值；软磁校正参数

$\begin{bmatrix} S_{11} & S_{12} & S_{13} \\ S_{21} & S_{22} & S_{23} \\ S_{31} & S_{32} & S_{33} \end{bmatrix}$和硬磁校正参数$\begin{bmatrix} B_X \\ B_Y \\ B_Z \end{bmatrix}$通过椭球拟合法在地面完成，具体参照前文的椭球拟合方法。

（2）随机误差

① 陀螺仪与加速度计的随机性误差　在 MEMS 器件中，除确定性误差外，还存在着随机误差。随机误差是由不确定因素带来的随机变化，比如角度随机游走、零偏不稳定性等。对于陀螺仪和加速度计，随机误差的输入和输出很难有一一对应的关系，通常使用自回归平均模型进行建模和校正。

考虑到实际应用中的计算量限制和精度要求，建立 1 阶自回归模型表示为

$$\boldsymbol{x}_n = -a_1 \boldsymbol{x}_{n-1} + \boldsymbol{\varepsilon}_n \tag{5-23}$$

式中，$\boldsymbol{x}_n$ 是 n 时刻的状态矩阵；a_1 为自回归系数；$\boldsymbol{\varepsilon}_n$ 为 n 时刻的随机误差。

即某一时刻的输出数据只和前一时刻的数据相关。使用卡尔曼滤波方法对传感器的随机误差进行校正。

建立状态空间模型为

$$\begin{cases} \boldsymbol{X}_n = \boldsymbol{\Phi}_n \boldsymbol{X} + \boldsymbol{\Gamma}_n \boldsymbol{\omega}_n \\ \boldsymbol{Y}_n = \boldsymbol{H}_n \boldsymbol{X}_n + \boldsymbol{v}_n \end{cases} \tag{5-24}$$

式中，$\boldsymbol{X}_n$ 为状态矩阵；$\boldsymbol{\Phi}_n$ 为状态转移矩阵；$\boldsymbol{\Gamma}_n$ 为噪声驱动矩阵；$\boldsymbol{\omega}_n$ 为观测噪声；$\boldsymbol{H}_n$ 为量测矩阵；$\boldsymbol{v}_n$ 为量测噪声，方差分别为 Q_n 和 R_n，构造如下卡尔曼滤波器：

$$\begin{cases} \boldsymbol{P}_{k+1,k} = \boldsymbol{\Phi}_k \boldsymbol{P}_{k,k} \boldsymbol{\Phi}_k^{\mathrm{T}} + \boldsymbol{\Gamma}_k \boldsymbol{Q}_k \boldsymbol{\Gamma}_k^{\mathrm{T}} \\ \boldsymbol{G}_{k+1} = \boldsymbol{P}_{k+1,k} \boldsymbol{H}_{k+1}^{\mathrm{T}} (\boldsymbol{H}_{k+1} \boldsymbol{P}_{k+1,k} \boldsymbol{H}_{k+1}^{\mathrm{T}} + \boldsymbol{R}_k)^{-1} \\ \boldsymbol{P}_{k+1,k+1} = [\boldsymbol{I} - \boldsymbol{\Gamma}_{k+1} \boldsymbol{H}_{k+1}] \boldsymbol{P}_{k+1,k} \\ \hat{\boldsymbol{X}}_{k+1,k} = \boldsymbol{\Phi}_k \hat{\boldsymbol{X}}_{k,k} \\ \hat{\boldsymbol{X}}_{k+1,k+1} = \hat{\boldsymbol{X}}_{k+1,k} + \boldsymbol{\Gamma}_{k+1} (\boldsymbol{Y}_{k+1} - \boldsymbol{H}_{k+1} \hat{\boldsymbol{X}}_{k+1,k}) \end{cases} \tag{5-25}$$

式中，$\boldsymbol{P}_k$ 为协方差矩阵；$\boldsymbol{P}_{k+1,k}$ 为 $k+1$ 时刻的预测值；$\boldsymbol{Q}_k$ 为过程噪声方差矩阵；$\boldsymbol{R}_k$ 为量测噪声方差矩阵；$\boldsymbol{I}$ 为单位矩阵；$\hat{\boldsymbol{X}}_{k+1,k}$ 为 $k+1$ 时刻的预测值。

通过滤波，可以很好地减少随机误差，对传感器的确定性误差和随机误差进行校正后的数据如图 5-2、图 5-3 所示。

② 磁力计的不确定性误差　对于磁力计的不确定性误差，以上方法并不完

全可行，本书使用的中间电子元件部分直径 290mm，电流较大（最大电流近 100A），控制量的微小变化就会使电流发生 10A 级别的变化，从而在机体上产生一个随控制量变化的磁场，这样在实际使用中硬磁误差就会随着控制量的变化而变化，忽视这个问题会严重影响数据精度。

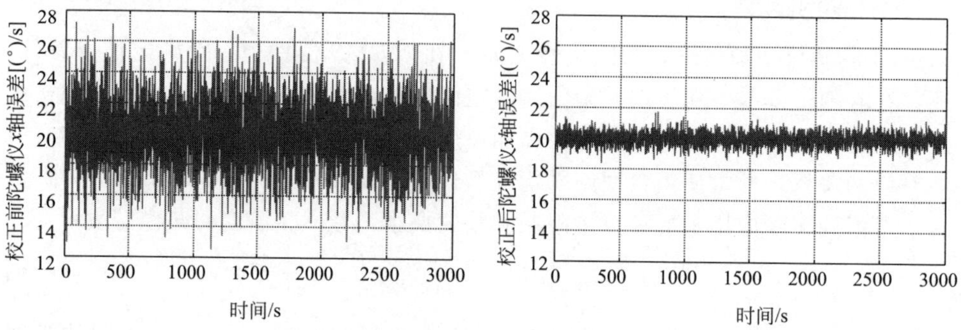

(a) 陀螺仪x轴误差校正前后数据

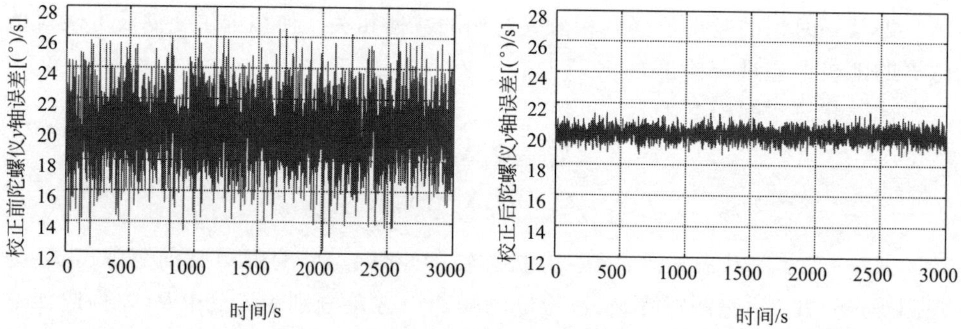

(b) 陀螺仪y轴误差校正前后数据

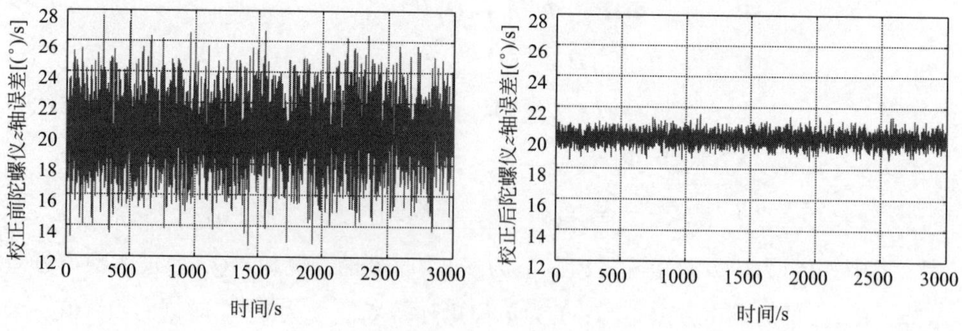

(c) 陀螺仪z轴误差校正前后数据

图 5-2 陀螺仪数据滤波前后对比

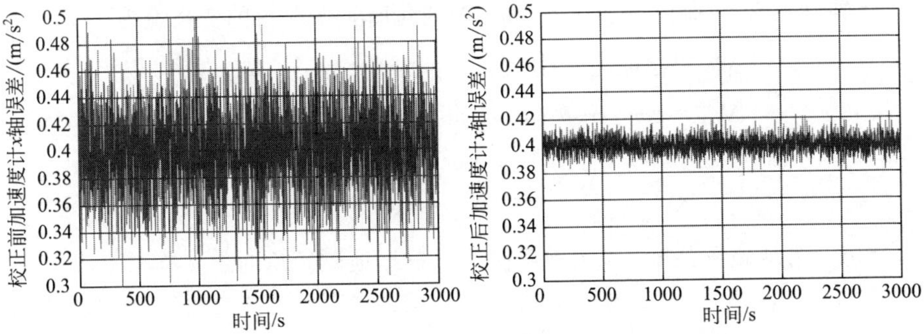

(a) 加速度计x轴误差校正前后数据

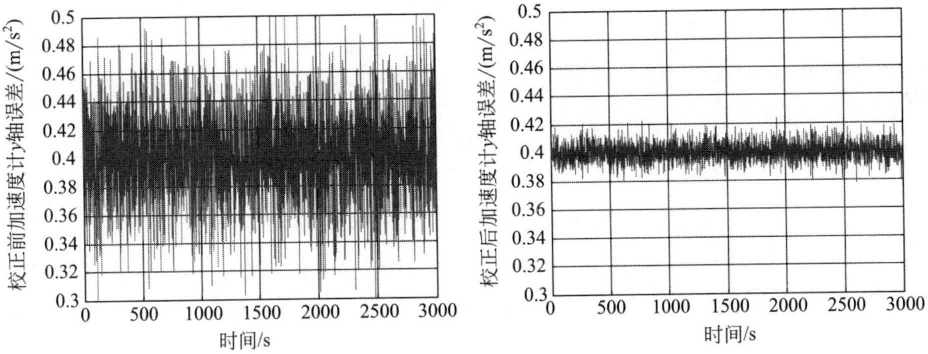

(b) 加速度计y轴误差校正前后数据

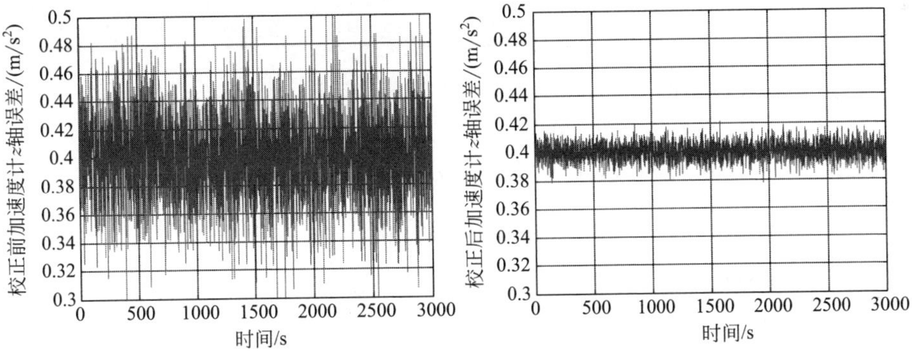

(c) 加速度计z轴误差校正前后数据

图 5-3　加速度计数据滤波前后对比

当无人机在垂直方向上机动或载荷发生变化时，其所需控制量发生变化，电流随之改变；又因电气布局保持不变，各电气元件产生的磁场的方向是不变的，由此可假设各电气元件在机体平面上产生的总磁场矢量 $\boldsymbol{m}_{\mathrm{b}}$ 随控制量大小改变而方向基本不变。根据二元函数的全微分计算方法，当磁场分别在机体坐标系 x、y、z 三轴分量有一 Δm_x、Δm_y、Δm_z 的变化时，偏航角的变化量为

$$\begin{cases}\Delta X_h = \Delta m_x \cos\phi + \Delta m_y \sin\phi\cos\theta + \Delta m_z \sin\phi\cos\theta \\ \Delta Y_h = \Delta m_y \cos\theta - \Delta m_z \sin\theta\end{cases}$$

$$\Delta\varphi = \frac{Y_h \Delta X_h - X_h \Delta Y_h}{X_h^2 + Y_h^2} \tag{5-26}$$

令 m_H 为地磁场强度，σ 为地磁倾角，根据地磁倾角的定义有

$$\begin{cases}\sqrt{X_h^2 + Y_h^2} = m_H \cos\sigma \\ Y_h = -\sqrt{X_h^2 + Y_h^2}\sin\varphi, X_h = \sqrt{X_h^2 + Y_h^2}\cos\varphi\end{cases} \tag{5-27}$$

式中，φ 为偏航角。

将式(5-27) 代入式(5-26) 得到罗差：

$$\Delta\varphi = -\frac{1}{m_H \cos\sigma}[\Delta Y_h \cos\varphi + \Delta X_h \sin\varphi] \tag{5-28}$$

由于控制量变化在机体坐标系上产生的总磁场矢量 $\boldsymbol{m}_c$ 大小改变而方向基本不变。设该磁场强度为 m_c，其与 xy 平面夹角为 α_m，其在 xy 平面的投影与 x 轴夹角为 β_m。因此，电气元件在机体坐标系下的磁场分量为

$$\begin{cases}\Delta m_x = m_c \cos\alpha_m \cos\beta_m \\ \Delta m_y = m_c \cos\alpha_m \sin\beta_m \\ \Delta m_z = m_c \sin\alpha_m\end{cases} \tag{5-29}$$

将式(5-29) 和式(5-26) 代入式(5-28) 得

$$\Delta\varphi = -\frac{m_c}{m_H \cos\sigma}[\Delta m_b, \Delta m_b, \Delta m_b][\cos\varphi\sin\varphi, \cos\theta\cos\varphi + \sin\varphi\cos\theta\sin\varphi, \sin\varphi\cos\theta\sin\varphi - \sin\theta\cos\varphi]^{\mathrm{T}} \tag{5-30}$$

在理想的情况下 $\Delta\varphi$ 正比于 m_c，又因为 m_c 随着控制量变化而变化，即在姿态角不变的情况下，罗差（这里主要是硬磁误差）随控制量变化而变化。

保持多旋翼无人机各个执行机构的控制量不变，通过转台分别在 $x-y$、$y-z$、$x-z$ 平面旋转多旋翼无人机，对圆周上的各点磁场强度采样记录，进行椭球拟合。然后增加控制量，重复上述实验过程，最终得到多旋翼无人机在不同控制量时的磁场采样拟合曲线，如图 5-4 所示。

由图 5-4 可见，无人机的执行单元、导线等电气元件，在机体坐标系上产生了一个大小随控制量增大而增大的磁场分量，且其变化方向在三维空间内基本保

持一条直线，这在本质上是硬磁误差的变化，因此实验结果符合上文结论：随着控制量的变化，多旋翼无人机的硬磁误差也随之变化。

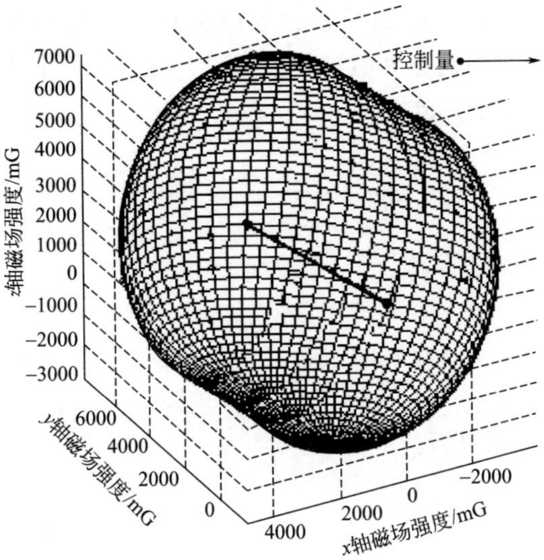

图 5-4　磁罗盘采样拟合

罗差不是恒定不变的，通常的椭球拟合的方法不能满足变化控制量的使用要求。为补偿随着控制量变化带来的硬磁误差，采用整体最小二乘法进行离线拟合，结合传统的椭球拟合方法，设计了磁罗盘自适应校正算法，如图 5-5 所示。

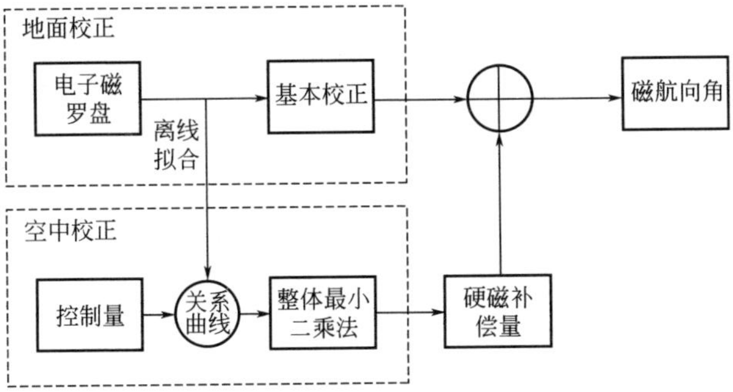

图 5-5　磁力计补偿算法

对磁力计的补偿分为地面校正和空中校正两部分。在地面时，通过椭球拟合对磁罗盘进行经典硬磁校正和软磁校正，完成电子磁罗盘的初步校正；同时通过整体最小二乘法进行离线的空间直线拟合，找到控制量与磁场变化量的对应关系；在空中时，主控芯片得到飞行器的控制量，通过控制量与磁场变化量的关系，实时地调整磁场补偿量，抵消因控制量变化带来的磁场影响，得到准确的磁力计数据。

在工程中，离线拟合出控制量和磁场的关系，通常使用最小二乘法（LS）进行拟合，但是在拟合控制量和磁场的关系时，有以下两个重要问题：

a. 空间直线的一般表达式为

$$\frac{x-x_0}{l}=\frac{y-y_0}{m}=\frac{z-z_0}{n} \tag{5-31}$$

是具有 6 个参数的连等式，并不是简单的线性关系，所以最小二乘法并不能直接拟合。

b. 对磁场的测量值本身存在测量误差，普通最小二乘法拟合效果不佳。

本章针对以上问题，首先将标准型方程转换为总体最小二乘法（TLS）模型，并用 TLS 法对数据进行空间直线拟合。式(5-31）等价为

$$\begin{cases} x=\dfrac{l}{n}(z-z_0)+x_0 \\ y=\dfrac{m}{n}(z-z_0)+y_0 \end{cases} \tag{5-32}$$

令 $a=\frac{l}{n}$，$b=x_0-\frac{l}{n}z_0$，$c=\frac{m}{n}$，$d=y_0-\frac{m}{n}z_0$，则式(5-32）改写为

$$\begin{cases} x=az+b \\ y=cz+d \end{cases} \tag{5-33}$$

即 $\begin{bmatrix} x \\ y \end{bmatrix}=\begin{bmatrix} z & 1 & 0 & 0 \\ 0 & 0 & z & 1 \end{bmatrix}[a,b,c,d]^{\mathrm{T}}$，其误差模式可以写成

$$\boldsymbol{W}=\boldsymbol{B}\boldsymbol{\xi}_m-\boldsymbol{L} \tag{5-34}$$

式中，$\boldsymbol{B}=\begin{bmatrix} z & 1 & 0 & 0 \\ 0 & 0 & 1 & z \end{bmatrix}$，$\boldsymbol{L}=\begin{bmatrix} x \\ y \end{bmatrix}$，$\boldsymbol{\xi}_m=[\hat{a},\hat{b},\hat{c},\hat{d}]$。因 $\boldsymbol{B}$ 和 $\boldsymbol{L}$ 都含有误差，式(5-34）便构成了一个典型的 EIV 模型，可以使用 TLS 迭解法求取 $\boldsymbol{\xi}_m$，最后求出空间直线的参数，完成空间直线的拟合。平差准则为

$$\min=\sum_{i=1}^{n}(\hat{L}_i-L_i)^2+\sum_{j=1,i=1}^{j=t,i=n}(\hat{B}_{ij}-B_{ij})^2 \tag{5-35}$$

对矩阵 $\boldsymbol{B}$ 和参数矢量 $\boldsymbol{\xi}_m$ 中的各个元素求导，得到迭代方程式：

$$\hat{\boldsymbol{B}}^{\mathrm{T}}\hat{\boldsymbol{B}}\boldsymbol{\xi}_m=\hat{\boldsymbol{B}}^{\mathrm{T}}\boldsymbol{L} \tag{5-36}$$

$$(\boldsymbol{E}+\boldsymbol{\xi}_m\boldsymbol{\xi}_m^{\mathrm{T}})\hat{\boldsymbol{B}}^{\mathrm{T}}=\boldsymbol{B}^{\mathrm{T}}+\xi_m\boldsymbol{L}^{\mathrm{T}} \tag{5-37}$$

迭代的具体解算步骤可概括为：

a. 获取未知参数的初值 $\boldsymbol{\xi}_m(0)$；

b. 根据观测值信息以及未知参数初值 $\boldsymbol{\xi}_m(0)$，取 $\hat{B}(0)=B$，由式(5-36)求取未知参数的平差值 $\xi_m(1)$；

c. 更新 $\boldsymbol{E}\boldsymbol{\xi}_m(1)\boldsymbol{\xi}_m(1)^{\mathrm{T}}$，未知参数的平差值和观测值信息，由式(5-37)求取设计矩阵平差值 $\hat{B}(1)$；

d. 重复步骤 b、c，直到两次计算的参数值之差小于一定的阈值，退出迭代，输出结果。在离线情况下，通过已有的无人机磁场采样数据，拟合各个椭球心的连线即得到控制量和磁场变化量的关系，如图 5-6 所示。

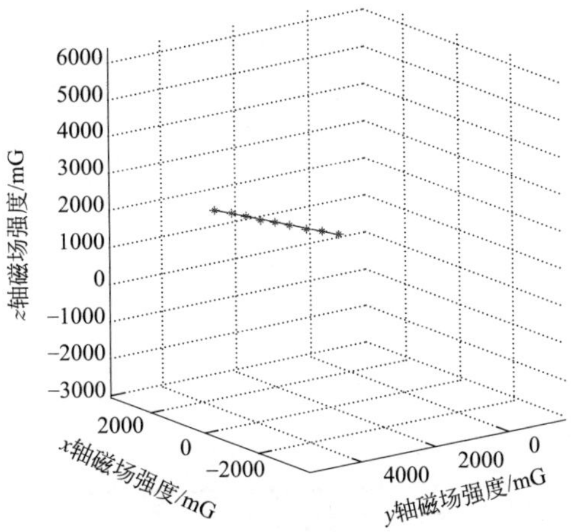

图 5-6　空间最小二乘法拟合曲线

通过整体最小二乘法离线拟合出控制量与磁场变化量的关系，实时地调整磁场补偿量，抵消因控制量变化带来的磁场影响，得到准确的磁力计数据。

将多旋翼无人机固定在无磁转台上，然后在转台上旋转一周，每 20°进行一次采样，分别用传统的椭球拟合法和本章设计的方法对磁罗盘进行罗差补偿，通过对比无人机处在静止、起飞和加速 3 种状态下的磁航向角剩余误差 $\Delta\psi$，验证本章方法的有效性。如图 5-7 所示，无人机的控制量分别为 0、200 和 300（对应电流为 0A、32A、53A），φ_1 为校正前的磁航向角剩余误差，φ_2 为只进行传统椭圆拟合校正后的磁航向角误差，φ_3 为进行本章方法校正后的磁航向角剩余误差。

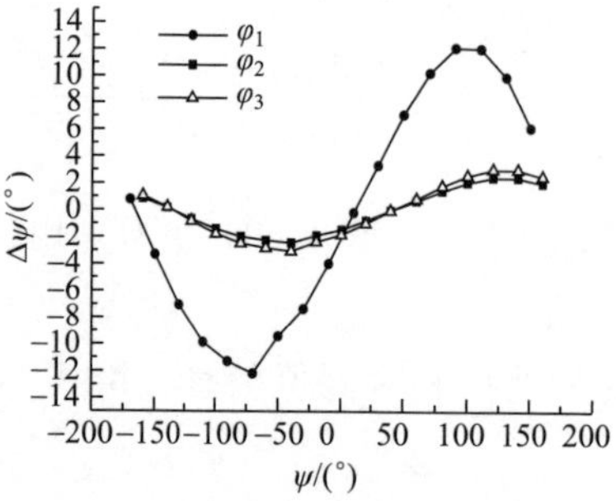

(a) 0控制量电流0A

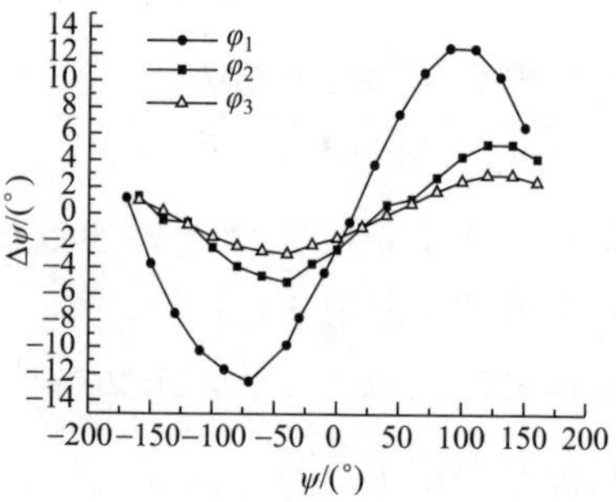

(b) 200控制量电流32A

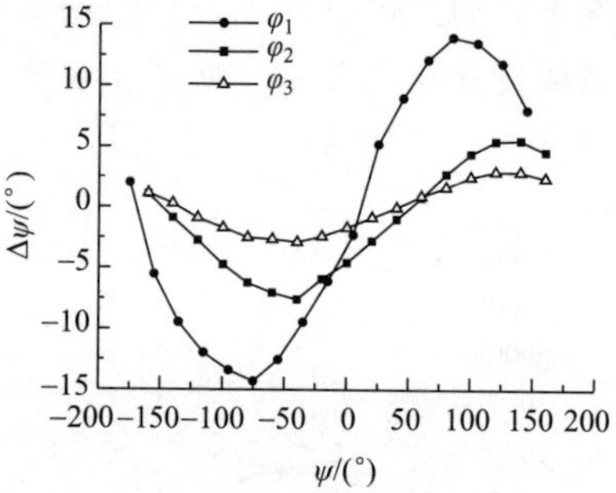

(c) 300控制量电流53A

图 5-7 磁航向剩余误差

5.3 多旋翼无人机姿态信息融合

多旋翼无人机进行自主飞行时，需要姿态、速度和位置的导航信息，其中速度和位置信息又以姿态信息为基础，换言之，姿态信息的数据融合是组合导航系统的关键技术，本章设计的姿态信息融合结构如图 5-8 所示。虽然三轴陀螺仪的动态性能好，但是由于积分环节和自身的漂移特性，陀螺仪解算的姿态信息存在静差和漂移，三轴加速度计和三轴磁力计的静态性能稳定，没有静差和漂移，但是易受到干扰，且精确度不高。选取陀螺仪的输出数据经过数据预处理和姿态结算，得到姿态角的观测值，加速度计和磁力计的输出数据经过数据预处理和姿态结算，得到姿态角的测量值，然后通过卡尔曼滤波算法进行数据融合，充分发挥各个传感器的优点，达到“性能互补”的目的，最终得到准确、稳定的姿态角信息。

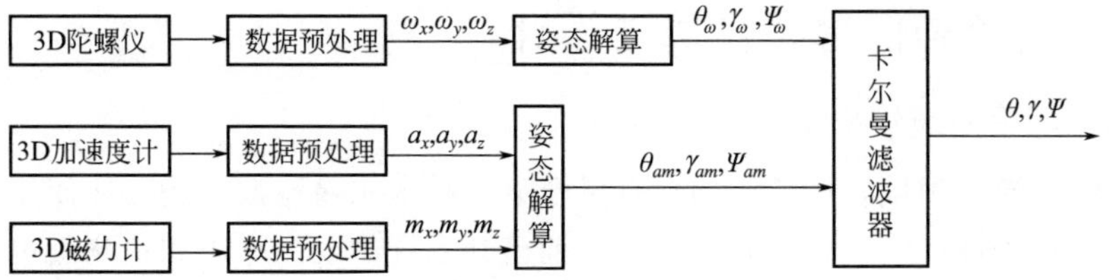

图 5-8 姿态信息融合结构示意图

5.3.1 非线性姿态角信息融合系统建模

在实际应用中，多旋翼无人飞行器的组合导航系统为非线性系统，姿态角信息融合系统的离散状态方程和量测方程为

$$\begin{cases}\boldsymbol{X}_k=f(\boldsymbol{X}_{k-1})+\boldsymbol{W}_{k-1}\\ \boldsymbol{Z}_k=\boldsymbol{H}_k\boldsymbol{X}_k+\boldsymbol{V}_k\end{cases}\tag{5-38}$$

式中，$\boldsymbol{X}_k=[\phi_k,\theta_k,\psi_k]^{\mathrm{T}}$ 为俯仰角、滚转角及偏航角的状态矢量；$\boldsymbol{W}_k=[w_{\phi k},w_{\theta k},w_{\psi k}]^{\mathrm{T}}$ 为系统噪声矢量；$\boldsymbol{Z}_k=[z_{\phi k},z_{\theta k},z_{\psi k}]^{\mathrm{T}}$ 为量测矢量；$\boldsymbol{V}_k=[v_{\phi k},v_{\theta k},v_{\psi k}]^{\mathrm{T}}$ 为量测噪声矢量；$\boldsymbol{H}_k$ 为 3×3 维量测矩阵。

首先，使用雅可比（Jacobian）矩阵将非线性状态方程进行线性化处理如下：

$$\boldsymbol{\Phi}_{k/k-1}=\frac{\partial f(\boldsymbol{X}_{k-1})}{\partial \boldsymbol{X}_{k-1}}$$
$$=\begin{bmatrix}1+\dfrac{\cos\gamma_{k-1}\sin\theta_{k-1}}{\cos\theta_{k-1}}\omega_{yk}T_s-\dfrac{\sin\gamma_{k-1}\sin\theta_{k-1}}{\cos\theta_{k-1}}\omega_{zk}T_s & \dfrac{\sin\gamma_{k-1}}{\cos^2\theta_{k-1}}\omega_{yk}T_s+\dfrac{\cos\gamma_{k-1}}{\cos^2\theta_{k-1}}\omega_{zk}T_s & 0\\ -\sin\gamma_{k-1}\omega_{yk}T_s-\cos\gamma_{k-1}\omega_{zk}T_s & 1 & 0\\ \dfrac{\cos\gamma_{k-1}}{\cos\theta_{k-1}}\omega_{yk}T_s-\dfrac{\sin\gamma_{k-1}}{\cos\theta_{k-1}}\omega_{zk}T_s & \dfrac{\sin\gamma_{k-1}\sin\theta_{k-1}}{\cos^2\theta_{k-1}}\omega_{yk}T_s+\dfrac{\cos\gamma_{k-1}\sin\theta_{k-1}}{\cos^2\theta_{k-1}}\omega_{zk}T_s & 1\end{bmatrix}\tag{5-39}$$

雅可比矩阵是由非线性函数对每一个自变量求一阶偏导数而获得的矩阵，将状态方程线性化得到

$$\boldsymbol{X}_k=\boldsymbol{\Phi}_{k/k-1}\boldsymbol{X}_{k-1}+\boldsymbol{W}_{k-1}\tag{5-40}$$

三轴加速度计与三轴磁力计解算的姿态角信息作为姿态角信息的量测信息，因此，量测方程列为

$$\begin{bmatrix}z_{\phi k}\\ z_{\theta k}\\ z_{\psi k}\end{bmatrix}=\begin{bmatrix}1&0&0\\0&1&0\\0&0&1\end{bmatrix}\begin{bmatrix}\gamma_k\\ \theta_k\\ \psi_k\end{bmatrix}+\begin{bmatrix}v_{\gamma k}\\ v_{\theta k}\\ v_{\psi k}\end{bmatrix}\tag{5-41}$$

5.3.2 姿态信息融合算法设计

（1）自适应卡尔曼滤波算法分析

在组合导航领域，最常用的信息融合方法是卡尔曼滤波算法，在使用常规卡尔曼滤波算法进行信息融合时，需要提前已知系统的观测噪声和量测噪声统计特性。然而在多旋翼无人机多传感器信息融合中，由于气动系统的复杂性和外界扰动的不确定性，模型参数不完全准确，同时系统噪声与量测噪声统计特性未知，这导致常规卡尔曼滤波算法失去最优性，融合的数据精度降低，甚至出现滤波发散，无法满足多旋翼无人机自主飞行的需要。

通过自适应卡尔曼滤波（AKF）可以在一定程度上解决这个问题，具体算法过程如下，已知离散系统模型为：

$$\begin{cases} \boldsymbol{X}_k=\boldsymbol{\Phi}_{k/k-1}\boldsymbol{X}_{k-1}+\boldsymbol{W}_{k-1} \\ \boldsymbol{Z}_k=\boldsymbol{H}_k\boldsymbol{X}_k+\boldsymbol{V}_k \end{cases} \tag{5-42}$$

式中，$\boldsymbol{X}_k$ 为状态矢量；$\boldsymbol{Z}_k$ 为量测矢量；$\boldsymbol{\Phi}_{k/k-1}$ 为状态转移矩阵；$\boldsymbol{H}_k$ 为量测矩阵；$\boldsymbol{V}_k$ 为系统观测噪声；$\boldsymbol{W}_{k-1}$ 为量测噪声。$\boldsymbol{W}_k$ 和 $\boldsymbol{V}_k$ 是两个互不相关的高斯白噪声序列，且同时满足：

$$\begin{cases} E[\boldsymbol{W}_k]=q_k, \quad Cov(\boldsymbol{W}_j,\boldsymbol{W}_k)=\boldsymbol{Q}_k\delta_{jk} \\ E[\boldsymbol{V}_k]=r_k, \quad Cov(\boldsymbol{V}_j,\boldsymbol{V}_k)=\boldsymbol{R}_k\delta_{jk} \\ Cov(\boldsymbol{W}_j,\boldsymbol{V}_k)=0 \end{cases} \tag{5-43}$$

当系统的观测噪声和量测噪声的均值和方差都未知时，使用 AKF 算法在线实时估计，具体解算步骤为

$$\begin{cases} \hat{\boldsymbol{X}}_{k/k-1}=\boldsymbol{\Phi}_{k/k-1}\hat{\boldsymbol{X}}_{k-1} \\ \boldsymbol{v}_k=\boldsymbol{Z}_k-\boldsymbol{H}_k\hat{\boldsymbol{X}}_{k/k-1} \\ \boldsymbol{P}_{k/k-1}=\boldsymbol{\Phi}_{k/k-1}\boldsymbol{P}_{k-1}\boldsymbol{\Phi}_{k/k-1}^{\mathrm{T}}+\hat{\boldsymbol{Q}}_{k-1} \\ \hat{\boldsymbol{R}}_k=\left(1-\dfrac{1}{k}\right)\hat{\boldsymbol{R}}_{k-1}+\dfrac{1}{k}[\boldsymbol{v}_k\boldsymbol{v}_k^{\mathrm{T}}-\boldsymbol{H}_k\boldsymbol{P}_{k/k-1}\boldsymbol{H}_k^{\mathrm{T}}] \\ \boldsymbol{K}_k=\dfrac{\boldsymbol{P}_{k/k-1}\boldsymbol{H}_k^{\mathrm{T}}}{\boldsymbol{H}_k\boldsymbol{P}_{k/k-1}\boldsymbol{H}_k^{\mathrm{T}}+\hat{\boldsymbol{R}}_k} \\ \hat{\boldsymbol{X}}_k=\hat{\boldsymbol{X}}_{k/k-1}+\boldsymbol{K}_k\boldsymbol{v}_k \\ \boldsymbol{P}_k=(\boldsymbol{I}-\boldsymbol{K}_k\boldsymbol{H}_k)\boldsymbol{P}_{k/k-1}(\boldsymbol{I}-\boldsymbol{K}_k\boldsymbol{H}_k)^{\mathrm{T}}+\boldsymbol{K}_k\boldsymbol{R}_k\boldsymbol{K}_k^{\mathrm{T}} \\ \hat{\boldsymbol{Q}}_k=\left(1-\dfrac{1}{k}\right)\hat{\boldsymbol{Q}}_{k-1}+\dfrac{1}{k}[\boldsymbol{K}_k\boldsymbol{v}_k\boldsymbol{v}_k^{\mathrm{T}}\boldsymbol{K}_k^{\mathrm{T}}+\boldsymbol{P}_k-\boldsymbol{\Phi}_{k/k-1}\boldsymbol{P}_k\boldsymbol{\Phi}_{k/k-1}^{\mathrm{T}}] \end{cases} \tag{5-44}$$

式中，$\boldsymbol{v}_k$ 为残差，即为量测值与预测值的差值；$\boldsymbol{K}_k$ 为最优滤波增益，$\boldsymbol{P}_k$ 为估计均方误差矩阵，代表了状态估计的可靠性；$\hat{\boldsymbol{Q}}_k$ 为系统噪声估计。该算法只需给定初值 X_0、P_0、Q_0，就可通过递推计算得到 k 时刻的状态估计。从而根据量测信息对系统部分参数进行重新估计，实现了在线自适应估计观测噪声和量测噪声统计特性的功能，保证了融合数据的精度。

但是在实际应用于多旋翼无人机组合导航信息融合时，发现了下面的问题。

① 在多旋翼无人机姿态信息融合的实际应用中，系统噪声和量测噪声统计特性都是未知的，AKF 算法无法在两者同时未知的情况下准确估计出二者的统计特性。

② 实际应用中，AKF 算法所估计出的噪声方差与真实噪声方差之间有一个常值误差，致使算法在定量识别预测值时出现误判断：估计姿态角时对加速度计信息的利用权重过高，由于多旋翼无人机在高速运动时，三轴加速度计的数据准确性降低，导致姿态角状态估计精度很低，无法满足无人机自主飞行的需要。

③ AKF 算法在计算$\hat{\boldsymbol{R}}_k$ 时，没有考虑运算范围，可能会使$\hat{\boldsymbol{R}}_k$ 失去正定性，导致滤波发散。

(2) 自适应卡尔曼滤波算法改进设计

本章针对上一小节所述的问题，提出了一种改进的自适应滤波算法，在多旋翼无人机高振动、大角度飞行等特殊条件下，能够保证姿态角信息融合的精度与稳定性。改进算法引入互补滤波思想，通过设定加速度计数据可信度，调整互补滤波参数，更加准确地估计陀螺仪解算的姿态角方差作为观测噪声方差，结合量测噪声估计公式估计量测噪声方差统计特性。在改进的算法中，使用互补滤波估计观测噪声，自适应滤波估计噪声参数的数目从两个降为一个，有利于保证滤波的稳定性。

改进的 AKF 算法完整解算步骤如下：

① 状态一步预测：

$$\hat{\boldsymbol{X}}_{k/k-1}=f(\hat{\boldsymbol{X}}_{k-1}) \tag{5-45}$$

② 新息序列更新：

$$\boldsymbol{v}_k=\boldsymbol{Z}_k-\boldsymbol{H}_k\hat{\boldsymbol{X}}_{k/k-1} \tag{5-46}$$

③ 状态一步预测均方误差矩阵更新：

$$\boldsymbol{P}_{k/k-1}=\boldsymbol{\Phi}_{k/k-1}\boldsymbol{P}_{k-1}\boldsymbol{\Phi}_{k/k-1}^{\mathrm{T}}+\hat{\boldsymbol{Q}}_{k-1} \tag{5-47}$$

④ 量测噪声估计：

$$\hat{\boldsymbol{R}}_k=(\boldsymbol{I}-\boldsymbol{\beta}_k)\hat{\boldsymbol{R}}_{k-1}+\boldsymbol{\beta}_k[(\boldsymbol{I}-\boldsymbol{H}_k\boldsymbol{K}_{k-1})\boldsymbol{v}_k\boldsymbol{v}_k^{\mathrm{T}}(\boldsymbol{I}-\boldsymbol{H}_k\boldsymbol{K}_{k-1})^{\mathrm{T}}+\boldsymbol{H}_k\boldsymbol{P}_{k-1}\boldsymbol{H}_k^{\mathrm{T}}] \tag{5-48}$$

⑤ 滤波器收敛性判据：

$$\begin{aligned}\boldsymbol{v}_k\boldsymbol{v}_k^{\mathrm{T}} &\leqslant \gamma \operatorname{tr}(E[\boldsymbol{v}_k\boldsymbol{v}_k^{\mathrm{T}}]) \\ &= \gamma \operatorname{tr}(\boldsymbol{H}_k\boldsymbol{P}_{k/k-1}\boldsymbol{H}_k^{\mathrm{T}}+\boldsymbol{R}_k)\end{aligned} \tag{5-49}$$

式中，γ 为储备系数。

如式(5-49) 成立即滤波收敛，则保持步骤③中 $\boldsymbol{P}_{k/k-1}$ 不变；否则采用强跟踪卡尔曼滤波算法更新 $\boldsymbol{P}_{k/k-1}$：

$$\boldsymbol{P}_{k/k-1}=\boldsymbol{\lambda}_k\boldsymbol{\Phi}_{k/k-1}\boldsymbol{P}_{k-1}\boldsymbol{\Phi}_{k/k-1}^{\mathrm{T}}+\hat{\boldsymbol{Q}}_{k-1} \tag{5-50}$$

⑥ 滤波增益更新：

$$\boldsymbol{K}_k=\frac{\boldsymbol{P}_{k/k-1}\boldsymbol{H}_k^{\mathrm{T}}}{\boldsymbol{H}_k\boldsymbol{P}_{k/k-1}\boldsymbol{H}_k^{\mathrm{T}}+\hat{\boldsymbol{R}}_k} \tag{5-51}$$

⑦ 姿态角状态估计：

$$\hat{\boldsymbol{X}}_k=\hat{\boldsymbol{X}}_{k/k-1}+\boldsymbol{K}_k\boldsymbol{v}_k \tag{5-52}$$

⑧ 状态估计均方误差矩阵更新：

$$\boldsymbol{P}_k=(\boldsymbol{I}-\boldsymbol{K}_k\boldsymbol{H}_k)\boldsymbol{P}_{k/k-1}(\boldsymbol{I}-\boldsymbol{K}_k\boldsymbol{H}_k)^{\mathrm{T}}+\boldsymbol{K}_k\boldsymbol{R}_k\boldsymbol{K}_k^{\mathrm{T}} \tag{5-53}$$

⑨ 系统噪声估计，首先定义加速度计可靠性参数：

$$\boldsymbol{\tau}=\left(\sqrt{(\dot{\boldsymbol{V}}_E)^2+(\dot{\boldsymbol{V}}_N)^2+(\dot{\boldsymbol{V}}_U)^2}\,g\operatorname{sign}(-\dot{\boldsymbol{V}}_U)-g\right)/u \tag{5-54}$$

式中，$\dot{\boldsymbol{V}}_E$、$\dot{\boldsymbol{V}}_N$、$\dot{\boldsymbol{V}}_U$ 为三轴加速度计输出的加速度；g 为重力加速度；u 为阈值，具体大小为实验测得；$\operatorname{sign}(-\dot{\boldsymbol{V}}_U)$ 为 Z 轴上重力分量的相对方向。

$$\begin{gathered}\hat{\boldsymbol{Q}}_k=\boldsymbol{Q}_{K-1}f_1(s)+\hat{\boldsymbol{X}}_k s f_2(s) \\ \begin{cases}f_1(s)=\dfrac{s}{s+\xi} \\ f_2(s)=\dfrac{\xi}{s+\xi}\end{cases}\end{gathered} \tag{5-55}$$

式中，s 为微分符号；$f_1(s)$ 为高通滤波器；$f_2(s)$ 为低通滤波器，且 $f_1(s)+f_2(s)=1$，构成互补滤波器。

由此，改进的 AKF 算法有以下优势。

a. 对加速度计数据的判断和互补滤波。引入可靠性参数和互补滤波，在多旋翼无人机处于大角度、高速度飞行时，通过观察加速度可靠性参数，动态调节互补滤波器的参数大小，从而完成对系统噪声的估计，即当加速度计数据不可信时，系统噪声估计值变小，加大陀螺仪的融合参与比重，从而避免在加速度计数据可靠性低时，对加速计数据过分利用的情况发生。

b. 系统噪声和量测噪声统计特性的估计。对于多旋翼无人机姿态信息融合系统，系统噪声主要由MEMS陀螺仪决定，通过互补滤波算法首先对陀螺仪态解算的姿态角方差来进行估计，解决了系统噪声方差的估计问题，在系统噪声已知的情况下，可以更好地估计量测噪声，进而实现系统噪声和量测噪声的准确估计。

c. 指数渐消记忆法。在无人机处于飞行状态时，姿态信息更新速率很快，采用指数渐消记忆法，减少旧数据在融合中的参与权重，提高姿态融合精度。

$$\boldsymbol{\beta}_k=\frac{\boldsymbol{\beta}_{k-1}}{\boldsymbol{\beta}_{k-1}+\boldsymbol{b}}$$
$$\boldsymbol{\beta}_k=\mathrm{diag}([\beta_k^{\gamma},\beta_k^{\theta},\beta_k^{\psi}])$$
$$\boldsymbol{\beta}_1=\boldsymbol{I} \tag{5-56}$$

式中，$\boldsymbol{b}=\mathrm{diag}([b_\gamma,b_\theta,b_\psi])$为渐消记忆因子，$0<b_i<1(i=\gamma,\theta,\psi)$，通常取$b_i=0.9\sim0.999$。

d. 抑制量测噪声失去正定性。改进的AKF算法保证上一次的滤波增益估计值小于1，及当前R_k估计值正定，从而提高了信息融合的稳定性。

5.3.3 姿态信息融合实验与分析

将组合导航模块固定于实验转台，转动转台从而改变姿态角大小，参考给定姿态角度如图5-9所示。先后使用自适应卡尔曼滤波算法和改进后的自适应卡尔曼滤波算法对多传感器数据进行数据融合。

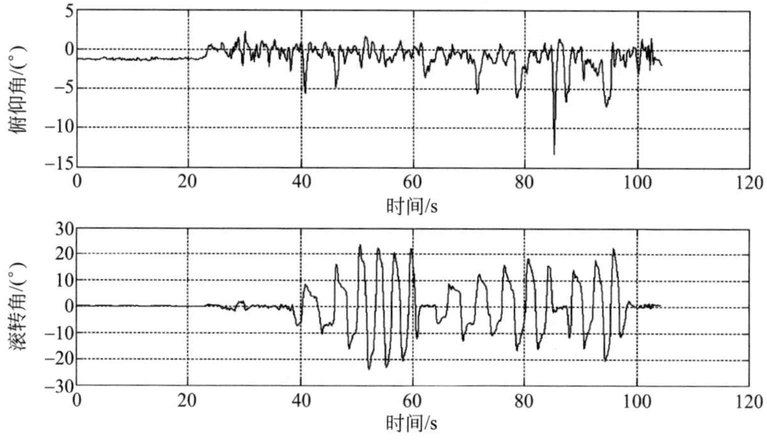

图5-9 姿态角参考曲线

通过无线数传装置将融合时的主要参数和最终的导航信息传送回来，主要参数如图 5-10 所示，分别为俯仰角和滚转角的 $R_{k/k-1}$、$P_{k/k-1}$ 和 K_k。融合后的导航信息如图 5-11 所示，为俯仰角和滚转角融合信息。对于 AKF 算法，系统噪声和量测噪声无法正确估计，会导致在估计时失调，如图 5-10(a) 所示，系统噪声均方差 $P_{k/k-1}$ 估计异常变大，致使滤波增益值迅速趋近于 1，导致最后的融合失效。而改进的 AKF 算法很好地解决了这个问题，如图 5-10(b) 所示，计算的滤波增益值始终在 0.2°范围内变化。最终的姿态融合信息如图 5-11(b) 所示，与改进前的融合信息相比，改进后的融合信息更加平顺、精度更高、和给定一致，达到了使用要求。

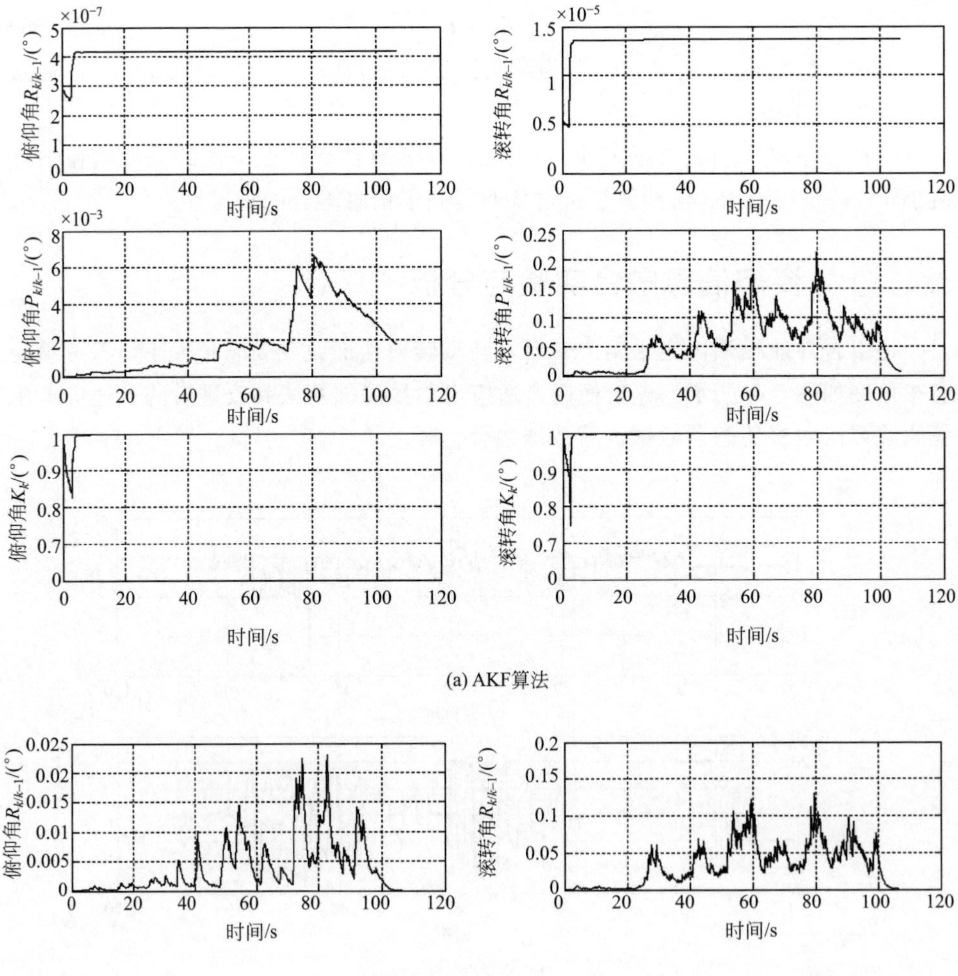

(a) AKF算法

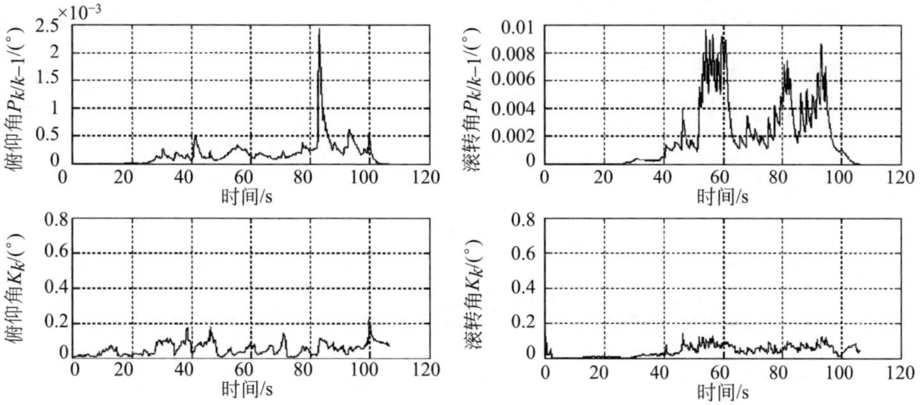

(b) 改进的AKF算法

图 5-10 改进前后算法主要参数对比

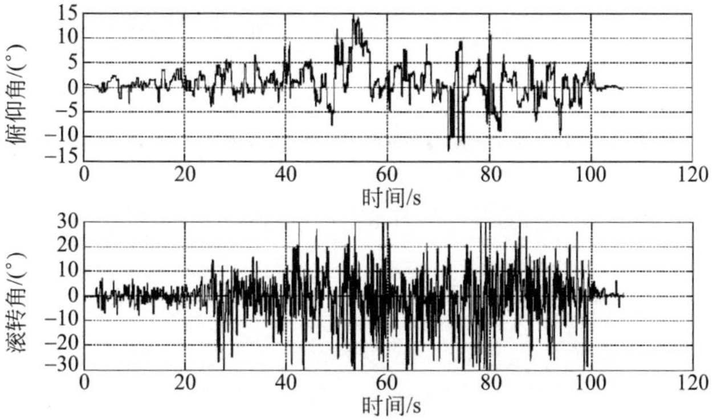

(a) AKF算法

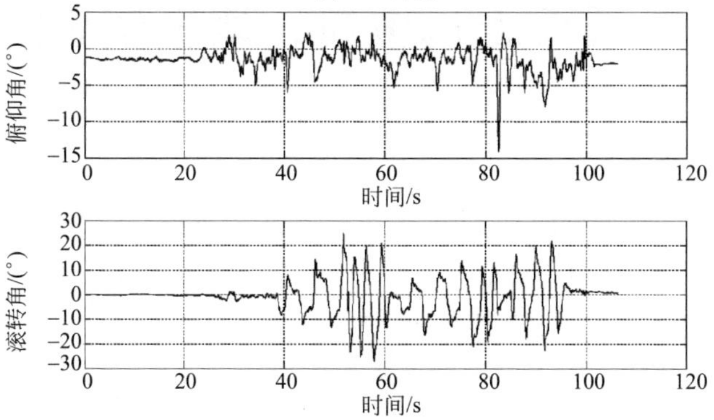

(b) 改进的AKF算法

图 5-11 改进前后算法融合的俯仰角与滚转角曲线对比

但是实验室环境和实际飞行环境是不同的，所以，本章接下来进行了原型机实验。将组合导航模块置于多旋翼无人机上，通过改变姿态角进行飞行实验。融合的结果如图 5-12 所示，为俯仰、滚转、偏航 3 个姿态角的信息。由此可以看出，姿态信息没有出现大量的毛刺和发散现象，且精度较高，和实际飞行效果相符。因此，本章设计的改进 AKF 姿态融合算法具有高准确性及快速性，完全能够满足实际应用需求。

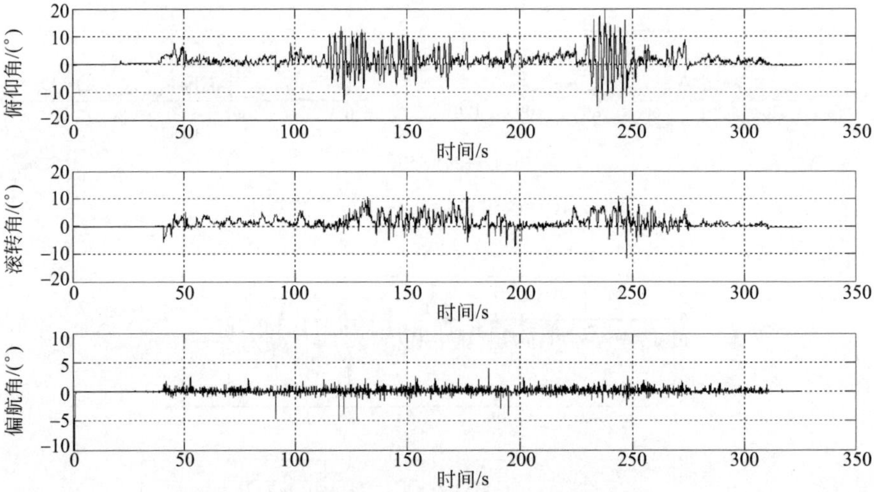

图 5-12　原型机实验中的姿态角融合结果

5.4 多旋翼无人机位置、速度信息融合

在多旋翼无人机组合导航系统中，速度和位置信息包括 x 轴（东）的位置与速度 P_E、V_E，y 轴（北）的位置与速度 P_N、V_N，z 轴（天）的位置与速度 P_U、V_U，共 6 个导航参数，上一节已经获得了姿态导航信息，在此基础上，通过加速度计和 GNSS，可以融合得出水平面的导航信息，即 x 轴（东）的位置与速度 P_E、V_E，y 轴（北）的位置与速度 P_N、V_N。

多旋翼无人机在空中飞行，高度方向导航信息 P_U、V_U 的准确与否关系到无人机的悬停和自主导航效果。针对多旋翼无人机自主飞行时高度测量信息不稳定、易受干扰的问题，增加了气压高度计和激光测距模块，对高度信息进行数据融合，同时提出了一种基于模糊卡尔曼滤波数据的自适应高度信息融合方法来提高无人机高度与测量信息的精度和可信度。

5.4.1 水平方向速度和位置信息融合

(1) 水平方向融合结构

水平方向速度和位置信息融合结构如图 5-13 所示，在水平方向的速度和位置导航信息融合中，通过加速度计解算的速度和位置信息作为卡尔曼滤波的观测值，GNSS 模块输出的位置信息作为卡尔曼滤波的测量值。

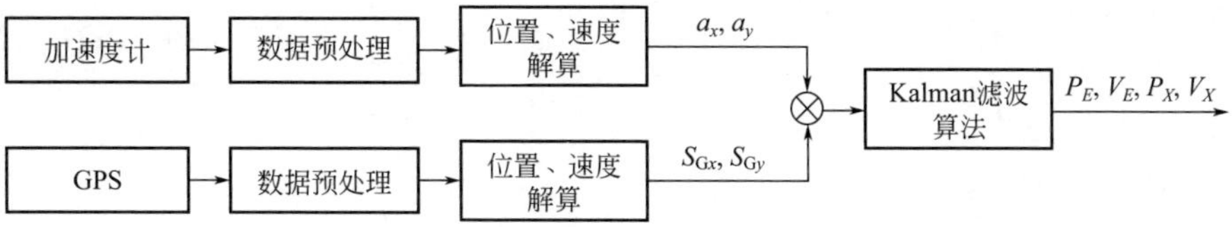

图 5-13 水平方向速度、位置导航信息融合结构

(2) 水平方向速度、位置信息融合系统建模

由第 2 章中多旋翼无人机运动学方程可知，多旋翼无人机的水平运动的状态方程为

$$\dot{\boldsymbol{x}}=\boldsymbol{A}\boldsymbol{x}+\boldsymbol{B}\boldsymbol{u} \tag{5-57}$$

建立离散线性状态方程和量测方程：

$$\begin{cases}\boldsymbol{X}_k=\boldsymbol{\Phi}\boldsymbol{X}_{k-1}+\boldsymbol{B}\boldsymbol{u}_{k-1}+\boldsymbol{\Gamma}\boldsymbol{W}_{k-1}\\ \boldsymbol{Z}_k=\boldsymbol{H}\boldsymbol{X}_k+\boldsymbol{V}_k\end{cases} \tag{5-58}$$

式中，$\boldsymbol{\Phi}=\begin{bmatrix}1&0&T_s&0\\0&1&0&T_s\\0&0&1&0\\0&0&0&1\end{bmatrix}$；$\boldsymbol{B}=\begin{bmatrix}\frac{1}{2}T_s^2&0\\0&\frac{1}{2}T_s^2\\T_s&0\\0&T_s\end{bmatrix}$，$\boldsymbol{H}=\begin{bmatrix}1&0&0&0\\0&1&0&0\end{bmatrix}$；

$\boldsymbol{X}_k=[s_{ex.k},s_{ey.k},v_{ex.k},v_{ey.k}]^{\mathrm{T}}$ 为状态矢量；T_s 为信息融合周期；$\boldsymbol{\Gamma}$ 为噪声驱动方程；$\boldsymbol{Z}_k=[S_{Gxk}^n,S_{Gyk}^n]^{\mathrm{T}}$ 为量测矢量，是 GNSS 解算的地面坐标系下的水平位置信息；$\boldsymbol{W}_k$ 为系统噪声，$\boldsymbol{V}_k$ 为量测噪声，二者皆可认为是未知的。

(3) 水平方向速度、位置信息融合算法

水平方向的信息融合和姿态信息融合相似，系统噪声和量测噪声是未知的，因此可以使用姿态信息融合的算法进行信息融合。该算法只需给定初值，就可通过递推计算得到水平方向的速度、位置导航信息。具体过程如下：

$$
\begin{aligned}
&\hat{\boldsymbol{X}}_{k/k-1}=\boldsymbol{\Phi}\hat{\boldsymbol{X}}_{k-1}+\boldsymbol{B}\boldsymbol{u}_{k-1}\\
&\boldsymbol{v}_k=\boldsymbol{Z}_k-\boldsymbol{H}\hat{\boldsymbol{X}}_{k/k-1}\\
&\boldsymbol{P}_{k/k-1}=\boldsymbol{\Phi}\boldsymbol{P}_{k-1}\boldsymbol{\Phi}^{\mathrm{T}}+\boldsymbol{\Gamma}\hat{\boldsymbol{Q}}_{k-1}\boldsymbol{\Gamma}^{\mathrm{T}}\\
&\hat{\boldsymbol{R}}_k=(\boldsymbol{I}-\boldsymbol{\beta}_k)\hat{\boldsymbol{R}}_{k-1}+\boldsymbol{\beta}_k[(\boldsymbol{I}-\boldsymbol{H}\boldsymbol{K}_{k-1})\boldsymbol{v}_k\boldsymbol{v}_k^{\mathrm{T}}(\boldsymbol{I}-\boldsymbol{H}\boldsymbol{K}_{k-1})^{\mathrm{T}}+\boldsymbol{H}\boldsymbol{P}_{k-1}\boldsymbol{H}^{\mathrm{T}}]\\
&\boldsymbol{v}_k\boldsymbol{v}_k^{\mathrm{T}}\leqslant\gamma\mathrm{tr}(E[\boldsymbol{v}_k\boldsymbol{v}_k^{\mathrm{T}}])=\gamma\mathrm{tr}(\boldsymbol{H}\boldsymbol{P}_{k/k-1}\boldsymbol{H}^{\mathrm{T}}+\boldsymbol{R}_k)\begin{cases}\text{若收敛,进入下一步}\\ \text{否则 }\boldsymbol{P}_{k/k-1}=\boldsymbol{\lambda}_k\boldsymbol{\Phi}\boldsymbol{P}_{k-1}\boldsymbol{\Phi}^{\mathrm{T}}+\boldsymbol{\Gamma}\hat{\boldsymbol{Q}}_{k-1}\boldsymbol{\Gamma}^{\mathrm{T}}\end{cases}\\
&\boldsymbol{K}_k=\frac{\boldsymbol{P}_{k/k-1}\boldsymbol{H}^{\mathrm{T}}}{\boldsymbol{H}\boldsymbol{P}_{k/k-1}\boldsymbol{H}^{\mathrm{T}}+\hat{\boldsymbol{R}}_k}\\
&\hat{\boldsymbol{X}}_k=\hat{\boldsymbol{X}}_{k/k-1}+\boldsymbol{K}_k\boldsymbol{v}_k\\
&\boldsymbol{P}_k=(\boldsymbol{I}-\boldsymbol{K}_k\boldsymbol{H})\boldsymbol{P}_{k/k-1}(\boldsymbol{I}-\boldsymbol{K}_k\boldsymbol{H})^{\mathrm{T}}+\boldsymbol{K}_k\boldsymbol{R}_k\boldsymbol{K}_k^{\mathrm{T}}\\
&\boldsymbol{\xi}=[\sqrt{(\dot{\boldsymbol{u}})^2+(\dot{\boldsymbol{v}})^2+(\dot{\boldsymbol{w}})^2}\,\boldsymbol{g}\,\mathrm{sign}(-\dot{\boldsymbol{w}})-\boldsymbol{g}]/\boldsymbol{u}\\
&\hat{\boldsymbol{Q}}_k=\boldsymbol{Q}_{k-1}\frac{\boldsymbol{s}}{\boldsymbol{s}+\boldsymbol{\xi}}+\hat{\boldsymbol{X}}_k\boldsymbol{s}\frac{\boldsymbol{\xi}}{\boldsymbol{s}+\boldsymbol{\xi}}
\end{aligned}
\tag{5-59}
$$

(4) 水平方向速度、位置信息融合实验

为验证改进后的融合算法有效，仿真结果如图 5-14、图 5-15 所示，图中红色曲线为未改进算法输出结果，蓝色曲线为改进后算法输出结果。从图中可以明显看出，通过使用改良的数据融合算法，融合后水平方向速度、位置信息精度有了较好的提升。

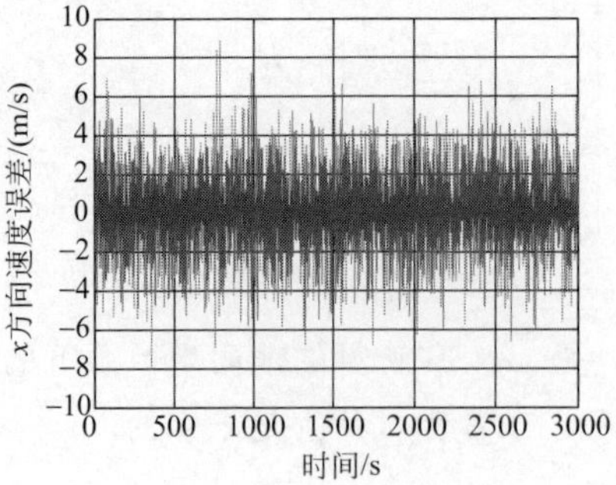

(a) x方向速度误差

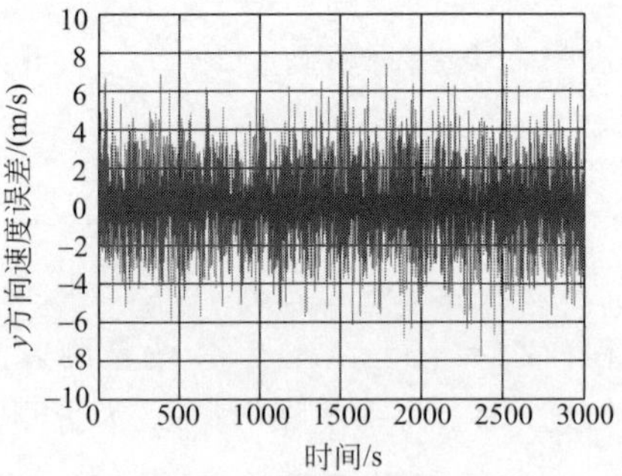

(b) y方向速度误差

图 5-14 速度误差滤波前后对比（电子版）

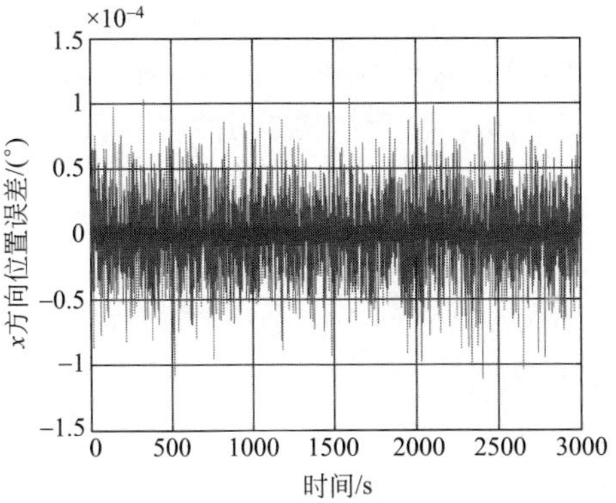

(a) x方向位置误差 (b) y方向位置误差

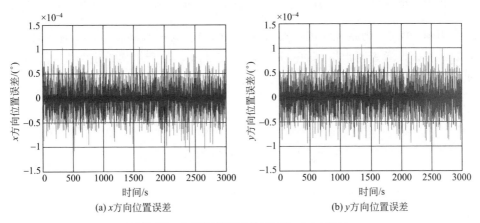

图 5-15 位置误差滤波前后对比（电子版）

5.4.2 垂直方向速度和位置信息融合

多旋翼无人机在空中飞行，如果垂直方向上的信息不准确，将产生灾难性后果，所以对垂直方向的速度和位置信息要求较高。相比于水平速度、位置信息，在垂直方向速度、位置信息融合时，增加了高度气压计和激光测距模块，以获得更加准确的高度融合信息。

（1）垂直方向融合结构

通过加速度计解算得到的高度信息，因为两次积分，误差会随时间逐渐积累，气压高度计测量的高度信息具有低频零位漂移和温度漂移等特点，数据波动较大，而且误差会随时间积累。GNSS 输出的高度误差不会随时间积累，但是会受到搜星数量的影响，且存在被遮挡无法正常输出数据的可能。激光测距模块虽然输出的高度信息精确度较高，但是适用范围受限，且有数据跳变的风险。

由此，基于各个传感器的特性，设计如图 5-16 所示的滤波方法来抑制噪声干扰，通过数据诊断模块、选择模块和改进的卡尔曼算法三个部分，数据融合系统可以应对不同的情况，提高高度融合信息的可靠性。

（2）垂直方向速度、位置信息融合建模

与水平方向的建模相似，垂直方向速度、位置导航信息建模如下：

$$\begin{cases} \boldsymbol{X}_k = \boldsymbol{\Phi X}_{k-1} + \boldsymbol{Bu}_{k-1} + \boldsymbol{\Gamma W}_{k-1} \\ \boldsymbol{Z}_k = \boldsymbol{HX}_k + \boldsymbol{V}_k \end{cases} \tag{5-60}$$

式中，$\boldsymbol{\Phi}=[1,T_s]$；$\boldsymbol{H}=\begin{bmatrix}1 & 1\\1 & 0\end{bmatrix}^T$；$\boldsymbol{X}_k=[\boldsymbol{h}_k \quad \boldsymbol{ve}_{zk}]^T$ 为状态矢量；T_s 为融合周期；$\boldsymbol{W}_{k-1}$ 为系统噪声；$\boldsymbol{Z}_k$ 为量测量，$\boldsymbol{V}_k$ 为量测噪声量，二者统计特性未知。其中，激光测距模块的测量范围只有 25m，融合结构设定为在 25m 以下使用激光测距模块和在 25m 以上使用气压计模块，即

$$\begin{cases}\boldsymbol{h}_k=[1 \quad \boldsymbol{T}]\boldsymbol{h}_{k-1}+\begin{bmatrix}\frac{1}{2}\boldsymbol{T}_s^2\end{bmatrix}(\boldsymbol{a}_{z(k-1)}+\boldsymbol{W}_{k-1})\\ \boldsymbol{Z}_k=\begin{cases}\begin{bmatrix}1 & 1\\1 & 0\\1 & 0\end{bmatrix}\begin{bmatrix}\boldsymbol{h}_0\\ \boldsymbol{\varepsilon}_b\end{bmatrix}+\begin{bmatrix}\boldsymbol{\omega}_b\\ \boldsymbol{\omega}_g\\ \boldsymbol{\omega}_m\end{bmatrix} & \boldsymbol{h}_k\geqslant 25\text{m}\\ \begin{bmatrix}1 & 0\\1 & 0\\1 & 0\end{bmatrix}\boldsymbol{h}_0+\begin{bmatrix}\boldsymbol{\omega}_l\\ \boldsymbol{\omega}_g\\ \boldsymbol{\omega}_m\end{bmatrix} & \boldsymbol{h}_k\leqslant 25\text{m}\end{cases}\end{cases} \tag{5-61}$$

式中，$\boldsymbol{a}_{z(k-1)}$ 是 $k-1$ 时刻加速度计 $\boldsymbol{Z}$ 轴分量；$\boldsymbol{T}$ 为传感器周期；$\boldsymbol{h}_k$ 为 k 时刻的高度状态量；$\boldsymbol{h}_0$ 为高度初始状态；$\boldsymbol{\varepsilon}_b$ 气压高度计误差；$\boldsymbol{\omega}_b$ 为气压高度计的加权矩阵；$\boldsymbol{\omega}_g$ 为 *GPS* 的加权矩阵；$\boldsymbol{\omega}_l$ 为激光测距的加权矩阵；$\boldsymbol{\omega}_m$ 为 MEMS 的加权矩阵。

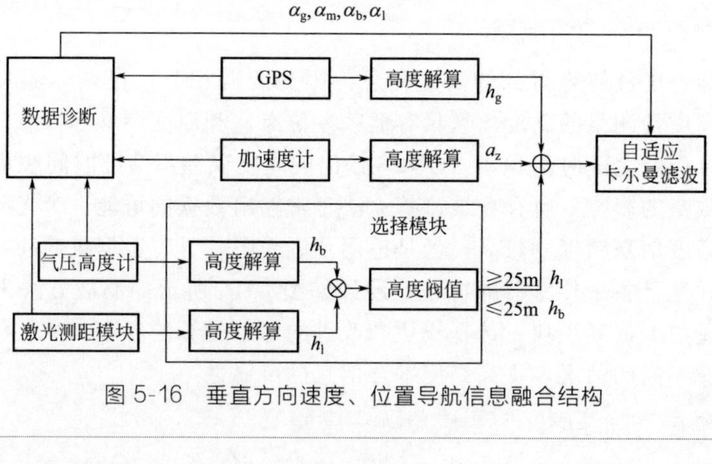

图 5-16 垂直方向速度、位置导航信息融合结构

(3) 垂直方向速度、位置信息融合算法

在进行卡尔曼滤波进行数据融合前，解算的垂直高度信息存在误差，在不同的环境中不同的传感误差不同，本书增加数据诊断环节，通过模糊卡尔曼算法，计算新息值序列的方差实际值与理论值，对传感器的输出数据进行辨识，确定融

合时各传感器的权重因子。

新息序列方差实际值由 N 个采样数据计算的新息方差的平均值作为其近似值：

$$\hat{\boldsymbol{C}}_k=\frac{1}{N}\sum_{i=i_0}^{k}\boldsymbol{v}_k\boldsymbol{v}_k^{\mathrm{T}},i_0=k-N+1 \tag{5-62}$$

将一次融合输出高度信息作为预测值，传感器输出高度信息作为量测值，$\boldsymbol{v}_k$ 为量测值与预测值的差值，即新息值。N 的取值需要通过试验设置确定，由于各个传感器的输出信息更新频率不同，N 的数值也不同，且每次新更新的传感器数据与之前的 $N-1$ 个数据构成新序列，这样不会降低融合频率。新息值序列的方差理论值定义为

$$\boldsymbol{C}_k=E[\boldsymbol{v}_k\boldsymbol{v}_k^{\mathrm{T}}]=\boldsymbol{H}_k\boldsymbol{P}_{k/k-1}\boldsymbol{H}_k^{\mathrm{T}}+\boldsymbol{R}_k \tag{5-63}$$

如果新息值序列的实际方差与理论方差之间的差接近于0，则表示方差匹配。要使用模糊逻辑法实现方差匹配，需要定义一个变量来检测实际值与理论值的差值，令

$$\alpha_{Cx}=\frac{\sqrt{\hat{\boldsymbol{C}}_{kx}}}{\sqrt{\boldsymbol{C}_{kx}}},x=\mathrm{g,b,m,l} \tag{5-64}$$

如果解算的高度信息变化稳定，则实际值与理论值标准差的比值 α_{Cx} 应该越接近于1，否则如果存在瞬间跳变误差或持久的故障，则 α_{Cx} 会突然变大。观测 α_{Cx} 的数值变化，则可以得到如下模糊规则：

$$\boldsymbol{\alpha}=\boldsymbol{\beta}\times\begin{bmatrix}\alpha_{C\mathrm{g}}\\\alpha_{C\mathrm{b}}\\\alpha_{C\mathrm{m}}\\\alpha_{C\mathrm{l}}\end{bmatrix} \tag{5-65}$$

式中，$\boldsymbol{\beta}=[\beta_{\mathrm{g}},\beta_{\mathrm{b}},\beta_{\mathrm{m}},\beta_{\mathrm{l}}]$ 为试验测得的调节权重因子；$\boldsymbol{\alpha}=[\alpha_{\mathrm{g}},\alpha_{\mathrm{b}},\alpha_{\mathrm{m}},\alpha_{\mathrm{l}}]$ 为融合权重因子。通过调整权重因子，完成数据融合中各个传感器的使用权重的自动调节，使融合算法可以在环境变换时，适应性更强，输出的高度信息准确性和可靠性更高。完整的垂直信息融合算法为

$$\hat{\boldsymbol{X}}_{k/k-1}=\boldsymbol{\Phi}\hat{\boldsymbol{X}}_{k-1}+\boldsymbol{B}\boldsymbol{u}_{k-1}$$

$$\boldsymbol{v}_k=\boldsymbol{Z}_k-\boldsymbol{H}\hat{\boldsymbol{X}}_{k/k-1}$$

$$\boldsymbol{P}_{k/k-1}=\boldsymbol{\Phi}\boldsymbol{P}_{k-1}\boldsymbol{\Phi}^{\mathrm{T}}+\boldsymbol{\Gamma}\hat{\boldsymbol{Q}}_{k-1}\boldsymbol{\Gamma}^{\mathrm{T}}$$

$$\hat{\boldsymbol{R}}_k=(\boldsymbol{I}-\boldsymbol{\beta}_k)\hat{\boldsymbol{R}}_{k-1}+\boldsymbol{\beta}_k[(\boldsymbol{I}-\boldsymbol{H}\boldsymbol{K}_{k-1})\boldsymbol{v}_k\boldsymbol{v}_k^{\mathrm{T}}(\boldsymbol{I}-\boldsymbol{H}\boldsymbol{K}_{k-1})^{\mathrm{T}}+\boldsymbol{H}\boldsymbol{P}_{k-1}\boldsymbol{H}^{\mathrm{T}}]$$

$$\boldsymbol{v}_k\boldsymbol{v}_k^{\mathrm{T}}\leqslant\gamma\mathrm{tr}(E[\boldsymbol{v}_k\boldsymbol{v}_k^{\mathrm{T}}])=\gamma\mathrm{tr}(\boldsymbol{H}\boldsymbol{P}_{k/k-1}\boldsymbol{H}^{\mathrm{T}}+\boldsymbol{R}_k)\begin{cases}\text{如收敛,进入下一步}\\ \text{否则 }\boldsymbol{P}_{k/k-1}=\boldsymbol{\lambda}_k\boldsymbol{\Phi}\boldsymbol{P}_{k-1}\boldsymbol{\Phi}^{\mathrm{T}}+\boldsymbol{\Gamma}\hat{\boldsymbol{Q}}_{k-1}\boldsymbol{\Gamma}^{\mathrm{T}}\end{cases}$$

$$\boldsymbol{K}_k=\frac{\boldsymbol{P}_{k/k-1}\boldsymbol{H}^{\mathrm{T}}}{\boldsymbol{H}\boldsymbol{P}_{k/k-1}\boldsymbol{H}^{\mathrm{T}}+\hat{\boldsymbol{R}}_k}$$

$$\hat{\boldsymbol{X}}_k=\hat{\boldsymbol{X}}_{k/k-1}+\alpha\boldsymbol{K}_k\boldsymbol{v}_k$$

$$\boldsymbol{P}_k=(\boldsymbol{I}-\boldsymbol{K}_k\boldsymbol{H})\boldsymbol{P}_{k/k-1}(\boldsymbol{I}-\boldsymbol{K}_k\boldsymbol{H})^{\mathrm{T}}+\boldsymbol{K}_k\boldsymbol{R}_k\boldsymbol{K}_k^{\mathrm{T}}$$

$$\boldsymbol{\xi}=[\sqrt{(\dot{\boldsymbol{u}})^2+(\dot{\boldsymbol{v}})^2+(\dot{\boldsymbol{w}})^2}\,\mathrm{sign}(-\dot{\boldsymbol{w}})-\boldsymbol{g}]/\boldsymbol{u}$$

$$\hat{Q}_k=Q_{k-1}\frac{\boldsymbol{s}}{\boldsymbol{s}+\boldsymbol{\xi}}+\hat{X}_k\boldsymbol{s}\frac{\boldsymbol{\xi}}{\boldsymbol{s}+\boldsymbol{\xi}}\tag{5-66}$$

(4) 垂直方向速度、位置信息融合实验

为验证算法有效性，仿真如图 5-17 所示，明显看出，经过改进的融合算法更为准确、有效。

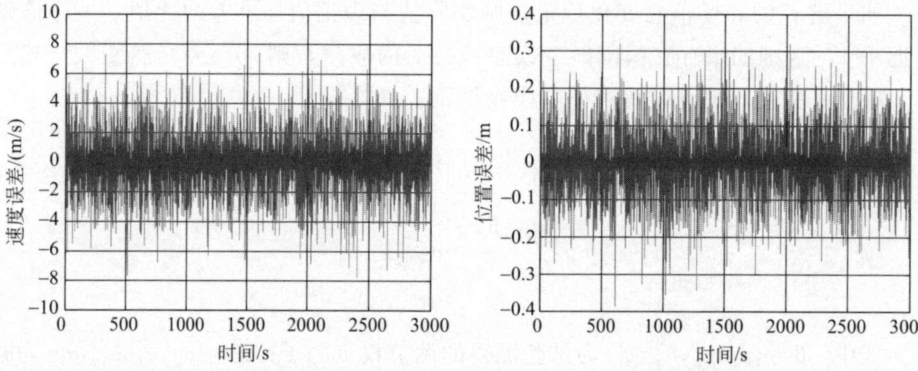

(a) 速度误差滤波前后对比　(b) 位置误差滤波前后对比

图 5-17　改进算法前后垂直方向速度误差和位置误差对比（电子版）

同时为了更好地验证算法的有效性，将组合导航模块置于多旋翼原型机上，在多个不同的高度进行悬停飞行，测试的结果如图 5-18 所示。从图 5-18 中可以看到，在悬停的整个过程中，多旋翼原型机的高度误差均小于 1.2m，达到了满意效果。

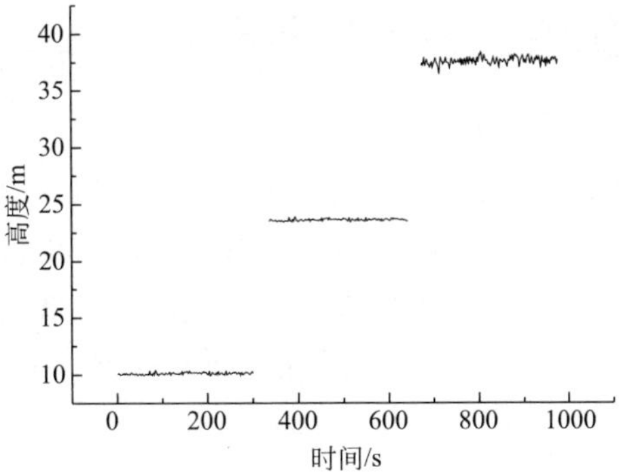

图 5-18　多旋翼原型机多点悬停实验结果

5.5 低成本组合导航传感器特性分析与预处理

目前，多旋翼无人机的发展趋势就是降低成本、优化性能。高精度的惯性测量单元（INS）模块虽然能够提高导航系统的输出精度，但是其高昂成本严重限制了多旋翼无人机的推广。价格高昂的差分 GNSS 定位系统，使得多旋翼无人机难以普及，低成本的 GNSS 接收机速度、位置输出精度较低且更新速率较慢，在实际使用中同样面临着挑战，这对低成本组合导航算法提出了更高的要求，也成为国内外的研究热点。

本节立足于多旋翼无人机的低成本化，采用低成本的 MEMS 惯性测量元件、磁场测量元件与 GNSS 组成的松组合导航系统，研究在低成本的基础上提高导航系统的性能。

通常多传感器数据融合的效果取决以下几个方面：一是组合导航传感器的精度，二是传感器的数据预处理能最大限度地进行误差去除与补偿，三是组合导航算法的设计能输出高精度和高可靠性的导航信息。其中传感器输出的原始数据精度对数据融合的准确性与可靠性影响很大，因此在进行数据融合前，必须对组合导航系统所使用的传感器的特性进行深入研究，特别是采用低成本导航元件时，输出的数据如果不进行误差的分析与补偿，导航精度会明显降低，并会降低导航输出的稳定性，因此对传感器的误差分析与预处理非常重要。本节首先分析了组合导航模块所使用的各传感器特性，然后对各传感器的误差来源进行建模分析，针对性地提出了每个传感器适用的误差在线快速标定方法，准确与高效的传感器数据预处理将为后面的组合导航算法提供更准确的原始数据。

5.5.1 组合导航传感器特性分析

(1) 惯性测量单元特性分析

惯性测量单元（INS）选取低成本的MPU6000元件，如图5-19所示。惯性测量单元一般由陀螺仪和加速度计构成，本节选取的元件也集成了这两项。通常价格高昂的激光陀螺仪与光纤陀螺仪等导航精度高，在低成本小型无人机的推广上并不适用。MEMS器件成本低且其尺寸与重量很小，在对体积与成本有要求的旋翼无人机上获得了广泛应用。

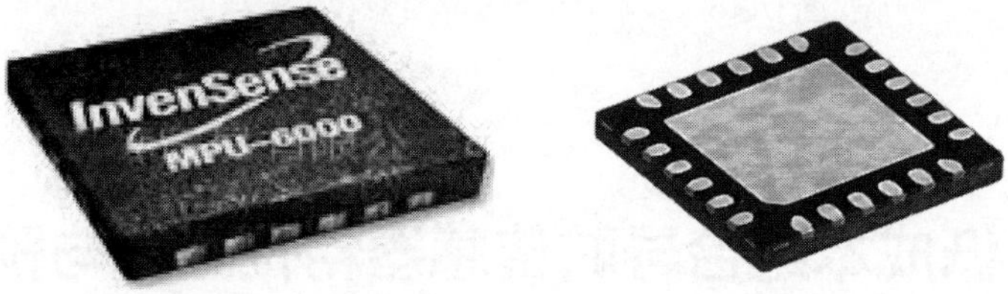

图5-19 MPU6000元件

① 陀螺仪 陀螺仪是组合导航系统的重要组成单元，通常与机体固连的陀螺仪输出的角速度通过积分可以推算载体姿态且具有短时间内推算精度较高的特点。但是由于陀螺仪存在累积误差，长期工作会导致解算得到的姿态严重偏离真实值，特别是对于低成本的陀螺仪，其累计误差增长得非常迅速，因此组合导航设计中陀螺仪会与其他传感器组合进行姿态解算。表5-6给出了本节采用的MPU6000集成的三轴陀螺仪的主要技术参数，与表5-1描述的INS模块ADIS 16488陀螺仪主要技术参数相比较可知，低成本陀螺仪与高精度陀螺仪性能相差很大，低成本陀螺仪非线性误差、正交误差均远大于高成本元件，其中表征陀螺仪重要特性的运动偏置稳定度、角度随机游走、温度系数等，低成本元件并没有给出具体数值，其每次通电受工作环境影响变化较大。本节后续导航数据融合算法针对性解决陀螺漂移估计的难题。

表5-6 MPU6000陀螺仪主要技术参数

性能指标	数据	性能指标	数据
动态范围灵敏度	±2000(°)/s	均方根噪声	0.05(°)/s rms
非线性度	0.2%	噪声谱密度	0.005(°)/(s·$\sqrt{\text{Hz}}$)
正交误差	±2%	输出频率	8000Hz(最大)
线性加速度灵敏度	0.1(°)/(s·g)		

② 加速度计　加速度计也是组合导航系统的重要组成单元，与机体固连的加速度计通过各方向分量可以直接推算载体的姿态。如果机体振动较小，加速度计解算的姿态信息精度会比较高，然而旋翼无人机通常处于机动运行状态，加速度计对振动非常敏感，从而使得解算的姿态误差很大。组合导航中加速度计经常与陀螺仪组合进行姿态推算。在速度和位置的推算中，加速度计输出的加速度值先转换至惯性系下，通过一次积分推算机体运行速度，通过二次积分推算位置。由此得到的位置与速度信息受振动干扰与真值偏离较多，通常会配合定位模块进行修正。表 5-7 给出了 MPU6000 集成的三轴加速度计的主要技术参数，与表 5-2 描述的 INS 模块 ADIS16488 加速度计性能参数相比较可知，低成本加速度计与高精度加速度计性能相差很大，低成本加速度计非线性误差、正交误差均远大于高成本元件，可在后续的导航数据融合算法中进行修正。

表 5-7　MPU6000 加速度计主要技术参数

性能指标	数据	性能指标	数据
动态范围	$\pm 16g$	初始偏置误差(x、y、z 轴)	±50mg，±50mg，±80mg
非线性度	0.5%	噪声谱密度	$400\mu g/\sqrt{Hz}$
正交误差	±2%	输出频率	1000Hz(最大)

(2) 磁力计特性分析

基于低成本化要求，磁力计（Compass）选取 LSM303D，如图 5-20 所示。磁力计输出地球磁场在机体坐标系下的投影，通过测量值可获取机体运行的航向信息。地球磁场强度只有 0.5～0.6G，磁力计的输出受工作环境影响严重。通常其干扰来源于软磁与硬磁两方面。小范围测量时硬磁干扰不随载体位置的改变而产生显著变化，一般由机体周围的磁性物质产生一个近似常值的误差量，而软磁干扰会随着工作环境周围磁场的变化而发生明显改变。磁力计的数据在导航解算前的误差处理非常重要，在无人机低速运行时航向的推算和修正很大程度上依赖其准确性。表 5-8 给出了三轴磁力计 LSM303D 的主要技术参数。

图 5-20　LSM303D

表 5-8 LSM303D 磁力计主要技术参数

性能指标	数据	性能指标	数据
动态范围	±12G	温度灵敏度	±0.05%/℃
非线性度	0.5%	均方根噪声(±2G 量程)	5mG rms
正交误差	1%/G	输出频率	MAX 100Hz

(3) 定位模块特性分析

全球定位系统（GNSS）选取较低成本的 NEO-M8N 模块，如图 5-21 所示。通常 GNSS 输出的导航信息具有长期稳定性，但是由于其更新频率很慢、输出的速度位置信息存在跳变误差，且精度受环境遮挡影响较大等缺点，独立应用于无人机导航时效果不佳。实际工程中可以将 GNSS 的导航信息与惯性测量单元和磁力计等推算的导航信息进行数据融合以克服上述缺点。表 5-9 给出了 GNSS 模块 NEO-M8N 磁力计的主要技术参数。水平定位精度、数据更新速率表征了其性能，NEO-M8N 可以根据制造商 U-blox 自带协议解析出三轴位置和三轴速度，另外还可以解析三轴位置精度和三轴速度精度，这为组合导航数据融合带来了更全面的量测数据。

表 5-9 NEO-M8N 磁力计主要技术参数

性能指标	数据	性能指标	数据
水平位置精度	±2.5m	启动时间(冷启动)	26s
数据更新速率	10Hz(最大)	灵敏度	−148dBm

图 5-21 NEO-M8N 正面

图 5-22 MS5611 气压高度计

(4) 气压高度计特性分析

气压高度计（Baro）选取低成本且精度较高的 MS5611，如图 5-22 所示。气压高度计是测量环境大气压力的设备。环境大气压力随高度的增大而减小。气压高度计输出的气压经过温度补偿后，根据气压—高度转换公式可得到海拔高度，根据气压对应高度的变化，可以获取机体垂直方向的位置变化。表5-10给出了气压高度计MS5611的主要技术参数。相比于GNSS模块输出的高度信息，由气压高度计推算的高度受遮挡影响较小，推算的高度精度比GNSS高很多，但受风扰影响较大。

表5-10 MS5611气压高度计主要技术参数

性能指标	数据	性能指标	数据
动态范围	10～1200mbar	总误差范围	±2.5mbar
准确度(25℃,750mbar)	±1.5mbar	响应时间	0.5ms(最小)

(5) 空速计特性分析

空速计（Tas）选取低成本的MPXV7002模组，如图5-23所示。空速计输出值推算的速度不是机体相对于地面运行的真实速度，而是机体相对于大气的运动速度。如果无人机运行时存在较强风扰，顺风飞行时将空速叠加风速得到相对于大地的运动速度，逆风飞行时减去风速得到相对于大地的运动速度。表5-11给出了空速计MPXV7002的主要技术参数。

图5-23 MPXV7002空速计模块

表5-11 MPXV7002空速计模块主要技术参数

性能指标	数据	性能指标	数据
动态范围	±2kPa	灵敏度	±1V/kPa
准确度	±2.5%Vfss	响应时间	1ms

5.5.2 INS误差源分析及预处理

通常MEMS器件的确定性误差可以通过数学建模的方法进行分析，并采取相应处理方法进行误差补偿。对于低成本的MEMS器件，其数据进入组合导航信息融合的误差补偿非常重要，本节将分别对低成本化的INS中加速度计、陀螺仪的误差源进行分析，设计现场快速标定方法并进行相应的预处理。

(1) 加速度计误差建模和快速标定

① 加速度计的误差模型　加速度计的误差模型定义如下：

$$\boldsymbol{A}_a=(\boldsymbol{I}+\boldsymbol{S}_1+\boldsymbol{S}_2)\boldsymbol{f}+\boldsymbol{b}_a+\boldsymbol{\varepsilon}_a \tag{5-67}$$

式中，$\boldsymbol{A}_a$ 为加速度计输出的三轴加速度值；$\boldsymbol{S}_1$ 为尺度系数误差矩阵；$\boldsymbol{S}_2$ 为非正交误差矩阵；$\boldsymbol{f}$ 为比力真值；$\boldsymbol{b}_a$ 为加速度零偏；$\boldsymbol{\varepsilon}_a$ 为满足高斯分布的随机噪声。

本节采用的低成本加速度计，实际工作中尺度系数误差$\boldsymbol{S}_1$ 和加速度零偏$\boldsymbol{b}_a$ 远大于非正交误差$\boldsymbol{S}_2$，因此将误差模型简化为

$$\boldsymbol{A}_a=(\boldsymbol{I}+\boldsymbol{S}_a)\boldsymbol{f}+\boldsymbol{b}_a+\boldsymbol{\varepsilon}_a \tag{5-68}$$

重点处理加速度零偏 $\boldsymbol{b}_a$ 与尺度系数误差 $\boldsymbol{S}_a$。

a. 加速度零偏 $\boldsymbol{b}_a$。加速度计的零偏与导航的速度精度关于 t 成正比，与导航的位置精度关于 t^2 成正比，可以通过一重、二重积分得到。当加速度计某一轴向没有动作时，理想情况输出值应只有均值为 0 的随机噪声，然而实际的输出受通电杂散磁场、温度变化、残留力矩等的影响，存在一定量级的零偏误差，且零偏误差包括两部分：

$$\boldsymbol{b}_a=\boldsymbol{b}_0+\boldsymbol{b}_t \tag{5-69}$$

式中，$\boldsymbol{b}_0$ 为常值零偏；$\boldsymbol{b}_t$ 为时变零偏，且 $\boldsymbol{b}_t$ 满足 Gauss-Markov 过程，其自相关函数具有指数形式：

$$\boldsymbol{R}_x=\boldsymbol{\sigma}^2\boldsymbol{e}^{-\beta|\tau|} \tag{5-70}$$

式中，$\boldsymbol{\sigma}$ 为噪声方差；τ 为时间常数；$1/\beta$ 为过程时间常数，相关时间与传感器的精度有紧密联系，传感器的精度越高其相关时间越长。低成本加速度计的相关时间非常小，在此忽略不计，也即时变零偏即使存在 Gauss-Markov 过程，但短时间内也被幅值较大的噪声所覆盖。

b. 加速度尺度系数误差 $\boldsymbol{S}_a$。加速度计工作时其量测输出信号与加速度变化量的比值并非线性，尺度系数误差为这种实际输出时的比值与其出场标注的比值之间存在的误差。尺度系数误差与导航推算的速度、位置误差的关系如下：

$$\begin{aligned}
\boldsymbol{s}_v&=\int(\boldsymbol{I}+\boldsymbol{S}_a)\boldsymbol{f}\,\mathrm{d}t=\boldsymbol{f}\int(\boldsymbol{I}+\boldsymbol{S}_a)\,\mathrm{d}t\\
\boldsymbol{\varepsilon}_v&=\boldsymbol{f}\int\boldsymbol{S}_a\,\mathrm{d}t=\boldsymbol{f}\boldsymbol{S}_a t\\
\boldsymbol{\varepsilon}_p&=\int\boldsymbol{\varepsilon}_v\,\mathrm{d}t=\iint\boldsymbol{f}\boldsymbol{S}_a\,\mathrm{d}t=\frac{1}{2}\boldsymbol{f}\boldsymbol{S}_a t^2
\end{aligned} \tag{5-71}$$

式中，$\boldsymbol{s}_v$ 为导航输出的速度；$\boldsymbol{\varepsilon}_v$ 为速度误差；$\boldsymbol{\varepsilon}_p$ 为位置误差，尺度系数误差对速度、位置的影响分别关于 t、t^2 成正比。

② 加速度计预处理　低成本的加速度计每次上电其误差均不相同，为了较准确地估计加速度误差，设计了基于最小二乘法的现场快速标定方法。

重力加速度在小范围内可以近似为常值，因此加速度计工作时如果处于静止状态，其输出的三轴加速度值的平方和应为 g，将重力加速度归一化处理后表示为

$$\frac{A_{ax}-b_{ax}}{1+S_{ax}}+\frac{A_{ay}-b_{ay}}{1+S_{ay}}+\frac{A_{az}-b_{az}}{1+S_{az}}=\|f\|^2=1 \tag{5-72}$$

式(5-72) 中共有 6 个待定值，分别为加速度计三轴零偏$[b_{ax},b_{ay},b_{az}]$和尺度系数误差$[S_{ax},S_{ay},S_{az}]$，误差值最大时的位置即为最优标定点，此时，待定参数变化最为明显，对式(5-72) 中各参数求偏导可得

$$\begin{cases}\dfrac{\partial\left\|f\right\|^2}{\partial b_{ax}}=-2\,\dfrac{A_{ax}-b_{ax}}{1+S_{ax}}\\[2ex]\dfrac{\partial\left\|f\right\|^2}{\partial S_{ax}}=-2\,\dfrac{(A_{ax}-b_{ax})^2}{(1+S_{ax})^3}\\[2ex]\dfrac{\partial\left\|f\right\|^2}{\partial b_{ay}}=-2\,\dfrac{A_{ay}-b_{ay}}{1+S_{ay}}\\[2ex]\dfrac{\partial\left\|f\right\|^2}{\partial S_{ay}}=-2\,\dfrac{(A_{ay}-b_{ay})^2}{(1+S_{ay})^3}\\[2ex]\dfrac{\partial\left\|f\right\|^2}{\partial b_{az}}=-2\,\dfrac{A_{az}-b_{az}}{1+S_{az}}\\[2ex]\dfrac{\partial\left\|f\right\|^2}{\partial S_{az}}=-2\,\dfrac{(A_{az}-b_{az})^2}{(1+S_{az})^3}\end{cases} \tag{5-73}$$

当$[|A_{ax}|,|A_{ay}|,|A_{az}|]$最大时，获取误差标定的最优位置，因此 3 个轴向垂直向下和向上都是最优标定位置，共计 6 个标定点。

以 x 轴为例，对式$\dfrac{A_{ax}-b_{ax}}{1+S_{ax}}+\dfrac{A_{ay}-b_{ay}}{1+S_{ay}}+\dfrac{A_{az}-b_{az}}{1+S_{az}}=\|f\|^2=1$ 化简可到

$$\begin{cases} -A_{ax}^2 = [-2A_{ax}, A_{ay}^2, -2A_{ay}, A_{az}^2, -2A_{az}^2, 1]\begin{bmatrix} b_{ax} \\ C_1 \\ C_1 b_{ay} \\ C_2 \\ C_2 b_{az} \\ C_3 \end{bmatrix} \\ C_1 = \dfrac{(1+S_{ax})^2}{(1+S_{ay})^2} \\ C_2 = \dfrac{(1+S_{ax})^2}{(1+S_{az})^2} \\ C_3 = (1+S_{ax})^2 + b_{ax}^2 + C_1 b_{ay}^2 + C_2 b_{az}^2 \end{cases} \tag{5-74}$$

对于 x 轴的 n 组采样数据，可使用最小二乘法求解式中各参数，并最终确定 x 轴零偏 b_{ax} 和尺度系数误差 S_{ax}，y 轴、z 轴求解方法相同。该校准方法不需要加速度计必须完全水平摆放，是一种简便的现场快速标定方法。图 5-24 给出了某次标定前和标定后的 z 轴加速度值。

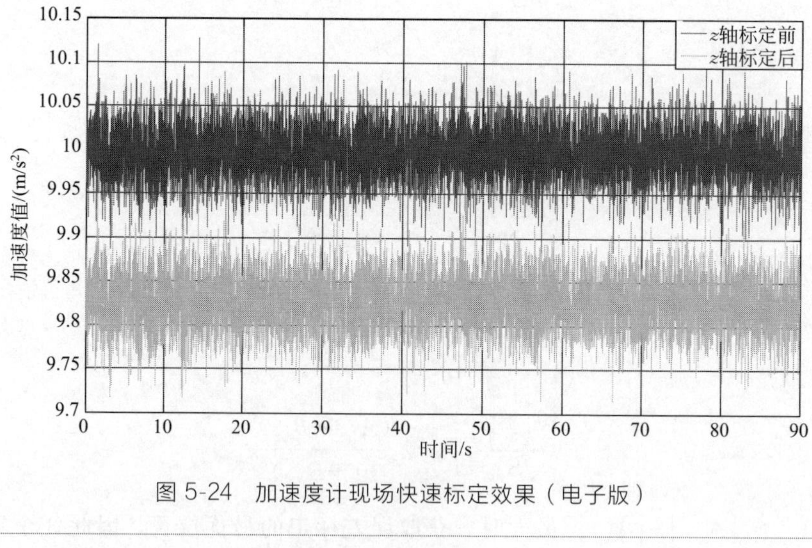

图 5-24 加速度计现场快速标定效果（电子版）

(2) 陀螺仪误差建模和快速标定

① 陀螺仪的误差模型 陀螺仪的误差模型定义如下：

$$\boldsymbol{A}_{\omega} = (\boldsymbol{I} + \boldsymbol{S}_1 + \boldsymbol{S}_2)\boldsymbol{\omega} + \boldsymbol{b}_{\omega} + \boldsymbol{\varepsilon}_{\omega} \tag{5-75}$$

式中，$\boldsymbol{A}_{\omega}$ 为陀螺仪测量输出的三轴角速度值；$\boldsymbol{S}_1$ 为尺度系数误差矩阵；$\boldsymbol{S}_2$ 为非正交误差矩阵；$\boldsymbol{\omega}$ 为角速度真实值；$\boldsymbol{b}_{\omega}$ 为角速度零偏；$\boldsymbol{\varepsilon}_{\omega}$ 为满足高斯分布的随机噪声。

本节采用低成本的加速度计，实际工作时尺度系数误差$\boldsymbol{S}_1$ 与角速度零偏$\boldsymbol{b}_{\omega}$ 远大于非正交误差$\boldsymbol{S}_2$，因此将误差模型简化为

$$\boldsymbol{A}_{\omega}=(\boldsymbol{I}+\boldsymbol{S}_{\omega})\boldsymbol{f}+\boldsymbol{b}_{\omega}+\boldsymbol{\varepsilon}_{\omega} \tag{5-76}$$

重点处理角速度零偏 $\boldsymbol{b}_{\omega}$ 与尺度系数误差 $\boldsymbol{S}_{\omega}$。

a. 陀螺零偏 $\boldsymbol{b}_{\omega}$。当陀螺仪处于理想静置条件时，其输出值近似为地球自转角速度并叠加了均值为 0 的随机噪声，然而实际输出会表现一定量级的偏置，且零偏误差包括两部分：

$$\boldsymbol{b}_{\omega}=\boldsymbol{b}_0+\boldsymbol{b}_t \tag{5-77}$$

式中，$\boldsymbol{b}_0$ 为常值零偏；$\boldsymbol{b}_t$ 为时变零偏，且 $\boldsymbol{b}_t$ 满足 Gauss-Markov 过程。与加速度计的分析类似，低成本的陀螺仪其相关时间非常小，即时变零偏即使存在 Gauss-Markov 过程，其幅值也被噪声所覆盖。

陀螺仪的零偏与导航的速度精度、位置精度的关系如下：

$$\begin{aligned}
\boldsymbol{\varepsilon}_{\theta}&=\int\boldsymbol{b}_{\omega}\,\mathrm{d}t=\boldsymbol{b}_{\omega}t\\
\boldsymbol{\varepsilon}_{v}&=\iint\boldsymbol{b}_{\omega}t\,\mathrm{d}t=\frac{1}{2}\boldsymbol{b}_{\omega}t^2\\
\boldsymbol{\varepsilon}_{p}&=\iiint\frac{1}{2}\boldsymbol{b}_{\omega}\boldsymbol{t}^2\,\mathrm{d}t=\frac{1}{6}\boldsymbol{b}_{\omega}t^3
\end{aligned} \tag{5-78}$$

陀螺仪的零偏与导航的速度精度关于 t^2 成正比，与导航的位置精度关于 t^3 成正比。

b. 陀螺尺度系数误差 $\boldsymbol{S}_{\omega}$。工作时角速度输出信号与角速度的变化量的比值并非线性，即产生尺度系数误差。与陀螺零偏类似，陀螺尺度系数误差与导航精度关于 t^2 成正比，与导航的位置精度关于 t^3 成正比。

② 陀螺仪预处理　陀螺仪的准确标定通常需要借助高精度转台等，价格高昂且非常耗时。对于低成本的陀螺仪，每次通电时的零偏都存在较大差别，用一次准确标定的数据作为零偏，反而会增大陀螺仪的输出误差。低成本的陀螺零偏 $\boldsymbol{b}_{\omega}$ 对测量精度的影响远大于尺度系数误差 $\boldsymbol{S}_{\omega}$，因此本节针对陀螺零偏 $\boldsymbol{b}_{\omega}$ 设计了现场快速标定方法，并在后续设计的 EKF 中进行最优估计。

将陀螺仪静止放置，采集 n 个三轴样本值，筛选方式如下。

$$\begin{cases} \boldsymbol{\omega}_0 = \dfrac{1}{\boldsymbol{n}_1}\sum\limits_{i=1}^{n_1}\boldsymbol{\omega}_i \\ \boldsymbol{b}_\omega = \dfrac{1}{\boldsymbol{n}_2-\boldsymbol{n}_1}\sum\limits_{i=n_1+1}^{n_2}\boldsymbol{\omega}_i \\ \boldsymbol{\omega}_i = \begin{cases} |\boldsymbol{\omega}_i-\boldsymbol{\omega}_0| < \boldsymbol{\eta} & \text{正常情况} \\ |\boldsymbol{\omega}_i-\boldsymbol{\omega}_0| \geqslant \boldsymbol{\eta} & \text{异常情况} \end{cases} \end{cases} \tag{5-79}$$

预处理分为两个阶段，第一阶段保持陀螺仪静止较长时间（>20s），获取三轴静止状态下 n_1 个采样点的角速度参考均值 $\boldsymbol{\omega}_0$，第二阶段仍旧保持陀螺仪静止一段时间（>10s），读取的角速度分别与参考均值 $\boldsymbol{\omega}_0$ 进行比较，偏差超过阈值 η 时舍弃。第二阶段的 n_2-n_1 个采样点的角速度均值即为陀螺零偏 $\boldsymbol{b}_\omega$。图 5-25 给出了某次标定前和标定后的陀螺仪角速度值。

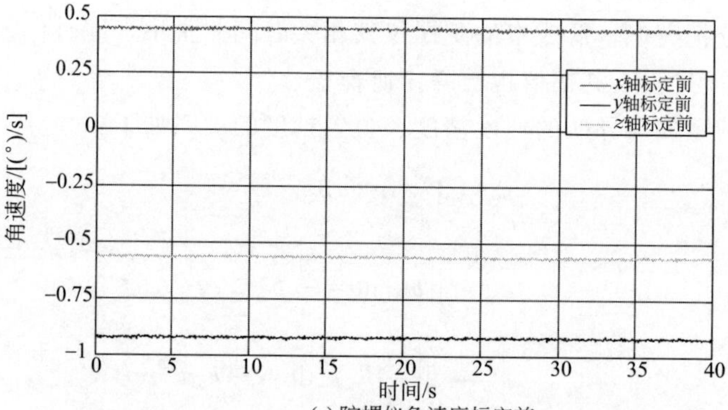

(a) 陀螺仪角速度标定前

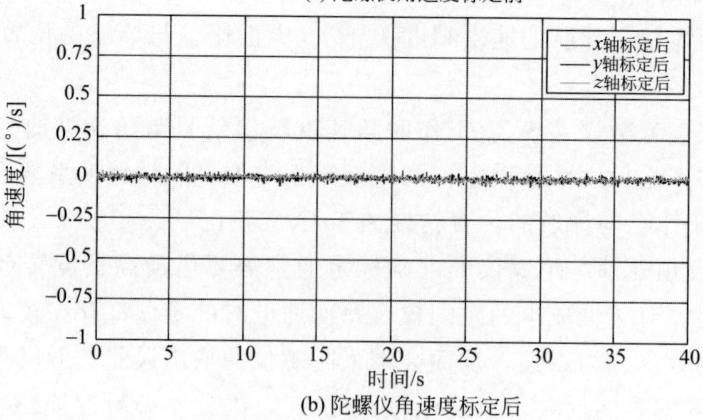

(b) 陀螺仪角速度标定后

图 5-25 陀螺标现场快速标定效果（电子版）

5.5.3 磁力计/气压高度计/GNSS 误差建模和预处理

(1) 磁力计误差建模和快速标定

① 磁力计的误差模型 陀螺仪的误差模型定义为

$$\boldsymbol{A}_m=\boldsymbol{S}_1\boldsymbol{S}_2(\boldsymbol{S}_3\boldsymbol{M}+\boldsymbol{S}_4)+\boldsymbol{B}_m+\boldsymbol{\varepsilon}_m \tag{5-80}$$

式中，$\boldsymbol{A}_m$ 为磁力计输出的三轴磁场值；$\boldsymbol{S}_1$ 为尺度系数误差矩阵；$\boldsymbol{S}_2$ 为非正交误差矩阵；$\boldsymbol{S}_3$ 为软磁干扰误差矩阵；$\boldsymbol{S}_4$ 为硬磁干扰误差矩阵；$\boldsymbol{M}$ 为磁场真实值；$\boldsymbol{B}_m$ 为磁场零偏；$\boldsymbol{\varepsilon}_m$ 为满足高斯分布的随机噪声。

上式简化可得

$$\begin{aligned}\boldsymbol{A}_m&=\boldsymbol{S}\boldsymbol{M}+\boldsymbol{B}+\boldsymbol{\varepsilon}_m\\ \boldsymbol{S}&=\boldsymbol{S}_1\boldsymbol{S}_2\boldsymbol{S}_3\\ \boldsymbol{B}&=\boldsymbol{S}_1\boldsymbol{S}_2\boldsymbol{S}_4+\boldsymbol{B}_m\end{aligned} \tag{5-81}$$

忽略随机噪声项，对第一个式子化简为

$$\begin{aligned}\boldsymbol{M}&=\boldsymbol{S}^{-1}(\boldsymbol{A}_m-\boldsymbol{B})\\ \boldsymbol{M}_0&=(\boldsymbol{A}_m-\boldsymbol{B})^{\mathrm{T}}(\boldsymbol{S}^{-1})^{\mathrm{T}}\boldsymbol{S}^{-1}(\boldsymbol{A}_m-\boldsymbol{B})\end{aligned} \tag{5-82}$$

由于测量磁场强度，在环境不变的情况下，传感器每个姿态感受磁场强度是相同的，所以不需要静止状态，磁力计测量的 x、y、z 轴值，在没有偏差的情况下，在传感器内部三轴相互垂直的情况下，在三维空间中组成一个圆球面，也即 $\boldsymbol{M}$ 为球面分布，然而在周围软磁和硬磁干扰导致的误差影响下，磁力计的输出数据位于一个椭球面上。$\boldsymbol{S}$ 与 $\boldsymbol{B}$ 的求解将从椭球分布的点中进行，这里我们采用最小二乘法进行椭球拟合。

椭球面的参数方程表示为

$$a_1x^2+a_2y^2+a_3z^2+2a_4xy+2a_5xz+2a_6yz+2a_7x+2a_8y+2a_9z=1 \tag{5-83}$$

将上式变换为矩阵形式可得

$$[x^2,y^2,z^2,2xy,2xz,2yz,2x,2y,2z,1]\,[a_1,a_2,a_3,a_4,a_5,a_6,a_7,a_8,a_9,a_{10}]^{\mathrm{T}}=0 \tag{5-84}$$

通过 n 个采样点数据可求取方程中各系数。将上式进行广义形式的变化得到

$$\boldsymbol{A}_m^{\mathrm{T}}\boldsymbol{C}_1\boldsymbol{A}_m+2\boldsymbol{C}_2\boldsymbol{A}_m+\boldsymbol{C}_3=0 \tag{5-85}$$

$$\boldsymbol{C}_1=\begin{bmatrix}a_1 & a_4 & a_5\\ a_4 & a_2 & a_6\\ a_5 & a_6 & a_3\end{bmatrix}$$

$$\boldsymbol{C}_2=\begin{bmatrix}a_7 & a_8 & a_9\end{bmatrix}$$

$$\boldsymbol{C}_3=a_{10}$$

将上式与 $\boldsymbol{M}_0=(\boldsymbol{A}_m-\boldsymbol{B})^{\mathrm{T}}(\boldsymbol{S}^{-1})^{\mathrm{T}}\boldsymbol{S}^{-1}(\boldsymbol{A}_m-\boldsymbol{B})$ 对比变换，可得

$$\boldsymbol{B}=-\boldsymbol{C}_1^{-1}\boldsymbol{C}_2$$
$$(\boldsymbol{S}^{-1})^{\mathrm{T}}\boldsymbol{S}^{-1}=\frac{1}{\boldsymbol{B}^{\mathrm{T}}\boldsymbol{C}_1\boldsymbol{B}-\boldsymbol{C}_3} \tag{5-86}$$

至此，可求取误差校正矩阵 $\boldsymbol{S}$ 和磁场偏置 $\boldsymbol{B}$。

② 磁力计预处理　基于磁力计现场快速标定方法对磁力计的误差进行建模与分析。校正时将磁力计与机体固连转动，分为两个步骤：

a. 绕 z 轴，即 xy 平面转动一周（>90°）获取水平面的磁场值 A_{mx}，A_{my}。

b. 绕 x 或者 y 轴，即 yz 或者 xz 平面转动一周（>90°），获取 z 轴磁场值 A_{mz}。

继而采用上一小节的最小二乘法椭球拟合获取磁场偏置。表 5-12 为某次现场磁力计校正获得的校正数据。

表 5-12　磁场偏置值

偏置	数据
x 轴偏置	165mG
y 轴偏置	70mG
z 轴偏置	−116mG

(2) 气压高度计误差分析和预处理

① 气压高度计误差分析　低成本的 MS5611 高度方向测量精度达到厘米级，首先给出其计算气压与温度的方法，其中，片内 PROM 的出厂校准数据如表 5-13 所示。

表 5-13　MS5611 PROM 出厂校准数据

性能指标	典型值 （以实际读取为准）	性能指标	典型值 （以实际读取为准）
压力灵敏度 C_1	40127	温度系数的压力抵消 C_4	23282
压力抵消 C_2	36924	参考温度 C_5	33464
温度压力灵敏度系数 C_3	23317	温度系数 C_6	28312

气压与温度的获取公式如下：

$$T=2000+\frac{\Delta T C_6}{2^{23}}$$
$$P=\frac{\dfrac{D_1 S_{\mathrm{sens}}}{2^{21}}-B_{\mathrm{offset}}}{2^{15}} \tag{5-87}$$

式中，T 为实际温度；P 为温度补偿后的实际气压；S_{sens} 为实际温度灵敏度；B_{offset} 为实际温度抵消量；ΔT 为实际温度和参考温度的差异。

$$
\begin{aligned}
&S_{sens}=C_1\times 2^{15}+\frac{(C_3\Delta T)}{2^8}\\
&B_{offset}=C_2\times 2^{16}+\frac{(C_3\Delta T)}{2^7}\\
&\Delta T=D_2-C_5\times 2^8
\end{aligned}
\tag{5-88}
$$

由此可以看出，气压值受温度的影响非常明显，即温度的准确度对气压的准确度影响很大。

② 气压高度计预处理　考虑到温度区间对气压的影响，将温度分为三个区间，对气压进行阶梯式补偿，方法如下：

$$
\begin{cases}
\begin{cases}T_2=0\\B_{off2}=0\\S_{sens2}=0\end{cases} & \mathrm{T}\geqslant 20^\circ\\
\begin{cases}T_2=\dfrac{(\Delta T)^2}{2^{31}}\\B_{off2}=5(T-2000)^2/2\\S_{sens2}=5(T-2000)^2/4\end{cases} & -15^\circ<\mathrm{T}\leqslant 20^\circ\\
\begin{cases}T_2=\dfrac{(\Delta T)^2}{2^{31}}\\B_{off2}=B_{off2}+7(T+1500)^2\\S_{sens2}=S_{sens2}+11(T+1500)^2/2\end{cases} & T\leqslant -15^\circ
\end{cases}
\tag{5-89}
$$

式中，T_2 为数字温度值；B_{off2} 为实际温度抵消；S_{sens2} 为实际温度灵敏度。通过阶梯式的温度补偿，最终输出的温度如下：

$$
\begin{cases}
T_{k+1}=T_k-T_2\\
B_{off(k+1)}=B_{off(k)}-B_{off2}\\
S_{sens(k+1)}=S_{sens(k)}-S_{sens2}
\end{cases}
\tag{5-90}
$$

将输出的补偿后温度代入气压 P 的求取公式，即获取补偿后的气压值。

在标准大气条件下，测高公式表示为

$$
H=44330.8\times\left[1-\left(\frac{P}{1013.25}\right)^{0.19026}\right]
\tag{5-91}
$$

通常根据气压计推算的高度，取起始推算的高度作为基准高度，其后推算的高度与基准高度的差值即相对高度进入组合导航数据融合。

(3) GNSS误差分析和预处理

① GNSS误差分析　GNSS工作时的误差源较为复杂，主要包括卫星误差、传播途径误差、接收机误差。其中卫星误差包括卫星星历误差、钟差和SA干扰误差等，传播途径误差包括电离层折射、对流层折射和多路径效应等，接收机误差包括接收机钟差、位置误差和天线相位中心偏差等。这些误差对于低成本组合导航的数据预处理过于复杂。实际应用中误差多表现为接收机受遮挡时信号失锁、数据异常跳变，此类误差可以通过预处理有效避免。

② GNSS预处理　GNSS数据更新速率较慢，例如应用广泛的U-blox公司的LEA-6系列定位模组，最高更新速率只有5Hz，本文使用的新一代GNSS模块NEO-M8N，其定位精度和数据稳定性有了很大提高，更新速度达到10Hz。然而受到环境遮挡物等的影响，信号失锁、跳变误差等仍然存在。因此在GNSS数据预处理时，采用了滑动平均处理方式，对小范围相邻采样值取平均值，对于跳变信息剔除异常值，表示为

$$\overline{\boldsymbol{D}}=\frac{1}{k_2-k_1-k_v}\sum_{i=k_1+1}^{k_2}\boldsymbol{D}_i$$

$$\boldsymbol{D}_i=\boldsymbol{D}_i\times\begin{cases}1 & |\boldsymbol{D}_i-\boldsymbol{D}_{i-1}|<\varepsilon\\0 & |\boldsymbol{D}_i-\boldsymbol{D}_{i-1}|\geqslant\varepsilon\end{cases}\tag{5-92}$$

式中，k_1为采样开始样点数；k_2为当前采样点样点数；k_v为采样异常值；ε为跳变误差的阈值。

5.6 低成本组合导航信息融合

上一节的数据融合基于低成本传感器，这对于组合导航算法的准确性提出了更高要求，本节首先对各类导航信息融合方法进行对比，选定导航算法的基本方案，而后对算法的设计进行深入研究，给出算法的各设计步骤原理与实现方法。考虑到算法的稳定性与可靠性，设计新型的容错方案，最后通过仿真设计与实测验证算法的有效性与实用性。

首先，扩展卡尔曼滤波（Extended Kalman Filter，EKF）算法的总体设计框图如图5-26所示。

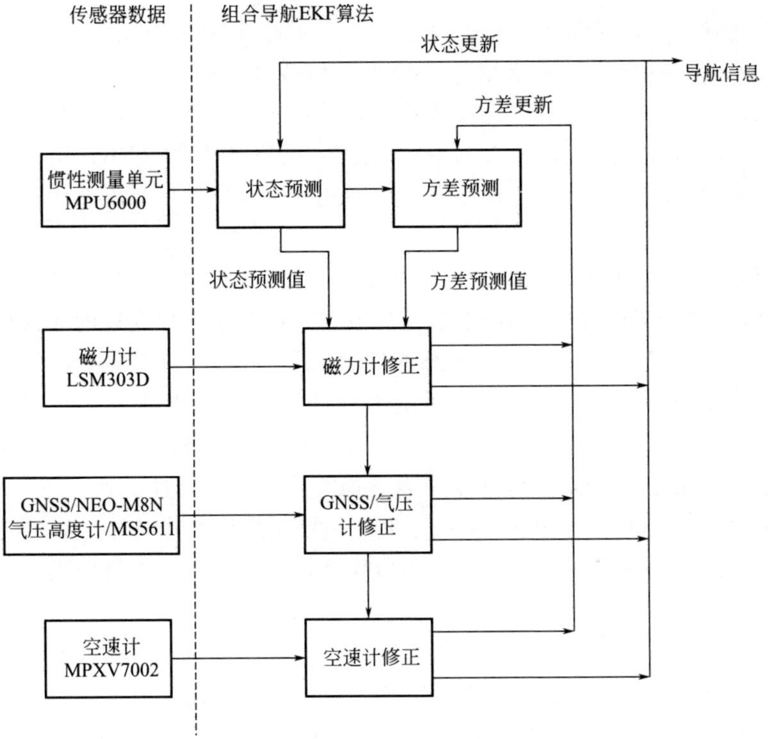

图 5-26　EKF 算法总体设计框图

5.6.1　组合导航信息算法选定

(1) 常用信息融合算法

组合导航数据融合的目标是将传感器输出的数据经过预处理后，经过坐标转换变换至同一导航坐标系中，根据构建的系统状态方程和量测方程，在设计的最优估计算法下，对状态估计数据和量测数据进行拟合，及对模型中的状态（姿态、速度、位置、偏差等）进行最优估计。常见的组合导航数据融合有以下几个基本方法。

① 卡尔曼滤波（KF）　将状态空间的理论引入随机估计算法中，将数据传递的过程作为高斯白噪声作用下的线性方式的输出，根据构建的状态转移关系表征系统输入与输出的形式。通过状态预测方程、观测方程、系统噪声估计、量测噪声估计构建滤波算法。其目前应用最广泛，且为其他改进算法的基础。卡尔曼滤波的前提是系统模型为线性，但实际工作中系统非线性较强，采用线性化的方式处理会产生很大误差，因此很多研究人员提出了针对性的改进方法。

② 扩展卡尔曼滤波（EKF） 在 KF 的成熟理论上，将非线性系统模型线性化，对构建的非线性状态估计方程在工作点附近进行一阶线性化截断并忽略高阶项，通常采用雅可比矩阵求取。在满足近似线性，噪声为高斯白噪声的情况下，其是最小方差准则下的次优滤波器，且其算法性能优劣取决于局部非线性程度。如果忽略的高阶项带来较大偏差时，EKF 会迅速发散。EKF 结构简单，仿真验证较方便且易于算法的工程化实现，因此在组合导航信息融合中获得了广泛应用。

③ 无损卡尔曼滤波（UKF） 针对 EKF 忽略高阶项可能导致的算法性能下降的问题，研究人员提出了无损卡尔曼滤波，一种基于无损变换的非线性滤波方法。采用 UT 变换的形式对模型状态的后验值进行估计。UKF 重点是非线性函数的概率分布的估计，而 KF 与 EKF 是对非线性函数本身进行推算。UKF 没有忽略模型的高阶项，其输出精度较高，在组合导航中也进行了推广和应用。然而其计算量大大超过 EKF，在低成本组合导航算法中，实时性受到了较大限制。

④ 粒子滤波（PF） KF、EKF、UKF 在构建系统模型时，都需要系统的特性已知，比如噪声为满足高斯分布的白噪声，而粒子滤波能打破噪声分布特性的限制。通过状态空间随机粒子的权值估计状态后验的概率密度分布，通过样本均值对状态的最小方差进行估计，当系统具有强非线性特性时 PF 算法明显优于上述几种方法。但是最优估计的性能需要大量的样本数据保证，数据较多时，算法的复杂度和实时性就成为了难题，这大大限制了其在低成本组合导航中的应用。

⑤ 自适应卡尔曼滤波（AKF） 当系统模型发生变化时，KF、EKF 在滤波稳定性方面难以保证，实际工程实践中系统噪声的分布特性往往随着环境的影响发生未知变化，研究人员针对这种情况设计了自适应卡尔曼算法，滤波器工作时不断地修正系统的模型参数和噪声特性的估计，这对滤波的稳定性和精准性有重要意义。其实际运用的难点在于如何估计时变的系统模型，不合理的估计方法反而会削弱滤波算法的性能，且自适应在工程实现上较为复杂、计算量大。

（2）组合导航融合算法的选定

组合导航信息融合算法种类较多，每种算法都有其针对性解决的优势，然而在低成本组合导航的应用中，其稳定性与实时性是主要存在的难题。对于强非线性系统 UKF 和 PF 具有更高的滤波精度，但实际计算量却远超 EKF 且工程实现非常复杂。对于旋翼无人机的低成本组合导航算法设计，EKF 在线性化过程中引入的截断误差可近似忽略，但 EKF 的运算量依旧较大。由于提出的基于低成本的多旋翼无人机导航，研究如何在导航元件精度较低的情况下，进一步提高组合导航的精准性、稳定性与可靠性，在保证滤波精度的前提下如何进一步减小系统的运算量，因此选定 EKF 解算方式，设计高维数 EKF 算法模型，深入探讨其状态预测与修正的关键环节，给出工程实现的参数整定方法，并对算法的精准性、实时性进行验证，为算法的可靠性设计容错方法。

(3) 组合导航参考坐标系

① 导航坐标系　考虑到组合导航的各模块硬件布局和数据处理的便捷性，首先给出导航坐标系的定义并给出坐标系之间的转换关系。选择地面坐标系、机体坐标系为组合导航建模的参考系基准。其中机体坐标系仍定义为 $O_b x_b y_b z_b$，但轴 $O_b x_b$ 沿机体向前为正方向，轴 $O_b z_b$ 垂直于机体平面向下为正方向，轴 $O_b x_b$ 与 $O_b x_b z_b$ 平面垂直，通过右手定则确定。地面坐标系仍定义为 $O_g x_g y_g z_g$，原点 O_g 与机体坐标系原点 O_b 重合，轴 $O_g x_g$ 沿地理北极为正方向，轴 $O_g z_g$ 垂直于水平面向下为正方向，轴 $O_g y_g$ 与 $O_g x_g z_g$ 平面垂直，沿东为正方向。

② 坐标系转换关系　由于 EKF 算法设计与推导过程将使用四元数表示姿态，这里用四元数表示坐标系间转换关系，为设计各中间步骤进行铺垫。

机体坐标系转地面坐标系 $\boldsymbol{T}_{bn}$ 表示为

$$\boldsymbol{T}_{bn}=\begin{bmatrix}1-2(q_2^2+q_3^2) & 2(q_1q_2-q_0q_3) & 2(q_1q_3+q_0q_2)\\ 2(q_1q_2+q_0q_3) & 1-2(q_1^2+q_3^2) & 2(q_2q_3-q_0q_1)\\ 2(q_1q_3-q_0q_2) & 2(q_2q_3+q_0q_1) & 1-2(q_1^2+q_2^2)\end{bmatrix}$$

地面坐标系转机体坐标系 $\boldsymbol{T}_{nb}$，可通过对 $\boldsymbol{T}_{bn}$ 求逆得到：

$$\boldsymbol{T}_{nb}=\begin{bmatrix}1-2(q_2^2+q_3^2) & 2(q_1q_2+q_0q_3) & 2(q_1q_3-q_0q_2)\\ 2(q_1q_2-q_0q_3) & 1-2(q_1^2+q_3^2) & 2(q_2q_3+q_0q_1)\\ 2(q_1q_3+q_0q_2) & 2(q_2q_3-q_0q_1) & 1-2(q_1^2+q_2^2)\end{bmatrix}$$

$\boldsymbol{T}_{bn}$ 也称导航坐标系中的方向余弦矩阵（DCM）。

5.6.2 高维数 EKF 算法设计

基于 INS/GNSS/磁力计的组合导航系统采用松组合形式，估计方法通常有直接估计和间接估计。直接估计法根据 INS 惯性测量单元和 GNSS 速度位置测量单元的输出直接作为状态量，而间接估计法是将系统的误差量作为状态量。直接法所构建的系统模型一般具有强非线性，而采用间接法构建的模型非线性较弱。本节采用直接法与间接法相结合的组合导航模型，算法状态估计项达到 24 个，状态空间维数非常高，意在提高组合导航的输出精度，但同时对算法的实时性也提出了较高要求。通常基于 EKF 算法构建模型时，非线性离散动态系统的状态方程和量测方程表示为

$$\boldsymbol{X}_{k+1}=\boldsymbol{F}_{k+1|k}\boldsymbol{X}_k+\boldsymbol{G}_k\boldsymbol{W}_k$$
$$\boldsymbol{Z}_{k+1}=\boldsymbol{H}_{k+1}\boldsymbol{X}_{k+1}+\boldsymbol{V}_{k+1} \tag{5-93}$$

式中，$\boldsymbol{X}_k$ 为状态矩阵；$\boldsymbol{W}_k$ 为系统噪声矩阵；$\boldsymbol{F}_{k+1|k}$ 为状态转移矩阵；$\boldsymbol{G}_k$ 为噪声驱动矩阵；$\boldsymbol{Z}_{k+1}$ 为量测值；$\boldsymbol{H}_{k+1}$ 为量测矩阵；$\boldsymbol{V}_{k+1}$ 为量测噪声矩阵。

EKF 算法的滤波公式表示为

$$\begin{cases}\boldsymbol{X}_{k+1|k}=\boldsymbol{F}_{k+1|k}\boldsymbol{X}_k\\ \boldsymbol{P}_{k+1|k}=\boldsymbol{F}_{k+1|k}\boldsymbol{P}_k\boldsymbol{F}_{k+1|k}^{\mathrm{T}}+\boldsymbol{G}_k\boldsymbol{Q}_k\boldsymbol{G}_k^{\mathrm{T}}\\ \boldsymbol{X}_{k+1}=\boldsymbol{X}_{k+1|k}+\boldsymbol{K}_{k+1}(\boldsymbol{Z}_{k+1}-\boldsymbol{H}_{k+1}\boldsymbol{X}_{k+1|k})\\ \boldsymbol{K}_{k+1}=\boldsymbol{P}_{k+1}\boldsymbol{H}_{k+1}^{\mathrm{T}}(\boldsymbol{H}_{k+1}\boldsymbol{P}_{k+1|k}\boldsymbol{H}_k^{\mathrm{T}}+\boldsymbol{R}_k)^{-1}\\ \boldsymbol{P}_{k+1}=(\boldsymbol{I}-\boldsymbol{K}_{k+1}\boldsymbol{H}_{k+1})\boldsymbol{P}_{k+1/k}\end{cases} \tag{5-94}$$

式中，$\boldsymbol{P}_k$ 为协方差矩阵；$\boldsymbol{Q}_k$ 为过程噪声方差矩阵；$\boldsymbol{R}_k$ 为量测噪声方差矩阵。

(1) 高维数 EKF 状态预测过程

状态预测过程表示为

$$\boldsymbol{X}_{k+1|k}=\boldsymbol{F}_{k+1|k}\boldsymbol{X}_k \tag{5-95}$$

式中，$\boldsymbol{X}_k$ 为系统状态量；$\boldsymbol{F}_{k+1|k}$ 为状态转移矩阵。选取 8 个主状态项构建系统状态变量，如表 5-14 所示。

表 5-14 8 个主状态项

主状态项名称	主状态项内容	主状态项名称	主状态项内容
姿态四元数	$\boldsymbol{q}_k=[q_0,q_1,q_2,q_3]$	加速度偏差	$\boldsymbol{B}_{vk}=[b_{vx},b_{vy},b_{vz}]$
速度	$\boldsymbol{V}_k=[v_n,v_e,v_d]$	风速	$\boldsymbol{W}_k=[v_{wn},v_{we}]$
位置	$\boldsymbol{P}_k=[p_n,p_e,p_d]$	大地磁场	$\boldsymbol{M}_{nk}=[m_n,m_e,m_d]$
角速度偏差	$\boldsymbol{B}_{ak}=[b_{ax},b_{ay},b_{az}]$	机体磁场偏差	$\boldsymbol{M}_{bk}=[m_x,m_y,m_z]$

将表 5-14 中 8 个主状态项中的内容展开，得到

$$\boldsymbol{X}_k=[\underbrace{q_0,q_1,q_2,q_3}_{\text{姿态四元数}},\underbrace{v_n,v_e,v_d}_{\text{速度}},\underbrace{p_n,p_e,p_d}_{\text{位置}},\underbrace{b_{ax},b_{ay},b_{az}}_{\text{角速度偏差}},\underbrace{b_{vx},b_{vy},b_{vz}}_{\text{加速度偏差}},\underbrace{v_{wn},v_{we}}_{\text{风速}},\underbrace{m_n,m_e,m_d}_{\text{大地磁场}},\underbrace{m_x,m_y,m_z}_{\text{机体磁场偏差}}]$$

我们首先关注状态转移矩阵的求取，表示为

$$\boldsymbol{F}_{k+1}=\frac{\partial \boldsymbol{X}_{k+1}}{\partial \boldsymbol{X}_k} \tag{5-96}$$

为求取状态转移矩阵$\boldsymbol{F}_{k+1}$，首先需要确定状态预测方程中状态量 $\boldsymbol{X}_k$ 中每一项的更新方程。

① 姿态四元数$\boldsymbol{q}_k$的状态预测　采用龙格-库塔（Runge-Kutta）公式：

$$\boldsymbol{q}_{k+1}=\boldsymbol{q}_k+\frac{\Delta t}{2}\boldsymbol{F}_q\boldsymbol{\omega}-\boldsymbol{F}_q\boldsymbol{B}_{ak} \tag{5-97}$$

式中，$\boldsymbol{\omega}$为当前采集到的角速度；$\boldsymbol{B}_{ak}$为24维状态量中的角速度偏差（预测间隔时间Δt很小，式中角速度偏差近似角度偏差）；$\boldsymbol{F}_q$为龙格-库塔公式转换矩阵；Δt为采样间隔，展开得到

$$\begin{bmatrix}q_0\\q_1\\q_2\\q_3\end{bmatrix}_{t+\Delta t}=\begin{bmatrix}q_0\\q_1\\q_2\\q_3\end{bmatrix}_t+\frac{\Delta t}{2}\begin{bmatrix}-q_1&-q_2&-q_3\\q_0&-q_3&q_2\\q_3&q_0&-q_1\\-q_2&q_1&q_0\end{bmatrix}\begin{bmatrix}\omega_x\\\omega_y\\\omega_z\end{bmatrix}-\begin{bmatrix}-q_1&-q_2&-q_3\\q_0&-q_3&q_2\\q_3&q_0&-q_1\\-q_2&q_1&q_0\end{bmatrix}\begin{bmatrix}b_{ax}\\b_{ay}\\b_{az}\end{bmatrix} \tag{5-98}$$

根据当前姿态四元数、当前角速度、角速度偏差、时间间隔即可得到姿态四元数$\boldsymbol{q}_k$的更新方程。

② 速度$\boldsymbol{V}_k$的状态预测　采用地面坐标系下加速度的积分得到

$$\boldsymbol{V}_{k+1}=\boldsymbol{V}_k+\boldsymbol{T}_{\text{bn}}(\Delta t\boldsymbol{a}-\boldsymbol{B}_{vk})+\Delta t\boldsymbol{a}_0 \tag{5-99}$$

式中，$\boldsymbol{T}_{\text{bn}}$为机体坐标系至地面坐标系转换矩阵；$\boldsymbol{a}$为加速度测量值；$\boldsymbol{a}_0$为标准重力加速度矢量；$\boldsymbol{B}_{vk}$为24维状态量中的加速度偏差；$\Delta t$为间隔时间。展开得到

$$\begin{bmatrix}v_n\\v_e\\v_d\end{bmatrix}_{t+\Delta t}=\begin{bmatrix}v_n\\v_e\\v_d\end{bmatrix}_t+\begin{bmatrix}1-2(q_2^2+q_3^2)&2(q_1q_2-q_0q_3)&2(q_1q_3+q_0q_2)\\2(q_1q_2+q_0q_3)&1-2(q_1^2+q_3^2)&2(q_2q_3-q_0q_1)\\2(q_1q_3-q_0q_2)&2(q_2q_3+q_0q_1)&1-2(q_1^2+q_2^2)\end{bmatrix}\left(\Delta t\begin{bmatrix}a_x\\a_y\\a_z\end{bmatrix}-\begin{bmatrix}b_{vx}\\b_{vy}\\b_{vz}\end{bmatrix}\right)+\Delta t\begin{bmatrix}0\\0\\g\end{bmatrix} \tag{5-100}$$

根据当前速度、当前加速度、加速度偏差、时间间隔即可得到速度$\boldsymbol{V}_k$的更新方程。

③ 位置$\boldsymbol{P}_k$的状态预测　采用地面坐标系下速度的积分得到

$$\boldsymbol{P}_{k+1}=\boldsymbol{P}_k+\Delta t\boldsymbol{V}_k \tag{5-101}$$

展开得到位置的状态更新方程：

$$\begin{bmatrix}p_n\\p_e\\p_d\end{bmatrix}_{t+\Delta t}=\begin{bmatrix}p_n\\p_e\\p_d\end{bmatrix}_t+\Delta t\begin{bmatrix}v_n\\v_e\\v_d\end{bmatrix} \tag{5-102}$$

④ 其他状态量的更新方程　角度偏差的状态更新如下：

$$\boldsymbol{B}_{ak+1}=\boldsymbol{B}_{ak}$$

$$\begin{bmatrix} b_{ax} \\ b_{ay} \\ b_{az} \end{bmatrix}_{t+\Delta t}=\begin{bmatrix} b_{ax} \\ b_{ay} \\ b_{az} \end{bmatrix}_{t} \tag{5-103}$$

速度偏差的状态更新：

$$\boldsymbol{B}_{vk+1}=\boldsymbol{B}_{vk}$$

$$\begin{bmatrix} b_{vx} \\ b_{vy} \\ b_{vz} \end{bmatrix}_{t+\Delta t}=\begin{bmatrix} b_{vx} \\ b_{vy} \\ b_{vz} \end{bmatrix}_{t} \tag{5-104}$$

水平空速的状态更新：

$$\boldsymbol{W}_{k+1}=\boldsymbol{W}_{k}$$

$$\begin{bmatrix} w_{wn} \\ w_{we} \end{bmatrix}_{t+\Delta t}=\begin{bmatrix} w_{wn} \\ w_{we} \end{bmatrix}_{t} \tag{5-105}$$

地面坐标系下磁场的状态更新：

$$\boldsymbol{M}_{\mathrm{n}k+1}=\boldsymbol{M}_{\mathrm{n}k}$$

$$\begin{bmatrix} m_{n} \\ m_{e} \\ m_{d} \end{bmatrix}_{t+\Delta t}=\begin{bmatrix} m_{n} \\ m_{e} \\ m_{d} \end{bmatrix}_{t} \tag{5-106}$$

机体坐标系下磁场的状态更新：

$$\boldsymbol{M}_{\mathrm{b}k+1}=\boldsymbol{M}_{\mathrm{b}k}$$

$$\begin{bmatrix} m_{x} \\ m_{y} \\ m_{z} \end{bmatrix}_{t+\Delta t}=\begin{bmatrix} m_{x} \\ m_{y} \\ m_{z} \end{bmatrix}_{t} \tag{5-107}$$

通过上述预测方程，根据$\boldsymbol{F}_{k+1}=\dfrac{\partial \boldsymbol{X}_{k+1}}{\partial \boldsymbol{X}_{k}}$求取状态转移矩阵。为了表示方便，将状态更新变量中部分转换过程进行替换：

$$\boldsymbol{d}_{a}=\frac{\Delta t}{2}\begin{bmatrix} \omega_{x} \\ \omega_{y} \\ \omega_{z} \end{bmatrix}=\begin{bmatrix} d_{ax} \\ d_{ay} \\ d_{az} \end{bmatrix}$$

$$\boldsymbol{d}_{v}=\frac{\Delta t}{2}\begin{bmatrix} a_{x} \\ a_{y} \\ a_{z} \end{bmatrix}=\begin{bmatrix} d_{vx} \\ d_{vy} \\ d_{vz} \end{bmatrix} \tag{5-108}$$

由于矩阵为 24×24 维矩阵，为了表示方便给出化简后的$\boldsymbol{F}_{\mathrm{s}}$矩阵，其为状态转移矩阵$\boldsymbol{F}_{k+1}$的公共因式，$\boldsymbol{F}_{\mathrm{s}}$表示如下：

$$\boldsymbol{F}_{\mathrm{s}}=\begin{bmatrix} F_1=d_{vz}-b_{vz} \\ F_2=d_{vy}-b_{vy} \\ F_3=d_{vx}-b_{vx} \\ F_4=2q_1F_3+2q_2F_2+2q_3F_1 \\ F_5=2q_0F_2+2q_2F_1+2q_3F_3 \\ F_6=2q_0F_3+2q_2F_1+2q_3F_2 \\ F_7=d_{ay}/2-b_{ay}/2 \\ F_8=d_{az}/2-b_{az}/2 \\ F_9=d_{ax}/2-b_{ax}/2 \\ F_{10}=b_{ax}/2-d_{ax}/2 \\ F_{11}=b_{az}/2-d_{az}/2 \\ F_{12}=b_{ay}/2-d_{ay}/2 \\ F_{13}=2q_1F_2 \\ F_{14}=2q_0F_1 \\ F_{15}=q_1/2 \\ F_{16}=q_2/2 \\ F_{17}=q_3/2 \\ F_{18}=q_3^2 \\ F_{19}=q_2^2 \\ F_{20}=q_1^2 \\ F_{21}=q_0^2 \end{bmatrix} \tag{5-109}$$

根据上式可得状态转移矩阵的公共因式$\boldsymbol{F}_{\mathrm{s}}$。

(2) EKF 方差预测过程

方差预测的更新公式表示为

$$\boldsymbol{P}_{k+1|k}=\boldsymbol{F}_{k+1|k}\boldsymbol{P}_k\boldsymbol{F}_{k+1|k}^{\mathrm{T}}+\boldsymbol{G}_{k+1|k}\boldsymbol{Q}_k\boldsymbol{G}_{k+1|k}^{\mathrm{T}}+\boldsymbol{Q}_{\mathrm{s}} \tag{5-110}$$

式中，$\boldsymbol{P}_k$为预测协方差矩阵；$\boldsymbol{Q}_k$为控制量引起的过程噪声方差矩阵；$\boldsymbol{Q}_{\mathrm{s}}$为使滤波器稳定附加的过程噪声方差矩阵。

接下来，给出噪声驱动矩阵$\boldsymbol{G}_{k+1}$的计算公式。噪声的分布与控制量的输入有关，表示为

$$\boldsymbol{G}_{k+1}=\frac{\partial \boldsymbol{X}_{k+1}}{\partial \boldsymbol{u}_k} \tag{5-111}$$

式中，$\boldsymbol{u}_k$ 为系统输入的控制量，包括$\boldsymbol{d}_a$ 和$\boldsymbol{d}_v$。通过计算给出化简后的$\boldsymbol{G}_s$ 矩阵，其为$\boldsymbol{G}_{k+1}$ 的公共因式，$\boldsymbol{G}_s$ 表示如下：

$$\boldsymbol{G}_s=\begin{bmatrix} G_1=q_0/2 \\ G_2=q_3^2 \\ G_3=q_2^2 \\ G_4=q_1^2 \\ G_5=q_0^2 \\ G_6=2q_2q_3 \\ G_7=2q_1q_3 \\ G_8=2q_1q_2 \end{bmatrix} \tag{5-112}$$

根据公共因式，给出噪声驱动矩阵$\boldsymbol{G}_{k+1}$ 的详细表达式如下：

$$\boldsymbol{G}_{k+1}=\begin{bmatrix} -q_1/2 & -q_2/2 & -q_3/2 & 0 & 0 & 0 \\ G_1 & -q_3/2 & q_2/2 & 0 & 0 & 0 \\ q_3/2 & G_2 & -q_1/2 & 0 & 0 & 0 \\ -q_2/2 & q_1/2 & G_1 & 0 & 0 & 0 \\ 0 & 0 & 0 & G_4-G_3-G_2+G_5 & G_8-2q_0q_3 & G_7+2q_0q_2 \\ 0 & 0 & 0 & G_8+2q_0q_3 & G_3-G_2-G_4+G_5 & G_6-2q_0q_1 \\ 0 & 0 & 0 & G_7-2q_0q_2 & G_6+2q_0q_1 & G_2-G_3-G_4+G_5 \end{bmatrix} \tag{5-113}$$

在得到噪声驱动矩阵$\boldsymbol{G}_{k+1}$ 后，便可获取过程噪声协方差矩阵$\boldsymbol{G}_{k+1|k}\boldsymbol{Q}_k\boldsymbol{G}_{k+1|k}^{\mathrm{T}}$，其中陀螺仪与加速度计驱动的过程噪声方差矩阵$\boldsymbol{Q}_{kav}$ 表示为

$$\boldsymbol{Q}_{kav}=[C_{ax},C_{ay},C_{az},C_{vx},C_{vy},C_{vz}] \tag{5-114}$$

式中，$\boldsymbol{C}_a=[C_{ax},C_{ay},C_{az}]$为陀螺仪采样值当前时间间隔内积分所对应的角度噪声方差；$\boldsymbol{C}_v=[C_{vx},C_{vy},C_{vz}]$为加速度计采样值当前时间间隔内积分所对应的速度噪声方差。

(3) 磁力计数据融合

在磁力计数据融合的卡尔曼状态量修正公式中，大地磁场状态量 $\boldsymbol{M}_{\mathrm{n}k}=[m_m,m_e,m_d]$处在地面坐标系，磁力计测量值处在机体坐标系，我们须先将大地磁场状态量转换至机体，并加入机体磁场偏差状态量 $\boldsymbol{M}_{\mathrm{b}k}=[m_x,m_y,m_z]$，得到机体坐标下三轴磁场的量测估计值$\boldsymbol{m}_{\mathrm{p}}$，表示为

$$\boldsymbol{m}_{\mathrm{p}}=\boldsymbol{T}_{\mathrm{nb}}\boldsymbol{M}_{\mathrm{n}k}+\boldsymbol{M}_{\mathrm{b}k}^{\mathrm{T}} \tag{5-115}$$

进一步展开得到：

$$\begin{bmatrix} m_{px} \\ m_{py} \\ m_{pz} \end{bmatrix} = \begin{bmatrix} 1-2(q_2^2+q_3^2) & 2(q_1q_2+q_0q_3) & 2(q_1q_3-q_0q_2) \\ 2(q_1q_2-q_0q_3) & 1-2(q_1^2+q_3^2) & 2(q_2q_3+q_0q_1) \\ 2(q_1q_3+q_0q_2) & 2(q_2q_3-q_0q_1) & 1-2(q_1^2+q_2^2) \end{bmatrix} \begin{bmatrix} m_n \\ m_e \\ m_d \end{bmatrix} + \begin{bmatrix} m_x \\ m_y \\ m_z \end{bmatrix} \tag{5-116}$$

根据量测公式 $\boldsymbol{Z}_{k+1}=\boldsymbol{H}_{k+1}\boldsymbol{X}_{k+1}+\boldsymbol{V}_{k+1}$，量测矩阵 $\boldsymbol{H}_{k+1}$ 表示为

$$\boldsymbol{H}_{k+1}=\frac{\partial \boldsymbol{m}_{\mathrm{p}}}{\partial \boldsymbol{X}_k} \tag{5-117}$$

以 x 轴的量测矩阵为例，表示为

$$\boldsymbol{H}_x=\left[\frac{\partial m_{px}}{\partial q_0},\frac{\partial m_{px}}{\partial q_1},\frac{\partial m_{px}}{\partial q_2},\frac{\partial m_{px}}{\partial q_3},0,0,0,0,0,0,0,0,0,0,0,0,0,0,0,\frac{\partial m_{px}}{\partial m_n},\frac{\partial m_{px}}{\partial m_e},\frac{\partial m_{px}}{\partial m_d},1,0,0\right] \tag{5-118}$$

其中上式各元素的求解表示为

$$\begin{cases} \dfrac{\partial m_{px}}{\partial q_0}=2q_0m_n+2q_3m_e-2q_2m_d \\ \dfrac{\partial m_{px}}{\partial q_1}=2q_1m_n+2q_2m_e-2q_3m_d \\ \dfrac{\partial m_{px}}{\partial q_2}=-2q_2m_n+2q_1m_e-2q_0m_d \\ \dfrac{\partial m_{px}}{\partial q_3}=-2q_3m_n+2q_0m_e-2q_1m_d \\ \dfrac{\partial m_{px}}{\partial m_n}=q_0^2+q_1^2-q_2^2-q_3^2 \\ \dfrac{\partial m_{px}}{\partial m_e}=2(q_1q_2+q_0q_3) \\ \dfrac{\partial m_{px}}{\partial m_d}=2(q_1q_3-q_0q_2) \end{cases} \tag{5-119}$$

磁力计的观测值 $\boldsymbol{M}=[m_{tx},m_{ty},m_{tx}]$ 由传感器直接读取，数据融合时的新息 $\boldsymbol{A}_{k+1}$ 可表示为

$$\begin{bmatrix} A_{kx} \\ A_{ky} \\ A_{kz} \end{bmatrix} = \begin{bmatrix} m_{px}-m_{tx} \\ m_{py}-m_{ty} \\ m_{pz}-m_{tz} \end{bmatrix} \tag{5-120}$$

卡尔曼滤波增益为

$$\boldsymbol{K}_m=\frac{\boldsymbol{P}_{k+1|k}\boldsymbol{H}_m^{\mathrm{T}}}{\boldsymbol{H}_m\boldsymbol{P}_{k+1|k}\boldsymbol{H}_m^{\mathrm{T}}+\boldsymbol{R}_m} \tag{5-121}$$

式中，$\boldsymbol{H}_m=[H_x,H_y,H_z]$为三轴的量测矩阵；$\boldsymbol{P}_{k+1|k}$ 为预测方差；$\boldsymbol{R}_m$ 为磁力计量测噪声。

状态量的最优估计值为

$$\boldsymbol{X}_{k+1|k+1}=\boldsymbol{X}_{k+1|k}+\boldsymbol{K}_m\boldsymbol{A}_{k+1} \tag{5-122}$$

协方差的最优估计值为

$$\boldsymbol{P}_{k+1|k}=(\boldsymbol{I}-\boldsymbol{K}_m\boldsymbol{H}_m)\boldsymbol{P}_{k+1|k} \tag{5-123}$$

(4) GNSS/气压高度计数据融合

首先，量测矩阵可表示为

$$\boldsymbol{H}_{VP}=\left[\frac{\partial v_n}{\partial X_k},\frac{\partial v_e}{\partial X_k},\frac{\partial v_d}{\partial X_k},\frac{\partial p_n}{\partial X_k},\frac{\partial p_e}{\partial X_k},\frac{\partial p_d}{\partial X_k}\right] \tag{5-124}$$

以速度北向 N 为例可得 $\boldsymbol{H}_{vx}=[0,0,0,0,1,0,0,0,0,0,0,0,0,0,0,0,0,0,0,0,0,0,0]$；以位置北向 N 为例可得 $\boldsymbol{H}_{px}=[0,0,0,0,0,0,0,1,0,0,0,0,0,0,0,0,0,0,0,0,0,0,0]$。速度位置的观测值 $\boldsymbol{VP}=[v_{\mathrm{tn}},v_{\mathrm{te}},v_{\mathrm{td}},p_{\mathrm{tn}},p_{\mathrm{te}},p_{\mathrm{td}}]$由传感器直接读取，数据融合时的新息$\boldsymbol{A}_{k+1}$ 表示为

$$\begin{bmatrix}A_{kvn}\\A_{kve}\\A_{kvd}\\A_{kpn}\\A_{kpe}\\A_{kpd}\end{bmatrix}=\begin{bmatrix}v_n-v_{\mathrm{tn}}\\v_e-v_{\mathrm{te}}\\v_d-v_{\mathrm{td}}\\p_n-p_{\mathrm{tn}}\\p_e-p_{\mathrm{te}}\\p_d-p_{\mathrm{td}}\end{bmatrix} \tag{5-125}$$

卡尔曼增益 $\boldsymbol{K}_{vp}$ 为

$$\boldsymbol{K}_{vp}=\frac{\boldsymbol{P}_{k+1|k}}{\boldsymbol{P}_{k+1|k}+\boldsymbol{R}_{vp}} \tag{5-126}$$

式中，$\boldsymbol{P}_{k+1|k}$ 为预测方差；$\boldsymbol{R}_{vp}$ 为 GNSS/气压高度计量测噪声。

状态量的最优估计值为

$$\boldsymbol{X}_{k+1|k+1}=\boldsymbol{X}_{k+1|k}+\boldsymbol{K}_{vp}\boldsymbol{A}_{k+1} \tag{5-127}$$

协方差的最优估计值为

$$\boldsymbol{P}_{k+1|k+1}=(\boldsymbol{I}-\boldsymbol{K}_{vp})\boldsymbol{P}_{k+1|k} \tag{5-128}$$

(5) 空速计数据融合

空速计能够直接测量平台飞行时的相对空气速度，在固定翼上应用较多，多旋翼的组合导航中引入空速数据融合，当旋翼机高速运动时，可提供风速状态量。同时在研究中引入完备的观测量，能够提高该组合导航算法的适用性，空速数据的融合可根据机体平台的使用选择性进入。空速的量测估计值表示为

$$\boldsymbol{V}_{\text{tas}}=\sqrt{[(v_n-v_{wn})^2+(v_n-v_{we})^2+v_d^2]} \tag{5-129}$$

量测矩阵表示为

$$\boldsymbol{H}_{\text{tas}}=\frac{\partial \boldsymbol{V}_{\text{tas}}}{\partial \boldsymbol{X}_k} \tag{5-130}$$

由于 $\boldsymbol{H}_{\text{tas}}$ 矩阵较大，为了表示方便先给出公共因式 $\boldsymbol{H}_s$：

$$\boldsymbol{H}_s=\begin{bmatrix} H_1=\dfrac{1}{\sqrt{[(v_n-v_{wn})^2+(v_n-v_{we})^2+v_d^2]}} \\ H_2=\dfrac{(2v_e-2v_{we})H_1}{2} \\ H_3=\dfrac{(2v_n-2v_{wn})H_1}{2} \end{bmatrix} \tag{5-131}$$

进而给出量测矩阵 $\boldsymbol{H}_{\text{tas}}$ 的详细表达式：

$$\boldsymbol{H}_{\text{tas}}=[0,0,0,0,H_3,H_2,H_1,v_d,0,0,0,0,0,0,0,0,0,-H_3,-H_2,0,0,0,0,0,0] \tag{5-132}$$

空速的观测值 $\boldsymbol{v}_{\text{ttas}}$ 由传感器直接读取，数据融合时的新息 $\boldsymbol{A}_{k+1}$ 表示为

$$\boldsymbol{A}_{k+1}=\boldsymbol{V}_{\text{tas}}-\boldsymbol{v}_{\text{ttas}} \tag{5-133}$$

卡尔曼增益 $\boldsymbol{K}_{\text{tas}}$：

$$\boldsymbol{K}_{\text{tas}}=\frac{\boldsymbol{P}_{k+1|k}\boldsymbol{H}_{\text{tas}}^{\mathrm{T}}}{\boldsymbol{H}_{\text{tas}}\boldsymbol{P}_{k+1|k}\boldsymbol{H}_{\text{tas}}^{\mathrm{T}}+\boldsymbol{R}_{\text{tas}}} \tag{5-134}$$

式中，$\boldsymbol{P}_{k+1|k}$ 为预测方差；$\boldsymbol{R}_{\text{tas}}$ 为空速量测噪声。

状态量的最优估计值为

$$\boldsymbol{X}_{k+1|k+1}=\boldsymbol{X}_{k+1|k}+\boldsymbol{K}_{\text{tas}}\boldsymbol{A}_{k+1} \tag{5-135}$$

协方差的最优估计值为

$$\boldsymbol{P}_{k+1|k+1}=(\boldsymbol{I}-\boldsymbol{K}_{\text{tas}}\boldsymbol{H}_{\text{tas}})\boldsymbol{P}_{k+1|k} \tag{5-136}$$

5.6.3 组合导航 EKF 初始对准及方差自适应整定

通常影响滤波的主要有 4 个因素：初始的状态变量 $\boldsymbol{X}_0$；初始方差矩阵 $\boldsymbol{P}_0$；过程噪声方差矩阵 $\boldsymbol{Q}_k$；量测噪声方差 $\boldsymbol{R}_m$，$\boldsymbol{R}_{vp}$，$\boldsymbol{R}_{\text{tas}}$。本小节将对这 4 个主要因素进行分析，给出详细的参数整定方法。

（1）组合导航 EKF 初始参数对准

① 初始状态量的对准　初始的状态变量越准，滤波收敛的情况下会很快收敛，我们直接取 EKF 解算开始的测量值进行对准。

a. 对准初始四元数状态量 $\boldsymbol{q}_0$。计算初始姿态角时，保持组合导航模块处于

静止条件下，根据加速度计可得初始俯仰角 θ_0、滚转角 ϕ_0：

$$\begin{cases}\theta_0=\arcsin(a_x)\\ \phi_0=-\arcsin\left(\dfrac{a_y}{\cos(\theta_0)}\right)\end{cases}\tag{5-137}$$

将初始姿态角 $[\phi_0, \theta_0, 0]$ 代入 Euler-DCM 转换公式 $\boldsymbol{T}_{\mathrm{b}}^{\mathrm{n}}(\phi,\theta,\psi)=\begin{bmatrix}\cos\psi\cos\theta & \cos\psi\sin\theta\sin\phi-\sin\psi\cos\phi & \cos\psi\sin\theta\cos\phi-\sin\psi\sin\phi\\ \sin\psi\cos\theta & \sin\psi\sin\theta\sin\phi-\cos\psi\cos\phi & \sin\psi\sin\theta\cos\phi-\cos\psi\sin\phi\\ -\sin\theta & \cos\theta\sin\phi & \cos\theta\cos\phi\end{bmatrix}$，可得坐标转换矩阵 $\boldsymbol{T}_{\mathrm{bn}}$，将机体测得的磁场值 $\boldsymbol{M}$ 转换至地面坐标系下，可得大地磁场

$$\boldsymbol{M}_0=\boldsymbol{T}_{\mathrm{bn}}\boldsymbol{M}\tag{5-138}$$

其中，地面坐标系下磁场表示为 $\boldsymbol{M}_0=[M_{n0}, M_{e0}, M_{d0}]$，根据水平的磁场分量 M_{n0}、M_{e0} 即可解算得到初始偏航角 ψ_0：

$$\psi_0=M_d-\arctan\left(\frac{M_{e0}}{M_{n0}}\right)\tag{5-139}$$

式中，M_d 为磁力计元件所处纬度对应的磁偏角，可通过内嵌查找表对应得到。然后根据初始化姿态角 $[\phi_0, \theta_0, \psi_0]$，代入 Euler-DCM 公式，Euler-Quaternion 公式 $q=\begin{bmatrix}w\\x\\y\\z\end{bmatrix}=\begin{bmatrix}\cos(\phi/2)\cos(\theta/2)\cos(\psi/2)+\sin(\phi/2)\sin(\theta/2)\sin(\psi/2)\\ \sin(\phi/2)\cos(\theta/2)\cos(\psi/2)-\cos(\phi/2)\sin(\theta/2)\sin(\psi/2)\\ \cos(\phi/2)\sin(\theta/2)\cos(\psi/2)+\sin(\phi/2)\cos(\theta/2)\sin(\psi/2)\\ \cos(\phi/2)\cos(\theta/2)\sin(\psi/2)-\sin(\phi/2)\sin(\theta/2)\cos(\psi/2)\end{bmatrix}$，可以得到初始对准的 DCM 矩阵 $\boldsymbol{T}_{\mathrm{bn}0}$ 与初始四元数 $\boldsymbol{q}_0$。

b. 对准初始速度、位置状态量。初始速度、位置状态量的对准在旋翼机静置时进行。

$$\begin{aligned}\boldsymbol{V}_{k0}&=[v_n, v_e, v_d]=[0,0,0]\\ \boldsymbol{P}_{k0}&=[p_n, p_e, p_d]=[0,0,0]\end{aligned}\tag{5-140}$$

c. 对准初始大地磁场、机体磁场偏置。初始四元数对准过程中，已获取初始坐标转换矩阵 $\boldsymbol{T}_{\mathrm{bn}0}$，则根据坐标转换关系，可对准初始大地磁场：

$$\boldsymbol{M}_{\mathrm{n}k0}=[m_{n0}, m_{e0}, m_{d0}]=\boldsymbol{T}_{\mathrm{bn}}\boldsymbol{M}\tag{5-141}$$

初始磁场偏置可由磁力计校正获取：

$$\boldsymbol{M}_{\mathrm{b}k0}=[m_{x0}, m_{y0}, m_{z0}]=[M_{\mathrm{b}x}, M_{\mathrm{b}y}, M_{\mathrm{b}z}]\tag{5-142}$$

式中，$\boldsymbol{M}_{\mathrm{b}}=[M_{bx}, M_{by}, M_{bz}]$为磁力计校正获取的初始机体磁场偏置。

d. 对准其他剩余状态量。组合导航初始对准时，角速度偏差、加速度偏差、风速均从零值开始计算，表示为

$$\boldsymbol{B}_{ak0}=[b_{ax}, b_{ay}, b_{az}]=[0,0,0]$$

$$\boldsymbol{B}_{vk0}=[b_{vx}, b_{vy}, b_{vz}]=[0,0,0]$$

$$\boldsymbol{W}_{k0}=[v_{wn},v_{we}]=[0,0] \tag{5-143}$$

② 对准初始方差矩阵 $\boldsymbol{P}_0$　初始方差矩阵的取值对滤波效果影响较小，但是初始给定的方差对系统的快速收敛具有重要作用，表示为

$$\boldsymbol{P}_0=\mathrm{diag}(P_{q0},P_{v0},P_{p0},P_{g0},P_{a0},P_{w0},P_{mn0},P_{mb0}) \tag{5-144}$$

其中，各方差均须根据物理意义和导航元件参数进行设置，并需要做相应阈值限定，在算法仿真验证中将进行详细描述。

(2) 过程噪声方差矩阵 $\boldsymbol{Q}$ 的整定

过程激励噪声方差 $\boldsymbol{Q}$ 是卡尔曼滤波器用于估计离散时间过程的变量，对应于 $\boldsymbol{X}_k$ 中每个分量的噪声，是期望为零值的高斯白噪声。通常 $\boldsymbol{Q}$ 值的整定需要根据其是否能确定进行区分。

① $\boldsymbol{Q}$ 值能确定　对于已构建的算法模型，如果转换过程稳定则认为 $\boldsymbol{Q}$ 值是确定的，此时只需通过离线测试的方法找出对于算法运行最优的 $\boldsymbol{Q}$ 值，以期保证滤波算法的稳定性与收敛性。通常当状态转换过程能够确定时，$\boldsymbol{Q}$ 的取值越小越好，以增大预测过程的信任度，便于系统快速收敛；当取值逐渐增大时，滤波收敛变慢，系统更信任观测量，且稳定性降低。

② $\boldsymbol{Q}$ 值不能确定　如果状态转换过程是时变的，则 $\boldsymbol{Q}$ 就不是确定范围内的值，此时卡尔曼滤波需要采取自适应调节方式，对算法模型和系统参数进行实时调整，使滤波器输出最优。

在方差预测过程中，陀螺仪与加速度计驱动的过程噪声方差矩阵 $\boldsymbol{Q}_{kav}$ 表示为

$$\boldsymbol{Q}_{kav}=[C_{ax},C_{ay},C_{az},C_{vx},C_{vy},C_{vz}] \tag{5-145}$$

传感器误差引起的过程噪声是研究的重点对象，根据陀螺仪与加速度计元件的均方根噪声，我们得到初步的过程噪声量级，但是转换过程随导航元件运动剧烈程度的提升，易引入更多量级的噪声，此时过程噪声协方差矩阵 $\boldsymbol{Q}_k$ 中相应元素须提高，以降低状态预测过程的信任度，调节方式如下：

$$\boldsymbol{Q}_{ka}=\begin{bmatrix}C_{ax}\\C_{ay}\\C_{az}\end{bmatrix}=\begin{bmatrix}(N_{\mathrm{g}}\Delta t)^2+(\omega_x\Delta t k_{1x})^2\\(N_{\mathrm{g}}\Delta t)^2+(\omega_y\Delta t k_{1y})^2\\(N_{\mathrm{g}}\Delta t)^2+(\omega_z\Delta t k_{1z})^2\end{bmatrix} \tag{5-146}$$

$$\boldsymbol{Q}_{kv}=\begin{bmatrix}C_{vx}\\C_{vy}\\C_{vz}\end{bmatrix}=\begin{bmatrix}(N_v\Delta t)^2+(a_x\Delta t k_{2x})^2\\(N_v\Delta t)^2+(a_y\Delta t k_{2y})^2\\(N_v\Delta t)^2+(a_z\Delta t k_{2z})^2\end{bmatrix} \tag{5-147}$$

式中，N_{g} 为根据陀螺仪元件获取的白噪声量值；N_v 为根据加速度计元件获取的白噪声量值；Δt 为方差预测间隔时间；$[\omega_x,\omega_y,\omega_z]$为陀螺仪角速度值；

$[a_x, a_y, a_z]$为加速度计加速度值；$[k_{1x}, k_{1y}, k_{1z}]$为陀螺仪噪声方差调节系数；$[k_{2x}, k_{2y}, k_{2z}]$为加速度计噪声方差调节系数。

(3) 量测噪声方差矩阵 $\boldsymbol{R}$ 的整定

量测噪声方差和量测器件特性有关，很多情况下在滤波前未必能够准确获得该值，即使获取了其范围也需要根据滤波器的性能进行调整。$\boldsymbol{R}$ 的不同取值对于滤波器的稳定性和收敛速度有着重要影响。通常情况下 $\boldsymbol{R}$ 取值过小或者过大都会造成滤波效果变差，$\boldsymbol{R}$ 取值越小收敛越快，系统对量测值的信任度越高，$\boldsymbol{R}$ 取值越大收敛越慢，系统对量测值的信任度越低。

通常我们根据导航元件的参数获取观测方差的量级，而后通过测试调节获取合适的 $\boldsymbol{R}$ 值，采用调节后的 $\boldsymbol{R}$ 值进行实际滤波。根据量测元件参数，我们能够得到白噪声的量级，但是量测过程随导航元件运动剧烈程度的提升，易引入更多量级的噪声，此时量测噪声方差矩阵 $\boldsymbol{R}$ 中相应元素须提高，以降低量测值在数据修正过程中的信任度。

① 磁力计量测噪声方差：

$$R_m = N_m^2 + (\| g_x, g_y, g_z \| k_m)^2 \tag{5-148}$$

式中，N_m 为根据磁力计元件获取的白噪声量值；$[g_x, g_y, g_z]$为陀螺仪角速度值；k_m 为磁力计量测噪声方差调节系数。

② GNSS/磁力计量测噪声方差 R_{vp}　GNSS 数据融合时的速度量测方差：

$$\begin{cases} R_{vh} = N_h^2 + (\| a_x, a_y \| \Delta t k_h)^2 \\ R_{vz} = N_v^2 + (a_z \Delta t k_v)^2 \end{cases} \tag{5-149}$$

式中，R_{vh} 为 GNSS 水平方向速度量测方差；R_{vz} 为竖直方向速度量测方差；N_h 为 GNSS 量测实时获取的水平速度精度因子 SA；N_v 为 GNSS 量测实时获取的垂向速度精度因子 VA；Δt 为 GNSS 数据融合间隔时间；k_h 为 GNSS 水平速度量测方差调节系数；k_v 为 GNSS 竖直速度量测方差调节系数。

GNSS/磁力计数据融合时的位置量测方差：

$$\begin{cases} R_{ph} = N_{ph}^2 + (\| a_x, a_y \| \Delta t k_{ph})^2 \\ R_{pz} = N_{pv}^2 + (a_z \Delta t k_{pv})^2 \end{cases} \tag{5-150}$$

式中，R_{ph} 为 GNSS 水平方向位置量测方差；R_{pz} 为气压高度计竖直方向位置量测方差；N_{ph} 为 GNSS 量测实时获取的位置精度因子 HDOP；N_{pv} 为根据气压高度计特性参数预设的高度精度因子；Δt 为 GNSS 数据融合间隔时间；k_{ph} 为 GNSS 水平位置量测方差调节系数；k_{pv} 为气压高度计高度量测方差调节系数。由于 GNSS 高度方向数据精度较低，因此在垂向位置的数据融合中，相关参数全部采用气压高度计关联的数值。

③ 空速量测噪声方差 R_{tas} 多旋翼无人机高速运动时，空速计的量测误差仍然较大，采取预设的可调整量测方差：

$$R_{tas}=N_t^2k_t \tag{5-151}$$

式中，R_{tas} 为空速计速度量测方差；N_t 为根据空速计特性参数预设的空速精度因子；k_t 为可调整的方差系数。

5.6.4 EKF-CPF 动态容错算法

EKF 收敛判据采用下列不等式表示：

$$\boldsymbol{v}_k\boldsymbol{v}_k^{\mathrm{T}}\leqslant rtr(E[\boldsymbol{v}_k\boldsymbol{v}_k^{\mathrm{T}}]) \tag{5-152}$$

式中，r 为安全系数且 $r\geqslant1$；tr 为矩阵的迹，当收敛判据满足时，判定 EKF 收敛。此种判据具有诸多局限性，对于高维数 EKF 算法模型，收敛判据非常复杂且运算量较大，收敛情况下易误判为发散、发散误判为收敛。因此本章提出了简单又精准的扩展卡尔曼与互补滤波（CPF）相结合的 EKF-CPF 动态容错模块。

（1）CPF 监测模块设计

陀螺仪动态响应特性良好，可通过积分推算姿态角，但长期工作时会产生累积误差，特别是低成本组合导航采用的陀螺仪，累积误差较大。加速度计和磁力计在推算姿态角时没有累积误差，但动态响应较差，加速度计受振动影响较大，磁力计易受环境磁场干扰。三个器件在频域上特性互补，采用互补滤波算法能快速稳定地推算精度较高的姿态信息。CPF 监测算法原理如图 5-27 所示。

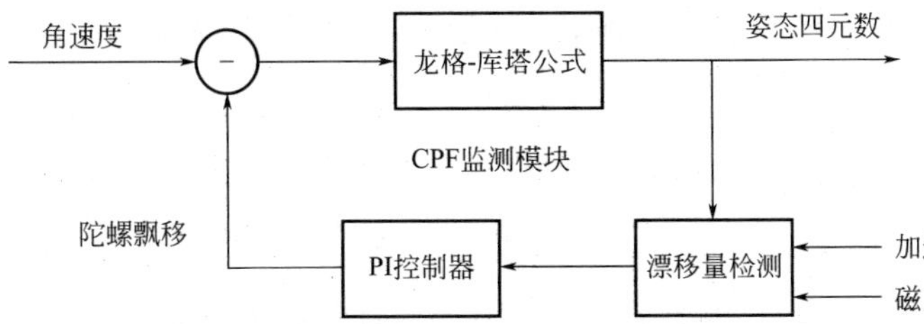

图 5-27 CPF 监测算法原理

① 加速度计检测漂移量 归一化后的单位重力矢量根据姿态四元数，从大地坐标转换至机体坐标，可得机体加速度分量：

$$\boldsymbol{a}=\boldsymbol{T}_{nb}\boldsymbol{G} \tag{5-153}$$

式中，$\boldsymbol{T}_{\mathrm{nb}}$ 为 DCM 矩阵 $\boldsymbol{T}_{\mathrm{bn}}$ 的逆矩阵；$\boldsymbol{G}$ 为单位重力矢量。展开得到

$$\begin{bmatrix} a_x \\ a_y \\ a_z \end{bmatrix} = \begin{bmatrix} 1-2(q_2^2+q_3^2) & 2(q_1q_2+q_0q_3) & 2(q_1q_3-q_0q_2) \\ 2(q_1q_2-q_0q_3) & 1-2(q_1^2+q_3^2) & 2(q_2q_3+q_0q_1) \\ 2(q_1q_3+q_0q_2) & 2(q_2q_3-q_0q_1) & 1-2(q_1^2+q_2^2) \end{bmatrix} \begin{bmatrix} 0 \\ 0 \\ 1 \end{bmatrix} \tag{5-154}$$

加速度计测得的加速度与上述加速度分量叉乘，可得误差 e_a，表示如下：

$$\begin{bmatrix} e_{ax} \\ e_{ay} \\ e_{az} \end{bmatrix} = \begin{bmatrix} a_x \\ a_y \\ a_z \end{bmatrix} \times \begin{bmatrix} a_{tx} \\ a_{ty} \\ a_{tz} \end{bmatrix} \tag{5-155}$$

式中，$[a_{tx}, a_{ty}, a_{tz}]$ 为加速度计实测的加速度归一化后的数值。

② 磁力计检测漂移量　归一化后的单位磁场值根据姿态四元数，由机体坐标系转换至地面坐标系下，便可得到大地磁场值，表示如下：

$$\boldsymbol{M}_{ned} = \boldsymbol{T}_{\mathrm{nb}} \boldsymbol{M}_t \tag{5-156}$$

式中，$\boldsymbol{M}_{ned} = [M_n, M_e, M_d]$ 为大地磁场值；$\boldsymbol{M}_t = [M_{tx}, M_{ty}, M_{tz}]$ 为传感器测量得到的机体磁场值并经过归一化处理，如果没有姿态偏差，东向磁场分量 M_e 应为 0，而实际工作陀螺存在漂移。将 M_n、M_e 合并，从地面坐标系转换至机体坐标系下，得到机体磁场分量：

$$\begin{bmatrix} M_x \\ M_y \\ M_z \end{bmatrix} = \begin{bmatrix} 1-2(q_2^2+q_3^2) & 2(q_1q_2+q_0q_3) & 2(q_1q_3-q_0q_2) \\ 2(q_1q_2-q_0q_3) & 1-2(q_1^2+q_3^2) & 2(q_2q_3+q_0q_1) \\ 2(q_1q_3+q_0q_2) & 2(q_2q_3-q_0q_1) & 1-2(q_1^2+q_2^2) \end{bmatrix} \begin{bmatrix} \| M_n + M_e \| \\ 0 \\ M_d \end{bmatrix} \tag{5-157}$$

磁力计测得的磁场值与上述加速度分量叉乘，可得误差 e_m：

$$\begin{bmatrix} e_{mx} \\ e_{my} \\ e_{mz} \end{bmatrix} = \begin{bmatrix} M_x \\ M_y \\ M_z \end{bmatrix} \times \begin{bmatrix} M_{tx} \\ M_{ty} \\ M_{tz} \end{bmatrix} \tag{5-158}$$

③ PI 控制器　采用比例积分（PI）控制器计算陀螺漂移量，表示如下：

$$\begin{gathered} \varepsilon = K_{pa} e_a + K_{pm} e_m + K_{ia} \int e_a \mathrm{d}t + K_{im} \int e_m \mathrm{d}t \\ \omega = \omega_t + \varepsilon \end{gathered} \tag{5-159}$$

式中，K_{pa}、K_{pm} 为比例调节参数；K_{ia}、K_{im} 为积分调节参数；ω_t 为传感器读取的角速度；ε 为角速度漂移量；ω 为漂移去除后的角速度。

(2) EKF－CPF 动态容错方法

CPF 监测模块能够实时解算当前姿态，具有稳定性强、不易发散的特性，但是解算姿态精度低，而 EKF 姿态解算精度高，但是存在容易发散的特性，EKF 发散时首要冲击项为姿态四元数状态量，并直接导致其余状态量迅速异常。我们采用 CPF 检测模块的姿态输出作为标定值，引入偏差监测环节保证在没有发散的情况下监测不会发出误报。偏差监测环节可以表示为

$$\begin{cases} \| \phi_e-\phi_c, \theta_e-\theta_c, \psi_e-\psi_c \| < \bar{\varepsilon} & \text{正常情况} \\ \| \phi_e-\phi_c, \theta_e-\theta_c, \psi_e-\psi_c \| \geqslant \bar{\varepsilon} & \text{异常情况} \end{cases} \tag{5-160}$$

式中，$[\phi_e, \theta_e, \psi_e]$为组合导航 EKF 解算的姿态角；$[\phi_c, \theta_c, \psi_c]$为 CPF 解算的姿态角；$\bar{\varepsilon}$ 为动态姿态偏差阈值，需根据旋翼机结构参数和运行条件考量。通常较小的偏差阈值会导致判别条件苛刻，EKF 会频繁进行复位处理，不利于除姿态四元数外其他状态量的稳定，频繁地复位初始化状态量，跳变的组合导航解算输出会导致飞行控制的参考输入信号变化剧烈，影响无人机的稳定飞行。较大的偏差阈值也会导致判别条件宽泛，EKF 出现发散情况时，容错算法不能及时进行复位处理以保证输出值正常，错误的组合导航解算输出会严重影响飞行控制的参考输入。因此合理地进行偏差阈值的选定，对于 EKF 的运行和飞行控制的稳定具有重要意义。

5.6.5 组合导航 EKF-CPF 仿真设计与验证

经过上述 EKF 算法模型的设计，确定了状态预测过程、方差预测过程、各观测量数据修正过程，通过各模型参数的分析，确定了过程噪声方差，量测噪声方差调节方式。下面对高维数 EKF 算法进行仿真设计与实测分析。

(1) 基于 Simulink 的算法仿真设计

通过 Simulink 可视化仿真工具进行 EKF 算法的仿真设计，采用模块化方式，将模型分为 3 个主模块，即 EKF 运算模块、数据记录模块、EKF-CPF 检测模块，如图 5-28 所示。主体模块中的 InertialNavFilter 负责 EKF 模型中各步骤运算，WatchDog 负责 EKF-CPF 检测机制的实现，LogData 负责存储运算中 24 维状态量以及方差矩阵的记录，以便对仿真中各时间点的数据进行分析。

① 初始状态对准过程　初始状态对准模块如图 5-29 所示，设计步骤如下：

a. 通过当前加速度计、磁力计量测值，解算初始四元数状态量；

b. 初始速度、位置状态量的设定；

c. 初始角速度偏差、加速度偏差的设定；

d. 风速状态量的设定；

e. 大地磁场、机体磁场偏置的设定。

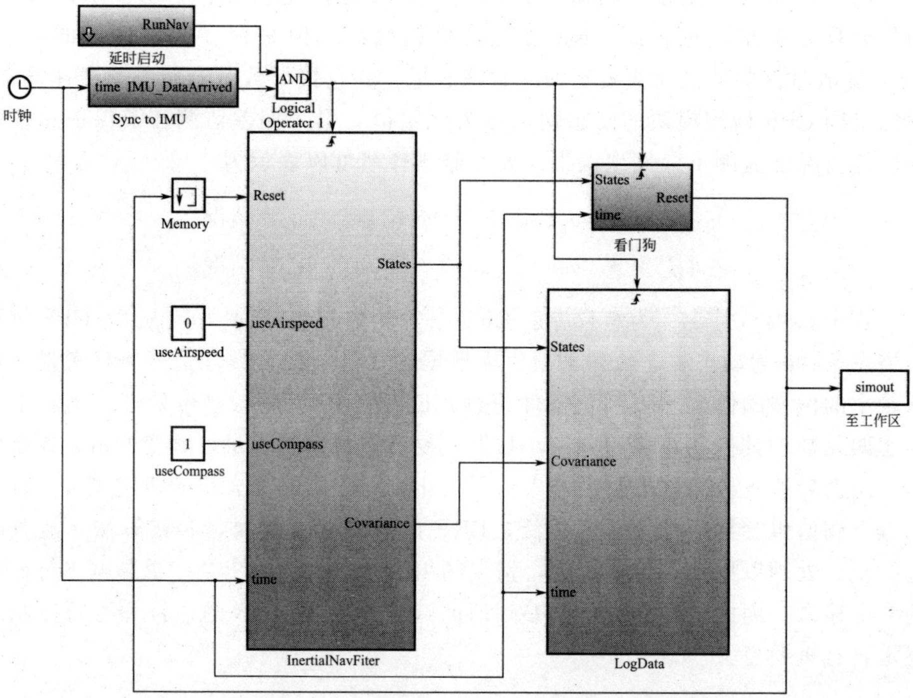

图 5-28 Simulink 仿真主流程模块

② 初始方差对准过程 初始对准阶段，设置 $\boldsymbol{P}_0=\mathrm{diag}[P_{q0},P_{v0},P_{p0},P_{g0},P_{a0},P_{w0},P_{mn0},P_{mb0}]$ 中的各项，考虑到初始方差的上下界限定，根据MPU6000、LSM303D、MS5611S、NEO-M8N 的参数特性，给出表 5-15 中初始化方差参数，Δt 为 EKF 运算周期。

表 5-15 方差初始化参数

方差	数值	方差	数值
四元数方差 P_{q0}	$10^{-9},(0.5k_{\mathrm{rad}})^2,(0.5k_{\mathrm{rad}})^2,(0.5k_{\mathrm{rad}})^2$	加速度偏差方差 P_{a0}	$(0.1\Delta t)^2,(0.1\Delta t)^2,(0.1\Delta t)^2$
速度方差 P_{v0}	$0.7^2,0.7^2,0.7^2$	风速方差 P_{w0}	0,0
位置方差 P_{p0}	$15^2,15^2,5^2$	大地磁场方差 P_{mn0}	$20^2,20^2,20^2$
角速度偏差方差 P_{g0}	$(0.1\Delta tk_{\mathrm{rad}})^2,(0.1\Delta tk_{\mathrm{rad}})^2,(0.1\Delta tk_{\mathrm{rad}})^2$	机体磁场偏差方差 P_{mb0}	$20^2,20^2,20^2$

注：k_{rad} 为可调四元素系数。

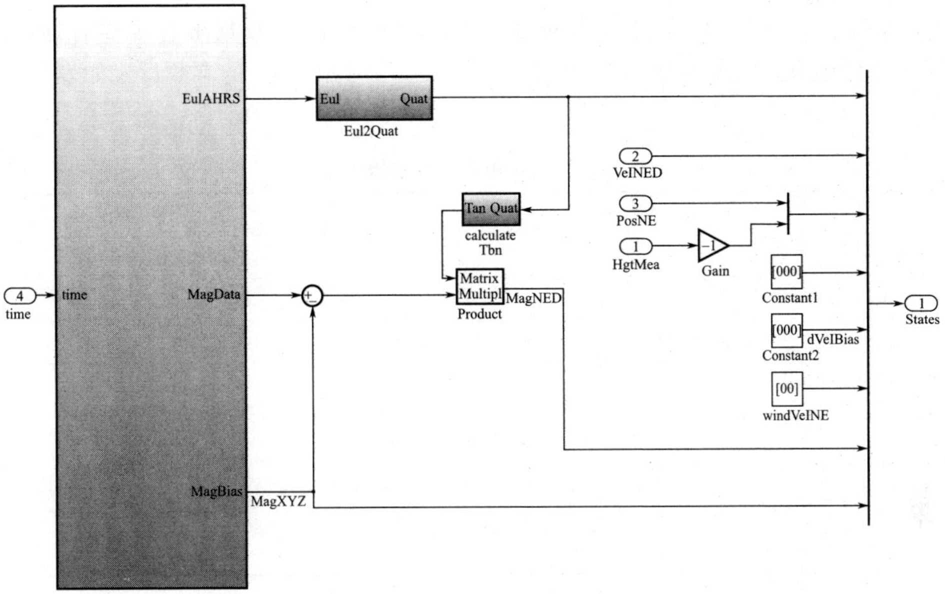

图 5-29 Simulink 仿真初始对准模块

③ 预测过程 24 维状态矩阵 $\boldsymbol{X}_k$ 预测过程及 24×24 维方差 $\boldsymbol{P}_k$ 预测过程设计如图 5-30 所示。步骤如下。

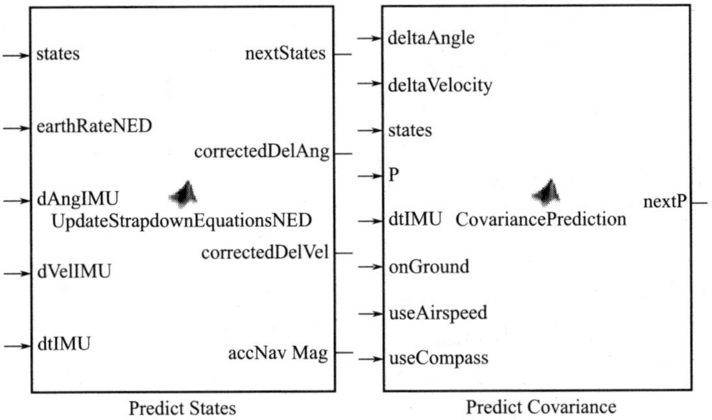

图 5-30 Simulink 仿真状态预测、方差预测过程设计

a. 首先进行状态预测过程的仿真，模块根据上一时刻最优估计状态 $\boldsymbol{X}_{k-1}$ 计算当前时刻状态预测值 $\boldsymbol{X}_k$，数据融合步骤时提取。

b. 其次进行方差预测过程的仿真，模块根据上一时刻最优估计状态 $\boldsymbol{X}_{k-1}$ 和上一时刻估计方差 $\boldsymbol{P}_{k-1}$ 计算当前时刻方差预测值 $\boldsymbol{P}_k$，数据融合步骤时提取。其中过程噪声方差矩阵 $\boldsymbol{Q}_{kav}$ 与附加的过程噪声方差矩阵 $\boldsymbol{Q}_{\mathrm{s}}$ 的参数设置如表 5-16 所示。

表 5-16 过程噪声方差初始化参数

方差	数值
陀螺仪噪声方差 $\boldsymbol{C}_a$	$[25/(60\pi\times180\Delta t)]^2$
加速度计噪声方差 C_v	$(0.5\Delta t)^2$
附加的过程噪声方差 $Q_s(1)-Q_s(10)$	$(10^{-9})^2$
附加的角速度偏差噪声方差 $Q_s(11)-Q_s(13)$	$[0.05/(3600\pi\times180\Delta t)]^2$
附加的加速度偏差噪声方差 $Q_s(14)-Q_s(16)$	$(0.01/60\Delta t)^2$
附加的风速噪声方差 $Q_s(17)-Q_s(18)$	$(0.1\Delta t)^2$
附加的大地磁场噪声方差 $Q_s(19)-Q_s(21)$	$(10/60\Delta t)^2$
附加的机体磁场偏差噪声方差 $Q_s(22)-Q_s(24)$	$(100/60\Delta t)^2$

④ 数据融合过程　磁力计、GNSS/气压高度计、空速计的数据融合过程如图 5-31 所示，设计步骤如下。

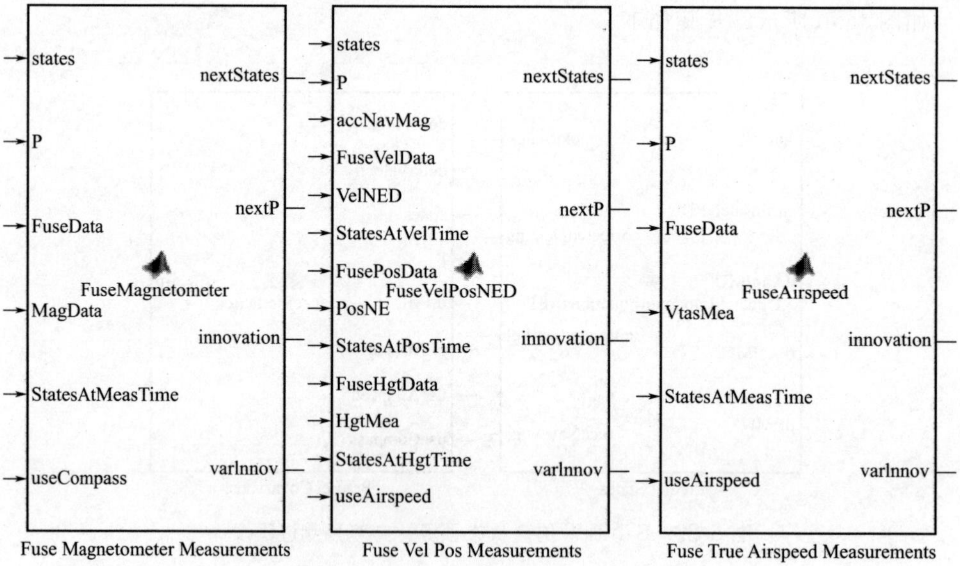

图 5-31 Simulink 仿真数据融合模块

a. 磁力计数据融合模块根据当前时刻状态预测值 $\boldsymbol{X}_k$、当前时刻方差预测值

$\boldsymbol{P}_k$、磁场量测值 $\boldsymbol{M}_t$ 进行状态量的修正。

b. GNSS/气压高度计数据融合模块根据当前时刻状态预测值 $\boldsymbol{X}_k$、当前时刻方差预测值 $\boldsymbol{P}_k$、GNSS/气压高度计量测值进行状态量的修正。

c. 空速计数据融合模块根据当前时刻状态预测值 $\boldsymbol{X}_k$、当前时刻方差预测值 $\boldsymbol{P}_k$、空速量测值进行状态量的修正。

⑤ EKF-CPF 动态监测　EKF-CPF 动态监测中，EKF 解算的当前姿态最优估计值 $\boldsymbol{q}_k$ 与 CPF 解算的姿态四元数 $\boldsymbol{q}$ 标定值进行偏差比对，如果偏差达到设定的阈值，进行 EKF 状态重置，检测模块如图 5-32 所示。

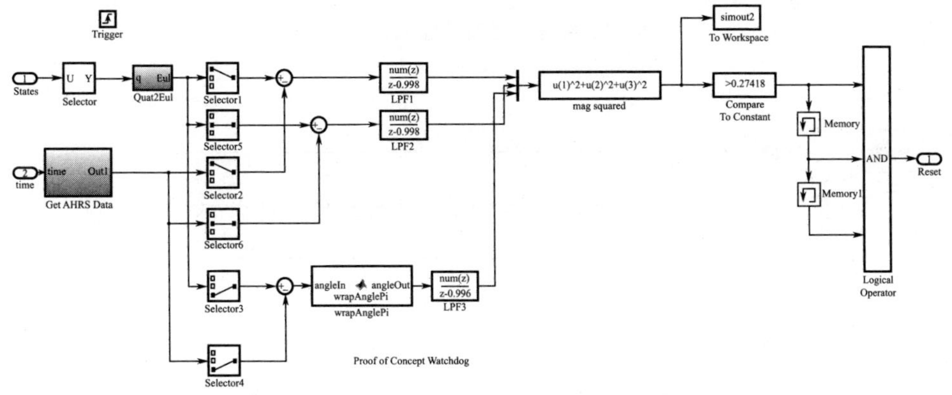

图 5-32　Simulink 仿真 EKF-CPF 模块

(2) EKF 算法仿真数据分析

Simulink 模型仿真时需导入飞行数据，包括 INS 模块 MPU6000 采集的角速度、加速度值，磁力计元件 LSM303D 采集的磁场值，GNSS 模块 NEO-M8N 采集的速度、位置值，气压高度计模块 MS5611 采集的气压值，空速计不进行采集。图 5-33 为组合导航搭载商业无人机飞行的轨迹，飞行数据经 SD 卡存储，飞行结束后获取并整理导入 Simulink 模型。Simulink 仿真结果如图 5-34～图 5-41 所示，对应 EKF 算法的 8 个主项状态量，其中状态量中的姿态四元数转换为更直观的姿态角。

图 5-34 中红色[1]为 EKF 解算得到的姿态最优估计值，蓝色为 CPF 输出的参考姿态。由此可见，本书研究的 EKF 算法能够给出精度较高的姿态角信息。

[1] 本书中有颜色区分的图片均配有电子版，在 www.cip.com.cn/资源下载/配书资源中查找书名或者书号，即可下载。

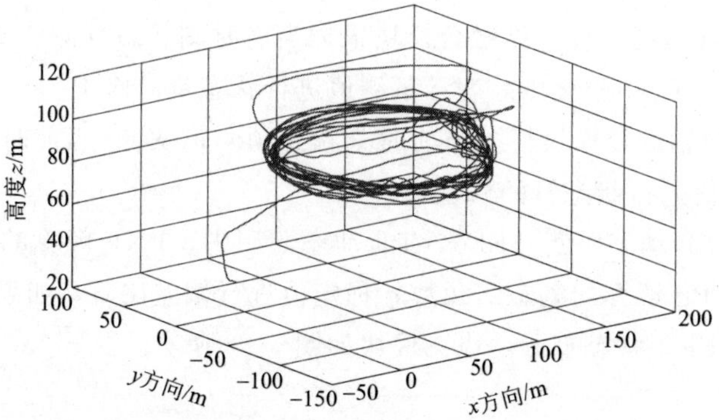

图 5-33　组合导航搭载商业无人机飞行轨迹

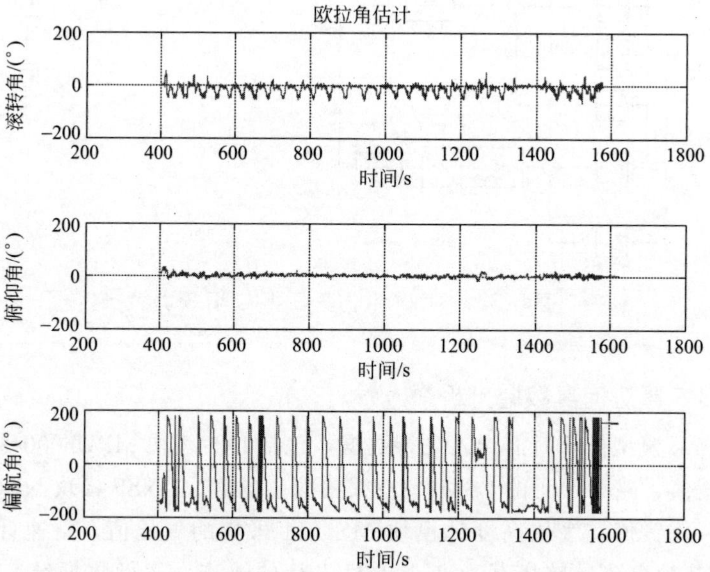

图 5-34　EKF 姿态角与 CPF 姿态角对比（电子版）

图 5-35 中红色为 EKF 解算的速度最优估计值，绿色为 GNSS 输出的参考速度，蓝色为叠加标准差后的曲线。本书研究的 EKF 算法在速度估计中能够给出精度较高的速度信息。

图 5-36 中红色为 EKF 输出的位置最优估计值，绿色为 GNSS/Baro 输出的参考位置，蓝线为叠加标准差后的曲线。本书研究的 EKF 算法在位置估计中能够给出精度较高的位置信息。

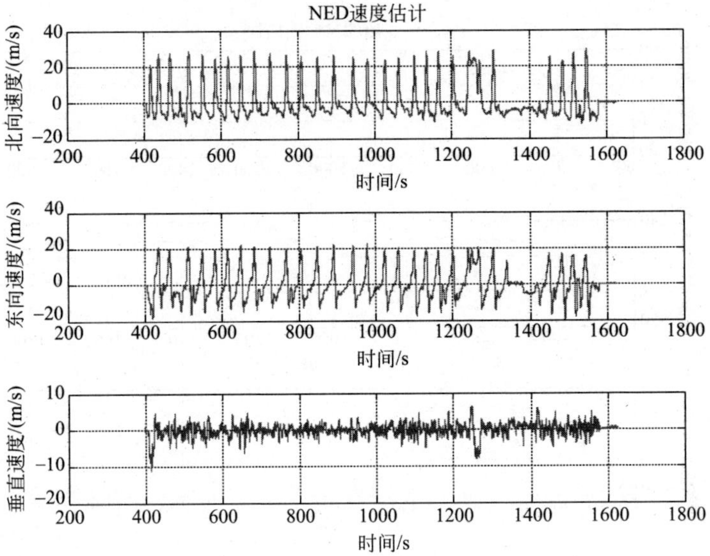

图 5-35　EKF 速度与 GNSS 速度对比（电子版）

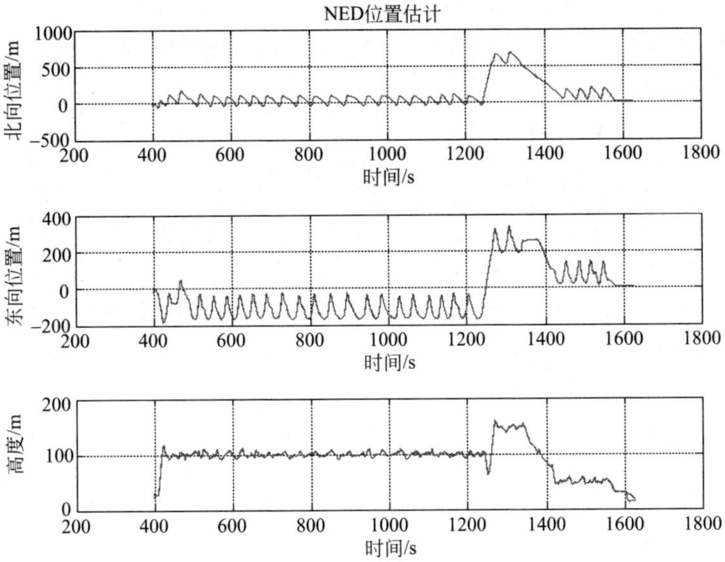

图 5-36　EKF 位置与 GNSS/气压高度计位置对比（电子版）

图 5-37 中蓝色为 EKF 输出的角速度偏差最优估计值，红线为叠加标准差后的曲线。本书研究的 EKF 算法在角速度偏差估计中能够给出精度较高的角速度偏差信息。

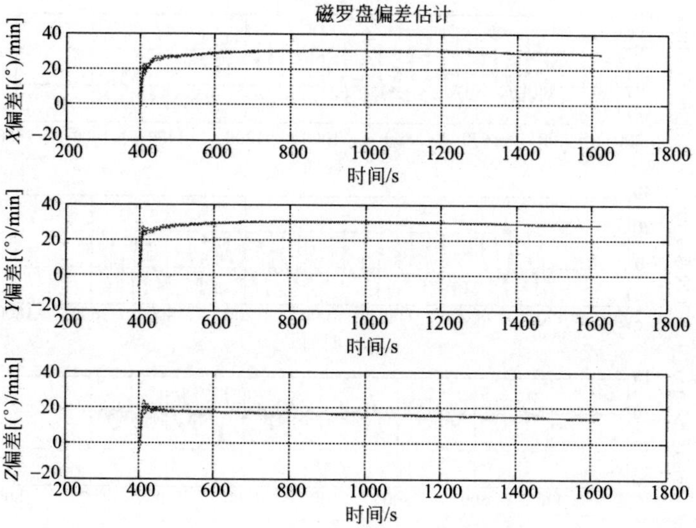

图 5-37 EKF 角速度偏差与 CPF 角速度偏差对比（电子版）

图 5-38 中蓝色为 EKF 输出的加速度偏差最优估计值，红色为叠加标准差后的曲线。本书研究的 EKF 算法在加速度偏差估计中能够给出精度较高的加速度偏差信息。

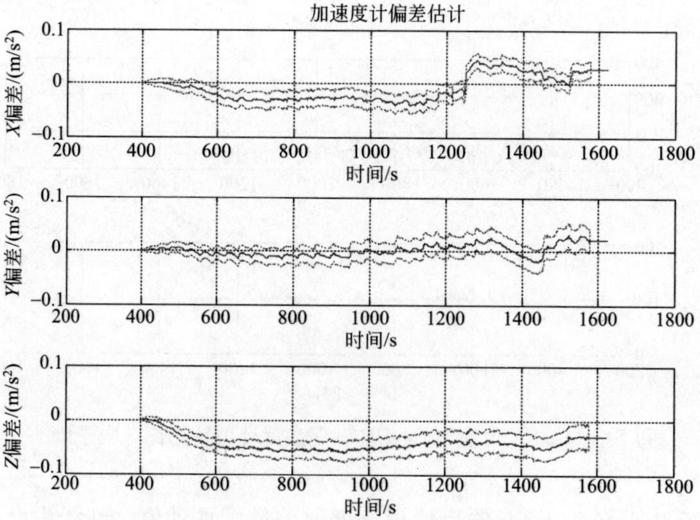

图 5-38 EKF 加速度偏差与 CPF 加速度偏差对比（电子版）

图 5-39 中，由于没有加载风速计，输出的风速估计值均为 0。

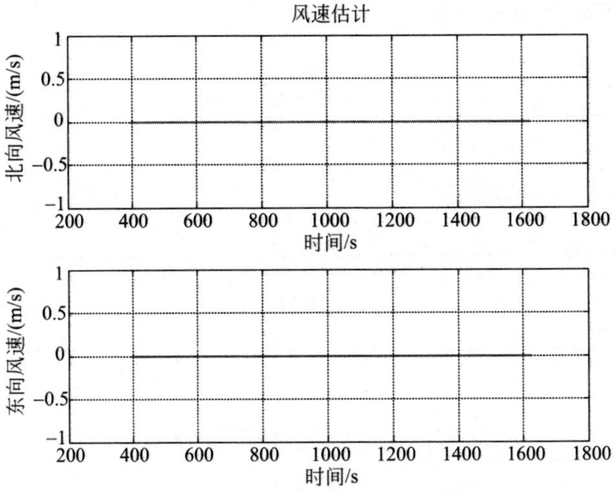

图 5-39　EKF 风速输出（电子版）

图 5-40 中蓝色为 EKF 输出的地面坐标系下磁场最优估计值，红色为叠加标准差后的曲线。本书研究的 EKF 算法在磁场估计中能够给出精度较高的地面坐标系下磁场信息。

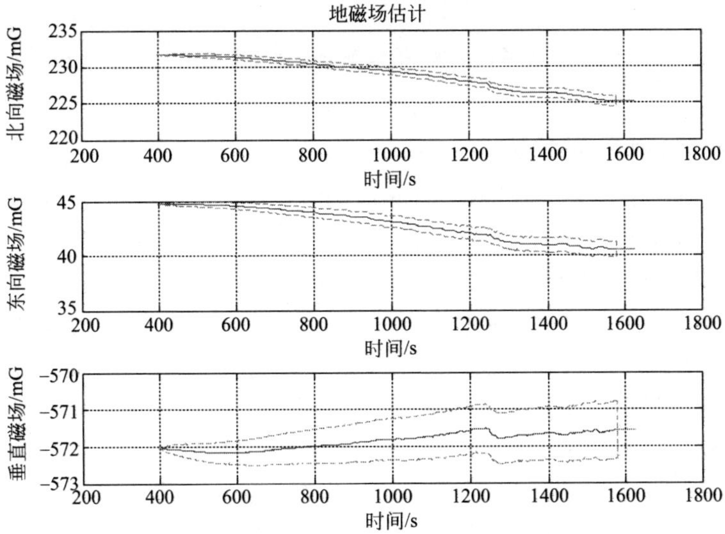

图 5-40　EKF 大地磁场值（电子版）

图 5-41 中蓝色为 EKF 输出的机体坐标系下磁场偏差最优估计值，红色为叠加标准差后的曲线。本书研究的 EKF 算法在磁场偏差估计中能够给出精度较高的机体坐标系下磁场偏差信息。

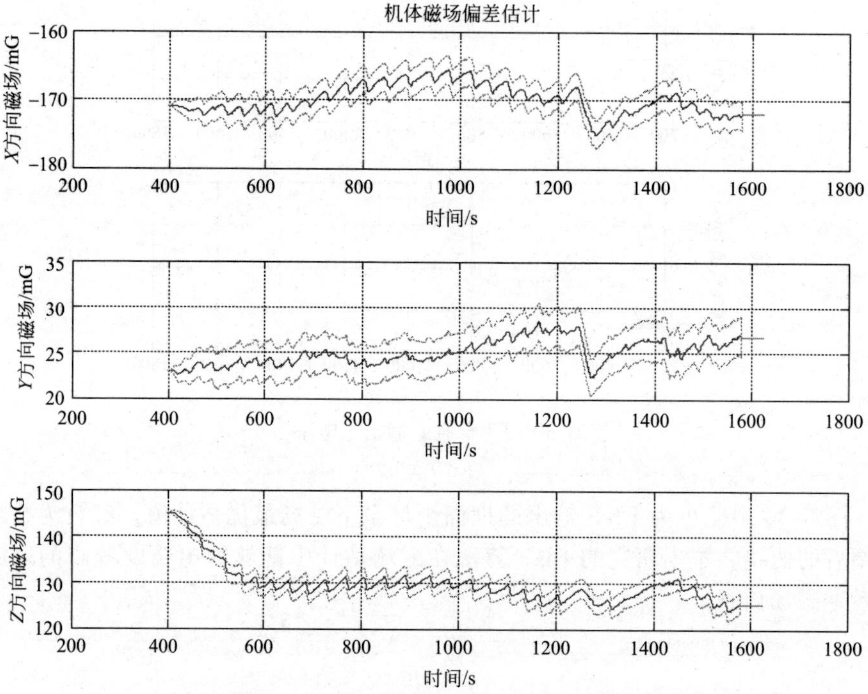

图 5-41 EKF 机体磁场偏差（电子版）

(3) EKF-CPF 容错算法仿真验证

在仿真设计中，为验证 EKF-CPF 算法的有效性，针对磁力计测量时易受到环境干扰的影响导致滤波发散的情况，将磁力计数据中引入一个较大的误差量，以验证 EKF-CPF 容错处理方法是否能有效地保证滤波的稳定。其中偏差阈值设为 30°，图 5-42 为 $t=300$s 时磁力计三轴分别叠加 100mG 异常磁场时的仿真测试结果。图中蓝色为 CPF 算法输出的姿态角信息，红色为 EKF-CPF 算法解算输出的姿态数据，在 $t=300$s 时引入异常磁场值时，容错处理模块持续监测 EKF 输出姿态与 CPF 输出姿态的偏差，当偏差得到阈值 30°时判定出现异常值，见图中 $t=320$s。EKF 进行复位，四元数状态量复位为当前 CPF 输出的姿态对应的四元数，其他状态量根据容错处理模块进行相应处理。由此可见，异常值的存在共触发 EKF 进行 9 次复位，并在复位后保证了姿态的稳定输出。

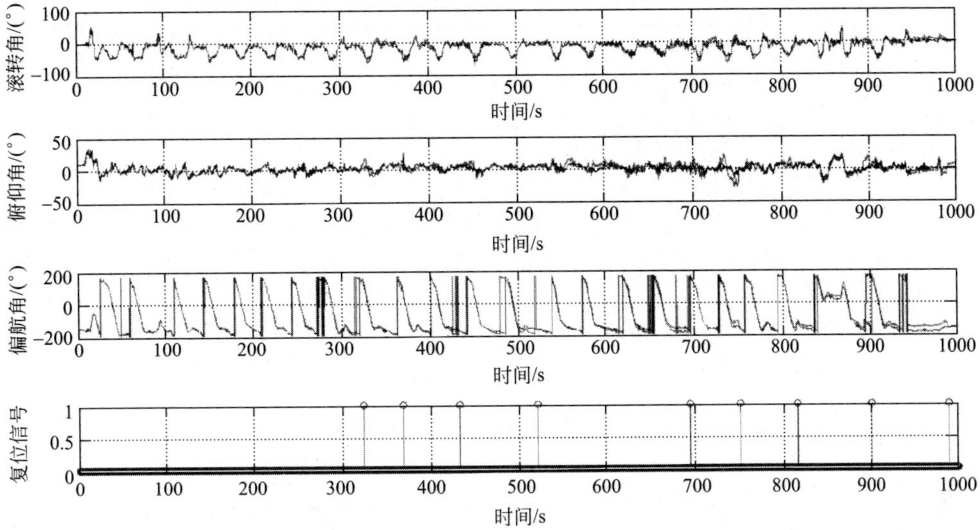

图 5-42 EKF-CPF 容错处理算法验证（电子版）

5.6.6 组合导航 EKF-CPF 算法实测分析

组合导航 EKF 算法仿真后进行代码上机实现，EKF 解算处理器采用168MHz 的 STM32F429，分别进行静置和动态条件下的解算精度测试，并对其解算周期进行测量。

(1) 静置条件下组合导航 EKF 输出精度与实时性测试

将低成本组合导航模块静置于多旋翼无人机的机体中心点，进行静态输出精度的测试，将四元数状态量转换为姿态欧拉角输出，测试结果如图 5-43～图 5-45所示。采样时间为 $2.5\times10^4\times20$ms，即 500s 的数据，其中 INS 采样周期为20ms，EKF 调用周期与 INS 相同。实测结果显示，EKF 运算时间小于 5.6ms，能够满足解算的实时性要求，姿态解算精度优异，EKF 算法静态性能指标详见表 5-17。

表 5-17 EKF 算法静态性能指标

静态精度	数据	静态精度	数据
滚转角	<0.16°	收敛稳定时间	<150s
俯仰角	<0.16°	实时性(EKF 周期)	<5.6ms
偏航角	<0.8°		

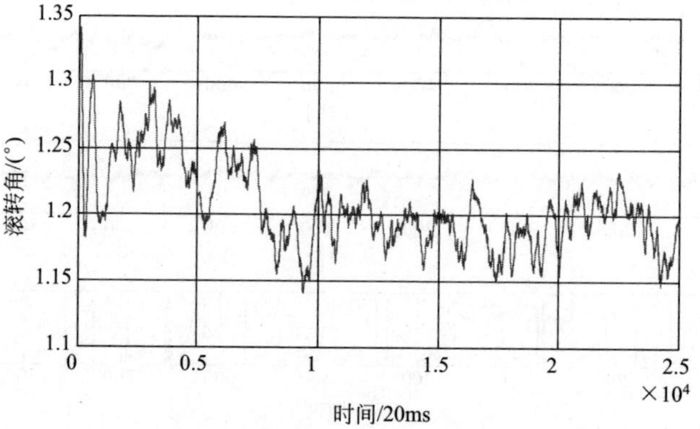

图 5-43 静置时滚转角精度

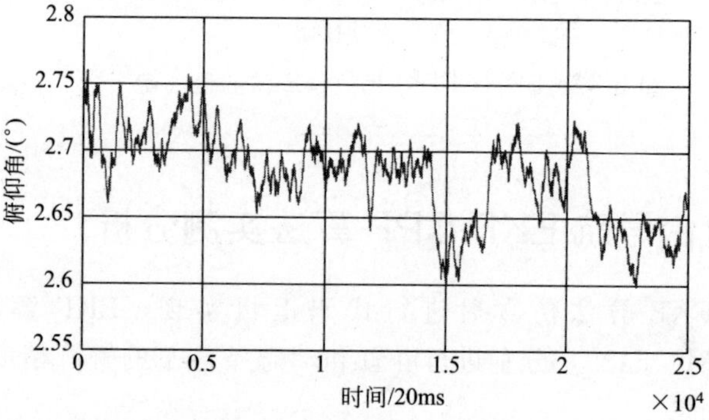

图 5-44 静置时俯仰角精度

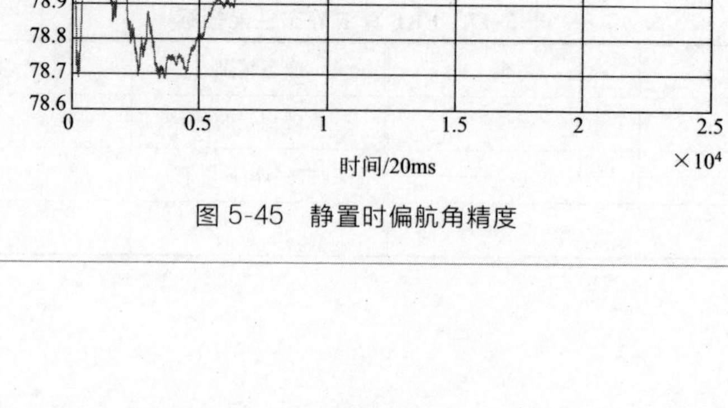

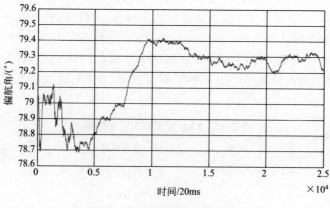

图 5-45 静置时偏航角精度

(2) 动态条件下组合导航 EKF 输出精度测试

将高精度导航模组 MTI-G、低成本组合导航模块静置于商业无人机的机体中心点同时进行测量对比，测试结果如图 5-46 所示。采样时间 40s，图中蓝色为 MTI-G 输出的姿态角数据，绿色为本书 EKF 解算的姿态角数据，能够看到低成本组合导航 EKF 算法姿态的解算精度较高，动态性能可以接近部分高品质导航模组水平。

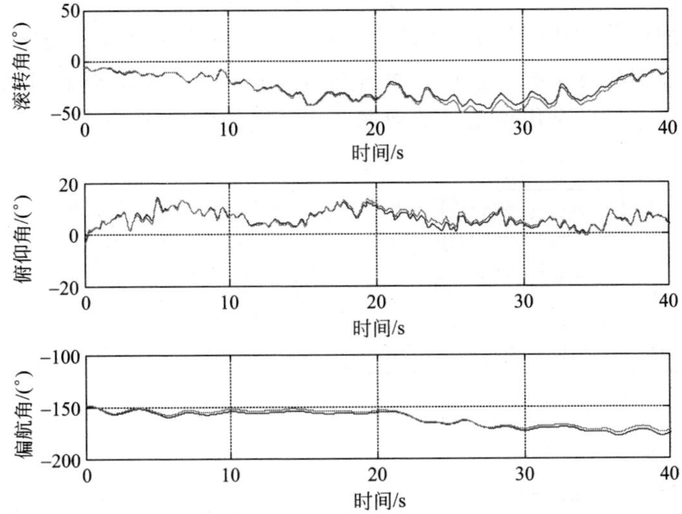

图 5-46 本书 EKF 与 MTI-G 姿态解算对比（电子版）

表 5-18 给出了本书低成本组合导航与目前广泛使用的价格昂贵的航姿参考系统 MTI-G-300 的性能参数对比。由此可见，本书 EKF 算法的静态精度能够达到 MTI-G 的精度水平，但是动态精度在大角度机动时与 MTI-G 有差距。分析原因是低成本导航元件与高品质导航模组在动态响应中仍然有差距，高品质模组的传感器特性优异，且内嵌的高速 FIR 滤波器针对其传感器元件能有效地进行原始数据的处理，两者之间的差异有待作者进一步研究。

表 5-18 本文组合导航与 MTI-G-300 性能参数对比

静态			动态	
低成本组合导航 EKF		MTI-G	低成本组合导航 EKF	MTI-G
滚转角	<0.16°	<0.2°	<0.5°	<0.3°
俯仰角	<0.16°	<0.2°	<0.5°	<0.3°
偏航角	<0.8°	<1°	<2°	<1°

5.7 多旋翼无人机状态感知

在 GNSS、磁力计信号薄弱地区，多旋翼无人机的姿态与位置信息融合往往出现偏差。近几年，SLAM 技术发展迅速，可以解决多旋翼无人机在未知环境中的自主导航问题。SLAM 不仅能够生成高质量的三维场景认知地图，而且能够利用环境信息准确更新无人机自身位置。图 5-47 是基于 SLAM 的飞行环境建模框图，利用机载相机得到 RGB 图与深度图，提取特征点，经过换算公式构建点云，通过前端视觉里程计估算无人机的运动和局部地图，基于图优化法进行后端非线性优化，最后利用校正过的数据实现环境地图构建。

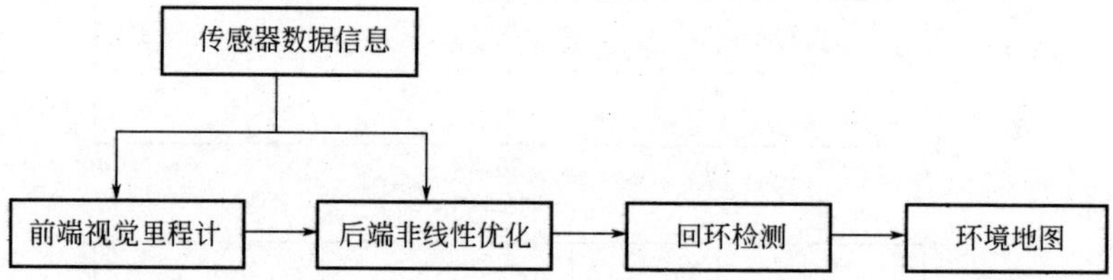

图 5-47 基于 SLAM 的飞行环境建模框图

(1) 前端视觉里程计

① 传感器数据获取及提取 FAST 关键点　Kinect 相机能够获取 RGB 图和深度图像，由于每帧图像都有成千上万个像素点，一一进行处理则计算量过于庞大，需要对图像进行关键点提取以减轻计算负担。针对多旋翼无人机的运动特性，采用直接法来优化无人机的位姿数据，对图像帧提取关键点。

FAST 是一种角点，用于检测局部像素灰度变化明显的区域，检测速度较快。相比于其他角点检测算法，FAST 只需比较像素的亮度大小即可，检测过程如下：

a. 在图像中选取像素 p，假设它的亮度为 I_p；

b. 设置一个亮度范围阈值 T；

c. 以像素 p 为中心，选取半径为 r 的圆上的 16 个像素点；

d. 假如选取的圆上有连续的 N 个点的亮度大于 I_p+T 或小于 I_p-T，那么像素 p 可以被认为是特征点（通常 N 为 12，即 FAST-12）；

e. 循环上面 4 步，对每个像素执行相同的操作。

② 图像点云　存在两个相邻图像帧 I_1、I_2，p_1 像素坐标(u,v,d)，则与之对应的空间点 P 的坐标为(x,y,z)，去掉深度值太大或者无效的点，将图像帧

中所有像素点进行计算转化为点云，表示如下：

$$\begin{cases} x=(u-c_x)z/f_x \\ y=(u-c_y)z/f_y \\ \quad z=d/s \end{cases} \tag{5-161}$$

式中，s 为深度图的缩放因子；c_x、c_y 为相机光圈中心；f_x、f_y 为相机焦距。

③ 位姿初步优化　根据当前相机的位姿估计值来寻找 p_2 的位置。根据像素的亮度信息估计相机的运动，可以完全不用计算关键点和描述子（一个图像的特征点由关键点和描述子组成），避免了特征的计算时间和特征缺失的情况。当前的 AHRS 融合后得到的位姿作为位姿初步优化的初始值。

$$p_1=\frac{1}{d_1}K\boldsymbol{P} \tag{5-162}$$

$$p_2=\frac{1}{d_2}K(\boldsymbol{RP}+t)=\frac{1}{d_2}K(\exp(\boldsymbol{\xi}^{\wedge})\boldsymbol{P})_{1:3} \tag{5-163}$$

式中，d_1 为 I_1 图像的深度数据；d_2 为 I_2 图像的深度数据；$\boldsymbol{R}$ 为方向余弦矩阵，t 为位移量，$\boldsymbol{\xi}$ 为无人机的三个姿态，即俯仰、滚转、偏航；$\boldsymbol{\xi}^{\wedge}$ 为 $\boldsymbol{\xi}$ 的反对称矩阵。若相机的位姿不够好，p_2 的外观与 p_1 相比会有明显差别，为了减小这个差别，我们对无人机当前的位姿估计值进行优化，来寻找与 p_1 更为相似的 p_2，$\boldsymbol{P}$ 的两个像素点的光度误差 $e=I_1(p_1)-I_2(p_2)$，基于灰度不变假设，一个空间点在各个视角下成像的灰度值是不变的。存在 N 个空间点 p_i，整个相机的位姿 $\boldsymbol{\xi}$ 估计问题转化为 $\min\boldsymbol{\xi}J(\boldsymbol{\xi})=\sum_{i=1}^{N}\boldsymbol{e}_i^{\mathrm{T}}\boldsymbol{e}_i,\boldsymbol{e}_i=I_1(p_1,i)-I_2(p_2,i)$。使用李代数上的扰动模型，给 $\exp(\boldsymbol{\xi})$ 左乘小扰动 $\exp(\delta\boldsymbol{\xi})$，可以转换为

$$\begin{aligned}\exp(\boldsymbol{\xi}\oplus\delta\boldsymbol{\xi})&=I_1\left(\frac{1}{Z_1}K\boldsymbol{P}\right)-I_2\left[\frac{1}{Z_2}K\exp(\delta\boldsymbol{\xi}^{\wedge})\exp(\boldsymbol{\xi}^{\wedge})\boldsymbol{P}\right]\\&=I_1\left(\frac{1}{Z_1}K\boldsymbol{P}\right)-I_2\left[\frac{1}{Z_2}K\exp(\delta\boldsymbol{\xi}^{\wedge})\boldsymbol{P}+\frac{1}{Z_2}K\delta\boldsymbol{\xi}^{\wedge}\exp(\boldsymbol{\xi}^{\wedge})\boldsymbol{P}\right]\end{aligned} \tag{5-164}$$

令 $u=\frac{1}{Z_2}K\delta\boldsymbol{\xi}^{\wedge}\exp(\boldsymbol{\xi}^{\wedge})\boldsymbol{P}$，则有

$$\begin{aligned}\exp(\boldsymbol{\xi}\oplus\delta\boldsymbol{\xi})&=I_1\left(\frac{1}{Z_1}K\boldsymbol{P}\right)-I_2\left[\frac{1}{Z_2}K\exp(\delta\boldsymbol{\xi}^{\wedge})\boldsymbol{P}+u\right]\\&=e(\boldsymbol{\xi})-\frac{\partial I_2}{\partial u}\times\frac{\partial u}{\partial(\delta\boldsymbol{\xi})}\delta\boldsymbol{\xi}\end{aligned} \tag{5-165}$$

误差相对于李代数之间的雅克比矩阵为 $\boldsymbol{J}=-\frac{\partial I_2}{\partial u}\times\frac{\partial u}{\partial(\delta\boldsymbol{\xi})}$，进而，可以利用卡尔曼滤波求出的位姿估计值作为当前时刻位姿估计值（$\boldsymbol{R},t$），基于列文伯

格-马夸尔特方法计算增量来调整多旋翼无人机的位姿信息。

(2) 后端非线性优化

为了能够获得高精度的导航地图信息，基于多旋翼无人机的视觉 SLAM 导航的后端非线性优化采用图优化法。记一个图为 $G=\{V,E\}$，其中 V 为顶点集，E 为边集。顶点为优化变量，即多旋翼无人机的位姿，边为约束，相机传感器的观测方程可以表示为

$$\boldsymbol{z}_k=h(\boldsymbol{x}_k)=\boldsymbol{C}(\boldsymbol{R}\boldsymbol{x}_k+t) \tag{5-166}$$

误差表示为 $\boldsymbol{e}_k=\boldsymbol{z}_k-h(\boldsymbol{x}_k)$，则图优化的目标函数描述为

$$\min F(\boldsymbol{x}_k)=\sum_{k=1}^{n}[\boldsymbol{z}_k-\boldsymbol{C}(\boldsymbol{R}\boldsymbol{x}_k+t)]\boldsymbol{\Omega}_k[\boldsymbol{z}_k-\boldsymbol{C}(\boldsymbol{R}\boldsymbol{x}_k+t)] \tag{5-167}$$

式中，$\boldsymbol{C}$ 为相机内参。

由于 $\boldsymbol{e}_k(\tilde{\boldsymbol{x}}_k+\Delta\boldsymbol{x})\approx\boldsymbol{e}_k(\tilde{\boldsymbol{x}}_k)+\dfrac{\mathrm{d}\boldsymbol{e}_k}{\mathrm{d}\boldsymbol{x}_k}\Delta\boldsymbol{x}=\boldsymbol{e}_k+\boldsymbol{J}_k\Delta\boldsymbol{x}$，则可推导出：

$$\begin{aligned}F_k(\tilde{\boldsymbol{x}}_k+\Delta\boldsymbol{x})&=\boldsymbol{e}_k(\tilde{\boldsymbol{x}}_k+\Delta\boldsymbol{x})^{\mathrm{T}}\boldsymbol{\Omega}_k\boldsymbol{e}_k(\tilde{\boldsymbol{x}}_k+\Delta\boldsymbol{x})\\&=\boldsymbol{e}_k^{\mathrm{T}}\boldsymbol{\Omega}_k\boldsymbol{e}_k+2\boldsymbol{e}_k^{\mathrm{T}}\boldsymbol{\Omega}_k\boldsymbol{J}_k\Delta\boldsymbol{x}+\Delta\boldsymbol{x}^{\mathrm{T}}\boldsymbol{J}_k^{\mathrm{T}}\boldsymbol{\Omega}_k\boldsymbol{J}_k\Delta\boldsymbol{x}\end{aligned} \tag{5-168}$$

另外有

$$\begin{gathered}\Delta F_k=2\boldsymbol{e}_k^{\mathrm{T}}\boldsymbol{\Omega}_k\boldsymbol{J}_k\Delta\boldsymbol{x}+\Delta\boldsymbol{x}^{\mathrm{T}}\boldsymbol{J}_k^{\mathrm{T}}\boldsymbol{\Omega}_k\boldsymbol{J}_k\Delta\boldsymbol{x}\\\frac{\mathrm{d}F_k}{\mathrm{d}x}=2\boldsymbol{e}_k^{\mathrm{T}}\boldsymbol{\Omega}_k\boldsymbol{J}_k+\boldsymbol{J}_k^{\mathrm{T}}\boldsymbol{\Omega}_k\boldsymbol{J}_k\Delta\boldsymbol{x}=0\\\boldsymbol{J}_k^{\mathrm{T}}\boldsymbol{\Omega}_k\boldsymbol{J}_k\Delta\boldsymbol{x}=-2\boldsymbol{e}_k^{\mathrm{T}}\boldsymbol{\Omega}_k\boldsymbol{J}_k\end{gathered} \tag{5-169}$$

令 $\boldsymbol{A}=\boldsymbol{J}_k^{\mathrm{T}}\boldsymbol{\Omega}_k\boldsymbol{J}_k$，$\boldsymbol{b}=2\boldsymbol{e}_k^{\mathrm{T}}\boldsymbol{\Omega}_k\boldsymbol{J}_k$，则可表示为

$$\boldsymbol{A}\Delta\boldsymbol{x}=-\boldsymbol{b} \tag{5-170}$$

那么求解线性方程即可。

(3) 构建地图

由于在复杂环境中，除了能够定位多旋翼无人机的当前状态和位置，更需要给无人机安上“眼睛”，使其看见当前的环境情况，从而使无人机实现避障或抓取物体等更多功能。在此，引入 SLAM 技术绘制当前环境地图。

① 点云拼接　前面已经获得了特征点云和优化后的多旋翼无人机位姿状态，将当前帧密集点云的所有点 $\boldsymbol{P}(i)=(x,y,z,r,g,b)$ 变换到全局坐标系下，进行点云拼接从而获得密集的三维点云，表示如下：

$$\begin{bmatrix} x' \\ y' \\ z' \end{bmatrix} = \boldsymbol{R}_{3\times 3} \begin{bmatrix} x \\ y \\ z \end{bmatrix} + \boldsymbol{t}_{3\times 1} \tag{5-171}$$

利用体素滤波器对拼接的点云图进行降采样，由于多个视角存在的视野重叠区域，对里面存在大量的位置十分近似的点进行滤波。

② 构建高度约束地图　多旋翼无人机飞行过程中生成的点云图是无法直接用于导航和避障的，需要在点云的基础上进行加工处理。因此，将密集的三维点云图保存为基于八叉树的 OctoMap。它本质上是一种三维栅格地图，基本组成单元是体素，可以通过改变体素的大小来调整该地图的分辨率。把三维空间建模划分为众多小方块，把每个小方块的每个面平均切成两片，不断重复这个步骤直到最后的方块大小达到建模的最高精度。八叉树的节点存储了它是否被占据的信息，如果选择用概率形式来表达节点是否被占据，例如用 $x\in[0,1]$来表示被占据的概率，如果不断观测到该节点被占据，那么 x 变大，反之变小。实际中我们不直接用概率来描述某节点被占据，而是用概率对数值来描述：

$$y=\mathrm{ln}it(x)=\ln\left(\frac{x}{1-x}\right) \tag{5-172}$$

其反变换为

$$x=\mathrm{ln}it^{-1}(y)=\frac{\exp(y)}{\exp(y)+1} \tag{5-173}$$

当不断观测到该节点被占据时，让 y 增加一个值，否则让 y 减小一个值。当查询概率时，再用 lnit 的反变换，将 y 转换至概率即可。假设某节点为 n，观测数据为 z，从开始时刻到 t 时刻某节点的概率对数值为 $L(n \mid z_{1:t})$，那么 $t+1$ 时刻表示为

$$L(n|z_{1:t+1})=L(n|z_{1:t-1})+L(n|z_{1:t}) \tag{5-174}$$

概率形式为

$$P(n|z_{1:T})=\left[1+\frac{1-P(n|z_T)}{P(n|z_T)}\times\frac{1-P(n|z_{1:T-1})}{P(n|z_{1:T-1})}\times\frac{P(n)}{1-P(n)}\right]^{-1} \tag{5-175}$$

有了对数概率，便可以根据相机数据更新整个八叉树地图，在深度数据的对应点上观察到一个占据数据，从相机光心出发到这个点的线段上，便可判断为无障碍物。

针对构建好了的局部地图，可以引入多旋翼无人机高度数据约束。假设无人机为一个质点，构造一个高度约束滤波器，可以将障碍物最高点低于无人机质点对地高度，或者最低点高于无人机质点对地高度的障碍物目标滤除，减轻地图存储负担和优化无人机当前局部地图。

参考文献

[1] PARK S, IM J, JANG E, et al. Drought assessment and monitoring through blending of multi-sensor indices using machine learning approaches for different climate regions[J]. Agricultural & Forest Meteorology, 2016, 216: 157-169.

[2] TIAN T, SUN S, LI N. Multi-sensor information fusion estimators for stochastic uncertain systems with correlated noises[J]. Information Fusion, 2016, 27: 126-137.

[3] 代刚. MEMS-IMU 误差分析补偿与实验研究 [D]. 北京: 清华大学, 2011.

[4] SASANI S, ASGARI J, AMIRI-SIMKOOEIA R. Improving MEMS-IMU/GPS integrated systems for land vehicle navigation applications[J]. GPS Solutions, 2016, 20(1): 89-100.

[5] IHAJEHZADEH S, LOH D, LEE M, et al. A cascaded Kalman filter-based GPS/MEMS-IMU integration for sports applications[J]. Measurement, 2015, 73: 200-210.

[6] 成怡，金海林，修春波，等. 四轴飞行器组合导航非线性滤波算法[J]. 计算机应用, 2014(S1): 341-344.

[7] 王旭，王龙，刘文法，等. 神经网络辅助的组合导航系统仿真研究[J]. 系统仿真学报, 2011, 23(2): 242-244.

[8] 孙章国，钱峰. 一种基于指数渐消因子的自适应卡尔曼滤波算法[J]. 电子测量技术, 2010, 33(1): 40-42.

[9] 熊敏君，卢惠民，熊丹，等. 基于单目视觉与惯导融合的无人机位姿估计[J]. 计算机应用, 2017, 37(S2): 127-133.

[10] 徐铎. 基于 visual SLAM 算法的四旋翼无人机室内定位研究[D]. 哈尔滨: 哈尔滨工业大学, 2017.

[11] SETOODEH P, KHAYATIAN A, FRAJAH E. Attitude estimation by separate-bias Kalman filter-based data fusion [J]. Journal of Navigation, 2004, 57(02): 261-273.

[12] PARK M. Error analysis and stochastic modeling of MEMS based inertial sensors for land vehicle navigation applications[M]. University of Calgary, Department of Geomatics Engineering, 2004: 52-107.

[13] KONG X. INS algorithm using quaternion model for low cost IMU[J]. Robotics and Autonomous Systems, 2004, 46(4): 221-246.

[14] ALI A S, SIDDHARTH S, SYED Z, et al. An efficient and robust maneuvering mode to calibrate low cost magnetometer for improved heading estimation for pedestrian navigation[J]. Journal of Applied Geodesy, 2013, 7(1): 65-73.

[15] SYED Z F, AGGARWAL P, GOODALL C, et al. A new multi-position calibration method for MEMS inertial navigation systems[J]. Measurement Science and Technology, 2007, 18(7): 1897.

[16] NOURELDIN A, KARAMAT T B, EBERTS M D, et al. Performance enhancement of MEMS-based INS/GPS integration

for low-cost navigation applications [J]. IEEE Transactions on Vehicular Technology, 2009, 58 (3): 1077-1096.
[17] WANG J, GARRATT M, LAMBERT A, et al. Integration of GPS/INS/vision sensors to navigate unmanned aerial vehicles [J]. IAPRSSIS, 2008, 37 (B1): 963-969.
[18] WENDEL J, MEISTER O, SCHLAILE C, et al. An integrated GPS/MEMS-IMU navigation system for an autonomous helicopter[J]. Aerospace Science and Technology, 2006, 10 (6): 527-533.
[19] WENDEL J, TROMMER G F. Tightly coupled GPS/INS integration for missile applications[J]. Aerospace Science and Technology, 2004, 8 (7): 627-634.
[20] LI X, LI Z. A new calibration method for tri-axial field sensors in strap-down navigation systems [J]. Measurement Science and Technology, 2012, 23 (10): 105105.

第6章

多旋翼无人机姿态稳定与航迹跟踪控制

6.1 概述

多旋翼无人机的姿态稳定控制与航迹跟踪控制是无人机实现自主飞行的基础。受到加工工艺水平以及安装过程的影响，实际的多旋翼无人机系统参数与理论计算的模型之间存在一定的偏差，尤其加入负载后，会出现质量的变化以及飞行器重心位置的偏移，这给建立精确的多旋翼无人机模型带来了困难。另外，在执行飞行任务中，无人机往往处于一种复杂多变的飞行环境，这便需要强鲁棒性的姿态稳定控制器与航迹跟踪控制器才适合于实际工程应用。

本章以自主研发的十二旋翼无人机为研究对象，分别给出了姿态稳定控制器及航迹跟踪控制器的设计方法，对飞行系统的稳定性进行了详细分析，并且辅以姿态稳定控制器及航迹跟踪控制器的仿真实例。针对平面四轴无人机，往往会出现偏航姿态陷入执行器饱和现象，本章进一步讨论了偏航姿态饱和控制问题，以八旋翼无人机为实例，介绍了偏航抗饱和控制器的设计方法，并给出原型机飞行试验的验证。

6.2 多旋翼无人机姿态稳定控制器设计与实验

姿态稳定控制器的任务是控制多旋翼无人机的三个姿态角稳定地跟踪期望姿态信号，并保证闭环姿态系统具有期望的动态特性。特别是对于传统的四旋翼无人机来说，由于其本身的欠驱动特性，需要利用姿态与平动间明显的耦合关系实现空中位置的运动，设计一个具有期望动态特性的姿态稳定控制算法就成了一个非常重要的问题。本书介绍的十二旋翼无人机，虽在本质上实现了姿态与平动的独立控制，但设计有效的姿态稳定控制算法依然是保证无人机平稳飞行并可以实现一定任务要求的基本保证。

本节首先根据十二旋翼无人机实际的工作特性及姿态稳定控制器的设计需要对系统的动力学模型进行了简化，然后将反步法与滑模变结构控制相结合，针对姿态的三个通道（滚转、俯仰以及偏航）分别设计反步滑模姿态稳定控制器，在每个姿态通道中，分别引入自适应径向基神经网络（RBFNN）观测器估计并补偿系统的不确定性。其中，反步法采用递推设计，把非线性系统分解成小于系统阶数的各个子系统，构造子系统的虚拟控制量得到稳定的控制律，充分保证了系统的稳定性，且在处理非线性时具有极大的灵活性。滑模变结构控制响应快速，算法简单，易于实现。滑动模态对系统参数不确定性以及外界扰动非常不敏感，因此具有强鲁棒性。

6.2.1 多旋翼无人机姿态稳定控制模型

考虑到十二旋翼无人机的设计特性和工作情况，进行如下简化假设：

① 原型机的旋翼采用了碳纤维材料，可以认为旋翼质量很轻，不考虑其转动惯量矩；

② 将外部环境扰动、空气摩擦力与摩擦力矩等统一视为未建模扰动；

③ 考虑到由电机与旋翼组成的驱动单元相对于无人机自身具有更快速的响应特性，在研究无人机控制算法时可不考虑驱动部分动力学特性的影响，即直接将各个旋翼转速当作无人机动力学模型的输入。

根据以上假设，可以得到简化后的无人机姿态转动动力学模型如下：

$$\begin{cases}\dot{\boldsymbol{\eta}}=\boldsymbol{T\omega}\\ \boldsymbol{J}\dot{\boldsymbol{\omega}}=-\mathrm{sk}(\boldsymbol{\omega})\boldsymbol{J\omega}+\boldsymbol{M}+\Delta\boldsymbol{M}\end{cases} \tag{6-1}$$

式中，$\boldsymbol{\eta}=[\phi,\theta,\psi]^{\mathrm{T}}$ 为无人机姿态在惯性空间的投影的欧拉角；$\boldsymbol{J}$ 为无人机惯性张量；$\boldsymbol{\omega}=[p,q,r]^{\mathrm{T}}$ 为无人机姿态角速度在机体坐标系上的投影，$\mathrm{sk}(\boldsymbol{\omega})=\begin{bmatrix}0 & -r & q\\ r & 0 & -p\\ -q & p & 0\end{bmatrix}$；$\Delta\boldsymbol{M}$ 为有界的未建模总扰动，满足 $\|\Delta\boldsymbol{M}\|<\rho$；$\boldsymbol{M}$ 为无人机控制姿态力矩，且有

$$\boldsymbol{M}=\begin{bmatrix}M_x\\ M_y\\ M_z\end{bmatrix}=\begin{bmatrix}1/2(k_1 l\sin\gamma-k_2\cos\gamma)(-\Omega_1^2+\Omega_2^2+2\Omega_3^2+\Omega_4^2-\Omega_5^2-2\Omega_6^2)\\ \sqrt{3}/2(-k_1 l\sin\gamma+k_2\cos\gamma)(\Omega_1^2+\Omega_2^2-\Omega_4^2-\Omega_5^2)\\ (-k_1 l\cos\gamma+k_2\sin\gamma)(\Omega_1^2-\Omega_2^2+\Omega_3^2-\Omega_4^2+\Omega_5^2-\Omega_6^2)\end{bmatrix} \tag{6-2}$$

式中，$\Omega_1\sim\Omega_6$ 为无人机的六组旋翼的转速；γ 为电机转轴与飞行器机体平面的夹角；M_x 为滚转姿态 ϕ 运动控制力矩；M_y 为俯仰姿态 θ 运动控制力矩；M_z 为偏航姿态 ψ 运动控制力矩。

6.2.2 自适应径向基神经网络的反步滑模姿态稳定控制器设计

姿态稳定控制的目的是多旋翼无人机的姿态角 $\boldsymbol{\eta}=[\phi,\theta,\psi]^{\mathrm{T}}$ 准确地跟踪输入的期望姿态信号 $\boldsymbol{\eta}_{\mathrm{d}}=[\phi_{\mathrm{d}},\theta_{\mathrm{d}},\psi_{\mathrm{d}}]^{\mathrm{T}}$。姿态稳定控制框图如图 6-1 所示，十二旋翼无人机的三个姿态分成三个独立通道，分别进行控制。

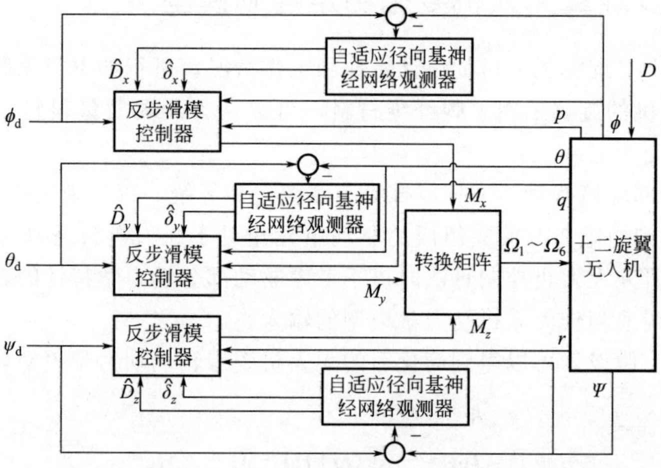

图 6-1 十二旋翼无人机姿态稳定控制框图

由于十二旋翼无人机的载荷变化会导致转动惯量具有一定的不确定性，其主要是模型参数不精确性的主要缘由，未建模动态和外界干扰也考虑到姿态控制中。以滚转姿态通道为例，状态空间方程表示为

$$\dot{\phi}=p$$
$$\dot{p}=M_x/I_x+D_x \tag{6-3}$$

式中，ϕ 为滚转角；p 为滚转角速度；I_x 为机体 x 轴的转动惯量；D_x 为滚转通道的总不确定性，包括滚转通道上的转动惯量不确定性以及有界外部干扰。

滚转姿态稳定控制器的设计步骤如下。

(1) 第一步

首先，定义滚转角误差为 $e_1=\phi_{\mathrm{d}}-\phi$，其中 ϕ_{d} 是输入的期望滚转角，则得到滚转角误差的导数：

$$\dot{e}_1=\dot{\phi}_{\mathrm{d}}-\dot{\phi}=\dot{\phi}_{\mathrm{d}}-e_2-v_1 \tag{6-4}$$

定义 $e_2=p-v_1$ 为角速度跟踪误差，v_1 表示第一步的虚拟控制量。选取第一步的李雅普诺夫（Lyapunov）函数：

$$V_1=\frac{1}{2}e_1^2 \tag{6-5}$$

则 V_1 的导数为：

$$\dot{V}_1=e_1(\dot{\phi}_d-e_2-v_1) \tag{6-6}$$

选取虚拟控制量为：

$$v_1=\dot{\phi}_d+\alpha_x e_1 \tag{6-7}$$

式中，α_x 为常数。将式(6-7) 代入到式(6-6) 中得到：

$$\dot{V}_1=-\alpha_x e_1^2-e_1e_2 \tag{6-8}$$

由此可知，当 $e_2=0$ 时，$\dot{V}_1=-\alpha_x e_1^2\leqslant 0$，即滚转角 ϕ 最终收敛到期望滚转角 ϕ_d。

(2) 第二步

由于 $\dot{e}_1=\dot{\phi}_d-p$ 和 $e_2=p-v_1=p-\dot{\phi}_d-\alpha_x e_1$，可以得到：

$$\dot{e}_1=-e_2-\alpha_x e_1 \tag{6-9}$$

则角速度跟踪误差的时间导数可表示为：

$$\dot{e}_2=\dot{p}-\dot{v}_1=M_x/I_x+D_x-\ddot{\phi}_d+\alpha_x(e_2+\alpha_x e_1) \tag{6-10}$$

选取第二步的李雅普诺夫（Lyapunov）函数为：

$$V_2=V_1+\frac{1}{2}s_x^2 \tag{6-11}$$

定义滚转通道的滑模切换面为 s_x，选取为：

$$s_x=k_x e_1+e_2 \tag{6-12}$$

式中，k_x 为常数。将式(6-8)、式(6-10) 和式(6-12) 代入 V_2 的导数中，可以得到

$$\begin{aligned}\dot{V}_2&=\dot{V}_1+s_x\dot{s}_x=-e_1e_2-\alpha_x e_1^2+s_x(k_x\dot{e}_1+\dot{e}_2)\\&=-e_1e_2-\alpha_x e_1^2+s_x[(k_x-\alpha_x)\dot{e}_1+M_x/I_x+D_x-\ddot{\phi}_d]\end{aligned} \tag{6-13}$$

(3) 第三步

滚转通道上未知的总不确定性 D_x 会影响实际飞行，而其界限又很难确定。设计自适应 RBFNN 观测器对不确定性进行有效的逼近和估计，其中 RBFNN 的参数与估计误差通过自适应算法在线更新，把 RBFNN 估计值以及估计误差均补偿到反步滑模控制器中。RBFNN 是一种具有单隐层的三层前馈网络，结构简单，只需要调整输出层的权值，具有强非线性逼近能力。如图 6-2 所示，

RBFNN 由三层网络组成：输入层把网络与外界连接起来；非线性的隐含层实现从输入空间到隐含空间的非线性变换；线性输出层是隐含层输出的加权和。

在滚转通道上，RBFNN 的输入矢量选择滚转姿态角误差与其导数，表示为 $\boldsymbol{Z}=[e_1,\dot{e}_1]^{\mathrm{T}}$。选取常用的高斯函数 $\boldsymbol{\Phi}=[\phi_1,\phi_2,\cdots,\phi_N]^{\mathrm{T}}$ 作为径向基函数。通过加权和方法得到输出 $\hat{D}_x$ 为

$$\boldsymbol{\phi}_j(\boldsymbol{Z})=\exp[-(\boldsymbol{Z}-\boldsymbol{M}_j)^{\mathrm{T}}\sum_{\mathrm{j}}(\boldsymbol{Z}-\boldsymbol{M}_j)] \tag{6-14}$$

$$\hat{D}_x=\sum_{j=1}^{N}\boldsymbol{W}_j\boldsymbol{\phi}_j(\boldsymbol{Z})\quad \mathrm{j}=1,2,\cdots,N \tag{6-15}$$

式中，N 为隐含层个数；$\boldsymbol{M}_j=[m_{1j},m_{2j}]^{\mathrm{T}}$ 为第 j 个隐含层的中心矢量；$\sum_j=\mathrm{diag}[1/\sigma_{1j}^2,1/\sigma_{2j}^2]^{\mathrm{T}}$ 为第 j 个隐含层的基宽矢量；$\boldsymbol{W}_j$ 为连接第 j 个隐含层与输出层的权值，权矢量表示为 $\boldsymbol{W}=[W_1,W_2,\cdots,W_N]^{\mathrm{T}}$。则 RBFNN 的输出可以简化为

$$\hat{D}_x=\boldsymbol{W}^{\mathrm{T}}\boldsymbol{\Phi}(\boldsymbol{Z}) \tag{6-16}$$

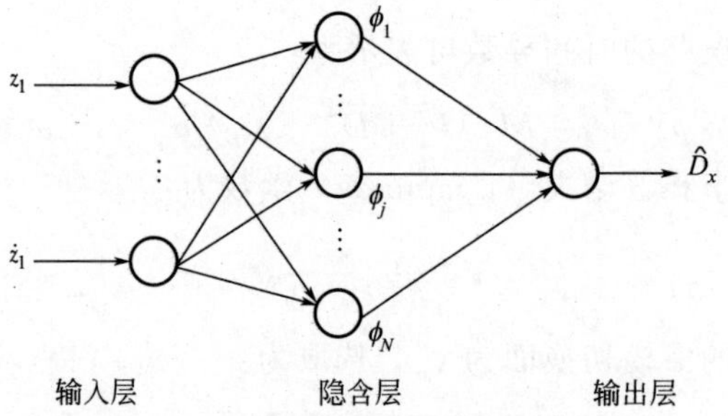

图 6-2　滚转通道的 RBFNN 网络结构图

为了更为精确地逼近实际不确定性，根据滚转通道上总的不确定性与 RBFNN 的估计值，定义最小重构误差 δ_x：

$$\delta_x=D_x-\hat{D}_x(\boldsymbol{W}^*) \tag{6-17}$$

式中，$\boldsymbol{W}^*$ 为最优权矢量。最小重构误差实现了对 RBFNN 观测器估计的补偿，保证十二旋翼无人机的姿态控制的稳定性和准确性。

[定理 6-1]　当反步滑模控制器参数满足如下条件：

$$\gamma_x(\alpha_x-k_x)-\frac{1}{4}>0 \tag{6-18}$$

设计十二旋翼无人机的滚转姿态稳定控制力矩为

$$M_x = I_x[-(k_x-\alpha_x)\dot{e}_1+\ddot{\phi}_d-\gamma_x s_x-h_x\mathrm{sign}(s)-U_{Hx}-U_{Rx}] \tag{6-19}$$

式中，γ_x 为常数；h_x 为常数。设定鲁棒控制器 U_{Hx} 与补偿器 U_{Rx} 分别为

$$U_{Hx}=\hat{D}_x(\boldsymbol{W}) \tag{6-20}$$

$$U_{Rx}=\hat{\delta}_x \tag{6-21}$$

依据自适应算法，设计 $\dot{\boldsymbol{W}}$ 和 $\dot{\hat{\delta}}_x$ 的自适应更新律为

$$\dot{\boldsymbol{W}}=s_x\eta_1\phi(\boldsymbol{Z}) \tag{6-22}$$

$$\dot{\hat{\delta}}_x=s_x\eta_2 \tag{6-23}$$

则在控制力矩[式(6-19)]的作用下，滚转角在 [$-20°,20°$] 范围内变化时，十二旋翼无人机的滚转姿态上的跟踪误差最终收敛为 0，即滚转通道上在具有内部和外部干扰的情况下，子系统最终渐近稳定。

[证明] 选择第三步的李雅普诺夫（Lyapunov）函数 V_3：

$$V_3=V_2+\frac{1}{2\eta_1}(\boldsymbol{W}^*-\boldsymbol{W})^{\mathrm{T}}(\boldsymbol{W}^*-\boldsymbol{W})+\frac{1}{2\eta_2}(\delta_x-\hat{\delta}_x)^2 \tag{6-24}$$

式中，η_1 为常数；η_2 为常数；$\hat{\delta}_x$ 为最小重构误差的估计值。那么，V_3 对时间的导数为

$$\begin{aligned}\dot{V}_3&=\dot{V}_2-\frac{1}{\eta_1}(\boldsymbol{W}^*-\boldsymbol{W})^{\mathrm{T}}\dot{\boldsymbol{W}}-\frac{1}{\eta_2}(\delta_x-\hat{\delta}_x)\dot{\hat{\delta}}_x\\&=-e_1e_2-\alpha_xe_1^2+s_x[(k_x-\alpha_x)\dot{e}_1+M_x/I_x+D_x-\ddot{\phi}_d]-\\&\quad\frac{1}{\eta_1}(\boldsymbol{W}^*-\boldsymbol{W})^{\mathrm{T}}\dot{\boldsymbol{W}}-\frac{1}{\eta_2}(\delta_x-\hat{\delta}_x)\dot{\hat{\delta}}_x\end{aligned} \tag{6-25}$$

由于滚转姿态稳定控制力矩 M_x 满足式(6-19)，则 V_3 对时间的导数重新写为

$$\begin{aligned}\dot{V}_3&=-e_1e_2-\alpha_xe_1^2-\gamma_xs_x^2-h_x|s_x|+s_x(D_x-\hat{D}_x(\boldsymbol{W}^*)-\hat{\delta}_x)-\\&\quad\frac{1}{\eta_2}(\delta_x-\hat{\delta}_x)\dot{\hat{\delta}}_x+s_x(\hat{D}_x(\boldsymbol{W}^*)-\hat{D}_x(\boldsymbol{W}))-\frac{1}{\eta_1}(\boldsymbol{W}^*-\boldsymbol{W})^{\mathrm{T}}\dot{\boldsymbol{W}}\\&=-e_1e_2-\alpha_xe_1^2-\gamma_xs_x^2-h_x|s_x|+s_x(\delta_x-\hat{\delta}_x)-\frac{1}{\eta_2}(\delta_x-\hat{\delta}_x)\dot{\hat{\delta}}_x+\\&\quad s_x[(\boldsymbol{W}^*-\boldsymbol{W})^{\mathrm{T}}\boldsymbol{\Phi}]-\frac{1}{\eta_1}(\boldsymbol{W}^*-\boldsymbol{W})^{\mathrm{T}}\boldsymbol{W}\end{aligned} \tag{6-26}$$

根据 $\dot{\boldsymbol{W}}$ 和 $\dot{\hat{\delta}}_x$ 的自适应更新算法，把式(6-22) 与式(6-23) 代入式(6-26) 可

以得到：

$$\begin{aligned}\dot{V}_3&=-e_1e_2-\alpha_x e_1^2-\gamma_x s_x^2-h_x|s_x|\\&=-\boldsymbol{E}^{\mathrm{T}}\boldsymbol{\Lambda}_x\boldsymbol{E}-h_x|s_x|\end{aligned}\tag{6-27}$$

式中，$\boldsymbol{E}=[e_1,e_2]^{\mathrm{T}}$，对称矩阵 $\boldsymbol{\Lambda}_x$ 表示为

$$\boldsymbol{\Lambda}_x=\begin{bmatrix}\alpha_x+\gamma_x k_x^2 & \gamma_x k_x+\dfrac{1}{2}\\ \gamma_x k_x+\dfrac{1}{2} & \gamma_x\end{bmatrix}\tag{6-28}$$

由于控制器参数满足式(6-28)，则对称矩阵 $\boldsymbol{\Lambda}_x$ 是正定矩阵。根据 Barbalat 引理，当 $t\to\infty$ 时，$\dot{V}_3\to 0$。换言之，当 $t\to\infty$ 时，滚转角误差与滚转角速度误差均收敛于 0。因此，基于 RBFNN 的反步滑模滚转姿态控制器在满足上述条件下，可以保证滚转子系统渐近稳定。同时，由于保证了 $s_x\dot{s}_x\leqslant 0$，则满足滚转通道上的滑动模态可达性条件。

十二旋翼无人机的俯仰通道与偏航通道的控制器设计步骤与滚转通道相似，这里就不具体一一介绍了，其他两个姿态的控制器设计结果参见定理 6-2 与定理 6-3，证明过程同定理 6-1 相似，省略了证明步骤。

［**定理 6-2**］ 当反步滑模控制器参数满足如下条件：

$$\gamma_y(\alpha_y-k_y)-\frac{1}{4}>0\tag{6-29}$$

设计十二旋翼无人机的俯仰姿态稳定控制力矩为

$$M_y=I_y[-(k_y-\alpha_y)\dot{e}_1+\ddot{\theta}_{\mathrm{d}}-\gamma_y s_y-h_y\operatorname{sign}(s_y)-U_{Hy}-U_{Ry}]\tag{6-30}$$

式中，γ_y 为常数；h_y 为常数。设定鲁棒控制器 U_{Hy} 与补偿器 U_{Ry} 分别为

$$U_{Hy}=\hat{D}_y(\boldsymbol{W})\tag{6-31}$$

$$U_{Ry}=\hat{\delta}_y\tag{6-32}$$

依据自适应算法，设计 $\dot{\boldsymbol{W}}$ 和 $\dot{\hat{\delta}}_y$ 的自适应更新律为

$$\dot{\boldsymbol{W}}=s_y\eta_1\phi(\boldsymbol{Z})\tag{6-33}$$

$$\dot{\hat{\delta}}_y=s_y\eta_2\tag{6-34}$$

则在控制力矩式(6-30) 的作用下，俯仰角在 $[-20°,20°]$ 范围内变化时，十二旋翼无人机的俯仰姿态上的跟踪误差最终收敛为 0，即俯仰通道上在具有内部和外部干扰的情况下，子系统最终渐近稳定。

［**定理 6-3**］ 当反步滑模控制器参数满足如下条件：

$$\gamma_z(\alpha_z-k_z)-\frac{1}{4}>0\tag{6-35}$$

设计十二旋翼无人机的偏航姿态稳定控制力矩为

$$M_z=I_z[-(k_z-\alpha_z)\dot{e}_1+\ddot{\psi}_d-\gamma_z s_z-h_z\mathrm{sign}(s_z)-U_{Hz}-U_{Rz}] \tag{6-36}$$

式中，γ_z 为常数；h_z 为常数。设定鲁棒控制器 U_{Hz} 与补偿器 U_{Rz} 分别为

$$U_{Hz}=\hat{D}_z(\boldsymbol{W}) \tag{6-37}$$

$$U_{Rz}=\hat{\delta}_z \tag{6-38}$$

依据自适应算法，设计 $\dot{\boldsymbol{W}}$ 和 $\dot{\hat{\delta}}_z$ 的自适应更新律为

$$\dot{\boldsymbol{W}}=s_z\eta_1\phi(\boldsymbol{Z}) \tag{6-39}$$

$$\dot{\hat{\delta}}_z=s_z\eta_2 \tag{6-40}$$

则在控制力矩式(6-36) 的作用下，十二旋翼无人机的偏航姿态上的跟踪误差最终收敛为 0，即偏航通道上在具有内部和外部干扰的情况下，子系统最终全局渐近稳定。

通过三个姿态通道的独立控制可知，面对系统未建模动态与外界干扰，基于自适应径向基神经网络的反步滑模控制器可以最终保证十二旋翼无人机系统的姿态稳定。

6.2.3 自适应径向基神经网络的反步滑模姿态稳定控制仿真验证

在三个姿态通道中分别引入了转动惯量不确定性、外界常值干扰与时变干扰，进行自适应 RBFNN 的反步滑模控制器与传统的反步滑模控制器的比较仿真实验。仿真模型参数采用十二旋翼原型机实际的测量值，如表 6-1 所示。假设无人机转动惯量不确定性为 $\Delta\boldsymbol{I}=[-0.3I_x,-0.3I_y,-0.3I_z]^{\mathrm{T}}$，常值干扰为 $\tau_{\mathrm{d1}}=0.4$，时变干扰为 $\tau_{\mathrm{d2}}=0.2\sin(0.5t)$，分别作用到俯仰、滚转与偏航通道，进行了跟踪不同期望姿态角的两类仿真实验。首先，两类实验的初始姿态角相同，均选取为 $\boldsymbol{\eta}_0=[0,0,0]^{\mathrm{T}}\mathrm{rad}$，实验一的期望姿态角为 $\boldsymbol{\eta}_{\mathrm{d}}=[0.2,0.2,0.5]^{\mathrm{T}}\mathrm{rad}$，实验二的期望姿态角为 $\boldsymbol{\eta}_{\mathrm{d}}=[0.2\cos(t),0.2\cos(t),0.5\cos(t)]^{\mathrm{T}}\mathrm{rad}$。

表 6-1 十二旋翼无人机仿真模型参数

参数	数值	参数	数值
质量 m/kg	4.5	对应 z 轴的转动惯量 I_z/N·m·s^2	5.1×10^{-2}
旋翼距机体中心距离 l/m	0.5	旋翼升力系数 k_1/N·s^2	6.2×10^{-5}
对应 x 轴的转动惯量 I_x/N·m·s^2	2.6×10^{-2}	旋翼反扭力矩系数 k_2/N·s^2	1.3×10^{-6}
对应 y 轴的转动惯量 I_y/N·m·s^2	2.6×10^{-2}	旋翼轴与机体平面的夹角 γ/(°)	20

在两类仿真实验中，反步滑模控制器的各个参数的选取会影响控制性能。其中，α 影响系统的响应速度，参数 α 选取过小会使系统响应过慢，而选取过大又会降低系统的稳定性。参数 k 的过小将导致稳态误差的增加，而过大会使系统产生振荡。γ 决定趋近滑模切换面的收敛速度，参数过小会导致收敛过慢，而太大会降低系统的稳定性。适当增加 h 可以保证快速到达滑模切换面，但若选取过大将引起抖振。因此，通过反复试验调试，同时考虑系统的瞬态控制特性和稳态性能，在满足式(6-18)、式(6-29) 以及式(6-35) 的要求下，反步滑模控制器的控制参数选定为：滚转姿态通道中 $\alpha_x=10$，$k_x=0.5$，$\gamma_x=15$，$h_x=1$；俯仰姿态通道中 $\alpha_y=10$，$k_y=0.5$，$\gamma_y=15$，$h_y=1$；偏航姿态通道中 $\alpha_z=12$，$k_z=0.5$，$\gamma_z=20$，$h_z=1$。为了达到更佳的估计性能，通过反复调试，设定自适应 RBFNN 观测器的隐含层个数 $N=6$，每个隐含层的中心矢量均为 $[1,1]^{\mathrm{T}}$，基宽矢量均为 diag $[1/7^2,1/7^2]^{\mathrm{T}}$。自适应参数 $\eta_1=10$，$\eta_2=3$。

(1) 实验一

实验一的飞行器姿态跟踪信号为 $\boldsymbol{\eta}_{\mathrm{d}}=[0.2,0.2,0.5]^{\mathrm{T}}\mathrm{rad}$，分别加入了模型转动惯量的不确定性、常值外界干扰和时变外界干扰，图 6-3～图 6-5 分别显示了滚转姿态、俯仰姿态和偏航姿态的跟踪比较结果。在图 6-3 中，比较了本章设计的自适应 RBFNN 的反步滑模算法以及未加入自适应 RBFNN 的传统反步滑模算法之间的滚转跟踪效果。同样地，图 6-4 描述了两种算法的俯仰姿态跟踪的比较结果，图 6-5 表示基于两种算法的偏航姿态跟踪比较结果。

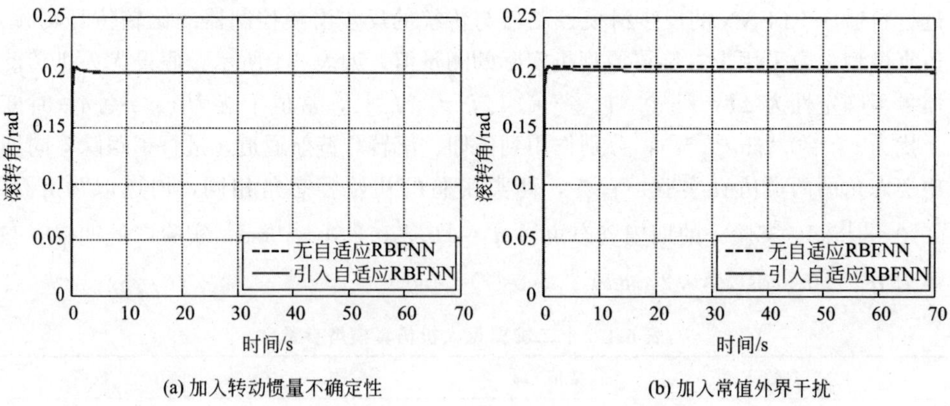

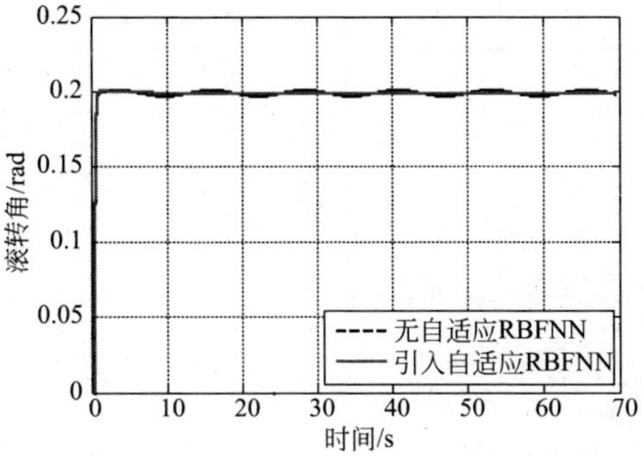

(c) 加入时变外界干扰

图 6-3　实验一的滚转姿态比较实验结果（电子版）

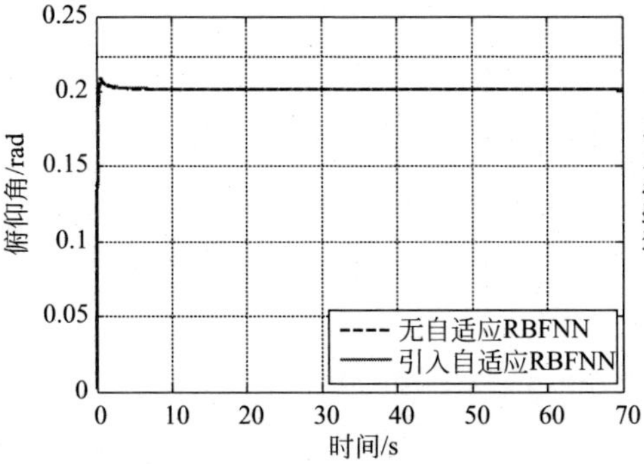

(a) 加入转动惯量不确定性

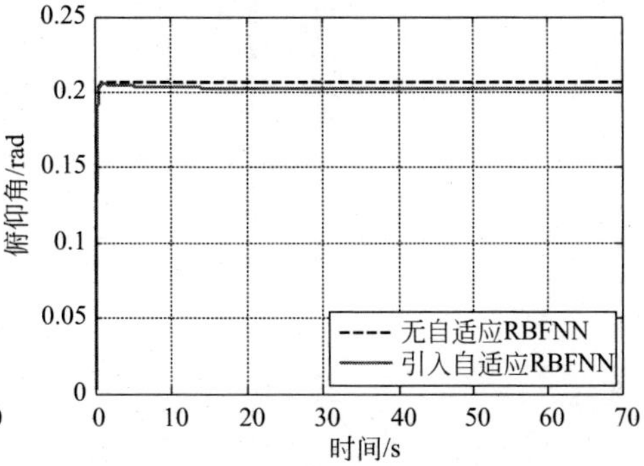

(b) 加入常值外界干扰

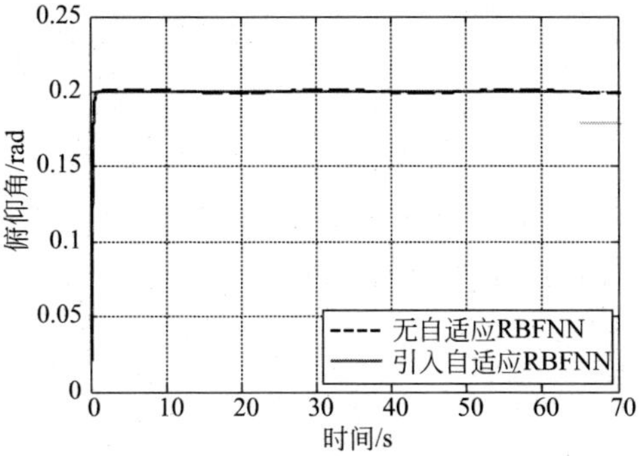

(c) 加入时变外界干扰

图 6-4　实验一的俯仰姿态比较实验结果（电子版）

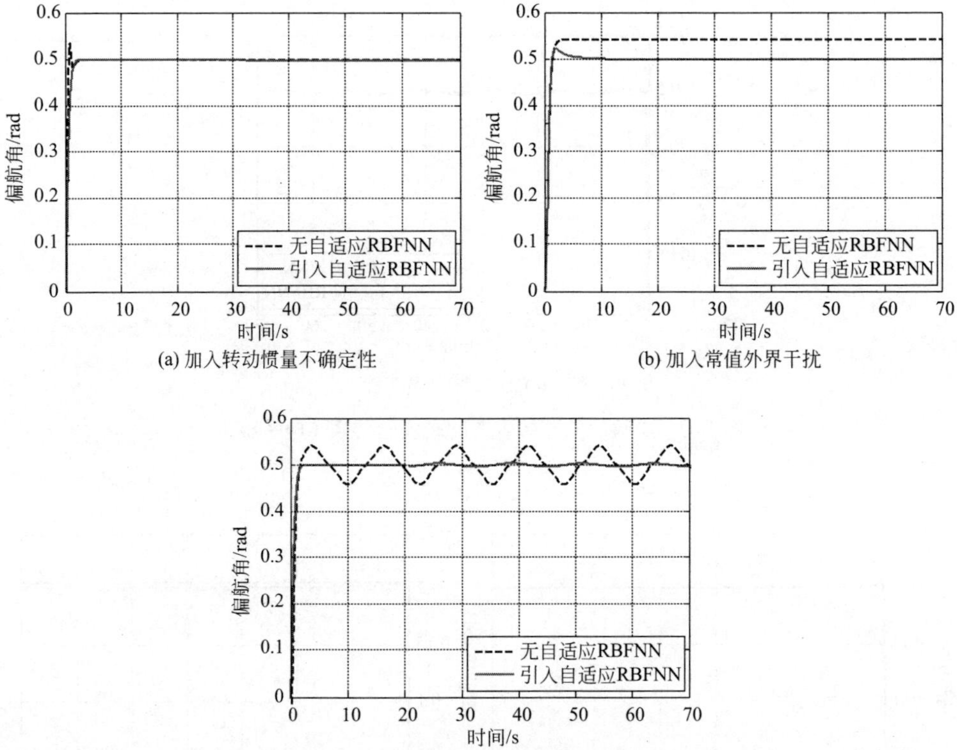

(a) 加入转动惯量不确定性

(b) 加入常值外界干扰

(c) 加入时变外界干扰

图 6-5 实验一的偏航姿态比较实验结果(电子版)

在传统反步滑模算法中，常值外扰会导致三个姿态控制出现明显的静差，而基于本节设计的姿态稳定控制器，面对常值外扰，静差为零，自适应 RBFNN 观测器对常值外扰进行了估计和补偿，具有良好的跟踪效果。面对时变干扰，传统反步滑模姿态控制具有较大的幅值振荡，姿态控制性能有明显的退化，而由于自适应 RBFNN 对干扰具有实时补偿能力，故基于自适应 RBFNN 的反步滑模姿态控制具有较强的鲁棒性。当模型的转动惯量存在不确定性时，本章算法比传统反步滑模算法具有更快的调节时间和更小的超调。

(2) 实验二

期望姿态角设为 $\boldsymbol{\eta}_{\mathrm{d}}=[0.2\cos(t),0.2\cos(t),0.5\cos(t)]^{\mathrm{T}}\mathrm{rad}$，引入时变干扰 $\boldsymbol{\tau}_{\mathrm{d2}}=0.2\sin(0.5t)$ 进行仿真实验二。图 6-6～图 6-8 分别描述了在时变干扰情况下的三个姿态角的跟踪误差以及自适应 RBFNN 对时变干扰的估计结果。面对外界的时变干扰，基于自适应 RBFNN 的反步滑模算法比传统的反步滑模算法的控制效果具有更显著的优越性、更强的抗干扰能力、更精确的姿态控制性能及良好的估计性能。

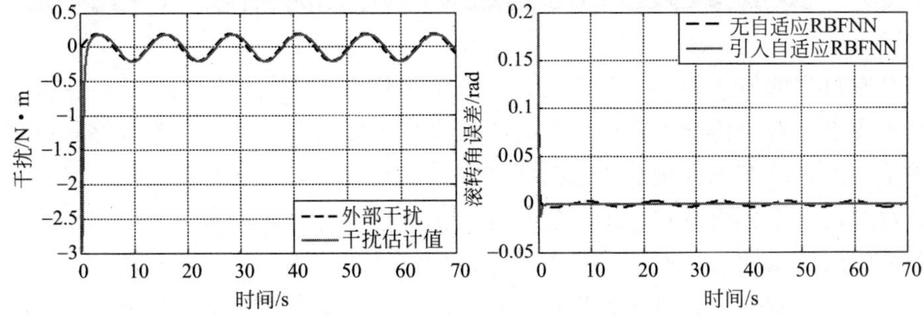

(a) 时变干扰与干扰估计值　　(b) 时变干扰下的滚转姿态角误差

图 6-6　实验二的滚转姿态角误差与时变干扰估计结果（电子版）

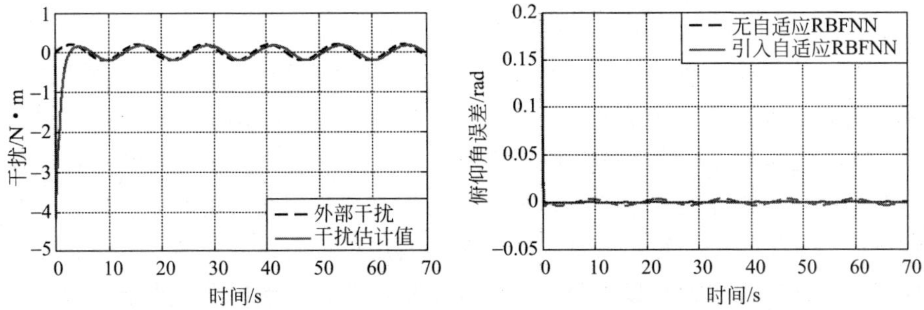

(a) 时变干扰与干扰估计值　　(b) 时变干扰下的俯仰姿态角误差

图 6-7　实验二的俯仰姿态角误差与时变干扰估计结果（电子版）

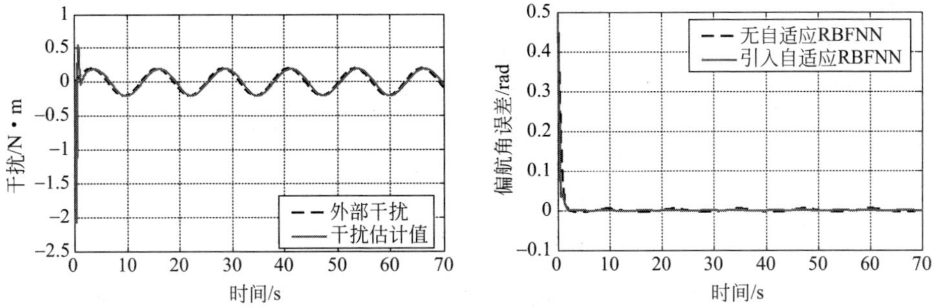

(a) 时变干扰与干扰估计值　　(b) 时变干扰下的偏航姿态角误差

图 6-8　实验二的偏航姿态角误差与时变干扰估计结果（电子版）

6.3 多旋翼无人机航迹跟踪控制器设计与实验

具有自主的航迹跟踪飞行能力，是保证多旋翼无人机能够独立执行实际任务的基本要求。对于传统平面四旋翼无人机来说，姿态与平动之间都存在较强的耦合关系，通过改变无人机的姿态角实现在空间沿期望航迹飞行的目的。通过本书第 2 章的动力学分析可知，十二旋翼无人机可以通过合理配置各个旋翼的转速直接提供侧向的驱动力，使其具备更加灵活的机动飞行能力，甚至可以实现姿态与平动间的完全解耦，使得无人机在执行实际任务时有更广泛的适用性，能够完成某些一般的多旋翼无人机无法实现的任务。

6.3.1 自抗扰航迹跟踪控制器

(1) 自抗扰航迹跟踪控制器设计

由十二旋翼无人机动力学模型可知，其姿态控制可视为独立的子系统，平动控制受到姿态因素的耦合影响。为实现无人机姿态与平动的独立控制，构建如图 6-9 所示的双环并行闭环飞行控制系统。整个控制系统由并行的航迹跟踪控制器与姿态稳定控制器组成。其中，姿态稳定控制器利用无人机的姿态信息与期望的姿态指令确定控制力矩；航迹跟踪控制器利用位置与速度的信号并结合姿态信息计算旋翼需要提供的直接力与升力。姿态稳定控制器采用上一小节设计的控制算法，本节设计了自抗扰航迹跟踪控制器，结构示意图如图 6-10 所示。航迹跟踪控制系统包括三部分：跟踪微分器（TD）、扩张的状态观测器（ESO）以及非线性状态误差反馈控制算法（NLSEF）。

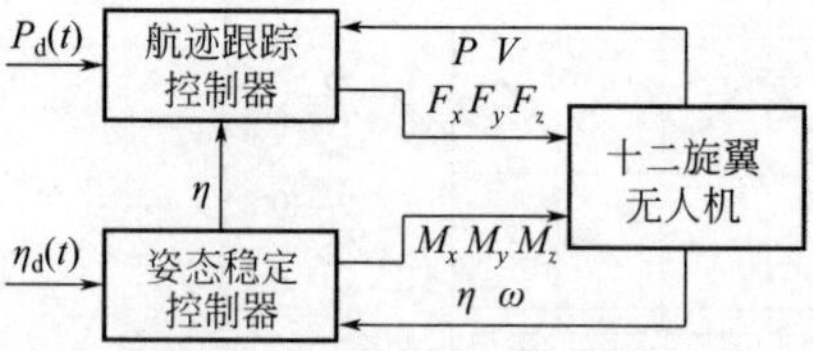

图 6-9 具有双环并行结构的闭环飞行控制系统示意图

首先引入一个跟踪微分器单元，跟踪参考航迹信号 $\boldsymbol{P}_d$，并安排预期的动态跟踪特性，其主要作用在于柔化 $\boldsymbol{P}_d$ 的变化，以减少系统输出的超调，增强控制器的鲁棒性。在这里基于二阶最速开关系统，可以得到如下二阶跟踪微分器：

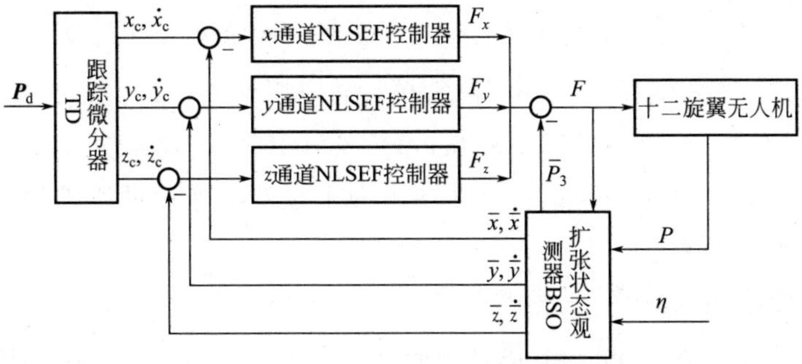

图 6-10　航迹跟踪控制系统结构示意图

$$\begin{cases}\dot{\boldsymbol{P}}_{\mathrm{c}}^{1}=\boldsymbol{P}_{\mathrm{c}}^{2}\\ \dot{\boldsymbol{P}}_{\mathrm{c}}^{2}=-\boldsymbol{R}\,\mathrm{sat}\left(\boldsymbol{P}_{\mathrm{c}}^{1}-\boldsymbol{P}_{\mathrm{d}}(t)+\dfrac{\|\boldsymbol{P}_{\mathrm{c}}^{2}\|^{2}}{2}\boldsymbol{R}^{-1},\delta\right)\end{cases}\tag{6-41}$$

式中，$\boldsymbol{P}_{\mathrm{c}}^{1}=[x_{\mathrm{c}},y_{\mathrm{c}},z_{\mathrm{c}}]^{\mathrm{T}}$ 为对参考航迹 $\boldsymbol{P}_{\mathrm{d}}$ 的逼近；$\boldsymbol{P}_{\mathrm{c}}^{2}=[\dot{x}_{\mathrm{c}},\dot{y}_{\mathrm{c}},\dot{z}_{\mathrm{c}}]^{\mathrm{T}}$ 为对参考航迹微分 $\dot{\boldsymbol{P}}_{\mathrm{d}}$ 的逼近；$\boldsymbol{R}$ 为逼近收敛的速度，线性饱和函数 $\mathrm{sat}(A,\delta)$ 可表示为：

$$\mathrm{sat}(A,\delta)=\begin{cases}\mathrm{sign}(A),|A|>\delta\\ \dfrac{A}{\delta},|A|\leqslant\delta,\delta>0\end{cases}\tag{6-42}$$

设计扩张的状态观测器环节表示如下：

$$\begin{cases}\boldsymbol{\varepsilon}=\overline{\boldsymbol{P}}_{1}-\boldsymbol{P}\\ \dot{\overline{\boldsymbol{P}}}_{1}=\overline{\boldsymbol{P}}_{2}-\boldsymbol{\beta}_{1}\cdot\boldsymbol{\varepsilon}\\ \dot{\overline{\boldsymbol{P}}}_{2}=\overline{\boldsymbol{P}}_{3}-\boldsymbol{\beta}_{2}\mathrm{fal}(\varepsilon,\alpha_{1},\delta)+\boldsymbol{RF}+\boldsymbol{G}\\ \dot{\overline{\boldsymbol{P}}}_{3}=-\boldsymbol{\beta}_{3}\mathrm{fal}(\varepsilon,\alpha_{2},\delta)\end{cases}\tag{6-43}$$

式中，$\boldsymbol{\beta}_1$、$\boldsymbol{\beta}_2$ 与 $\boldsymbol{\beta}_3$ 为正定的对角矩阵，$\mathrm{fal}(\cdot)$ 函数为

$$\mathrm{fal}(\varepsilon,\alpha,\delta)=\begin{cases}|\varepsilon|^{\alpha}\mathrm{sign}(\varepsilon),|\varepsilon|>\delta\\ \dfrac{\varepsilon}{\delta^{1-\alpha}},|\varepsilon|\leqslant\delta\end{cases}\tag{6-44}$$

且有 $0<\alpha<1$。$\overline{\boldsymbol{P}}_{1}=[\bar{x},\bar{y},\bar{z}]^{\mathrm{T}}$ 为对无人机位置的估计值；$\overline{\boldsymbol{P}}_{2}=[\dot{\bar{x}},\dot{\bar{y}},\dot{\bar{z}}]^{\mathrm{T}}$ 为对无人机速度的估计值，并利用 $\overline{\boldsymbol{P}}_{3}$ 估计与补偿耦合因素以及外界扰动组成的“总扰动”，将整个平动子系统分为三个方向上相互独立的通道。

为每一个通道单独设计非线性状态反馈控制器，并与扩张的状态观测器对

“总扰动”的补偿量一起组成无人机平动控制量：

$$\begin{cases} F_x = k_x^1 \text{fal}(e_x^1, \alpha_1, \delta) + k_x^2 \text{fal}(e_x^2, \alpha_2, \delta) \\ F_y = k_y^1 \text{fal}(e_y^1, \alpha_1, \delta) + k_y^2 \text{fal}(e_y^2, \alpha_2, \delta) \\ F_z = k_z^1 \text{fal}(e_z^1, \alpha_1, \delta) + k_z^2 \text{fal}(e_z^2, \alpha_2, \delta) \end{cases} \tag{6-45}$$

式中，e_i^1、e_i^2（$i=x$，y，z）为 i 方向上位置与速度的跟踪误差；k_i^1、k_i^2 为相对应的控制系数。

(2) 自抗扰航迹跟踪控制仿真验证

在本小节中，通过 matlab 仿真验证十二旋翼无人机在自抗扰航迹跟踪控制下的飞行效果。无人机的初始位置为 $\boldsymbol{P}_0=[0,0,0]^{\mathrm{T}}\mathrm{m}$，初始姿态角为 $\boldsymbol{\eta}_0=[0,0,0.2]^{\mathrm{T}}\mathrm{rad}$，期望航迹为的水平矩形航迹，表示如下：

$$\begin{cases} x_{\mathrm{d}} = \dfrac{4(t-5)}{5}\text{fsg}(t,5,10) + 4\text{fsg}(t,10,15) + \dfrac{4(20-t)}{5}\text{fsg}(t,15,20) \\ y_{\mathrm{d}} = \dfrac{3(t-10)}{5}\text{fsg}(t,10,15) + 3\text{fsg}(t,15,20) + \dfrac{3(25-t)}{5}\text{fsg}(t,20,25) \\ z_{\mathrm{d}} = \dfrac{3t}{5}\text{fsg}(t,0,5) + 3\text{fsg}(t,5,30) \end{cases} \tag{6-46}$$

函数 fsg(·) 表示为

$$\text{fsg}(x,a,b) = \frac{\text{sign}(x-a) + \text{sign}(b-x)}{2} \tag{6-47}$$

期望滚转角与期望俯仰角跟踪正弦信号，分别为 $\phi_{\mathrm{d}}=0.3\sin\left(\dfrac{\pi}{5}t+\dfrac{5\pi}{4}\right)\mathrm{rad}$，$\theta_{\mathrm{d}}=0.4\sin\left(\dfrac{\pi}{4}t+\dfrac{\pi}{3}\right)\mathrm{rad}$，期望偏航角为 $\psi_{\mathrm{d}}=0$。

十二旋翼自抗扰航迹跟踪仿真结果如图 6-11 所示，其中，图 6-11(a) 表示无人机准确地实现了沿期望矩形航迹飞行；图 6-11(c) ～ (d) 表明了十二旋翼无人机在保证对矩形航迹跟踪的同时也实现了对于期望姿态角的跟踪。为进一步验证航迹跟踪与姿态跟踪的相互独立性，给出了另一个仿真验证实例。仍然选取初始状态为 $\boldsymbol{P}_0=[0,0,0]^{\mathrm{T}}\mathrm{m}$ 与 $\boldsymbol{\eta}_0=[0,0,0.2]^{\mathrm{T}}\mathrm{rad}$，并继续要求跟踪矩形航迹如式(6-46) 及式(6-47)，同时控制姿态角跟踪信号：$\phi_{\mathrm{d}}=0.3\mathrm{rad}$，$\theta_{\mathrm{d}}=0.4\mathrm{rad}$，$\psi_{\mathrm{d}}=0$。

仿真结果如图 6-12 所示，图 6-12(a) 表明无人机仍然保持了对于空间水平矩形航迹的跟踪；图 6-12(c)～(d)则表明当期望姿态角信号改为阶跃形式之后，无人机在保证航迹跟踪飞行的同时也实现了对姿态信号的准确跟踪。对比前一次仿真实例（图 6-11）可以看出，在跟踪同样航迹的同时十二旋翼无人机有能力跟踪完全不同的期望姿态信号。接下来，给出第三个仿真实例，控制无人机的姿态航迹与第一次仿真相同，而控制无人机跟踪一个在空间倾斜的矩形航迹：

$$
\begin{aligned}
x_{\mathrm{d}} &= \frac{4(t-5)}{5}\mathrm{fsg}(t,5,10)+4\mathrm{fsg}(t,10,15)+\frac{4(20-t)}{5}\mathrm{fsg}(t,15,20)\\
y_{\mathrm{d}} &= \frac{3(t-10)}{5}\mathrm{fsg}(t,10,15)+3\mathrm{fsg}(t,15,20)+\frac{3(25-t)}{5}\mathrm{fsg}(t,20,25)\\
z_{\mathrm{d}} &= 2+\frac{3(t-5)}{5}\mathrm{fsg}(t,5,10)+3\mathrm{fsg}(t,10,15)+\frac{3(20-t)}{5}\mathrm{fsg}(t,15,20)
\end{aligned}
\tag{6-48}
$$

式中，函数 fsg(·) 如式(6-47) 所示。

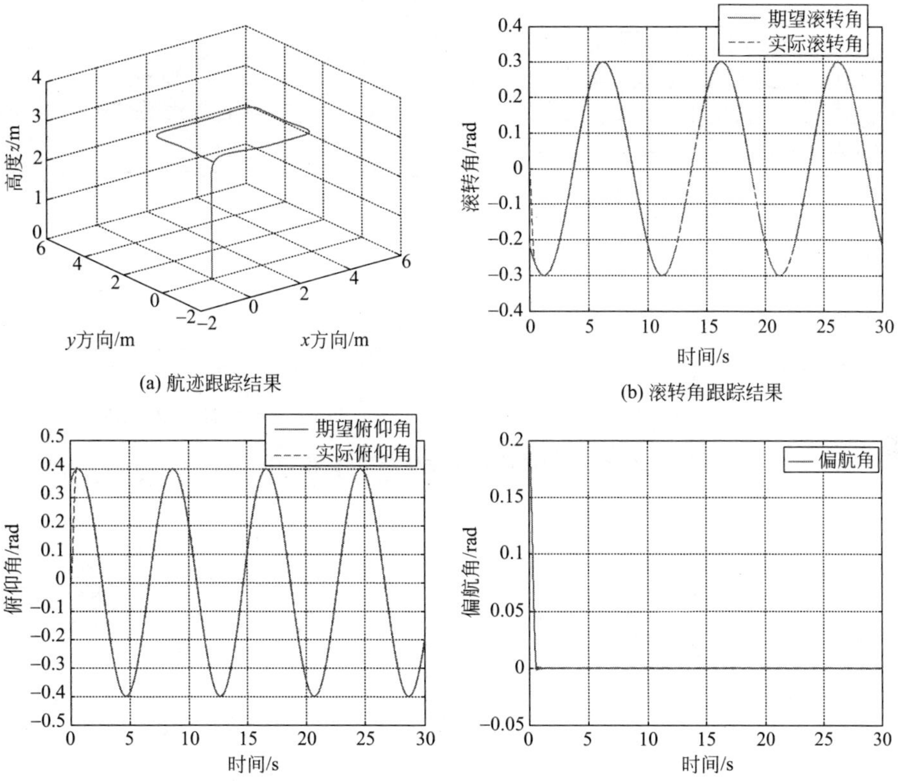

(a) 航迹跟踪结果

(b) 滚转角跟踪结果

(c) 俯仰角跟踪结果

(d) 偏航角跟踪结果

图 6-11 十二旋翼航迹跟踪仿真 1 结果（电子版）

航迹跟踪飞行的仿真结果如图 6-13 所示，无人机同时准确地跟踪了期望的空间矩形航迹以及姿态角的输入信号。在设计的并行双环飞行控制系统的控制作用下，改变跟踪的期望航迹对于姿态的跟踪也不会产生影响。

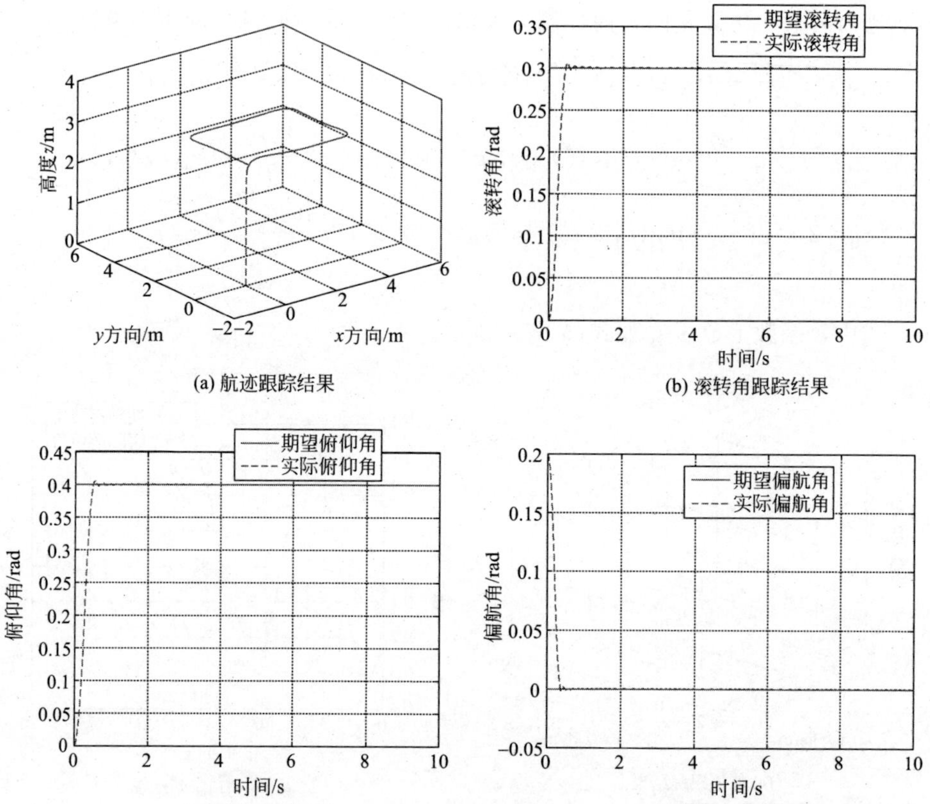

(a) 航迹跟踪结果 (b) 滚转角跟踪结果

(c) 俯仰角跟踪结果 (d) 偏航角跟踪结果

图 6-12 十二旋翼航迹跟踪仿真 2 结果（电子版）

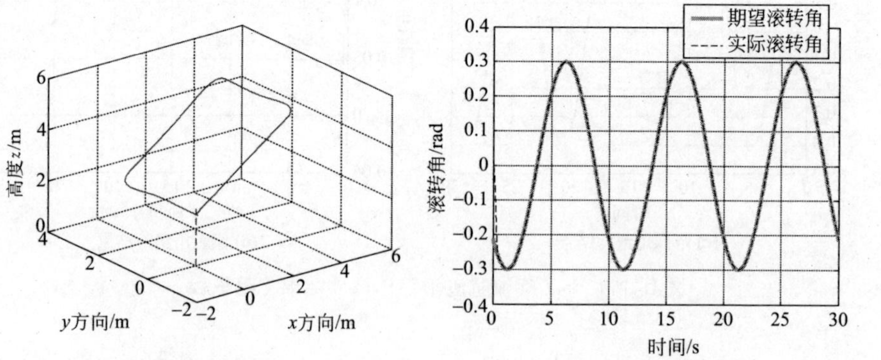

(a) 航迹跟踪结果 (b) 滚转角跟踪结果

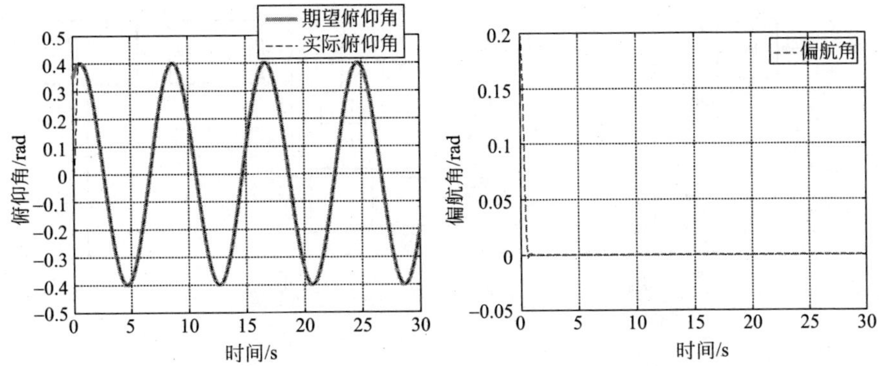

(c) 俯仰角跟踪结果

(d) 偏航角跟踪结果

图 6-13 十二旋翼航迹跟踪仿真 3 结果（电子版）

通过对比三次仿真飞行的结果可以证明在设计的并行式飞行器控制系统的控制下十二旋翼无人机真正实现了姿态与平飞间的独立控制，相比于传统的四旋翼无人机具有更加灵活的机动能力，可以更好地完成任务要求，甚至可以实现一些四旋翼无人机无法执行的任务。

6.3.2 线性自抗扰航迹跟踪控制器

（1）线性自抗扰航迹跟踪控制器设计

自抗扰算法中的扩展状态观测器为非线性的，非线性机制虽然具有更高精度与反馈效率等，但会带来稳态高增益，容易在小信号时引起抖动，并且非线性控制器难以在工程上使用常用的频率分析以确定稳定性边界。自抗扰控制参数繁多，为工程调节增加了难度。本节设计线性自抗扰控制器（LADRC）。线性自抗扰控制器由高志强等人于 2006 年提出，该算法是基于自抗扰控制器的思想，实现扩展状态观测器的线性化，线性 ESO 同样具有实时估计与及时补偿的特性。另外，线性自抗扰的控制参数降到 4 个，均具有明确的物理意义，十分有益于工程应用。

本节依然采用四入通道的线性自抗扰航迹跟踪独立控制，即水平 y-ϕ 通道、水平 x-θ 通道、高度 z 通道以及偏航 ψ 通道。在水平 y-ϕ 通道与水平 x-θ 通道，采用内、外环结构的控制策略，外环采用 PD 算法得到期望的姿态角，内环采用 LADRC 进行姿态跟踪，从而控制水平方向的航迹飞行。同样地，以水平 y-ϕ 通道为例，航迹跟踪控制框图如图 6-14 所示。

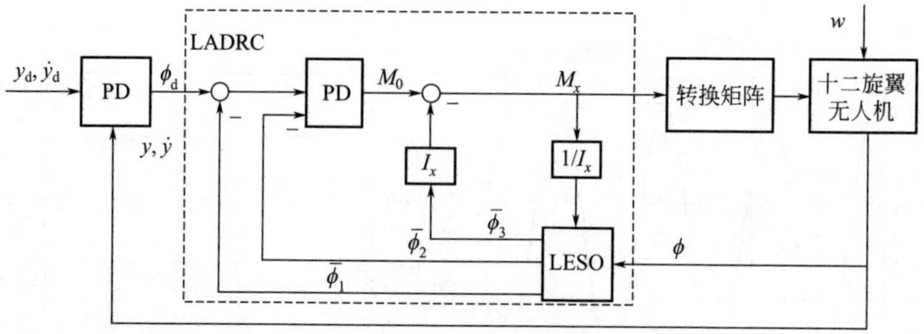

图 6-14　y-ϕ 通道的航迹跟踪控制框图

线性自抗扰算法中，认为线性扩张状态观测器（LESO）观测准确，因此略去了自抗扰算法中的跟踪微分器部分，简化了线性自抗扰结构，易于工程实现。y-ϕ 通道内环的 LESO 将误差代替 ESO 中的非线性函数 $fal(\cdot)$，表示如下：

$$\begin{cases}\varepsilon_1=\bar{\phi}_1-\phi\\ \dot{\phi}_1=\bar{\phi}_2-\beta_{y01}\varepsilon_1\\ \dot{\phi}_2=\bar{\phi}_3-\beta_{y02}\varepsilon_1+M_x/I_x\\ \dot{\phi}_3=-\beta_{y03}\varepsilon_1\end{cases} \tag{6-49}$$

式中，$\bar{\phi}_1$ 为滚转姿态角的估计值；$\bar{\phi}_2$ 为滚转角微分估计值，即滚转角速度的估计值；$\bar{\phi}_3$ 为 y-ϕ 通道的总的不确定性 w 的估计值。定义 $\boldsymbol{L}_y=[\beta_{y01},\beta_{y02},\beta_{y03}]^{\mathrm{T}}$ 为 y-ϕ 通道的 LESO 的控制增益，那么特征方程为 $s^3+\beta_{y01}s^2+\beta_{y02}s+\beta_{y03}$，由此可以配置控制增益 $\boldsymbol{L}_y=[3\omega_{y0},3\omega_{y0}^2,\omega_{y0}^3]^{\mathrm{T}}$，$\omega_{y0}$ 为观测器的带宽，使得特征方程改写为 $(s+\omega_{y0})^3$，从而系统更易达到稳定，调节更快，同时 LESO 的参数只需调节 ω_{y0} 即可，大大简化了 LADRC 的控制参数。由此可见，虽然 LESO 是线性结构，但是 LESO 能够有效补偿含有非线性动态、未建模动态以及未知外部扰动等系统总的不确定性。

y-ϕ 通道内环的线性化 NLSEF 采用 PD 控制器，表示如下：

$$\begin{cases}M_0=k_{yp}(\phi_d-\bar{\phi}_1)-k_{yd}\bar{\phi}_2\\ M_x=M_0-I_x\bar{\phi}_3\end{cases} \tag{6-50}$$

式中，k_{yp}、k_{yd} 为线性化 NLSEF 的参数；$\phi_d(k)$ 为期望的滚转角度，为了避免对期望滚转角度进行微分，只引入了 $-k_{yd}\bar{\phi}_2(k+1)$ 项的处理方法。一般地，线性 NLSEF 的参数根据如下原则分配：$k_{yp}=\omega_{yc}^2$，$k_{yd}=2\xi_y\omega_{yc}$，其中 ω_{yc} 与 ξ_y 表示闭环自然振荡频率和阻尼比，并有 $\omega_{y0}=5-10\omega_{yc}$，故在求取 M_0

的基础上加入扰动估计值的补偿，最终得到滚转力矩 M_x。

其他三路通道的线性自抗扰控制设计过程与上述相同，可分别求得 M_x、M_z 以及高度方向提供的升力 F，从而完成十二旋翼无人机的航迹控制飞行。

(2) 线性自抗扰的十二旋翼无人机稳定性分析

由于线性自抗扰控制器的稳定性主要取决于线性扩张状态观测器的稳定分析，因此，本节首先分析 LESO 的稳定性。对于一个被控对象为

$$\begin{cases}\dot{x}_1=x_2\\ \dot{x}_2=bu+w\\ \dot{x}_3=h\\ \phi=x_1\end{cases} \tag{6-51}$$

式中，u 为控制量；w 为干扰，假设 w 可微分，$h=\dot{w}$，h 有界，定义 $\boldsymbol{x}=[x_1,x_2,x_3]^{\mathrm{T}}$，将系统化为状态空间形式：

$$\begin{cases}\dot{\boldsymbol{x}}=\boldsymbol{A}\boldsymbol{x}+\boldsymbol{B}\boldsymbol{u}+\boldsymbol{H}\boldsymbol{h}\\ \boldsymbol{y}=\boldsymbol{C}\boldsymbol{x}\end{cases} \tag{6-52}$$

式中，$\boldsymbol{A}=\begin{bmatrix}0&1&0\\0&0&1\\0&0&0\end{bmatrix}$，$\boldsymbol{B}=\begin{bmatrix}0\\b\\0\end{bmatrix}$，$\boldsymbol{C}=\begin{bmatrix}1&0&0\end{bmatrix}$，$\boldsymbol{H}=\begin{bmatrix}0\\0\\1\end{bmatrix}$，构造 LESO 如下：

$$\begin{cases}\dot{\boldsymbol{z}}=\boldsymbol{A}\boldsymbol{z}+\boldsymbol{B}\boldsymbol{u}+\boldsymbol{L}(\boldsymbol{f}-\boldsymbol{z}_1)\\ \bar{\phi}=\boldsymbol{C}\boldsymbol{z}\end{cases} \tag{6-53}$$

式中，$\boldsymbol{z}=[z_1,z_2,z_3]^{\mathrm{T}}$ 为 x_1、x_2、x_3 的观测值，控制增益 $\boldsymbol{L}=[\beta_{01},\beta_{02},\beta_{03}]^{\mathrm{T}}$。定义观测误差矢量 $\boldsymbol{E}=[x_1-z_1,x_2-z_2,x_3-z_3]^{\mathrm{T}}$，则观测误差状态方程表示为

$$\dot{\boldsymbol{E}}=\boldsymbol{A}_E\boldsymbol{E}+\boldsymbol{H}\boldsymbol{h} \tag{6-54}$$

由于配置 $\boldsymbol{L}=[3\omega_0,3\omega_0^2,\omega_0^3]^{\mathrm{T}}$，则有

$$\boldsymbol{A}_{\boldsymbol{E}}=\boldsymbol{A}-\boldsymbol{L}\boldsymbol{C}=\begin{bmatrix}-3\omega_0&1&0\\-3\omega_0^2&0&1\\-\omega_0^3&0&0\end{bmatrix} \tag{6-55}$$

因此，$\boldsymbol{A}_{\boldsymbol{E}}$ 的特征多项式为 $s^3+3\omega_0 s^2+3\omega_0^2 s+\omega_0^3=(s+\omega_0)^3$，那么，只要满足 $\omega_0>0$，即可使得 $\boldsymbol{A}_{\boldsymbol{E}}$ 的特征根全部位于 s 平面的左半平面，并且 h 有界，则可得到 LESO 为有界输入有界输出（BIBO）稳定。

接下来，对基于线性自抗扰的十二旋翼无人机系统的稳定性进行分析。由于十二旋翼无人机分为四路通道进行独立的航迹跟踪控制研究，因此，四个子系统的稳定性也单独进行分析。

[定理 6-4] 基于线性自抗扰算法控制的十二旋翼无人机 y-ϕ 通道内环的滚转子系统，若控制器参数满足式(6-61)，则 y-ϕ 通道内环滚转子系统[式(6-56)]在控制律[式(6-50)]的作用下为有界输入有界输出（BIBO）稳定。

[证明] 假设干扰 w 与 $h=\dot{w}$ 有界，y-ϕ 通道内环滚转子系统的状态方程表示为

$$\begin{cases}\dot{\boldsymbol{x}}=\boldsymbol{A}\boldsymbol{x}+\boldsymbol{B}\mathrm{M}_{\mathrm{x}}+\boldsymbol{H}h \\ y=\boldsymbol{C}\boldsymbol{x}\end{cases} \tag{6-56}$$

式中，$\boldsymbol{x}=[x_1,x_2,x_3]^{\mathrm{T}}$，$x_1=\phi$，$\boldsymbol{A}=\begin{bmatrix}0&1&0\\0&0&1\\0&0&0\end{bmatrix}$，$\boldsymbol{B}=\begin{bmatrix}0\\1/I_x\\0\end{bmatrix}$，$\boldsymbol{C}=[1\quad 0\quad 0]$，$\boldsymbol{H}=\begin{bmatrix}0\\0\\1\end{bmatrix}$，则有

$$M_x=M_0-I_x\bar{\phi}_3=k_{yp}(\phi_{\mathrm{d}}-\bar{\phi}_1)-k_{yd}\bar{\phi}_2-I_x\bar{\phi}_3 \tag{6-57}$$

在 y-ϕ 通道中，观测矢量为 $\boldsymbol{z}=[\bar{\phi}_1,\bar{\phi}_2,\bar{\phi}_3]^{\mathrm{T}}$，因此式(6-57)可以化成

$$M_x=\boldsymbol{F}\boldsymbol{z}+R \tag{6-58}$$

式中，$\boldsymbol{F}=[-k_{yp},-k_{yd},-I_x]$，$R=k_{yp}\phi_{\mathrm{d}}$。那么，基于线性自抗扰的滚转子系统写成状态空间形式如下：

$$\begin{bmatrix}\dot{\boldsymbol{x}}\\ \dot{\boldsymbol{z}}\end{bmatrix}=\begin{bmatrix}\boldsymbol{A} & \boldsymbol{B}\boldsymbol{F}\\ \boldsymbol{L}\boldsymbol{C} & \boldsymbol{A}-\boldsymbol{L}\boldsymbol{C}+\boldsymbol{B}\boldsymbol{F}\end{bmatrix}\begin{bmatrix}x\\ z\end{bmatrix}+\begin{bmatrix}\boldsymbol{B}\boldsymbol{R}+\boldsymbol{H}h\\ \boldsymbol{B}\boldsymbol{R}\end{bmatrix} \tag{6-59}$$

式中，控制增益为 $\boldsymbol{L}=[\beta_{y01},\beta_{y02},\beta_{y03}]^{\mathrm{T}}=[3\omega_{y0},3\omega_{y0}^2,\omega_{y0}^3]^{\mathrm{T}}$。则基于线性自抗扰的滚转子系统的特征值表示为

$$\mathrm{eig}\left(\begin{bmatrix}\boldsymbol{A} & \boldsymbol{B}\boldsymbol{F}\\ \boldsymbol{L}\boldsymbol{C} & \boldsymbol{A}-\boldsymbol{L}\boldsymbol{C}+\boldsymbol{B}\boldsymbol{F}\end{bmatrix}\right)=\mathrm{eig}\left(\begin{bmatrix}\boldsymbol{A}+\boldsymbol{B}\boldsymbol{F} & \boldsymbol{B}\boldsymbol{F}\\ 0 & \boldsymbol{A}-\boldsymbol{L}\boldsymbol{C}\end{bmatrix}\right)=\mathrm{eig}(\boldsymbol{A}+\boldsymbol{B}\boldsymbol{F})\cup\mathrm{eig}(\boldsymbol{A}-\boldsymbol{L}\boldsymbol{C}) \tag{6-60}$$

式中，$\boldsymbol{A}+\boldsymbol{B}\boldsymbol{F}$ 的特征方程为 $s^2+k_{yd}s+k_{yp}=0$，$\boldsymbol{A}-\boldsymbol{L}\boldsymbol{C}$ 的特征方程为 $s^3+3\omega_{y0}s^2+3\omega_{y0}^2s+\omega_{y0}^3=(s+\omega_{y0})^3$。那么，只要满足

$$\begin{cases}\omega_{y0}>0\\ k_{yp}>0\\ k_{yd}>0\end{cases} \tag{6-61}$$

$s^2+k_{yd}s+k_{yp}=0$ 与 $s^3+3\omega_{y0}s^2+3\omega_{y0}^2 s+\omega_{y0}^3=(s+\omega_{y0})^3$ 的特征根全部位于 s 平面的左半平面，也就是说，基于线性自抗扰的滚转子系统的特征根全部小于0。又因为 ϕ_d 与 h 有界，因此，y-ϕ 通道内环滚转子系统在控制律式(6-50) 的作用下为 BIBO 稳定。

同样地，根据定理 6-4 可以证明：只要分别满足 $\omega_{z0}>0$，$k_{zp}>0$，$k_{zd}>0$，$\omega_{x0}>0$，$k_{xp}>0$，$k_{xd}>0$ 与 $\omega_{yaw0}>0$，$k_{yawp}>0$，$k_{yawd}>0$ 条件（ω_{yaw0} 为偏航通道上观测器的带宽，k_{yawp}、k_{yawd} 为偏航通道上线性化 NLSEF 的参数），则分别有高度通道、x-θ 通道的内环以及偏航通道为 BIBO 稳定。

[命题 6-1] 双环嵌套结构的十二旋翼无人机 y-ϕ 通道，基于线性自抗扰控制器的内环通路在满足式(6-61) 条件下达到 BIBO 稳定，因此在外环 PD 控制器作用下，只要选择合适的比例控制参数 K_{py} 与微分控制参数 K_{dy}，就可使十二旋翼无人机的双环 y-ϕ 通道为 BIBO 稳定。

相似地，十二旋翼无人机的双环嵌套 x-θ 通道也能够证明为 BIBO 稳定子系统。综上可知，基于线性自抗扰的十二旋翼无人机系统为 BIBO 稳定。

(3) 线性自抗扰航迹跟踪控制仿真验证

本节进行了基于线性自抗扰的十二旋翼无人机的航迹跟踪仿真实验。依据以往经验与反复调试，四路通道的自抗扰控制器中的参数分别选取如下：$\omega_0=5\omega_c$，$\xi=1$，$\omega_{zc}=70$，$\omega_{yc}=15$，$\omega_{xc}=10$，$\omega_{yawc}=10$（ω_{yawc} 为偏航通道闭环自然振荡频率）。y-ϕ 通道与 x-θ 通道的外环 PD 参数分别选取为 $K_{py}=20$，$K_{dy}=12$；$K_{px}=16$，$K_{dx}=7$。假设十二旋翼无人机初始状态为 $\boldsymbol{P}_0=[0,0,0]^{\mathrm{T}}\mathrm{m}$，$\boldsymbol{\eta}_0=[0,0,0.36]^{\mathrm{T}}\mathrm{rad}$，期望偏航角为 0rad，跟踪一个空间椭圆轨迹为 $x_d=12\sin\dfrac{t}{2}$，$y_d=6\cos\dfrac{t}{2}$，$z_d=20$。那么，无人机的航迹跟踪仿真结果如图 6-15 所示。图 6-15(a) 表明十二旋翼无人机在线性自抗扰的控制下具有较好的光滑飞行航迹。相应的滚转角与俯仰角跟踪结果如图 6-15(b)、(c) 所示，姿态角度跟踪误差很小，能够准确地跟踪期望姿态角。图 6-15(d) 证明了偏航角具有良好的跟踪结果。最终表明，基于线性自抗扰航迹跟踪算法具有良好的控制性能。

为了进一步验证基于线性自抗扰的十二旋翼无人机系统的鲁棒性，在四路控制通道分别加入外界时变干扰 $w=0.1\sin(0.5t)$，进行仿真实验。线性自抗扰的控制参数与椭圆仿真实验相同。十二旋翼无人机的初始状态为 $\boldsymbol{P}_0=[0,0,0]^{\mathrm{T}}\mathrm{m}$，$\boldsymbol{\eta}_0=[0,0,1.8]^{\mathrm{T}}\mathrm{rad}$，期望的到达的航点为 $\boldsymbol{P}=[2,3,3]^{\mathrm{T}}\mathrm{m}$，期望偏航角为 0rad。实验结果分别如图 6-16、图 6-17 所示。在时变干扰情况下，四路通道均具有一定的超调，分别为 4.5%、2.3%、2.0%、9.1%，但是在 LESO 有效地补偿扰动后，飞行器能很快准确地跟踪到期望航点，x、y、z 方向的稳态误差基本为

0，基于 LADRC 的系统具有良好的控制性能。相应的内环滚转角与俯仰角的跟踪曲线见图 6-16(e)、(f)，随着水平 x、y 方向的航迹趋于期望航点，内环期望俯仰角与期望滚转角也趋于 0rad，俯仰角和滚转角的稳态误差约为 0，因此表明即使在时变干扰下，也具有较为准确的姿态跟踪性能。

图 6-17 描述了每路控制通道上的 LESO 对外界时变干扰的估计结果。从图 6-17 中可以看出，虽然 LESO 进行了线性化，具有更简单的结构，但是依然输出较好的估计效果。

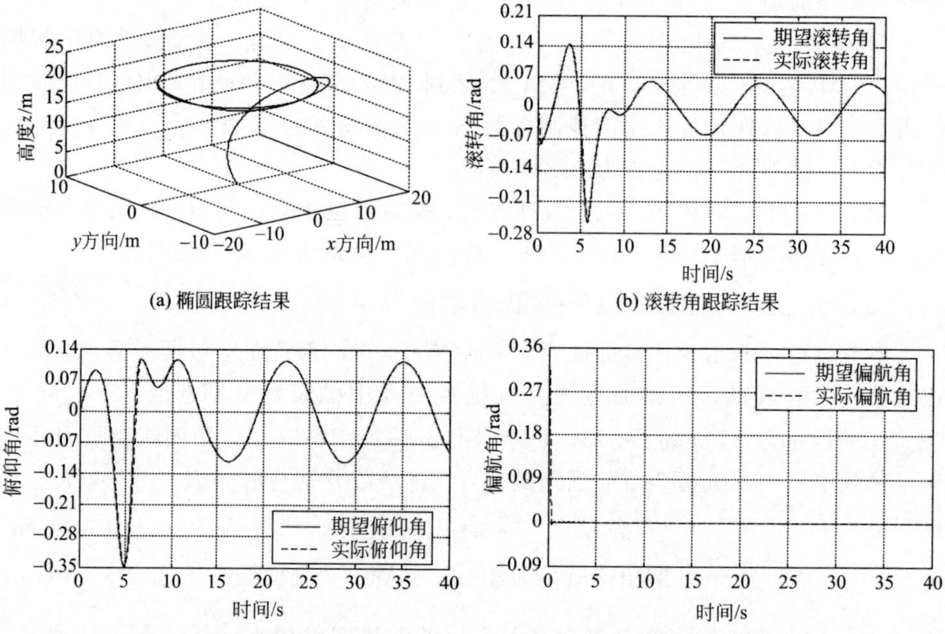

(a) 椭圆跟踪结果
(b) 滚转角跟踪结果
(c) 俯仰角跟踪结果
(d) 偏航角跟踪结果

图 6-15 基于 LADRC 的十二旋翼无人机椭圆航迹跟踪曲线（电子版）

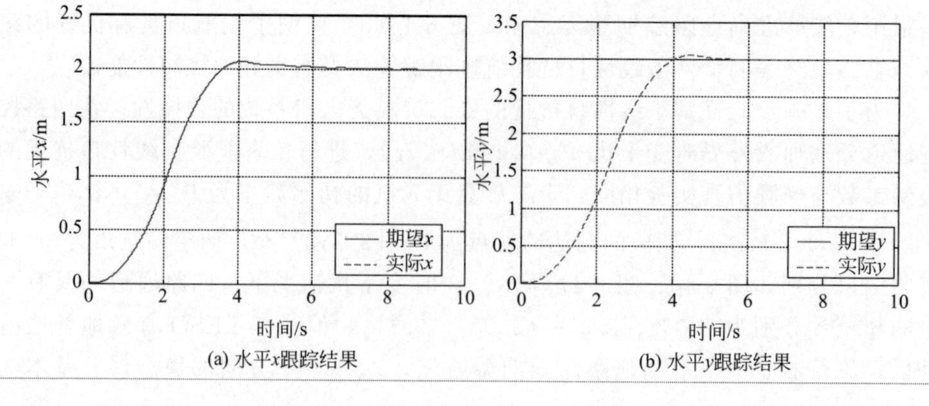

(a) 水平x跟踪结果
(b) 水平y跟踪结果

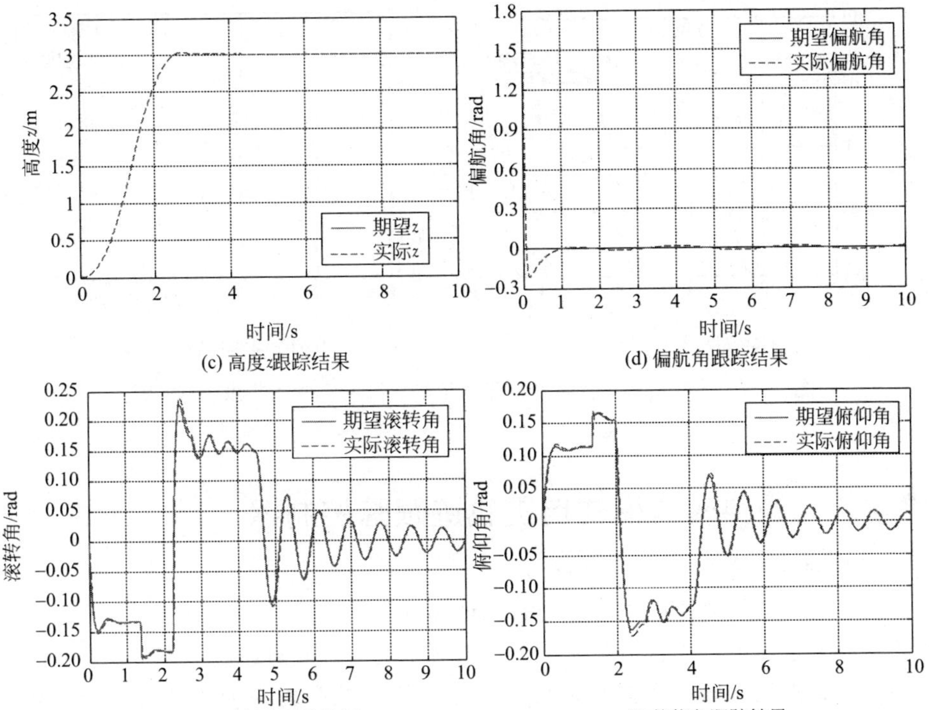

(c) 高度z跟踪结果　(d) 偏航角跟踪结果

(e) 滚转角跟踪结果　(f) 俯仰角跟踪结果

图 6-16　十二旋翼无人机时变干扰下的 LADRC 航迹跟踪控制曲线（电子版）

从两次仿真的结果可以得出，采用线性自抗扰算法进行十二旋翼无人机的航迹跟踪工作是可行并且有效的。

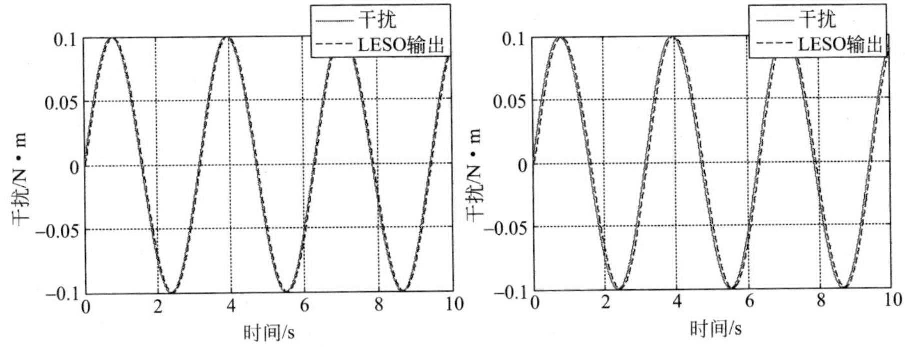

(a) $y-\phi$通道干扰估计结果　(b) $x-\theta$通道干扰估计结果

图 6-17

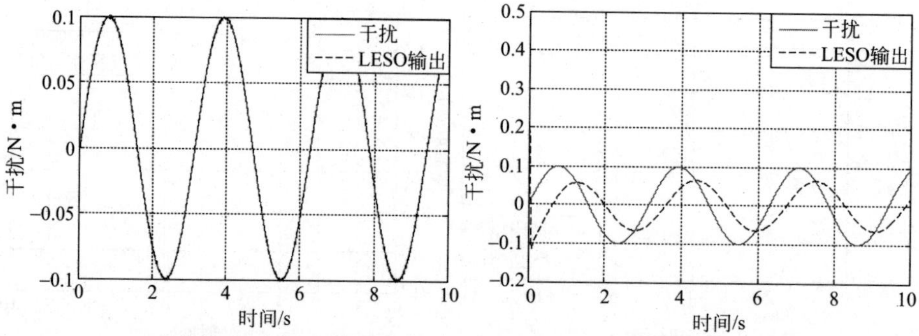

(c) 高度通道干扰估计结果　　(d) 偏航通道干扰估计结果

图 6-17　十二旋翼无人机时变干扰下的 LADRC 估计曲线（电子版）

6.3.3　倾斜转弯模式自主轨迹跟踪控制器

(1) 自主轨迹跟踪控制器设计

具有自主的轨迹跟踪飞行能力是保证多旋翼无人飞行器能够独立执行实际任务的基本要求，也是飞行器与航模的本质区别之一。轨迹跟踪控制算法是通过改变多旋翼无人飞行器的姿态角，将飞行器的旋翼总升力在期望的方向上产生分量，进而实现飞行器沿期望的轨迹飞行。本节将研究这种倾斜转弯模式实现对期望轨迹的跟踪飞行。

本小节设计一种基于十二旋翼倾斜转弯机动飞行模式下的轨迹跟踪控制器。倾斜转弯机动飞行模式是依靠姿态角与平动间的耦合关系实现轨迹跟踪飞行。倾斜转弯机动飞行模式也被称为倾斜转弯模式。在这种机动飞行模式下，十二旋翼无人机保持执行单元提供的侧向驱动力为零，即

$$\begin{cases} F_x = 0 \\ F_y = 0 \end{cases} \tag{6-62}$$

十二旋翼无人机仅产生机体坐标系的 $O_b z_b$ 轴方向的升力 F_z，其在机体坐标上产生的升力为$[0,0,F_z]^T$，该升力与惯性坐标系 $O_e x_e y_e z_e$ 三个轴方向的加速度的关系如下：

$$\begin{cases} a_{ex} = \dfrac{1}{m} F_z (\cos\psi \sin\theta \cos\phi + \sin\psi \sin\phi) \\ a_{ey} = \dfrac{1}{m} F_z (\sin\psi \sin\theta \cos\phi + \cos\psi \sin\phi) \\ a_{ez} = \dfrac{1}{m} F_z \cos\theta \cos\phi - g \end{cases} \tag{6-63}$$

由上式可以看出，在倾斜转弯机动模式下，多旋翼无人机通过改变姿态角使得旋翼总升力在期望方向上产生水平分量，进而控制无人机质心在三维空间内的平移运动。另外，由于十二旋翼无人机可以在不改变偏航的情况下，向任意方向飞行，因此在无人机轨迹跟踪飞行的过程中，控制器不会自主改变偏航通道的期望给定。对期望轨迹的自主跟踪飞行将通过对滚转角、俯仰角以及高度方向的控制实现。依据以上分析需要设计三个双闭环嵌套的多旋翼无人机轨迹跟踪控制器，其结构框图如 6-18 所示。其中，位置环控制器依据期望位置与反馈位置之间的误差计算期望速度给定，并将解算结果传递给速度环控制器；而速度环控制器根据期望速度与反馈速度之间的误差计算 u_x、u_y、u_z，再经过解算得到滚转角、俯仰角的期望角度与高度方向的控制量。

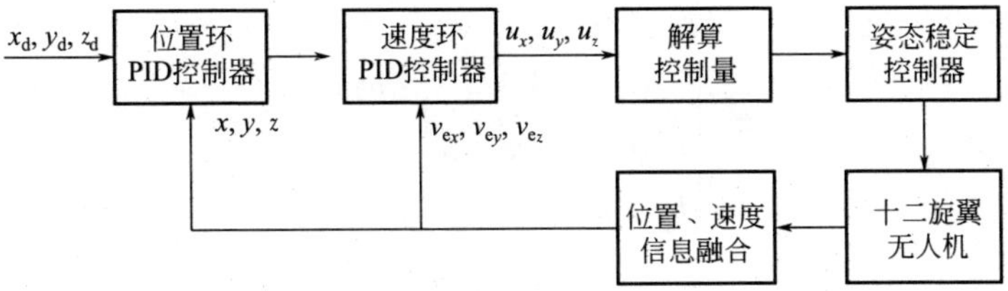

图 6-18 双闭环嵌套结构飞行控制系统结构示意图

定义期望位置为$[x_d, y_d, z_d]^T$，十二旋翼无人机当前位置为$[x, y, z]^T$，位置偏差可表示为

$$\begin{bmatrix}\delta x\\ \delta y\\ \delta z\end{bmatrix}=\begin{bmatrix}x_d\\ y_d\\ z_d\end{bmatrix}-\begin{bmatrix}x\\ y\\ z\end{bmatrix} \tag{6-64}$$

为保证偏差的稳定收敛，采用双闭环嵌套结构 PID 控制器，定义位置环的输出为$[u_{sx}, u_{sy}, u_{sz}]^T$，则其开环动态方程有

$$\begin{bmatrix}u_{sx}(s)/\delta x\\ u_{sy}(s)/\delta y\\ u_{sz}(s)/\delta z\end{bmatrix}=\begin{bmatrix}k_{x.p}+k_{x.i}/s+k_{x.d}s/(1+k_{x.p}/s)\\ k_{y.p}+k_{y.i}/s+k_{y.d}s/(1+k_{y.p}/s)\\ k_{z.p}+k_{z.i}/s+k_{z.d}s/(1+k_{z.p}/s)\end{bmatrix} \tag{6-65}$$

同理，十二旋翼无人机惯性坐标系下线速度为$[v_{ex}, v_{ey}, v_{ez}]^T$。定义速度环偏差如下：

$$\begin{bmatrix}\delta v_x\\ \delta v_y\\ \delta v_z\end{bmatrix}=\begin{bmatrix}u_{sx}\\ u_{sy}\\ u_{sz}\end{bmatrix}-\begin{bmatrix}v_{ex}\\ v_{ey}\\ v_{ez}\end{bmatrix} \tag{6-66}$$

定义速度环输出的虚拟控制量为$[u_x, u_y, u_z]^T$，有速度开环动态方程为

$$\begin{bmatrix} u_x(s)/\delta v_x \\ u_y(s)/\delta v_y \\ u_z(s)/\delta v_z \end{bmatrix} = \begin{bmatrix} k_{vx.\mathrm{p}}+k_{vx.\mathrm{i}}/s+k_{vx.\mathrm{d}}s/(1+k_{vx.\mathrm{p}}/s) \\ k_{vy.\mathrm{p}}+k_{vy.\mathrm{i}}/s+k_{vy.\mathrm{d}}s/(1+k_{vy.\mathrm{p}}/s) \\ k_{vz.\mathrm{p}}+k_{vz.\mathrm{i}}/s+k_{vz.\mathrm{d}}s/(1+k_{vz.\mathrm{p}}/s) \end{bmatrix} \tag{6-67}$$

结合倾斜转弯模式下无人机质心平动的动力学方程以及虚拟控制量，可以得到：

$$\begin{cases} u_x = \dfrac{1}{m}F_z(\cos\psi\sin\theta\cos\phi+\sin\psi\sin\phi) \\ u_y = \dfrac{1}{m}F_z(\sin\psi\sin\theta\cos\phi+\cos\psi\sin\phi) \\ u_z = \dfrac{1}{m}F_z\cos\theta\cos\phi-g \end{cases} \tag{6-68}$$

对式(6-68) 进行数学变换，有

$$\begin{bmatrix} 0 \\ 0 \\ F_z/m \end{bmatrix} = \boldsymbol{R}_{\mathrm{g-b}} \begin{bmatrix} u_x \\ u_y \\ u_z+g \end{bmatrix} \tag{6-69}$$

将式(6-69) 详细展开，进一步可以得到

$$u_x\cos\theta\cos\psi+u_y\cos\theta\sin\psi-(u_z+g)\sin\theta=0 \tag{6-70}$$

$$u_x(\sin\theta\cos\psi\sin\phi-\sin\psi\cos\phi)+u_y(\sin\theta\sin\psi\sin\phi+\cos\psi\cos\phi)+(u_z+g)\cos\theta\sin\phi=0 \tag{6-71}$$

$$u_x(\sin\theta\cos\psi\cos\phi+\sin\psi\sin\phi)+u_y(\sin\theta\sin\psi\cos\phi-\cos\psi\sin\phi)+(u_z+g)\cos\theta\cos\phi=F_z/m \tag{6-72}$$

在十二旋翼无人机正常工作情况下 $\cos\theta$ 不会为零，因此在式(6-70) 的两端除以 $\cos\theta$ 就可以得到俯仰角 θ 的计算公式：

$$\theta=\arctan\left(\frac{u_x\cos\psi+u_y\sin\psi}{u_z+g}\right) \tag{6-73}$$

将式 (6-68) 的两端进行平方和处理，得到旋翼合升力 F_z 的表达式：

$$F_z=m\sqrt{u_x^2+u_y^2+(u_z+g)^2} \tag{6-74}$$

将式(6-72) 等式两侧同乘 $\sin\phi$，式(6-71) 等式两侧同乘 $\cos\phi$，将前式减去后式则可以得到：

$$\frac{F_z}{m}\sin\phi=u_x\sin\psi-u_y\cos\psi \tag{6-75}$$

由此得到滚转角 ϕ 的计算公式：

$$\phi=\arcsin\left(\frac{u_x\sin\psi-u_y\cos\psi}{\sqrt{u_x^2+u_y^2+(u_z+g)^2}}\right) \tag{6-76}$$

综上所述，这种双闭环嵌套轨迹跟踪控制器的各个环节均已设计完毕，将位置环控制器、速度环控制器、解算控制量依次组合起来就成为了基于倾斜转弯机动模式的十二旋翼无人机自主轨迹跟踪控制算法。

（2）轨迹规划方法

相对于固定翼无人机轨迹规划的诸多约束条件，多旋翼无人机的约束条件很少，基础的轨迹规划只需存储一些航点，就能实现无人机跟踪轨迹飞行的功能。在自主飞行过程中，轨迹跟踪控制器将根据轨迹上的误差动态调节控制量逐渐到达期望航点。然而磁力计所处位置的局部地磁场很容易受到各种铁磁、电磁的影响而产生畸变，导致偏航角存在误差。虽然在第5章磁力计经过校正补偿了环境中的铁磁干扰，但是飞行状态下各执行单元会产生新的电磁干扰。如果无人机进行远距离的机动，这种误差将导致十二旋翼无人机平动过程中的实际运动轨迹与期望轨迹出现明显偏差，如图6-19所示。依据上述分析，本节主要设计平动方向（惯性坐标系下 $O_e x_e$ 轴与 $O_e y_e$ 轴方向）的轨迹规划算法。

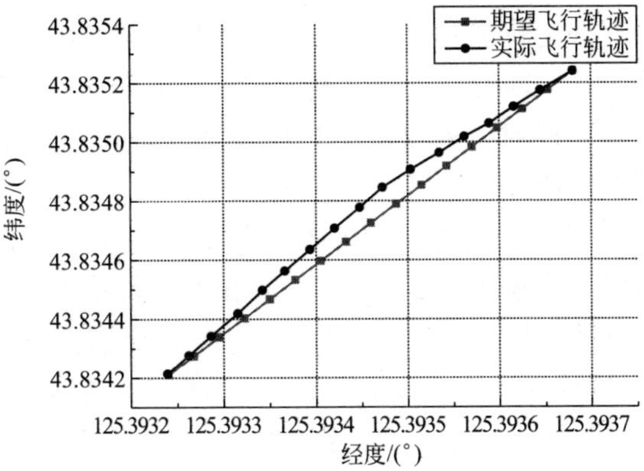

图6-19 偏航角误差对平动方向轨迹飞行的影响

针对上述问题，本书将采用在平动期望轨迹上插入虚拟目标点（Virtual Target Point，VTP）的方法，在自主飞行过程中轨迹跟踪控制器将根据自身的飞行位置不断更新虚拟目标点，保持无人机实际飞行路径与期望路径的一致性，减小偏航角误差带来的跟踪轨迹误差。该方法具体步骤如下。

① 设目标点水平位置坐标为 $[x_d, y_d]^T$，十二旋翼无人机当前水平位置坐标为 $[x, y]^T$，得到两点间距离如下：

$$L_d=\sqrt{(x_d-x)^2+(y_d-y)^2} \tag{6-77}$$

② 假设理论虚拟目标点之间距离为 $\overline{L}$，可得到实际的虚拟目标点间距离为

$$L_s=\frac{L_d}{\mathrm{int}(L_d/\overline{L})} \tag{6-78}$$

③ 虚拟目标点之间的位置增量可表示为

$$\begin{cases}\Delta x=\mathrm{sign}(x_d-x)\sin\left(\arctan\left|\dfrac{x_d-x}{y_d-y}\right|\right)L_s\\ \Delta y=\mathrm{sign}(y_d-y)\cos\left(\arctan\left|\dfrac{x_d-x}{y_d-y}\right|\right)L_s\end{cases} \tag{6-79}$$

④ 第一个虚拟目标如下：

$$[x_1,y_1]^{\mathrm{T}}=[x+\Delta x,y+\Delta y] \tag{6-80}$$

⑤ 十二旋翼无人机通过轨迹跟踪控制器到达虚拟目标点 n，有：

$$\begin{cases}[x_{n+1},y_{n+1}]=[x_n+\Delta x,y_n+\Delta y] & n<\mathrm{int}(L_d/\overline{L})\\ [x_{n+1},y_{n+1}]=[x_d,y_d] & n=\mathrm{int}(L_d/\overline{L})\end{cases} \tag{6-81}$$

虚拟目标点的方法解决了实际飞行轨迹与期望轨迹偏差较大的问题。但是位置环控制器将依据无人机所处位置与目标点之间的偏差给出期望平动速度，这种方法使无人机在跟踪期望轨迹的过程中一直处于加减速的状态，无法保持恒定的平动速度。为了解决这个问题，自主轨迹跟踪算法的平动外环控制器采用切换控制的方法。在飞行器悬停时，采用悬停外环控制器；在跟踪轨迹保持运动状态时，采用恒速外环控制器。

① 悬停外环控制器　悬停外环控制器就是前文的位置环控制器，根据期望位置与反馈位置的误差计算期望速度信号，需要在实际系统中反复调试控制器参数才能取得满意的系统性能。

② 恒速外环控制器　假设十二旋翼无人机的期望水平运动速度为 v_{ref}。外环恒速控制器将依据惯性坐标轴下 $O_e x_e$ 轴、$O_e y_e$ 轴的位置误差分配对应的期望速度，表示如下：

$$\begin{cases}u_{sx}(s)=\dfrac{x_d-x}{\sqrt{(x_d-x)^2+(y_d-y)^2}}v_{\mathrm{ref}}\\ u_{sy}(s)=\dfrac{y_d-y}{\sqrt{(x_d-x)^2+(y_d-y)^2}}v_{\mathrm{ref}}\end{cases} \tag{6-82}$$

式中，x_d、y_d 为当前虚拟目标点或者目标点；x、y 为当前无人机位置。

(3) 十二旋翼原型机自主轨迹跟踪实验

本节通过十二旋翼原型机自主飞行实验测试双闭环嵌套控制器的轨迹跟踪效果。将十二旋翼原型机升高至 15m 后，原型机开始沿三角轨迹自主飞行，全程保持高度不变，并记录自主飞行阶段的位置信息。轨迹飞行实验场地如图 6-20

所示，通过风速计测量当时风速约为 4m/s。

图 6-21 描述了在轨迹跟踪过程中采用轨迹规划算法（即加入虚拟目标点）的实验结果，与图 6-19 相比，采用轨迹规划算法明显降低了偏航角误差对水平位置控制的影响，提升了水平面位置控制的精度，有效地降低了远距离直线运动中跟踪轨迹的偏差。图 6-21(a) 表明水平位移跟踪误差不超过±2m，而图 6-21(b) 的高度误差不超过±2.5m，可见该轨迹跟踪控制算法具有较好的控制精度。

图 6-20　轨迹飞行实验场地

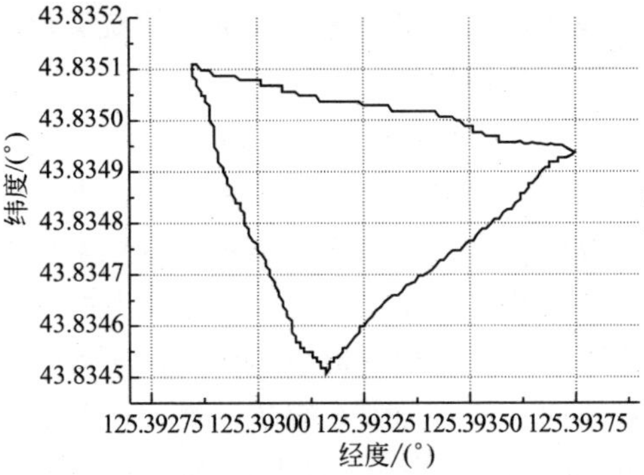

(a) 惯性坐标系水平面飞行轨迹

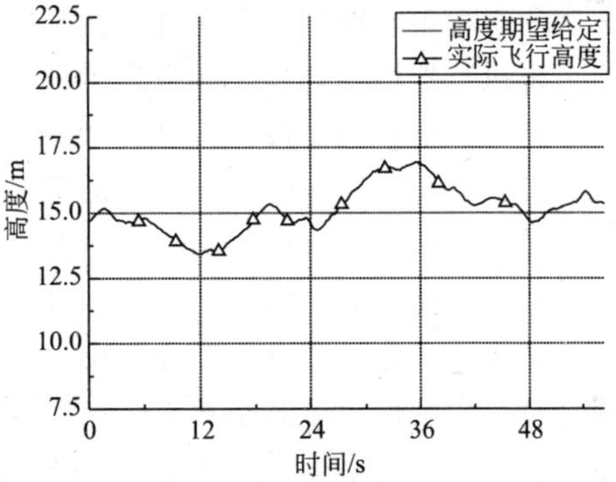

(b) 高度飞行轨迹

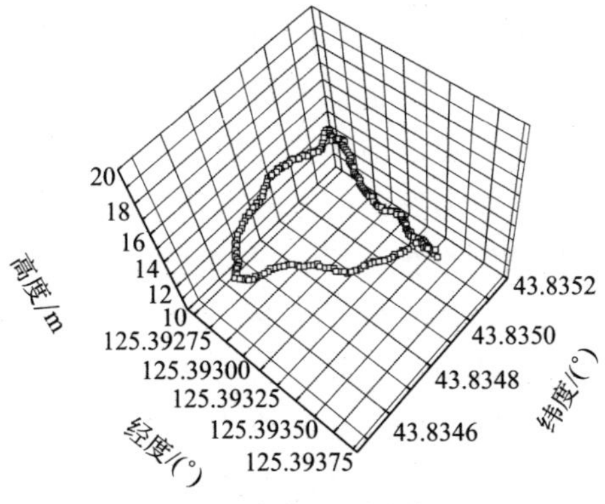

(c) 三维轨迹跟踪曲线

图 6-21　轨迹飞行实验

6.4 多旋翼无人机姿态抗饱和控制器设计与实验

多旋翼无人机的运动是依靠电机带动旋翼进行驱动的，众所周知，电机在物理上的限制只能达到有限转速，因此，多旋翼无人机存在执行器饱和问题。执行器饱和对系统的控制性能影响很大，通常导致系统的调节时间延长，超调增大，甚至系统失稳。平面多旋翼无人机的旋翼与机身相互垂直，如传统四旋翼无人机、共轴八旋翼无人机等，它们的偏航运动是由旋翼的反扭力矩驱动的，俯仰姿态与滚转姿态上的运动是由旋翼产生的升力力矩驱动的，反扭力矩比升力力矩小很多，因此，平面多旋翼无人机的偏航运动能力比俯仰、滚转运动能力差。所以在实际飞行中，特别是存在外界扰动的环境下，平面多旋翼无人机的偏航运动容易出现执行器饱和现象，导致运动性能下降，鲁棒性较差。

执行器饱和控制设计方法主要分为：直接设计方法和抗饱和补偿器设计方法。其中，抗饱和补偿器设计方法得到了广泛的应用，其在未出现执行器饱和时不作用，当执行器发生饱和时执行抗饱和补偿，进而弱化饱和影响，避免系统的性能损失。最早的抗饱和控制法是针对 PI 或 PID 控制器的饱和问题提出的，当系统输入达到极限值时，积分器仍未停止积分，导致积分值继续增加，使得作用到系统的控制量与控制器实际输出控制量不同，最终导致系统超调增大，调节时间延长，甚至系统失稳。为了克服积分饱和现象，Huang 等人及 Mehdi 等人采用了非线性结构算法抑制积分饱和，但控制器设计非常复杂，不易工程实现。线性结构抗积分饱和算法更适合于实际应用，其中，条件积分抗饱和策略的思想是当控制量出现饱和时，积分作用被限制或停止，当退出饱和后，积分项再作用，这样保证了稳态误差为零，但退饱和速度较慢。反馈抑制抗饱和法是将饱和控制量与未饱和控制量的差值作为反馈信号输入到积分项中，从而消除积分饱和，其中反馈增益的选取影响控制性能。Shin 等人提出了一种预测积分项的抗饱和策略，在执行器饱和情况下，预测积分项稳态值，当控制器进入线性区间后，该稳态值作为积分项的初值，减弱了积分饱和现象，提高了控制性能。

本节以自主研发的共轴八旋翼无人机为例，设计了基于 LMI 的静态抗饱和补偿器，静态抗饱和补偿器结构简单，不会增加系统的阶次，通过偏航静态抗饱和仿真实验证实了静态抗饱和补偿器能够保证执行器发生饱和时偏航姿态的良好控制性能，并且具有响应速度快、实时性高等优点。

6.4.1 无人机偏航静态抗饱和控制

（1）基于 LMI 的静态抗饱和补偿器

静态抗饱和补偿器属于直接线性抗饱和补偿器（DLAW），是一种线性补偿器，其结构框图如图 6-22 所示。

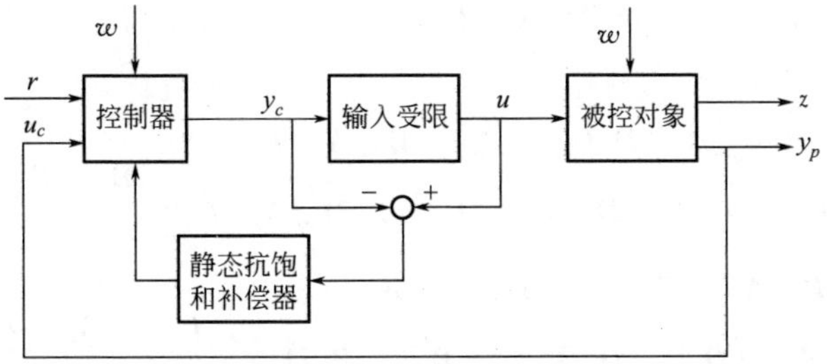

图 6-22 静态抗饱和补偿器结构图

被控对象状态空间形式表示如下：

$$\begin{aligned}\dot{\boldsymbol{x}}_p&=\boldsymbol{A}_p\boldsymbol{x}_p+\boldsymbol{B}_{pu}\boldsymbol{u}+\boldsymbol{B}_{pw}\boldsymbol{w}\\ \boldsymbol{y}_p&=\boldsymbol{C}_p\boldsymbol{x}_p+\boldsymbol{D}_{pu}\boldsymbol{u}+\boldsymbol{D}_{pw}\boldsymbol{w}\\ \boldsymbol{z}&=\boldsymbol{C}_z\boldsymbol{x}_p+\boldsymbol{D}_{zu}\boldsymbol{u}+\boldsymbol{D}_{zw}\boldsymbol{w}\end{aligned} \tag{6-83}$$

式中，$\boldsymbol{x}_p\in\boldsymbol{R}^{n_p}$，为系统的状态矢量；$\boldsymbol{u}\in\boldsymbol{R}^m$，为控制输入矢量；$\boldsymbol{w}\in\boldsymbol{R}^q$，为干扰输入矢量；$\boldsymbol{y}_p\in\boldsymbol{R}^p$，为系统输出矢量；$\boldsymbol{z}\in\boldsymbol{R}^l$，为被调输出矢量。

具有静态抗饱和补偿的控制器表示如下：

$$\begin{aligned}\dot{\boldsymbol{x}}_c&=\boldsymbol{A}_c\boldsymbol{x}_c+\boldsymbol{B}_c\boldsymbol{u}_c+\boldsymbol{B}_{cw}\boldsymbol{w}+\boldsymbol{u}_{aw}\\ \boldsymbol{y}_c&=\boldsymbol{C}_c\boldsymbol{x}_c+\boldsymbol{D}_c\boldsymbol{u}_c+\boldsymbol{D}_{cw}\boldsymbol{w}\\ \boldsymbol{u}_{aw}&=\boldsymbol{D}_{aw}[sat(\boldsymbol{y}_c)-\boldsymbol{y}_c]\end{aligned} \tag{6-84}$$

式中，$\boldsymbol{x}_c\in\boldsymbol{R}^{n_c}$，为控制器的状态矢量；$\boldsymbol{u}_c\in\boldsymbol{R}^p$，为输入矢量；$\boldsymbol{y}_c\in\boldsymbol{R}^m$，为输出矢量；$\boldsymbol{u}_{aw}$ 为静态抗饱和补偿器；$\boldsymbol{D}_{aw}$ 为静态抗饱和增益。在不考虑执行器发生饱和时，即 $\boldsymbol{u}_{aw}=0$ 时，具有以下无约束连接关系：

$$\boldsymbol{u}=\boldsymbol{y}_c,\boldsymbol{u}_c=\boldsymbol{y}_p \tag{6-85}$$

假设控制量受到对称幅值限制：

$$-u_{0(i)}\leqslant u_{(i)}\leqslant u_{0(i)},u_{0(i)}>0,i=1,\cdots,m \tag{6-86}$$

因此，输入到被控对象中的控制矢量是一个受限的非线性控制量 $\boldsymbol{u}=\text{sat}(\boldsymbol{y}_c)$，定义为

$$\text{sat}(y_{c(i)})=\text{sign}(y_{c(i)})\min(|y_{c(i)}|,u_{0(i)}) \tag{6-87}$$

定义 $\phi(\boldsymbol{y}_c)=\mathrm{sat}(\boldsymbol{y}_c)-\boldsymbol{y}_c$，那么基于静态抗饱和控制的闭环系统可以描述为

$$\boldsymbol{x}=\begin{bmatrix}\boldsymbol{x}_p\\ \boldsymbol{x}_c\end{bmatrix}\in\boldsymbol{R}^{n_p+n_c}$$

$$\begin{aligned}\dot{\boldsymbol{x}}&=\boldsymbol{A}\boldsymbol{x}+\boldsymbol{B}_1\phi(\boldsymbol{y}_c)+\boldsymbol{B}_2\boldsymbol{w}\\ \boldsymbol{y}_c&=\boldsymbol{C}_1\boldsymbol{x}+\boldsymbol{D}_{11}\phi(\boldsymbol{y}_c)+\boldsymbol{D}_{12}\boldsymbol{w}\\ \boldsymbol{z}&=\boldsymbol{C}_2\boldsymbol{x}+\boldsymbol{D}_{21}\phi(\boldsymbol{y}_c)+\boldsymbol{D}_{22}\boldsymbol{w}\end{aligned}\tag{6-88}$$

其中，

$$\boldsymbol{A}=\begin{bmatrix}\boldsymbol{A}_p+\boldsymbol{B}_{pu}\boldsymbol{\Delta}^{-1}\boldsymbol{D}_c\boldsymbol{C}_p & \boldsymbol{B}_{pu}\boldsymbol{\Delta}^{-1}\boldsymbol{C}_c\\ \boldsymbol{B}_c(\boldsymbol{I}_p+\boldsymbol{D}_{pu}\boldsymbol{\Delta}^{-1}\boldsymbol{D}_c)\boldsymbol{C}_p & \boldsymbol{A}_c+\boldsymbol{B}_c\boldsymbol{D}_{pu}\boldsymbol{\Delta}^{-1}\boldsymbol{C}_c\end{bmatrix},\boldsymbol{B}_1=\boldsymbol{B}_f+\boldsymbol{B}_v\boldsymbol{D}_{aw},$$

$$\boldsymbol{B}_2=\begin{bmatrix}\boldsymbol{B}_{pu}\boldsymbol{\Delta}^{-1}(\boldsymbol{D}_{cw}+\boldsymbol{D}_c\boldsymbol{D}_{pw})+\boldsymbol{B}_{pw}\\ \boldsymbol{B}_c\boldsymbol{D}_{pu}\boldsymbol{\Delta}^{-1}(\boldsymbol{D}_{cw}+\boldsymbol{D}_c\boldsymbol{D}_{pw})+\boldsymbol{B}_{cw}+\boldsymbol{B}_c\boldsymbol{D}_{pw}\end{bmatrix},\boldsymbol{C}_1=[\boldsymbol{\Delta}^{-1}\boldsymbol{D}_c\boldsymbol{C}_p\boldsymbol{\Delta}^{-1}\boldsymbol{C}_c],$$

$$\boldsymbol{C}_2=[\boldsymbol{C}_z+\boldsymbol{D}_{zu}\boldsymbol{\Delta}^{-1}\boldsymbol{D}_c\boldsymbol{C}_p\boldsymbol{D}_{zu}\boldsymbol{\Delta}^{-1}\boldsymbol{C}_c],\boldsymbol{D}_{11}=\boldsymbol{D}_1+\boldsymbol{C}_{v1}\boldsymbol{D}_{aw},\boldsymbol{D}_{12}=\boldsymbol{\Delta}^{-1}(\boldsymbol{D}_{aw}+\boldsymbol{D}_c\boldsymbol{D}_{pw})$$

$$\boldsymbol{D}_{22}=\boldsymbol{D}_{zw}+\boldsymbol{D}_{zu}\boldsymbol{\Delta}^{-1}(\boldsymbol{D}_{cw}+\boldsymbol{D}_c\boldsymbol{D}_{pw}),\boldsymbol{D}_{21}=\boldsymbol{D}_2+\boldsymbol{C}_{v2}\boldsymbol{D}_{aw}\tag{6-89}$$

$$\boldsymbol{\Delta}=\boldsymbol{I}_m-\boldsymbol{D}_c\boldsymbol{D}_{pu},\boldsymbol{B}_v=\begin{bmatrix}\boldsymbol{B}_{pu}\boldsymbol{\Delta}^{-1}[\boldsymbol{0},\boldsymbol{I}_m]\\ \boldsymbol{B}_c\boldsymbol{D}_{pu}\boldsymbol{\Delta}^{-1}[\boldsymbol{0},\boldsymbol{I}_m]+[\boldsymbol{I}_{nc},\boldsymbol{0}]\end{bmatrix},\boldsymbol{B}_f=\begin{bmatrix}\boldsymbol{B}_{pu}(\boldsymbol{I}_m+\boldsymbol{\Delta}^{-1}\boldsymbol{D}_c\boldsymbol{D}_{pu})\\ \boldsymbol{B}_c\boldsymbol{D}_{pu}(\boldsymbol{I}_m+\boldsymbol{\Delta}^{-1}\boldsymbol{D}_c\boldsymbol{D}_{pu})\end{bmatrix},$$

$$\boldsymbol{D}_1=\boldsymbol{\Delta}^{-1}\boldsymbol{D}_c\boldsymbol{D}_{pu},\boldsymbol{D}_2=\boldsymbol{D}_{zu}(\boldsymbol{I}_m+\boldsymbol{\Delta}^{-1}\boldsymbol{D}_c\boldsymbol{D}_{pu}),\boldsymbol{C}_{v1}=\boldsymbol{\Delta}^{-1}[\boldsymbol{0},\boldsymbol{I}_m],\boldsymbol{C}_{v2}=\boldsymbol{D}_{zu}\boldsymbol{\Delta}^{-1}[\boldsymbol{0},\boldsymbol{I}_m]\tag{6-90}$$

若 $\boldsymbol{A}$ 为赫尔维茨（Hurwitz）矩阵，则未受约束下的闭环系统式(6-88) 为全局渐近稳定。

[引理 6-1] 如果 $\boldsymbol{y}_c$ 和 $\boldsymbol{w}$ 属于集合 $S(u_0)=\{y_c\in\boldsymbol{R}^m,\boldsymbol{w}\in\boldsymbol{R}^m;-u_0\leqslant\boldsymbol{y}_c-\boldsymbol{w}\leqslant u_0\}$，那么非线性 $\phi(\boldsymbol{y}_c)$ 满足如下不等式：

$$\phi(\boldsymbol{y}_c)'\boldsymbol{S}^{-1}(\phi(\boldsymbol{y}_c)+\boldsymbol{w})\leqslant 0\tag{6-91}$$

式中，$\boldsymbol{S}\in\boldsymbol{R}^{m\times m}$，为正定对角矩阵。

[定理 6-5] 若存在对称正定矩阵 $\boldsymbol{Q}\in R^{(n_p+n_c)\times(n_p+n_c)}$、对称矩阵 $\boldsymbol{S}\in\boldsymbol{R}^{m\times m}$、矩阵 $\boldsymbol{E}\in\boldsymbol{R}^{(n_c+m)\times m}$ 和正实数 γ，满足以下条件：

$$\begin{bmatrix}He[\boldsymbol{AQ}] & \boldsymbol{B}_f\boldsymbol{S}+\boldsymbol{B}_v\boldsymbol{E}-\boldsymbol{QC}_1^{\mathrm{T}} & \boldsymbol{B}_2 & \boldsymbol{QC}_2^{\mathrm{T}}\\ * & He[-\boldsymbol{S}+\boldsymbol{D}_1\boldsymbol{S}-\boldsymbol{C}_{v1}\boldsymbol{E}] & -\boldsymbol{D}_{12} & \boldsymbol{SD}_2^{\mathrm{T}}+\boldsymbol{E}^{\mathrm{T}}\boldsymbol{C}_{v2}^{\mathrm{T}}\\ * & * & -\boldsymbol{I} & \boldsymbol{D}_{22}^{\mathrm{T}}\\ * & * & * & -\gamma\boldsymbol{I}\end{bmatrix}<\boldsymbol{0}\tag{6-92}$$

则静态抗饱和增益 $\boldsymbol{D}_{aw}=\boldsymbol{ES}^{-1}$。并且，当 $\boldsymbol{w}=0$ 时，系统式(6-88) 全局渐

近稳定；当 $\boldsymbol{w}\neq 0$ 时，对于任意有界干扰 $\boldsymbol{w}(t)\in L_2[0,\infty)$，闭环系统式(6-88)为 L_2 增益稳定，即满足

$$\int_0^T \boldsymbol{z}^{\mathrm{T}}(t)\boldsymbol{z}(t)\mathrm{d}t \leqslant \gamma\int_0^T \boldsymbol{w}^{\mathrm{T}}(t)\boldsymbol{w}(t)\mathrm{d}t+\gamma\boldsymbol{x}^{\mathrm{T}}(0)\boldsymbol{Q}^{-1}\boldsymbol{x}(0),\forall T\geqslant 0 \tag{6-93}$$

［证明］ 选取李雅普诺夫（Lyapunov）函数为 $V(x)=\boldsymbol{x}^{\mathrm{T}}\boldsymbol{P}\boldsymbol{x}$，$\boldsymbol{P}=\boldsymbol{P}^{\mathrm{T}}=\boldsymbol{Q}^{-1}>0$。根据引理 6-1 可以得到，$\phi(\boldsymbol{y}_c)^{\mathrm{T}}\boldsymbol{S}^{-1}(\phi(\boldsymbol{y}_c)+\boldsymbol{y}_c)\leqslant 0$，其中 $\boldsymbol{w}=\boldsymbol{y}_c$，$\boldsymbol{S}\in\boldsymbol{R}^{m\times m}$ 为任意正定对角矩阵。依据 Schur 补定理，式(6-92) 可以改写成

$$\dot{V}(x)+\frac{1}{\gamma}\boldsymbol{z}^{\mathrm{T}}\boldsymbol{z}-\boldsymbol{w}^{\mathrm{T}}\boldsymbol{w}-2\phi(\boldsymbol{y}_c)^{\mathrm{T}}\boldsymbol{S}^{-1}(\phi(\boldsymbol{y}_c)+\boldsymbol{y}_c)<0 \tag{6-94}$$

因此，当 $\boldsymbol{w}=0$ 时，显然有 $\dot{V}(x)<0$，那么系统式(6-88) 全局渐近稳定。由式(6-94) 可知：$\dot{V}(x)+\frac{1}{\gamma}\boldsymbol{z}^{\mathrm{T}}\boldsymbol{z}-\boldsymbol{w}^{\mathrm{T}}\boldsymbol{w}<0$，不等式两边积分可得

$$\begin{aligned}\int_0^T \boldsymbol{z}^{\mathrm{T}}(t)\boldsymbol{z}(t)\mathrm{d}t &\leqslant \gamma\int_0^T \boldsymbol{w}^{\mathrm{T}}(t)\boldsymbol{w}(t)\mathrm{d}t+\gamma(V(\boldsymbol{x}(0))-V(\boldsymbol{x}(T)))\\ &\leqslant \gamma\int_0^T \boldsymbol{w}^{\mathrm{T}}(t)\boldsymbol{w}(t)\mathrm{d}t+\gamma V(\boldsymbol{x}(0))\end{aligned} \tag{6-95}$$

因此式(6-93) 得证。

依据定理 6-5，可以把求解静态抗饱和补偿器问题转化成如下基于 LMI 约束下的凸优化问题：

$$\begin{aligned}&\min_{Q>0,\gamma>0}\ \gamma\\ &\text{s. t. 式(6-92)}\end{aligned} \tag{6-96}$$

从而可以使用 matlab 的 LMI 工具箱求得静态抗饱和补偿器。

(2) 基于 LADRC 的共轴八旋翼无人机偏航静态抗饱和设计

本节在基于线性自抗扰的八旋翼无人机偏航姿态跟踪控制基础上，引入静态抗饱和补偿器，从而保证在偏航姿态出现执行器饱和时，依然具有较好的偏航控制性能，有效避免偏航控制系统损失。

根据共轴八旋翼无人机的对称特性可知，$I_x=I_y$，偏航系统的状态方程可以表示为

$$\begin{aligned}\dot{x}_1&=x_2\\ \dot{x}_2&=M_z/I_z+w\end{aligned} \tag{6-97}$$

式中，状态 x_1、x_2 为偏航角与偏航角速度；w 为干扰。假设期望偏航角微分 $\dot{\psi}_d=0$，那么偏航系统作为被控对象表示如下：

$$\dot{\boldsymbol{x}}_p=\boldsymbol{A}_p\boldsymbol{x}_p+\boldsymbol{B}_{pu}\boldsymbol{u}+\boldsymbol{B}_{pw}\boldsymbol{w}$$

$$\boldsymbol{y}_p=\boldsymbol{C}_p\boldsymbol{x}_p+\boldsymbol{D}_{pu}\boldsymbol{u}+\boldsymbol{D}_{pw}\boldsymbol{w}$$
$$\boldsymbol{z}=\boldsymbol{C}_z\boldsymbol{x}_p+\boldsymbol{D}_{zu}\boldsymbol{u}+\boldsymbol{D}_{zw}\boldsymbol{w} \tag{6-98}$$

式中，状态矢量 $\boldsymbol{x}_p=[e \quad \dot{e}]^{\mathrm{T}}$；$e=\psi_d-\psi$ 为偏航角误差；$\boldsymbol{A}_p=\begin{bmatrix}0&1\\0&0\end{bmatrix}$；$\boldsymbol{B}_{pu}=\begin{bmatrix}0\\-1/I_z\end{bmatrix}$；$\boldsymbol{B}_{pw}=\begin{bmatrix}0\\1\end{bmatrix}$；$\boldsymbol{C}_p=[1 \quad 0]$；$\boldsymbol{D}_{pu}=0$；$\boldsymbol{D}_{pw}=0$；$\boldsymbol{C}_z=[1 \quad 0]$；$\boldsymbol{D}_{zu}=0$；$\boldsymbol{D}_{zw}=0$；未受约束的控制量 $u=M_z$。

线性自抗扰 LADRC 的状态空间表达形式描述如下：

$$\dot{\boldsymbol{x}}_c=\boldsymbol{A}_c\boldsymbol{x}_c+\boldsymbol{B}_c\boldsymbol{u}_c+\boldsymbol{B}_{cw}\boldsymbol{w}$$
$$\boldsymbol{y}_c=\boldsymbol{C}_c\boldsymbol{x}_c+\boldsymbol{D}_c\boldsymbol{u}_c+\boldsymbol{D}_{cw}\boldsymbol{w} \tag{6-99}$$

式中，$\boldsymbol{x}_c=[z_1,z_2,z_3]^{\mathrm{T}}$ 为状态矢量；z_1、z_2、z_3 为偏航角误差、偏航角误差的微分以及干扰的观测值；$y_c=M_z$，为无约束下的 LADRC 输出矢量；$\boldsymbol{A}_c=\begin{bmatrix}-\beta_{yaw01} & 1 & 0\\ -\beta_{yaw02}-\dfrac{k_{yawp}}{I_z} & -\dfrac{k_{yawd}}{I_z} & 0\\ -\beta_{yaw03} & 0 & 0\end{bmatrix}$；$\boldsymbol{B}_c=\begin{bmatrix}\beta_{yaw01}\\ \beta_{yaw02}\\ \beta_{yaw03}\end{bmatrix}$；$\boldsymbol{C}_c=[k_{yawp} \quad k_{yawd} \quad I_z]$；$\boldsymbol{B}_{cw}=\boldsymbol{D}_c=\boldsymbol{D}_{cw}=0$。

那么引入静态抗饱和补偿器 $\boldsymbol{u}_{aw}=\boldsymbol{D}_{aw}(\mathrm{sat}(\boldsymbol{y}_c)-\boldsymbol{y}_c)$后，共轴八旋翼无人机的偏航闭环系统描述如下：

$$\boldsymbol{x}=\begin{bmatrix}\boldsymbol{x}_p\\ \boldsymbol{x}_c\end{bmatrix}\in\boldsymbol{R}^5$$
$$\dot{\boldsymbol{x}}=\boldsymbol{A}\boldsymbol{x}+\boldsymbol{B}_1\phi(\boldsymbol{y}_c)+\boldsymbol{B}_2\boldsymbol{w}$$
$$\boldsymbol{y}_c=\boldsymbol{C}_1\boldsymbol{x}+\boldsymbol{D}_{11}\phi(\boldsymbol{y}_c)+\boldsymbol{D}_{12}\boldsymbol{w}$$
$$\boldsymbol{z}=\boldsymbol{C}_2\boldsymbol{x}+\boldsymbol{D}_{21}\phi(\boldsymbol{y}_c)+\boldsymbol{D}_{22}\boldsymbol{w} \tag{6-100}$$

对应的参数矩阵可以代入式(6-89)、式(6-90) 依次求得。因此，依据定理 6-5，求取基于 LMI 约束下的凸优化问题式(6-96)，即可求解静态抗饱和补偿增益 D_{aw}。

(3) 基于 LADRC 的共轴八旋翼无人机偏航静态抗饱和仿真实验

本小节针对上一小节提出的偏航静态抗饱和控制进行了数值仿真实验工作。为了验证偏航静态抗饱和补偿器的有效性，进行了三种不同实验条件下的 LADRC 偏航跟踪控制与引入静态抗饱和补偿器的 LADRC 偏航跟踪控制的仿真比较实验。由于八旋翼无人机的电机转速限制在 $132\mathrm{rad/s}\leqslant\Omega_i\leqslant 250\mathrm{rad/s}$，$i=1,2,\cdots,8$，因此，反扭力矩 $|M_z|\leqslant 0.55\mathrm{N\cdot m}$。偏航的 LADRC 参数分别为 $\omega_{yawc}=10$，$\omega_{yaw0}=5\omega_{yawc}$。由此根据 matlab 的 LMI 工具箱求解得到静态抗饱

和补偿增益 $\boldsymbol{D}_{aw}=[1.8, 0.2, 0.7]^{\mathrm{T}}$，系统的 L_2 增益 $\gamma=1.7476$。三个实验的初始偏航角均为 $\psi_0=0\mathrm{rad}$，实验一与实验二的期望偏航角为 $\psi_d=0.6\mathrm{rad}$，实验三的期望偏航角为方波，幅值为 0.5rad。实验一与实验三没有加入外界干扰，实验二加入了幅值为 0.15N·m 的白噪声干扰。

三个实验的仿真结果分别如图 6-23 与图 6-24 所示，由于偏航控制量在执行器的饱和下受到约束，三个实验的 LADRC 偏航控制结果均出现较大的超调，调节时间延长。尤其加入白噪声干扰后，偏航控制性能再次下降。然而，当引入静态抗饱和补偿器后，无扰动的偏航角跟踪超调非常小。在白噪声干扰情况下，静态抗饱和偏航控制的超调明显减小，较快跟踪到期望偏航角，提高了偏航系统的抗干扰能力。具体的偏航控制性能指标参见表 6-2。由此可见，偏航的静态抗饱和控制有效地弱化了执行器饱和对偏航系统带来的恶劣影响，保证了偏航角的精确跟踪，提高了系统的鲁棒性。

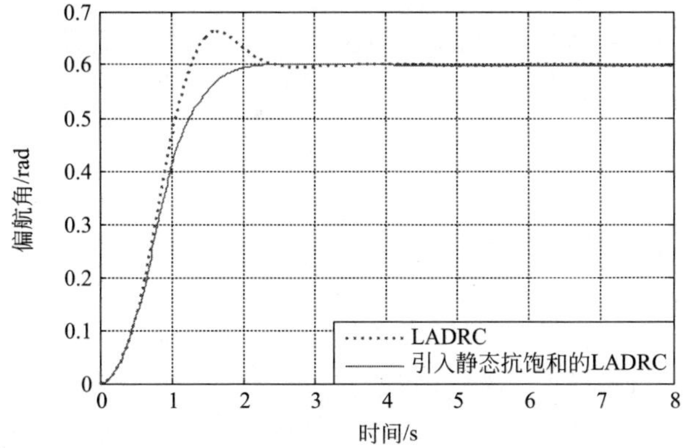

(a) 实验一的偏航角跟踪比较结果

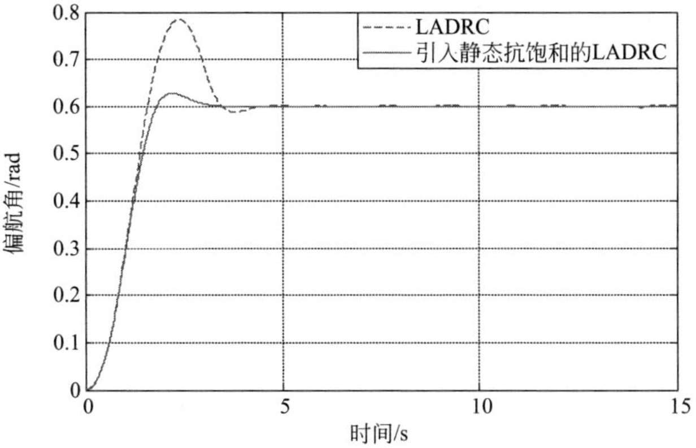

(b) 实验二的偏航角跟踪比较结果

图 6-23 实验一与实验二的偏航角跟踪控制实验比较结果

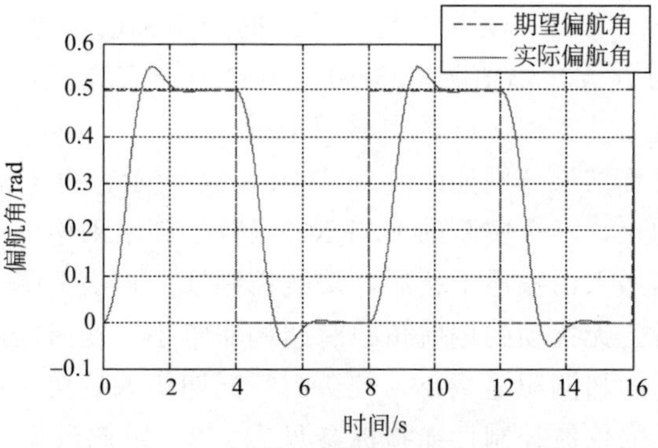

(a) LADRC偏航角跟踪结果

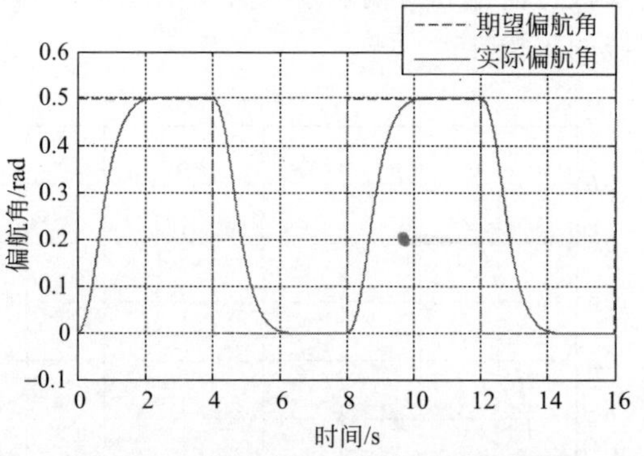

(b) 引入静态抗饱和补偿器的LADRC偏航角跟踪结果

图 6-24 实验三的偏航角跟踪控制实验比较结果

表 6-2 实验一与实验二的偏航控制性能指标

控制器 \ 性能指标	调节时间/s	超调量/%
实验一 LADRC	3.7	9.65
实验一 LADRC+静态抗饱和	2.8	1.12
实验二 LADRC	5.1	25.76
实验二 LADRC+静态抗饱和	3.9	9.02

6.4.2 无人机偏航抗积分饱和控制

本节从实际工程应用角度出发，围绕共轴八旋翼无人机偏航运动出现执行器积分饱和的实际问题进行介绍，提出了一种变结构变参数 PI（VSVCPI）抗积分饱和控制器，阐述其工作机理、设计方法及稳定性分析，并辅以原型机飞行实例。同样地，该抗饱和算法也适用于滚转姿态及俯仰姿态抗饱和控制。

（1）偏航抗积分饱和控制器设计

① 基于 PD-VSVCPI 的偏航抗积分饱和控制器设计　工程上的共轴八旋翼无人机偏航跟踪控制选择了易于调节、容易实现的 PID 控制器。当执行器发生饱和时，PID 会出现积分饱和现象，该现象容易导致大超调、振荡甚至失稳，造成控制性能严重恶化。本节设计双闭环结构的 PD 算法与变结构变参数 PI（VS-VCPI）算法相结合的控制策略以改善积分饱和对系统的影响，提高偏航姿态的跟踪性能。

双闭环 PD-VSVCPI 的偏航控制结构框图如图 6-25 所示。外环采用 PD 算法控制偏航角度，输出为期望的偏航角速度信号：

$$r_d = k_{p\psi} e_\psi + k_{d\psi} \dot{e}_\psi \tag{6-101}$$

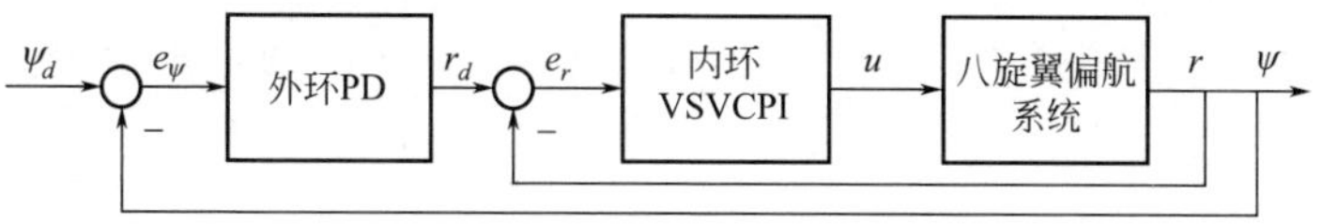

图 6-25　PD-VSVCPI 双闭环偏航控制结构框图

内环采用 VSVCPI 抗积分饱和算法控制偏航角速度。VSVCPI 算法结构如图 6-26 所示，其中输出为名义控制量 u_n，由于电机转速在实际工程中有一定的范围限制，故导致偏航控制量存在限制。而当出现积分饱和现象时，u_n 处于饱和状态，即 $u_n \notin [u_{min}, u_{max}]$，定义 u_s 为饱和控制量：

$$u_s = \max(u_{min}, \min(u, u_{max})) \tag{6-102}$$

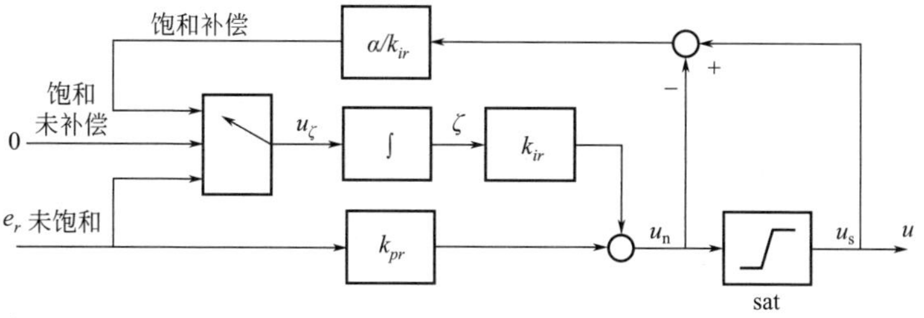

图 6-26　VSVCPI 偏航抗积分饱和控制器

VSVCPI 控制输出表示为

$$u_n = k_{pr} e_r + k_{ir} \zeta \tag{6-103}$$

式中，$e_r=r_d-r$，为偏航角速度误差；ζ 为内环积分值。

定义 u_ζ 为虚拟积分控制量，表示如下：

$$u_\zeta=\dot{\zeta}=\begin{cases}-\alpha(u_{\mathrm{n}}-u_{\mathrm{s}})/k_{ir}, & if\,u_{\mathrm{n}}\neq u_{\mathrm{s}},|e_r|\leqslant thres\\ & (k_{ir}>0)\\ 0, & if\,u_{\mathrm{n}}\neq u_{\mathrm{s}},|e_r|>thres\\ e_r, & if\,u_{\mathrm{n}}=u_{\mathrm{s}}\end{cases}\tag{6-104}$$

$$\alpha=a_1+a_2|u_{\mathrm{n}}-u_{\mathrm{s}}|\tag{6-105}$$

由于共轴八旋翼无人机偏航控制量的上下界是对称的，故定义控制量限定值为 $u_{\mathrm{lim}}=|u_{\min}|=|u_{\max}|$。为了表达方便，设定 $u_{\mathrm{s}}>0$，那么 VSVCPI 抗饱和控制律分为三种结构，即饱和补偿、饱和未补偿、未饱和，描述为

$$\begin{bmatrix}u\\u_\zeta\end{bmatrix}=\begin{cases}\begin{bmatrix}u_s\operatorname{sign}(u_{\mathrm{n}})\\-\alpha(u_{\mathrm{n}}-u_{\mathrm{s}}\operatorname{sign}(u_{\mathrm{n}}))/k_{ir}\end{bmatrix}, & \mathrm{if}\,u_{\mathrm{n}}\neq u_{\mathrm{s}}\operatorname{sign}(u_{\mathrm{n}}),\\ & |e_r|\leqslant thres\\ \begin{bmatrix}u_{\mathrm{s}}\operatorname{sign}(u_{\mathrm{n}})\\0\end{bmatrix}, & \mathrm{if}\,u_{\mathrm{n}}\neq u_{\mathrm{s}}\operatorname{sign}(u_{\mathrm{n}}),\\ & |e_r|>thres\\ \begin{bmatrix}u_{\mathrm{n}}\\e_r\end{bmatrix}, & \mathrm{if}\,u_{\mathrm{n}}=u_{\mathrm{s}}\operatorname{sign}(u_{\mathrm{n}})\end{cases}\tag{6-106}$$

式中，α 为抗饱和系数，见式(6-105)；a_1、a_2 为常数。α 依据执行器饱和程度的不同而发生变化，当执行器处于过分饱和时，α 变大从而加快退饱和速度；当饱和程度较小，处于临界饱和附近时，α 变小，避免控制量过量减小导致偏航的不精确控制。因此，α 决定退出饱和的强度。这种变参数特性提高了抗饱和控制的准确度。*thres* 为退饱和阈值，当偏航处于未饱和时，采用传统 PI 控制器；当偏航处于饱和时，且偏航角速度误差绝对值在 *thres* 范围内，则视为满足退饱和条件，此时采取抗饱和策略；反之，若角速度误差绝对值大于 *thres*，积分停止，偏航控制量设为限定值 $u_{\mathrm{s}}\operatorname{sign}(u_{\mathrm{n}})$，快速减小误差，从而达到偏航期望值。此时若存在外界干扰，该变结构特性使偏航系统在满足退饱和条件时才进行抗饱和动作，否则以抵抗外扰、减小偏航角速度误差为主。

② 基于 PD-VSVCPI 的共轴八旋翼无人机偏航系统稳定性分析　本小节首先分析偏航内环子系统 S_r 的稳定性，内环采取 VSVCPI 控制策略。S_r 的状态方程描述如下：

$$\begin{aligned}\dot{\boldsymbol{x}}&=\boldsymbol{B}u+\boldsymbol{B}_\zeta u_\zeta\\ \boldsymbol{y}(t)&=\boldsymbol{C}\boldsymbol{x}(t)\end{aligned}\tag{6-107}$$

式中，$\boldsymbol{x}=[x_1,x_2]^{\mathrm{T}}=[e_r,\zeta]^{\mathrm{T}}$；$\boldsymbol{B}=[-1/I_z,\ 0]^{\mathrm{T}}$；$\boldsymbol{B}_\zeta=[0,\ 1]^{\mathrm{T}}$；$\boldsymbol{C}=[1,\ 0]$；$u_{\mathrm{n}}=\boldsymbol{K}\boldsymbol{x}(t)$，为名义控制量；$\boldsymbol{K}=[k_{pr},\ k_{ir}]$。

[定理 6-6]　若满足式（6-108）条件，则共轴八旋翼无人机偏航内环子系统

S_r 在控制律式(6-106) 作用下全局渐近稳定。

$$a_1>0$$
$$a_2>0 \tag{6-108}$$

[证明] 当 S_r 处于执行器饱和补偿状态时，选取李雅普诺夫（Lyapunov）函数为

$$V_1(x)=(k_{pr}x_1+k_{ir}x_2)^2 \tag{6-109}$$

那么

$$\begin{aligned}\dot V_1(x)&=2u_n[-k_{pr}u_s\text{sign}(u_n)/I_z-\alpha(|u_n|-u_s)\text{sign}(u_n)]\\&=-2|u_n|[k_{pr}u_s/I_z+a_1(|u_n|-u_s)+a_2(|u_n|-u_s)^2]\end{aligned} \tag{6-110}$$

由于 $k_{pr}>0$，若满足式(6-108) 条件，有 $\dot V_1(x)<0$，即偏航内环子系统 S_r 处于饱和补偿模式时全局渐近稳定。

当 S_r 处于饱和未补偿状态时，选取李雅普诺夫（Lyapunov）函数为

$$V_2(x)=(k_{pr}x_1+k_{ir}x_2)^2 \tag{6-111}$$

则

$$\begin{aligned}\dot V_2(x)&=2u_n[-k_{pr}u_s\text{sign}(u_n)/I_z]\\&=-2|u_n|k_{pr}u_s/I_z<0\end{aligned} \tag{6-112}$$

显然，在饱和未补偿模式下，S_r 全局渐近稳定。

当处于未饱和状态，S_r 状态方程描述为

$$\dot{\boldsymbol{x}}(t)=(\boldsymbol{BK}+\boldsymbol{B}_\zeta\boldsymbol{C})\boldsymbol{x}(t) \tag{6-113}$$

定义李雅普诺夫（Lyapunov）函数为

$$V_3(x)=\boldsymbol{x}^{\mathrm T}\boldsymbol{Px} \tag{6-114}$$

式中，$\boldsymbol{P}$ 为正定对称矩阵，得到

$$\begin{aligned}\dot V_3(\boldsymbol{x})&=(\boldsymbol{x}^{\mathrm T}\boldsymbol{K}^{\mathrm T}\boldsymbol{B}^{\mathrm T}+\boldsymbol{X}^{\mathrm T}\boldsymbol{C}^{\mathrm T}\boldsymbol{B}_\zeta^{\mathrm T})\boldsymbol{Px}+\boldsymbol{x}^{\mathrm T}\boldsymbol{P}(\boldsymbol{BKx}+\boldsymbol{B}_\zeta\boldsymbol{Cx})\\&=\boldsymbol{x}^{\mathrm T}[(\boldsymbol{BK}+\boldsymbol{B}_\zeta\boldsymbol{C})^{\mathrm T}\boldsymbol{P}+\boldsymbol{P}(\boldsymbol{BK}+\boldsymbol{B}_\zeta\boldsymbol{C})]\boldsymbol{x}\end{aligned} \tag{6-115}$$

定义矩阵 $\boldsymbol{Q}=(\boldsymbol{BK}+\boldsymbol{B}_\zeta\boldsymbol{C})^{\mathrm T}\boldsymbol{P}+\boldsymbol{P}(\boldsymbol{BK}+\boldsymbol{B}_\zeta\boldsymbol{C})$，有

$$\dot V_3(\boldsymbol{x})=x^{\mathrm T}\boldsymbol{Qx} \tag{6-116}$$

当选定参数 k_{pr}、k_{ir} 后，必能找到矩阵 P 使矩阵 Q 负定，那么有 $\dot V_3(x)<0$。因此 S_r 渐近稳定。综上可见，在满足式(6-108) 条件下，偏航内环子系统可达到全局渐近稳定。

由于偏航外环子系统 S_ψ 采用 PD 控制，那么在选取合适的控制参数 $k_{p\psi}$、$k_{d\psi}$ 条件下，必能保证外环子系统 S_ψ 的渐近稳定。由此可见，在合适的控制参数条件下，基于 PD-VSVCPI 的共轴八旋翼无人机偏航系统可达到全局渐近稳定。

(2) 共轴八旋翼无人机偏航抗积分饱和仿真实验

为了验证上一小节提出的 PD-VSVCPI 偏航控制器的有效性，本小节进行了不同环境下的共轴八旋翼无人机偏航抗积分饱和仿真实验。采用双闭环结构的 PD-VSVCPI 算法进行偏航姿态的跟踪控制，采用传统的双闭环 PID 控制滚转姿态以及俯仰姿态保持 0rad，同样采用传统双闭环 PID 控制八旋翼无人机保持在悬停状态，即初始状态为 $\boldsymbol{P}_0=[0,0,0]^{\mathrm{T}}\mathrm{m}$，$\boldsymbol{\eta}_0=[0,0,0]^{\mathrm{T}}\mathrm{rad}$，期望状态为 $\boldsymbol{P}_{\mathrm{d}}=[0,0,2]^{\mathrm{T}}\mathrm{m}$，$\boldsymbol{\eta}_{\mathrm{d}}=[0,0,0.6]^{\mathrm{T}}\mathrm{rad}$。由于八旋翼无人机的电机转速限制在 $132\mathrm{rad/s}\leqslant\Omega_i\leqslant 250\mathrm{rad/s}$，$i=1,2,\cdots,8$，因此，反扭力矩 $|M_z|\leqslant 0.55\mathrm{N\cdot m}$，即 $u_{\mathrm{lim}}=0.55$。另外，仿真实验中，PD-VSVCPI 偏航控制器分别与传统 PD-PI 控制器、PD-VSPI 控制器进行了实验对比，其中，控制器的参数分别如下：VSVCPI 中，考虑同时保证退饱和的速度和精度，设定参数 $a_1=0.07$，$a_2=0.01$，通过反复调试，退饱和阈值 $thres=0.07\mathrm{rad/s}$。为了与 VSVCPI 具有相同的实验条件，由于 VSPI 中的抗饱和参数 α 与 VSVCPI 中的 a_1 作用相同，因此 $\alpha=0.07$。VSVCPI 与 VSPI 的其他参数与 PI 参数相同，即 $k_{\mathrm{pr}}=2$，$k_{\mathrm{ir}}=0.2$。通过反复调试，外环 PD 参数设定为 $k_{p\psi}=0.5$，$k_{d\psi}=0.01$。

首先，在没有加入干扰情况下，进行了无扰动的八旋翼无人机偏航跟踪比较实验，如图 6-27 所示，给出了 PD-VSVCPI、PD-VSPI 以及 PD-PI 控制下的仿真比较结果图。由于执行器存在限制，传统双闭环 PD-PI 算法具有明显的超调与稳态静差，然而 PD-VSVCPI 算法与 PD-VSPI 算法由于采用退饱和控制策略，两个算法均没有超调和稳态静差，但 PD-VSVCPI 算法具有更短的调节时间，偏航控制性能更佳。

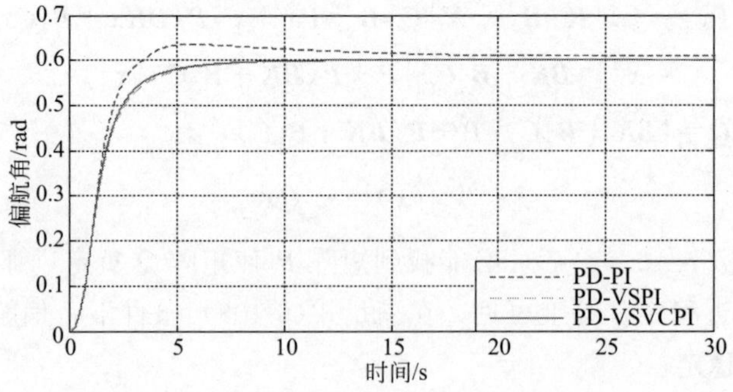

图 6-27 无扰动下的偏航角跟踪控制实验比较结果（电子版）

接下来，为了验证 PD-VSVCPI 算法的鲁棒性，在仿真实验中加入幅值为 0.15N·m 的白噪声干扰。实验比较结果如图 6-28 所示，基于 PD-VSVCPI 的偏航控制器比 PD-VSPI 控制器具有更小的超调与稳态误差。因此，在干扰情况下，PD-VSVCPI 算法在成功抗积分饱和的同时保证了偏航角的精确跟踪，提高了偏航系统的鲁棒性。

(3) 共轴八旋翼无人机偏航抗积分饱和控制的原型机实现

① 共轴八旋翼原型机电机转速的计算　多旋翼无人机依靠改变各个旋翼的转速实现空中姿态的变化以及水平位置的移动。但由于存在强耦合特性，共轴八旋翼原型机任一个旋翼转速的变化会同时影响多个状态量，而且每一个状态量的变化又受到多个旋翼转速的影响。在八旋翼原型机的控制系统中，主控芯片将输出期望的各个电机的转速到相应电机的驱动电路中，因此需要通过控制算法得到的力与力矩来求取各个电机的期望转速。

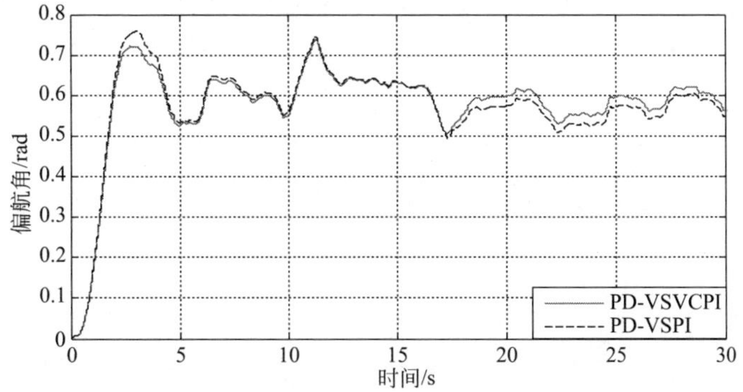

图 6-28　扰动下的偏航角跟踪控制实验比较结果（电子版）

首先，定义四个虚拟控制量分别代表八旋翼原型机所受到的力与力矩（空气阻力与陀螺效应等忽略），表示如下：

$$\begin{bmatrix} U_1 \\ U_2 \\ U_3 \\ U_4 \end{bmatrix} = \begin{bmatrix} k_1(\Omega_1^2+\Omega_2^2+\Omega_3^2+\Omega_4^2+\Omega_5^2+\Omega_6^2+\Omega_7^2+\Omega_8^2) \\ k_1 l(\Omega_3^2+\Omega_4^2-\Omega_7^2-\Omega_8^2) \\ k_1 l(\Omega_1^2+\Omega_2^2-\Omega_5^2-\Omega_6^2) \\ k_2(\Omega_1^2+\Omega_4^2+\Omega_5^2+\Omega_8^2-\Omega_2^2-\Omega_3^2-\Omega_6^2-\Omega_7^2) \end{bmatrix} \tag{6-117}$$

换言之，U_1 为八旋翼原型机在机体坐标系下的升力；U_2 为提供滚转姿态的力矩；U_3 为提供俯仰姿态的力矩；U_4 为提供偏航姿态的反扭力矩。那么根据式(6-117) 可得虚拟控制量与电机转速的平方的映射关系：

$$\begin{bmatrix} U_1 \\ U_2 \\ U_3 \\ U_4 \end{bmatrix} = \boldsymbol{R}_{\Omega-U} \begin{bmatrix} \Omega_1^2 \\ \Omega_2^2 \\ \Omega_3^2 \\ \Omega_4^2 \\ \Omega_5^2 \\ \Omega_6^2 \\ \Omega_7^2 \\ \Omega_8^2 \end{bmatrix} \tag{6-118}$$

其中：

$$\boldsymbol{R}_{\Omega-U} = \begin{bmatrix} k_1 & k_1 & k_1 & k_1 & k_1 & k_1 & k_1 & k_1 \\ 0 & 0 & k_1 l & k_1 l & 0 & 0 & -k_1 l & -k_1 l \\ k_1 l & k_1 l & 0 & 0 & -k_1 l & -k_1 l & 0 & 0 \\ k_2 & -k_2 & -k_2 & k_2 & k_2 & -k_2 & -k_2 & k_2 \end{bmatrix} \tag{6-119}$$

显然，从矩阵 $\boldsymbol{R}_{\Omega-U}$ 的结构可知，$\boldsymbol{R}_{\Omega-U}$ 存在伪逆矩阵。因此，基于伪逆矩阵的思想计算各个电机的转速，描述如下：

$$\begin{bmatrix} \Omega_1 \\ \Omega_2 \\ \Omega_3 \\ \Omega_4 \\ \Omega_5 \\ \Omega_6 \\ \Omega_7 \\ \Omega_8 \end{bmatrix} = \sqrt{\boldsymbol{R}_{\Omega-U}^{\mathrm{T}} (\boldsymbol{R}_{\Omega-U} \boldsymbol{R}_{\Omega-U}^{\mathrm{T}})^{-1} \begin{bmatrix} U_1 \\ U_2 \\ U_3 \\ U_4 \end{bmatrix}} \tag{6-120}$$

因此，把计算得到的电机转速输入到相应电机驱动电路中，控制电机驱动八个旋翼转动，从而实现共轴八旋翼原型机的飞行。

② 共轴八旋翼原型机实验装置　共轴八旋翼原型机的外形如图 6-29 所示。原型机采用碳纤维材料十字形结构，具有重量轻、强度高等优点。四组无刷直流电机（BLDC）驱动四组桨叶对分别安装在原型机等长的连杆末端。原型机空载质量为 1.6kg，可带负载 0.5kg，空载飞行时间约 25min。

图 6-30 为共轴八旋翼无人机的飞行控制平台示意图。飞行控制主芯片选择 TI 公司的 TMS320F28335（DSP），具有 150MHz 频率，512KB 闪存，包括 16

路可编程通道，12 位模拟输入，12 路 PWM 输出，支持浮点运算，可以完成各种控制算法的实时计算。原型机安装了惯性测量单元（IMU），包括三轴陀螺仪、三轴加速度计、三轴磁强计，此外还安装了采样频率为 7Hz、精度可达 ±1.5mm 的激光测距模块，因此可准确地获得原型机的运动信息。原型机和上位机通过无线收发模块实现信息的双向传输，可利用上位机发送指令，控制原型机完成多种实验。同时，原型机的状态信息也可以回传至上位机内，由上位机记录实验数据并可自动生成直观的状态变化曲线。

图 6-29　共轴八旋翼原型机外形图

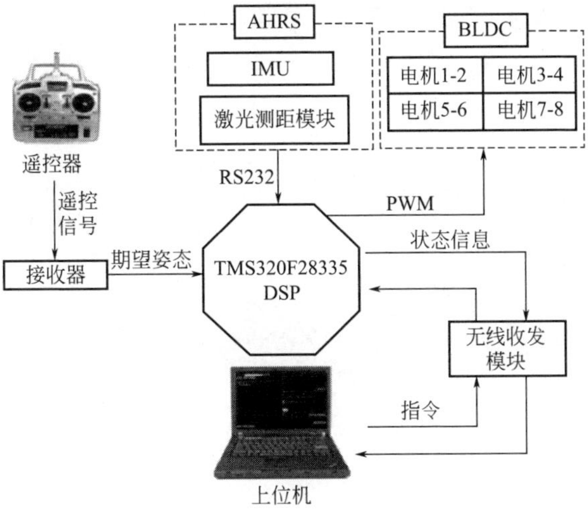

图 6-30　共轴八旋翼无人机控制平台示意图

③ 共轴八旋翼无人机偏航抗积分饱和原型机实验　为了验证上一节提出的 PD-VSVCPI 抗积分饱和控制器的实用性与鲁棒性，本小节进行了不同工况下的 PD-VSVCPI 算法与 PD-VSPI 算法的八旋翼原型机偏航抗饱和比较实验。控制器参数的选取与上一节仿真实验参数相同，无人机的初始状态为 $\boldsymbol{P}_0=[0,0,0]^{\mathrm{T}}\mathrm{m}$，$\boldsymbol{\eta}_0=[0,0,0]^{\mathrm{T}}\mathrm{rad}$，期望状态为 $\boldsymbol{P}_\mathrm{d}=[0,\ 0,\ 2]^{\mathrm{T}}\mathrm{m}$，$\boldsymbol{\eta}_\mathrm{d}=[0,0,\pm 0.88]^{\mathrm{T}}\mathrm{rad}$，期望无人机保持悬停状态，期望偏航角由操作员使用遥控器手动给定，可能存在偏差。本小节分别进行了以下三种不同工况的原型机飞行实验：

实验 1：在室内，无干扰；

实验 2：在室内，由电风扇提供水平风扰；

实验 3：在室外，存在变化风扰。

a. 实验 1。首先，在室内密闭空间进行了 PD-VSVCPI 算法与 PD-VSPI 算法的偏航比较实验，不外加任何干扰。从图 6-31 和图 6-32 中可见，采用 PD-VSVCPI 抗积分饱和算法和 PD-VSPI 算法，共轴八旋翼无人机均达到了期望偏航角。由于在无外扰的密闭空间，八旋翼无人机的执行器出现饱和的次数较少，基于 PD-VSVCPI 的偏航控制没有进入饱和未补偿状态，因此条件变结构策略未发挥明显作用，故与 PD-VSPI 控制效果基本相同，均具有较好的偏航控制性能。

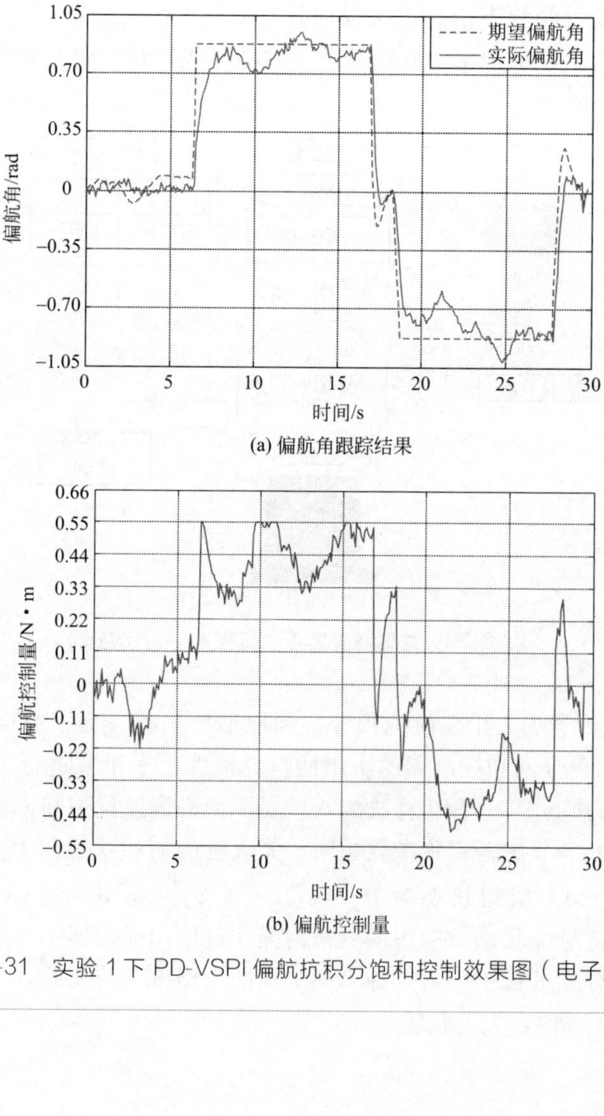

(a) 偏航角跟踪结果

(b) 偏航控制量

图 6-31 实验 1 下 PD-VSPI 偏航抗积分饱和控制效果图（电子版）

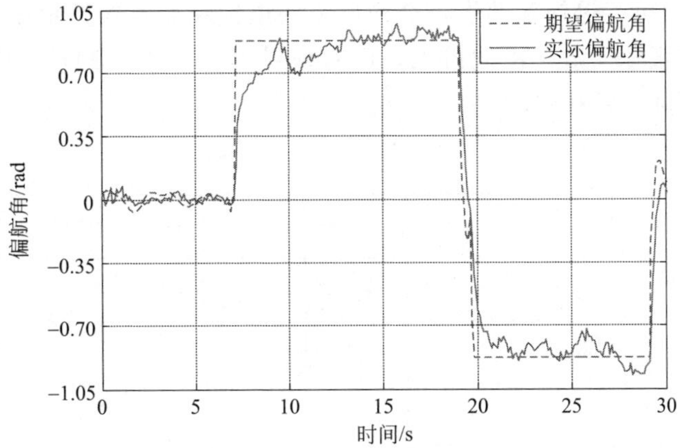

(a) 偏航角跟踪结果

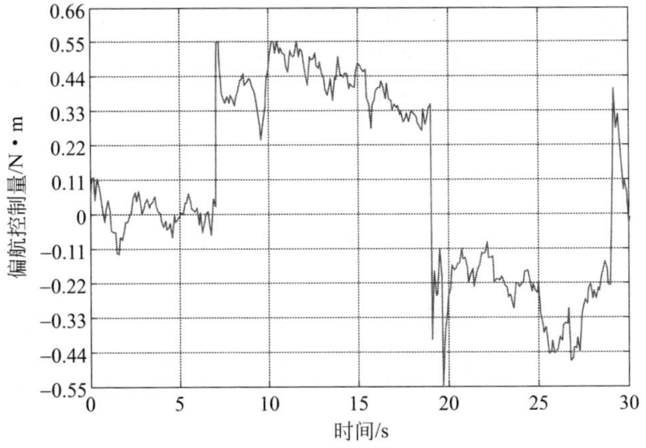

(b) 偏航控制量

图 6-32 实验 1 下 PD-VSVCPI 偏航抗积分饱和控制效果图（电子版）

b. 实验 2。为了验证 PD-VSVCPI 抗积分饱和算法的鲁棒性，室内加入电风扇提供的固定方向、速度为 4m/s 的风作为外界干扰，进行偏航比较实验。电风扇的高度与飞行器的高度相同，故视为水平风扰，风扰的固定方向使得八旋翼无人机偏航向期望偏航角 $\psi_d = 0.88$rad 运动为逆风运动，向期望偏航角 $\psi_d = -0.88$rad 运动为顺风运动，进而能够分析偏航姿态在顺风与逆风下的抗扰动能力。从图 6-33(a) 中可以看出，基于 PD-VSPI 控制的八旋翼无人机在顺风情况下，偏航能够顺利达到期望值。然而，在逆风情况下偏航出现较大的静差与振荡，这主要由于 VSPI 算法无论任何情况都优先执行退饱和动作，忽略了逆风运动导致的较大偏航角误差。如图 6-33(b) 所示，只要出现执行器饱和，VSPI 便进行退饱和动作，降低偏航控制量，然而此时偏航角由于风扰影响离期望值相差甚远，偏航控制又将增加以减小偏航角误差，导致偏航控制量再次饱和，进而VSPI算法再次执行退饱和动作，这种反复的退饱和导致偏航角振荡，最终在逆风扰动下偏航跟踪失败。由此可见，面对外界干扰，基于PD-VSPI的偏航抗饱和控制性能下降，鲁棒性较差。

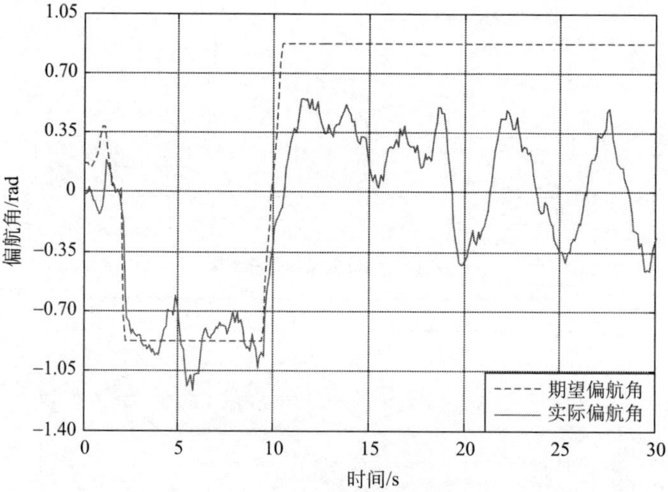

(a) 偏航角跟踪结果

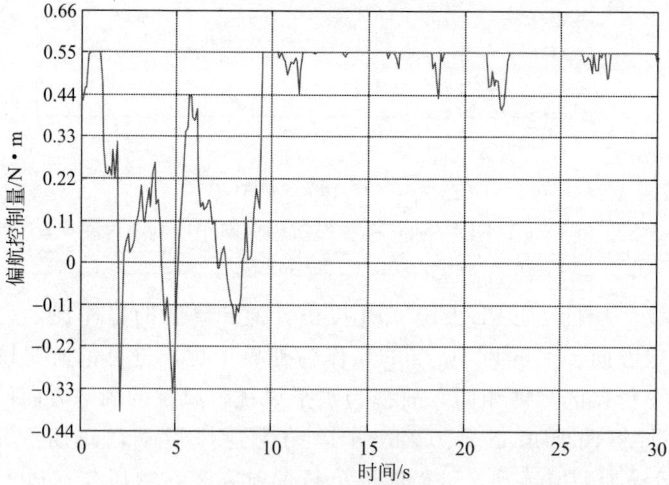

(b) 偏航控制量

图 6-33 实验 2 下 PD-VSPI 偏航抗积分饱和控制效果图（电子版）

图 6-34(a) 描述了基于PD-VSVCPI算法的偏航抗饱和控制结果，在顺风情况下，偏航角很容易地达到了期望偏航角 $\psi_d=-0.88$rad。当逆风运动时，在15～

20s 内执行器一直处于饱和状态，但 VSVCPI 首先没有立即执行退饱和动作，由于偏航角速度误差大于退饱和阈值 *thres*，因此进入了饱和未补偿状态，偏航控制量设为最大限定值，以此减小偏航角误差，并以最大能力抵抗风扰。当偏航角速度误差进入 *thres* 范围内，VSVCPI 开始执行退饱和动作，变参数特性保证了退饱和的准确性与快速性，最终使得八旋翼无人机偏航姿态准确地达到期望偏航角 $\psi_d=0.88\text{rad}$。由此可见，面对外界的顺风和逆风扰动，基于 PD-VSVCPI 算法的偏航抗饱和控制具有良好的控制性能，准确的抗饱和特性以及较强的鲁棒性。

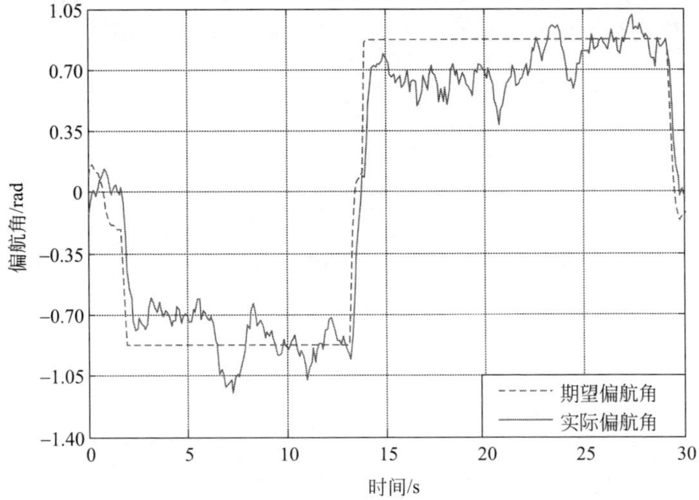

(a) 偏航角跟踪结果

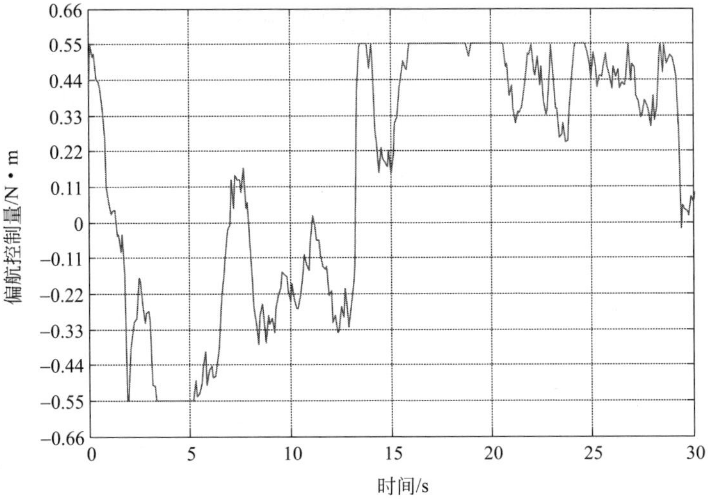

(b) 偏航控制量

图 6-34 实验 2 下 PD-VSVCPI 偏航抗积分饱和控制效果图（电子版）

c. 实验 3。接下来，为了进一步验证 PD-VSVCPI 抗饱和算法的工程实用性，进行了室外更为恶劣工况下的偏航抗积分饱和比较实验。室外环境存在变化无规则的风扰，有时出现阵风，有时出现长时间的风扰，通过风速计测量可知瞬间最大风速达到 5m/s。与实验 2 实验结果相似，由图 6-35 可以看出，在逆风运动时，基于 PD-VSPI 算法的偏航控制性能严重恶化，出现较大超调、静差以及明显的振荡，抗干扰能力较弱。然而，如图 6-36 所示，基于 PD-VSVCPI 抗饱和算法即使在逆风情况下依然具有满意的偏航控制性能，并且成功退出饱和。VSVCPI 算法的变参数特性提高了抗积分饱和的精确度，条件变结构策略增强了偏航系统的鲁棒性，因此 PD-VSVCPI 算法有效地解决了八旋翼无人机偏航积分饱和问题。

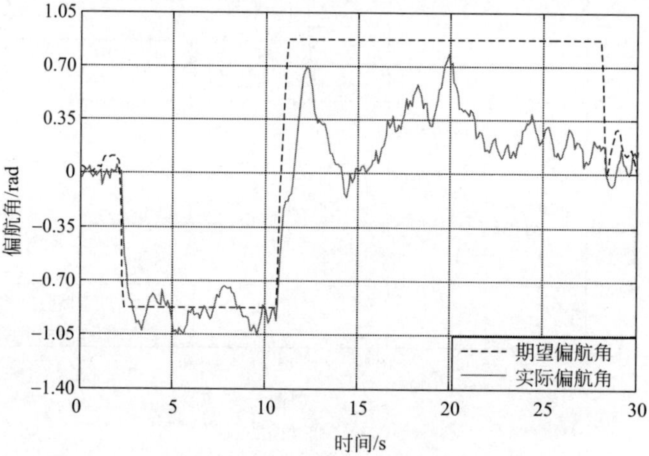

(a) 偏航角跟踪结果

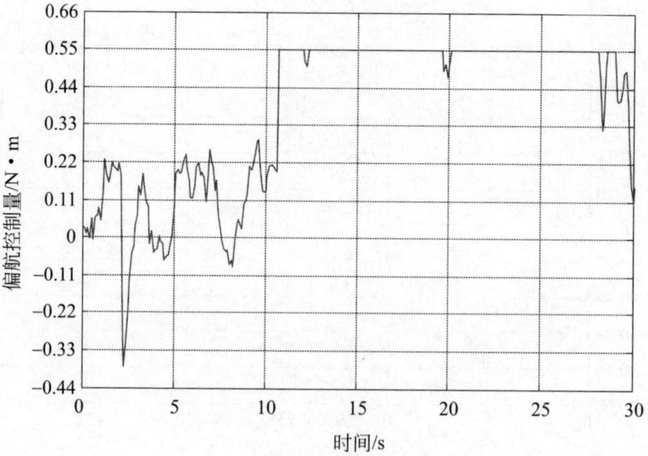

(b) 偏航控制量

图 6-35 实验 3 下 PD-VSPI 偏航抗积分饱和控制效果图（电子版）

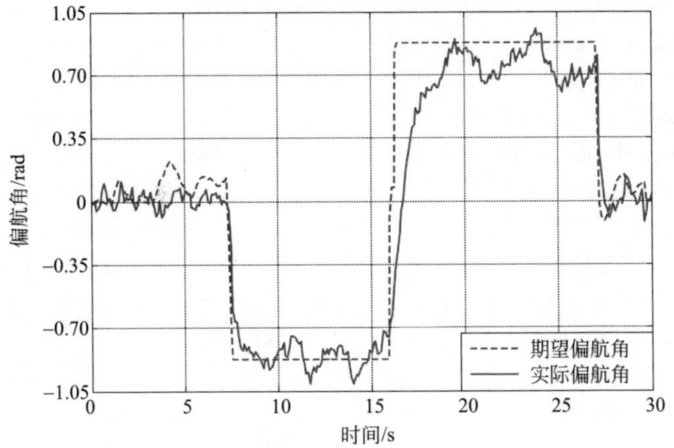

(a) 偏航角跟踪结果

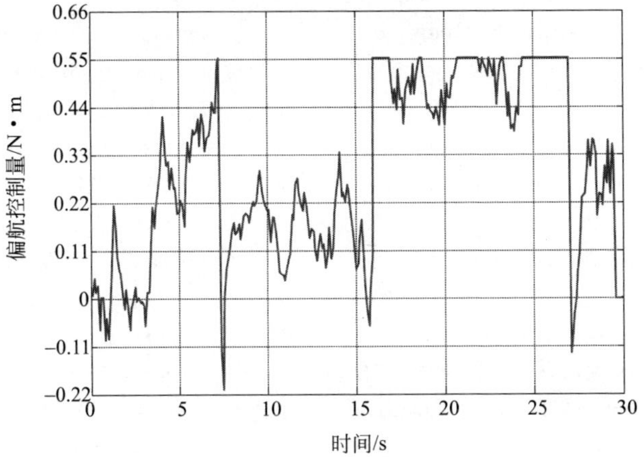

(b) 偏航控制量

图 6-36　实验 3 下 PD-VSVCPI 偏航抗积分饱和控制效果图（电子版）

参考文献

[1] ZHENG E，XIONG J. Quad-rotor unmanned helicopter control via novel robust terminal sliding mode controller and under-actuated system sliding

mode controller[J]. Optik-International Journal for Light and Electron Optics, 2014, 125(12): 2817-2825.

[2] GOMEZ-BALDERAS J E, SALAZAR S, GUERRERO J A, et al. Vision-based autonomous hovering for a miniature quad-rotor [J]. Robotica, 2014, 32(1): 43-61.

[3] González I, SALAZAR S, TORRES J, et al. Real-time attitude stabilization of a mini-UAV Quad-rotor using motor speed feedback[J]. Journal of Intelligent & Robotic Systems, 2013, 70(1-4): 93-106.

[4] RAFFO G V, ORTEGA M G, RUBIO F R. An integral predictive/nonlinear control structure for a quadrotor helicopter [J]. Automatica, 2010.

[5] HUANG M, XIAN B, DIAO C, et al. Adaptive tracking control of underactuated quadrotor unmanned aerial vehicles via backstepping[J]. American Control Conference (ACC), 2010, 2010: 2076-2081.

[6] SATICI A C, POONAWALA H, SPONGM W. Robust optimal control of quadrotor UAVs[J]. Access, IEEE, 2013, 1: 79-93.

[7] 赵温波. 径向基概率神经网络研究[D]. 合肥：中国科学技术大学，2003.

[8] 韩京清. 自抗扰控制器及其应用[J]. 控制与决策，1998：19-23.

[9] 韩京清. 非线性状态误差反馈控制律——NLSEF[J]. 控制与决策，1995：221-225.

[10] 韩京清. 从 PID 技术到“自抗扰控制”技术[J]. 控制工程，2002，9：13-18.

[11] HUANG, C Q, PENG X F, WANG J P. Robust nonlinear PID controllers for anti-windup design of robot manipulators with an uncertain jacobian matrix [J]. Acta Automatica Sinica, 2009, 34(08): 1113-1121.

[12] MEHDI M, REHAN M, MALIK F M. A novel anti-windup framework for cascade control systems: an application to underactuated mechanical systems [J]. ISA Trans, 2014, 53(3): 802-815.

[13] CHOI J W, LEE S C. Antiwindup strategy for PI-type speed controller [J]. IEEE Transactions on Industrial Electronics, 2009, 56(6): 2039-2046.

[14] 曲涛，郝彬彬. 具有积分限制的单神经元 PID 控制算法[J]. 航空动力学报，2013，28：1415-1419.

[15] OHISHI K, SATO Y, HAYASAKA E. High performance speed servo system considering voltage saturation of vector controlled induction motor[J]. Industrial Electronics Society, IEEE 2002 28th Annual Conference, 2002: 804-809.

[16] IZADBAKHSH A, KALAT A A, FATEH M M, et al. A robust anti-windup control design for electrically driven robots-theory and experiment[J]. International Journal of Control, Automation and Systems, 2011, 9(5): 1005-1012.

[17] SHIN H B, PARK J G. Anti-windup PID controller with integral state predictor for variable-speed motor drives [J]. IEEE Transactions on Industrial Electronics. 2012, 59(3): 1509-1516.

[18] 彭艳，刘梅，罗均，等. 无人旋翼机线性自抗扰航向控制[J]. 仪器仪表学报，2013，34：1894-1900.

[19] 苏位峰. 异步电机自抗扰矢量控制调速系统[D]. 北京：清华大学，2004.

[20] TARBOURIECH S, TURNER M. Anti-windup design: an overview of some recent advances and open problems [J]. IET Control Theory & Applications, 2007, 3(1): 1-19.

[21] GALEANI S, TARBOURIECH S, TURN-

ER M, et al. A tutorial on modern anti-windup design [J]. European Journal of Control, 2009, 15: 418-440.
[22] TARBOURIECH S, GARCIA G, DA SILVA JR J M G, et al. Stability and stabilization of linear systems with saturating actuators [M]. Springer Science & Business Media, 2011.

第7章

多旋翼无人机的故障容错控制

7.1 概述

旋翼式无人机在飞行过程中受到外部因素或者自身设计装配工艺的影响，无人机某些关键部件会出现故障。这些故障如果不能在发生之后迅速地得到检测并进行相应的处理，受到无人机自身强耦合、非线性等因素影响，其对飞行状态的影响作用将被迅速地放大，无人机将无法继续保持稳定甚至会出现失事等严重事故，不仅造成财产损失，有时还会危害地面人员的安全。容错控制技术是近年来发展起来的提高系统可靠性的有效手段之一，其利用控制系统的机构冗余能力克服某些部件发生故障后给系统带来的影响。应用容错控制技术提高无人机的可靠性已成为无人机设计中一个十分重要的内容。

容错控制系统按其设计的方法特点一般可被分为两类：被动容错控制系统以及主动容错控制系统。其中，主动容错控制是指在系统的某个部件发生故障之后，需要重新调整控制器参数或者改变控制器结构，从而达到容错控制的目的。通常情况下，主动容错控制的实现需要解决故障的检测以及控制器容错自重构两个问题。其中故障检测环节的任务是在故障发生之后迅速地发出故障信号激活控制器的自重构算法，并为容错重构提供故障特性信息。而控制器自重构技术就是利用故障检测环节提供的信息自主地调整控制器参数与结构，保证无人机系统的安全性和维持适当的操纵品质。

故障按发生的位置一般可以分为执行器故障以及传感器故障。对于无人机来说，执行器故障比较常见，据文献报道，飞机系统中20%左右的故障是由执行器引起的。因此在无人机的设计中，一般都提供一定的执行机构的冗余能力，以保证某些机构出现故障之后，剩余的正常机构可以代替其部分机能，继续维持平稳的飞行。

本章针对多旋翼无人机执行机构故障主动容错控制展开阐述。首先对于多旋翼无人机可能出现的执行单元故障给出分类，建立执行单元的故障模型。然后针对不同的故障类型分别对自主研制的十二旋翼无人机及六旋翼无人机设计专门的故障检测与控制律重构算法。最后特别引入了十二旋翼无人机与常见四旋翼无人机的容错控制能力比较分析，且辅以容错控制数值仿真实例。

7.2 多旋翼无人机执行单元的故障模型

由于执行单元在多旋翼无人机系统中的关键作用，其发生故障之后将直接影响飞行性能甚至导致无人机的失事，属于一种非常严重的故障类型。多旋翼无人机在飞行过程中98%以上的电能都是经过执行单元消耗的，由于负荷大、工作温度高、机械振动大，其电子元器件易老化、机械连接件易磨损变形，导致执行单元相对于无人机的其他单元更加容易发生故障。另外多旋翼无人机中执行单元的数量较多，从客观上增加了发生故障的概率。多旋翼无人机的每个执行单元均由三相无刷直流电动机、旋翼、驱动电路板构成，如图 7-1 所示。本节将从电动机故障、驱动电路板故障、旋翼故障入手，分析执行单元的故障模型。

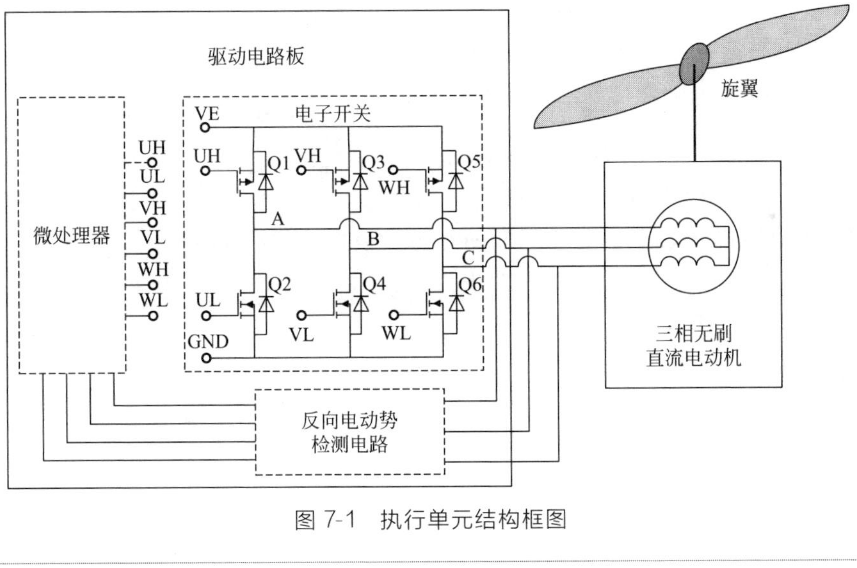

图 7-1 执行单元结构框图

7.2.1 直流电动机的数学模型

三相无刷直流电动机具有结构简单、运行可靠、工作效率高、调速性能好等优点，非常适合多旋翼无人机。本文采用的是方波无刷直流电动机（Brushless DC Motor，BLDCM），直流供电，三相绕组，星形连接，依靠反向电动势的无位置传感方式换相。

(1) 电动机数学模型的建立

首先介绍三相无刷直流电动机在拉普拉斯域的数学模型。永磁同步电动机的定子产生的磁场由永久磁钢提供，电枢绕组在转子上，通电产生的反应磁场在电刷的作用下，始终与定子磁场保持垂直关系，从而产生最大输出转矩使电动机旋转。而无刷直流电动机的结构与永磁同步电动机结构相反，永久磁钢固定在转子上，电枢绕组放在定子上，并且没有电刷，其依靠三相全控电桥和反向电动势检测电路使绕组产生反应磁场并与永磁磁场保持垂直关系。电动机等效电路图如图 7-2 所示。

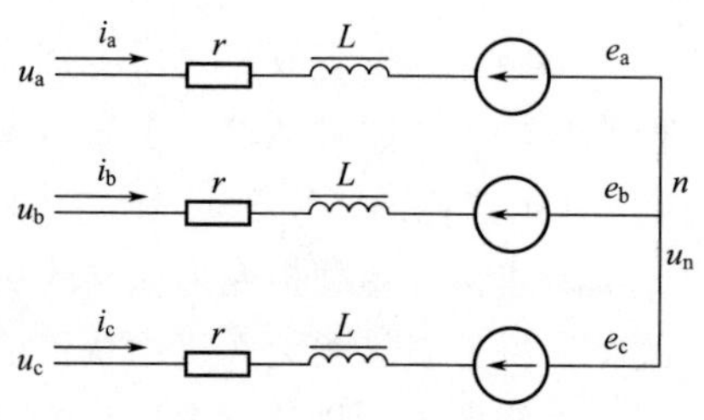

图 7-2 电动机等效电路图

为了简便计算，假定各相的电枢绕组对称，并且磁路不饱和，不计磁滞损耗，则三相绕组的电压平衡方程可以表示为

$$\begin{bmatrix} u_a \\ u_b \\ u_c \end{bmatrix} = \begin{bmatrix} r & 0 & 0 \\ 0 & r & 0 \\ 0 & 0 & r \end{bmatrix} \begin{bmatrix} i_a \\ i_b \\ i_c \end{bmatrix} + \begin{bmatrix} L & M & M \\ M & L & M \\ M & M & L \end{bmatrix} \begin{bmatrix} \mathrm{d}i_a/\mathrm{d}t \\ \mathrm{d}i_b/\mathrm{d}t \\ \mathrm{d}i_c/\mathrm{d}t \end{bmatrix} + \begin{bmatrix} e_a \\ e_b \\ e_c \end{bmatrix} + \begin{bmatrix} u_n \\ u_n \\ u_n \end{bmatrix} \tag{7-1}$$

式中，u_a、u_b、u_c 为三相绕组的端电压；i_a、i_b、i_c 为三相绕组的相电流；e_a、e_b、e_c 为三相绕组的反向电动势；u_n 为中性点电压；r 为相绕组电阻；L 为相绕组电感；M 为每两相绕组间的互感。根据基尔霍夫电流定律，有

$$i_a + i_b + i_c = 0 \tag{7-2}$$

将式(7-2) 代入式(7-1) 中，进一步得到：

$$\begin{bmatrix} u_a \\ u_b \\ u_c \end{bmatrix} = \begin{bmatrix} r & 0 & 0 \\ 0 & r & 0 \\ 0 & 0 & r \end{bmatrix} \begin{bmatrix} i_a \\ i_b \\ i_c \end{bmatrix} + \begin{bmatrix} L-M & 0 & 0 \\ 0 & L-M & 0 \\ 0 & 0 & L-M \end{bmatrix} \begin{bmatrix} \mathrm{d}i_a/\mathrm{d}t \\ \mathrm{d}i_b/\mathrm{d}t \\ \mathrm{d}i_c/\mathrm{d}t \end{bmatrix} + \begin{bmatrix} e_a \\ e_b \\ e_c \end{bmatrix} + \begin{bmatrix} u_n \\ u_n \\ u_n \end{bmatrix} \tag{7-3}$$

依据电动机原理可以得到其转矩方程和电动势方程：

$$\begin{aligned} T_a &= \frac{e_a \mathrm{d}i_a/\mathrm{d}t + e_b \mathrm{d}i_b/\mathrm{d}t + e_c \mathrm{d}i_c/\mathrm{d}t}{\omega_e} \\ &= K_T I_a \end{aligned} \tag{7-4}$$

$$\begin{aligned} E &= C_e \Phi_\delta n \\ &= K_e n \end{aligned} \tag{7-5}$$

式中，ω_e 为电角度；K_T 为转矩系数；K_e 为电动势系数；I_a 为电枢电流；E 为线电动势。若采用三相全控电路，忽略相应的时间常数，并假设绕组对称，在式(7-3)的基础上可得到电动机的电压平衡方程：

$$U-2\Delta U=E+2I_{a}r \tag{7-6}$$

式中，U 为电源电压，最大可达 25V；ΔU 为 MOSFET 的管压降。将式(7-4)以及式(7-5)代入式(7-6)中，经过整理可以得到电动机的机械特性方程为

$$n=\frac{U-2\Delta U}{K_e}-\frac{2r}{K_eK_T}T_{a} \tag{7-7}$$

式(7-7)为电动机的静态方程。进一步得到电动机的动态特性：

$$\begin{cases}U-2\Delta U=E+2I_{a}r\\ T_{a}=K_TI_{a}\\ E=K_en\\ T_{a}-T_{L}=\dfrac{J}{C_{r}}\times\dfrac{dn}{dt}\end{cases} \tag{7-8}$$

式中，T_{L} 为负载阻转矩，该负载阻转矩与反扭力矩大小一致方向相反；J 为系统转动惯量；C_{r} 为电机极对数。式(7-8)经过拉式变换有：

$$\begin{cases}U(s)-2\Delta U(s)=E(s)+2rI_{a}(s)\\ T_{a}(s)=K_TI_{a}(s)\\ E(s)=K_en(s)\\ T_{a}(s)-T_{L}(s)=\dfrac{J}{C_{r}}sn(s)\end{cases} \tag{7-9}$$

将式(7-9)整理得到无刷直流电动机的传递函数为

$$n(s)=\frac{K_1U(s)-K_2T_{L}(s)}{1+T_es} \tag{7-10}$$

式中，s 为拉普拉斯算子；T_e 为电磁时间常数（由电动机与旋翼的参数决定）；$K_1=1/K_e$，为电动势传递系数；$K_2=2r/(K_eK_T)$，为转矩传递系数。T_e 约为 0.06s，K_1 为 320r/(min・V)。T_{L} 与反扭力矩大小一致，由于反扭力矩与转速平方相关，因此 T_{L} 并不是一个恒负载阻转矩，这无疑会影响执行单元稳速控制的精度。对同种材料制造的旋翼来说，时间常数 T_e 的大小与反扭力矩的大小往往成反比。故电磁时间常数 T_e 小有利于执行单元的动态响应，但不利于偏航通道的控制力矩。采用自主研制的非平面、具有倾斜结构的多旋翼无人机结构便能较好地解决两者之间的矛盾——选择电磁时间常数 T_e 小的旋翼保证执行单元的动态响应；又利用倾斜结构弥补反扭力矩的不足，保持充裕的偏航控制力矩。

无刷直流电动机由于没有位置传感器，需要依靠反向电动势的过零点换相。反向电动势是指无刷直流电动机启动后，转子磁钢产生永磁磁场的磁通切割定子绕组产生反向电动势。其大小正比于无刷直流电动机的转速及其气隙中的磁感应强度。取电动机工作状态，将转子位置变化的过程细化，并增加转子位置在 T0

时的状态，得到如图 7-3 所示的转子位置与反相电动势的相互关系。

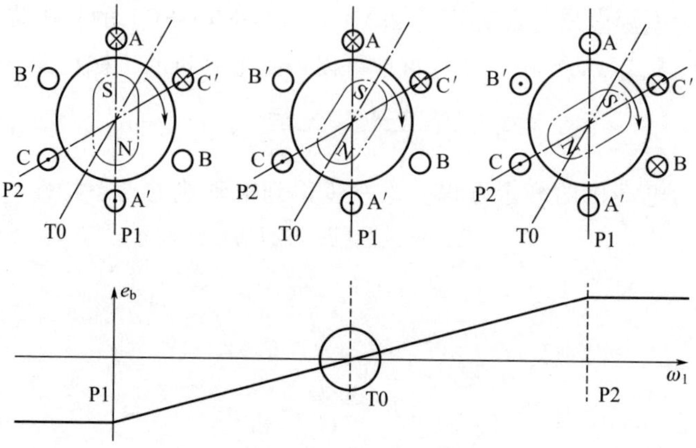

图 7-3　无位置传感换相的原理

在 P1 时刻，电流从 A 相绕组流入，C 相绕组流出，此时根据左手定则线圈 AA′受到一个逆时针方向的电磁力。由于线圈绕组固定在定子上，依据作用力与反作用力原理，转子会受到顺时针方向的作用力。与 AA′的情况类似，CC′也会对转子产生顺时针的作用力，同时 B 相绕组切割磁力线，产生负的反向电动势。当转子顺时针转过 30°电角度后，在 T0 时刻，B 相绕组运动方向与磁力线平行，反向电动势为零，产生过零信号。当转子继续转过 30°电角度后的 P2 时刻便是换相时刻，控制电流由从 B 相绕组流入，C 相绕组流出，如此循环。可见从反电势过零时刻开始经过 30°电角度的时间为下一个换相时刻。检测反向电动势的过零点，并延迟 30°电角度换相就是无位置传感换相的原理。

(2) 基于扩张状态观测器估计负载阻转矩

环境的风速、风向、湿度及空气密度等参量将影响旋翼的气动性能，继而影响电动机的负载阻转矩。电动机恒定输入电压的情况下，由于负载阻转矩会受到外扰的影响，将导致电动机的转速随之变化。本书将负载阻转矩扩张为新的状态，用特殊的反馈机制来建立能够观测被扩张的状态（即扩张状态观测器），这个扩张状态观测器是通用的扰动观测器，能够实时估计负载阻转矩。定义状态量 $x_1=\Omega(t)$、$w=K_2T_{\mathrm{L}}(t)/T_e$，该系统可以表示为

$$\begin{cases} y=x_1 \\ \dot{x}_1=\alpha(t)+bU(t) \end{cases} \tag{7-11}$$

式中，$\alpha(t)=f(x_1)+w(t)$，$w(t)$ 满足有界条件 $\|w(t)\|\leqslant W$，W 为上确界。可以建立如下扩张状态观测器：

$$\begin{cases}\dot{z}_1=-\beta_1(z_1-x_1)+z_2+bU(t)\\ \dot{z}_2=-\beta_2(z_1-x_1)\end{cases} \tag{7-12}$$

式中，z_2 为 $\alpha(t)$ 的估计值；β_1、β_2 为待调整系数。设 $e_1=z_1-x_1$，$e_2=z_2-\alpha(t)$，将式(7-12) 减去式(7-11)，有

$$\begin{bmatrix}\dot{e}_1\\ \dot{e}_2\end{bmatrix}=\begin{bmatrix}-\beta_1 & 1\\ -\beta_2 & 0\end{bmatrix}\begin{bmatrix}e_1\\ e_2\end{bmatrix}-\begin{bmatrix}0\\ 1\end{bmatrix}\dot{\alpha}(t) \tag{7-13}$$

式中，$\dot{\alpha}(t)$ 为 $\alpha(t)$ 的导数。显然通过选取 β_1、β_2 的参数可以保证扩张状态观测器渐进稳定。采用减小采样步长，适当增大 β_1、β_2 参数的方法可提高扩展状态观测器的跟踪效果。接下来，得到估计负载阻转矩的表达式为

$$\hat{T}_L=(-T_e z_2-\Omega)/K_2 \tag{7-14}$$

由于负载阻转矩与反扭力矩方向相反、大小一致，可以得到估计的反扭力矩标量的表达式如下：

$$\hat{L}_a=|(-T_e z_2-\Omega)/K_2| \tag{7-15}$$

进一步得到反扭力矩因子的表达式，有

$$\hat{k}_L=\hat{L}_a/\Omega^2 \tag{7-16}$$

正常情况下，电动机转子产生的磁场由永久磁钢提供，电枢绕组在定子上，通电产生的反应磁场受控于三相全控电桥，与转子磁场保持垂直关系，从而产生最大输出转矩使电动机旋转。如果无刷直流电动机发生故障（如相间短路、某相绕组断路等），此时驱动电路板很难保证通电产生的反应磁场与定子磁场垂直，降低电动机工作效率及输出转矩，导致发热严重甚至烧毁电动机。另外故障后相绕组的对称性会受到影响，式(7-10) 的电动机模型将不再成立。此时估计负载阻转矩 $\hat{T}_L$ 将离开正常范围，依据上述分析 $\hat{T}_L$ 将在一定程度上与电动机故障相关。

7.2.2 驱动电路板故障

在飞行过程中执行单元驱动电路板的负荷大、工作温度高、元器件老化快（98%以上的电能被执行单元消耗），导致其故障率偏高，对多旋翼无人机的安全飞行有重大隐患。因此本节将详细分析驱动电路板故障的类型，为电路板的可靠性设计提供依据，另外还将分析与驱动电路板故障相关的状态量，为后续的故障检测与诊断系统提供基础。

（1）正常运行状态下的直流电动机端电压

执行单元的三相全控电桥电路采用两两导通方式驱动电动机。电动机旋转一

周有 11 个电周期（转子由 11 对永久磁钢组成），每个电周期有六个扇区，每个扇区各占 60°，每 60°电角度换相一次，每次一个 MOSFET 换相。全控电桥电路的调制方式为：上桥臂的 MOSFET 进行 PWM 调制，下桥臂的 MOSFET 恒通。

电动机正常运行时，电动机 A 相端电压的实测波形如图 7-4 所示。以图 7-4(a) 为例，0.47～2.65ms 为一个完整的电周期，在此周期内三相全控电桥电路需要换相 6 次。0.47～0.83ms 为电周期的第一扇区，上桥臂 C 相 PWM 调制，下桥臂 B 相恒通；0.83～1.56ms 为电周期的第二、第三扇区，这两个扇区上桥臂 A 相一直 PWM 调制，第二扇区下桥臂 B 相恒通，第三扇区下桥臂 C 相恒通；1.56～1.92ms 为电周期的第四扇区，上桥臂 B 相 PWM 调制，下桥臂 C 相恒通；1.92～2.63ms 为电周期的第五、第六扇区，这两个扇区下桥臂 A 相一直恒通，第五扇区上桥臂 B 相 PWM 调制，第六扇区上桥臂 C 相 PWM 调制。可见端电压不仅与调制信号保持一致，而且一个电周期内六个扇区的时间间隔均匀。结合图 7-4(b) 以及图 7-4(c) 表明驱动电路板在无故障的情况下随着占空比增大，电周期减小，转速增大，同时每个电周期内六个扇区的时间间隔均匀，端电压输出波形受控于全控电桥电路的调制信号。

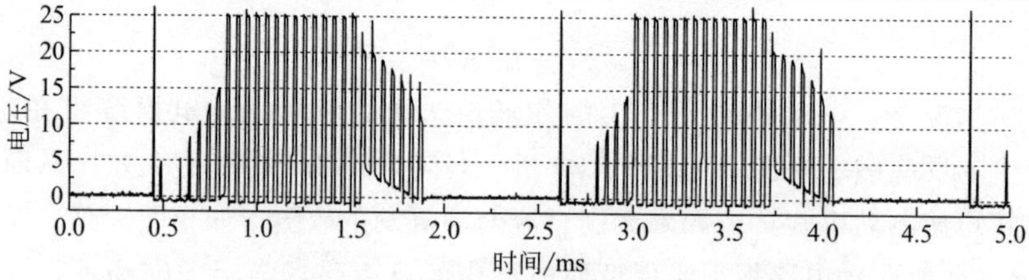

(a) 30%占空比端电压波形

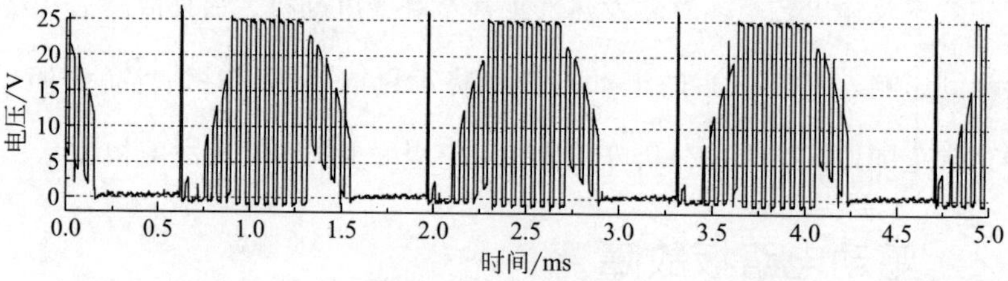

(b) 60%占空比端电压波形

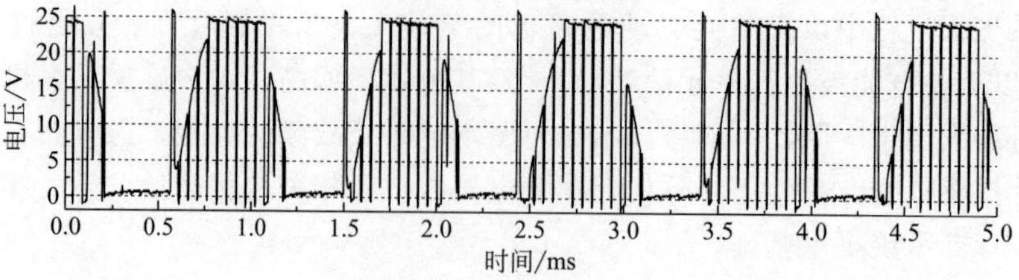

(c) 90%占空比端电压波形

图 7-4 正常运行状态下不同占空比端电压波形

（2）三相全控电桥断路故障

环境恶劣增加了其故障的概率。根据前面的分析，执行单元无故障运行时端电压输出波形受控于全控电桥电路的调制信号，反之，如果发生断路故障端电压波形无法与调制信号一致。

图 7-5 表明一旦发生 MOSFET 断路故障或者驱动电路故障，故障相的端电压将发生明显畸变。图 7-5(a) 中驱动电路板 A 相的下桥臂 MOSFET 故障，无法保证该相与功率地的导通，可知该相与功率地导通扇区的端电压明显异常并且执行单元转速下降。图 7-5(b) 中驱动电路板 A 相的上桥臂 MOSFET 故障，无法保证该相与电源的导通，故而该相与电源导通扇区的端电压也明显异常。根据上述分析，发生 MOSFET 断路故障时端电压将会发生畸变同时转速下降，但各扇区换相间隔不受影响。另外，发生断路故障后驱动电路板无法保证通电产生的反应磁场与定子磁场垂直，导致电动机输出转矩降低。此时系统处于低效率运行状态、发热严重，可能发展为更严重的故障（MOSFET 击穿短路故障）。

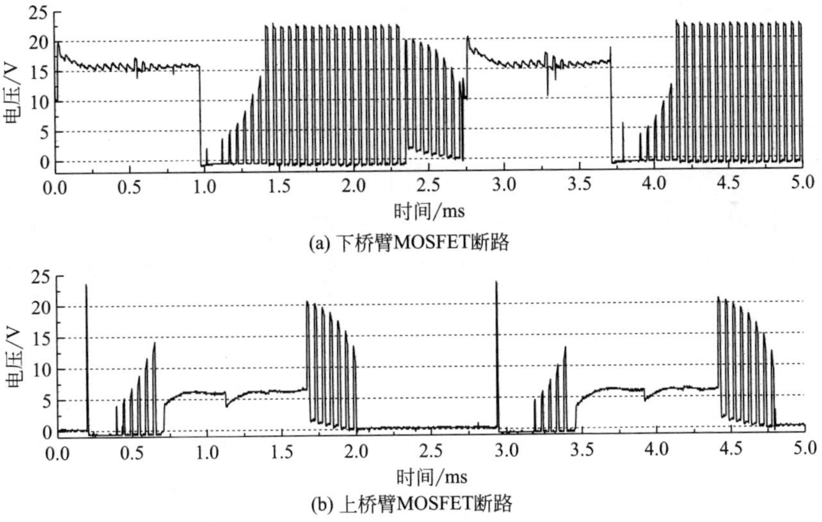

图 7-5　MOSFET 故障端电压波形

（3）换相故障

当发生换相故障时，驱动电路板无法获取准确的换相信号导致换相错误，换相错误一般有两种情况——滞后换相与超前换相，两种故障都会导致六个扇区的时间间隔不均匀。图 7-6(a) 给出了滞后换相端电压波形，0.2～3.2ms 为一个电周期，第一扇区为 0.2～1.0ms，而第四扇区为 1.8～2.1ms，仅 0.3ms，显然换相间隔不均匀；图 7-6(b) 给出了超前换相端电压波形，各扇区的换相间隔也不均匀。因此反向电动势检测电路发生故障时，各个扇区的换相间隔不均匀。

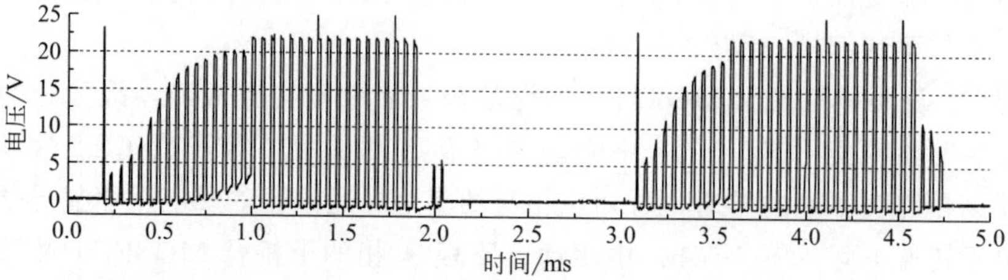

(a) 滞后换相

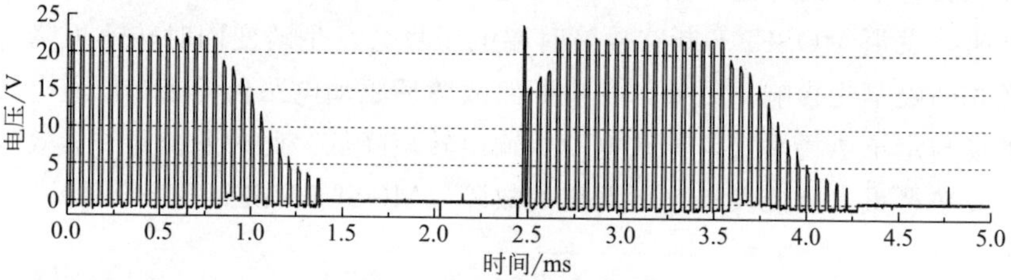

(b) 超前换相

图 7-6 换相故障状态端电压波形

换相错误通常是多种原因的综合，例如由于三相全控电桥开关噪声大，电动机换相时绕组电感的续流过程，都可能导致微控制器误判换相信号，所以需要在微控制器换相算法中加入判断过程。另外，发生换相故障后驱动电路板无法保证通电产生的反应磁场与定子磁场垂直，运行效率低，有可能发展为更严重的故障(MOSFET 击穿短路故障)。

(4) MOSFET 击穿短路故障

反向电动势在无刷直流电动机的电压平衡方程式(7-6) 中扮演着非常重要的作用。执行单元的驱动电路板故障、电动机故障都可能导致感生电动势减小甚至消失。依据式(7-6)，在感生电动势 E 减小后，电枢电流 I_a 必然增大，此时运行效率下降、发热严重使得情况进一步恶化，甚至会导致感生电动势 E 接近于零，等于电源电压直接加在线圈绕组等效电阻上，由于线圈绕组等效电阻非常小(125mΩ)，将会导致巨大的电枢电流 $\hat{I}_a$。

受限于 MOSFET 封装和安装位置，在上述情况下 MOSFET 温度将会迅速升高导致其离开安全工作区 (Safe Operating Area，SOA)，最终 MOSFET 过流击穿进入短路状态，在电池输出功率有限的情况下，该情况可能导致非常严重的总线电压下降故障，从而使无人机彻底失控而坠落。电动机的反向电动势消失后，此时电枢电流 $\hat{I}_a$ 高达百安培以上，极有可能击穿 MOSFET 烧毁电动机，严重危害系统安全（如图 7-7 所示）。综上所述，驱动板故障与电动机故障后执行单元处于低效率运行状态，进一步恶化将发生击穿短路故障。对系统而言最为安全的做法是在检测到驱动板故障与电动机故障后，使故障的执行单元停止工作，同时将故障信息上传到运算层中激活自重构控制器。

(a) 击穿MOSFET　　(b) 烧毁电动机

图 7-7　执行单元短路故障

7.2.3 旋翼的升力模型

（1）旋翼升力模型

多旋翼无人机上安装的小型旋翼会产生升力 f 和反扭力矩 L_a，并且当无人机具有前飞速度时，同时还会受到侧倾力矩 L_r 和旋翼阻力 F_a 的作用。升力 f、反扭力矩 L_a、旋翼阻力 f_a 和侧倾力矩 L_r 与执行单元转速 Ω 有以下关系：

$$f=\rho AC_1R^2\Omega^2/2 \tag{7-17}$$

$$L_a=\rho AC_2R^2\Omega^2/2 \tag{7-18}$$

$$f_a=\rho AC_3R^2\Omega^2/2 \tag{7-19}$$

$$L_r=\rho AC_4R^2\Omega^2/2 \tag{7-20}$$

式中，A 为旋翼特征面积；ρ 为空气密度；R 为旋翼半径；C_1 为升力系数；C_2 为力矩系数；C_3 为阻力系数；C_4 为侧倾力矩系数。C_1、C_2、C_3、C_4 与旋翼翼型雷诺数、马赫数相关。多旋翼无人机在悬停或低速飞行时，旋翼的诱导速度远小于 ΩR，因此阻力系数 C_3 以及侧倾力矩系数 C_4 均为零，可认为旋翼只产生升力 f 以及反扭力矩 L_a。在旋翼坐标系下，沿电动机转轴 Oz，向上为正方向，反扭力矩逆时针为正。根据式(7-17) 和式(7-18)，有

$$f=k(\rho,C_1,t)\Omega^2 \tag{7-21}$$

$$L_a=(-1)^{i-1}k_L(\rho,C_2,t)\Omega^2 \tag{7-22}$$

式中，$k(\rho,C_1,t)=\rho AC_1R^2/2$ 为升力因子；$k_L(\rho,C_2,t)=\rho AC_2R^2/2$ 为反扭力矩因子。可见升力因子和反扭力矩因子会随海拔高度、空气黏性和风速大小方向等因素的变化有一定程度的波动。

接下来，研究反扭力矩与升力力矩对无人机姿态角各通道的作用力矩。在一个大气压的室内条件下，二号执行单元的反扭力矩与升力力矩在滚转通道上提供的力矩大小之比为

$$\alpha_{\text{scale1}}=\frac{k_L(\rho,C_2,t)\sin\gamma}{k(\rho,C_1,t)l\cos\gamma} \tag{7-23}$$

式中，l 为 0.45m；γ 为 10°；$k(\rho,C_1,t)$ 为 1.91×10^{-3}；$k_L(\rho,C_2,t)$ 为 4.21×10^{-5}。将上述参数代入式(7-23)，计算得到 α_{scale1} 仅为 8.6‰，故在滚转通道上可以忽略反扭力矩的作用，同理，俯仰通道上也可以忽略反扭力矩的作用。然后可得到二号执行单元的反扭力矩与升力力矩在偏航通道上提供的力矩大小之比为

$$\alpha_{\text{scale2}}=\frac{k_L(\rho,C_2,t)\cos\gamma}{k(\rho,C_1,t)l\sin\gamma} \tag{7-24}$$

将具体参数代入式(7-24)，计算得到 α_{scale2} 为 27.8%。上述分析表明反扭力矩在滚转及俯仰通道上提供的力矩很小可以忽略不计，而在偏航通道上提供的力矩也没有占主导地位。根据以上分析在后文的研究中主要以旋翼的升力因子为主。由于升力因子随着环境气压降低而减小。然而，海拔高度、风速、风向、空气密度等环境参量都会影响环境气压，故升力因子的数值不是一个常量。在实际飞行中，由于各地环境的差异与自然气象条件的恶劣，这种变化幅度会进一步加大。

(2) 动不平衡对升力模型的影响

通常假设旋翼在转速不变的情况下提供恒定升力，但实际研究表明旋翼产生的升力是在基值的基础上附加一些频率特性和旋翼转速有关的高频分量，本书将这种情况称为升力波动。升力波动是在转速不变的前提下由于旋翼旋转的动不平衡引起的升力变化，而升力变动是因为转速变化引起的升力变化。

为深入研究执行单元的升力波动特性，构建专用的升力测试实验平台（其原理如图 7-8 所示），以避免地面效应对旋翼升力的影响。该实验平台具有布局紧凑、无支架干扰的特点。另外实验平台的输出通过 TDS2014C 示波器实时显示，可测得不同占空比下旋翼产生的升力，如图 7-9 所示。

图 7-9(a) 表明在 30% 占空比时，旋翼提供升力平均值为 3.34N，升力波动范围为 0.98N，可明显观测到有一定的高频毛刺，这是脉宽调制时引起的力矩扰

动；图 7-9(b) 表明在 60%占空比时，旋翼提供升力平均值为 8.75N，波动范围增大到 3.92N；图 7-9(c) 表明在 90%占空比时，旋翼提供升力平均值为 18.6N，波动范围更是达到了 7.84N。由图 7-9 可知随着旋翼产生的升力增大，动不平衡带来的升力变化范围也随之增大。

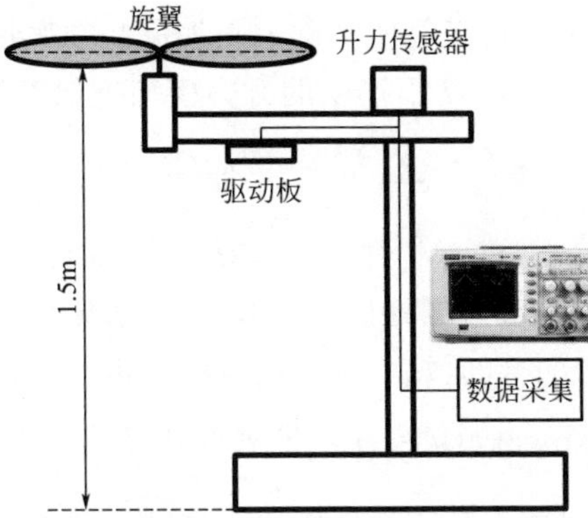

图 7-8 升力测试原理图

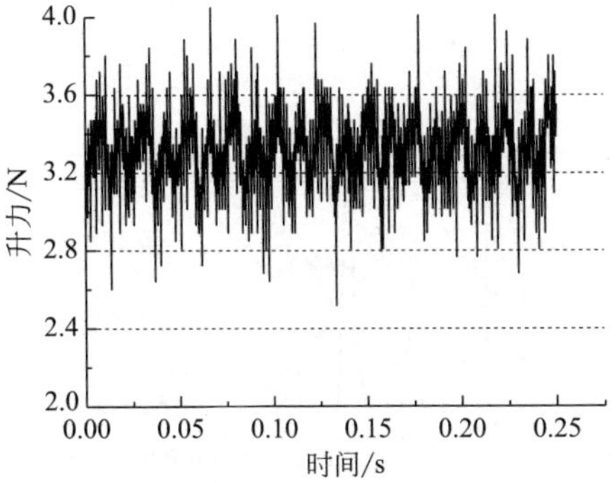

(a) 30%占空比升力曲线

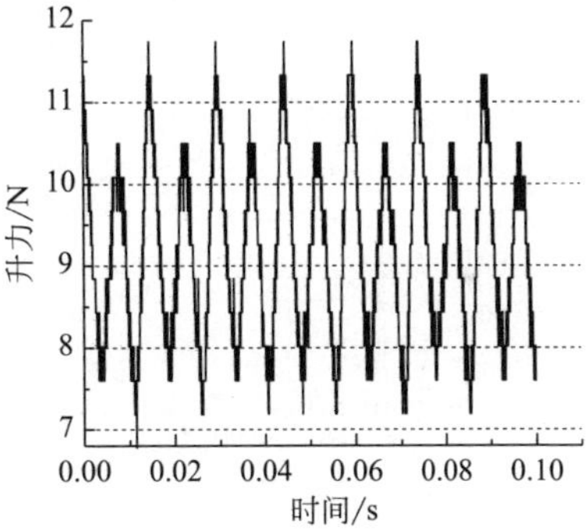

(b) 60%占空比升力曲线

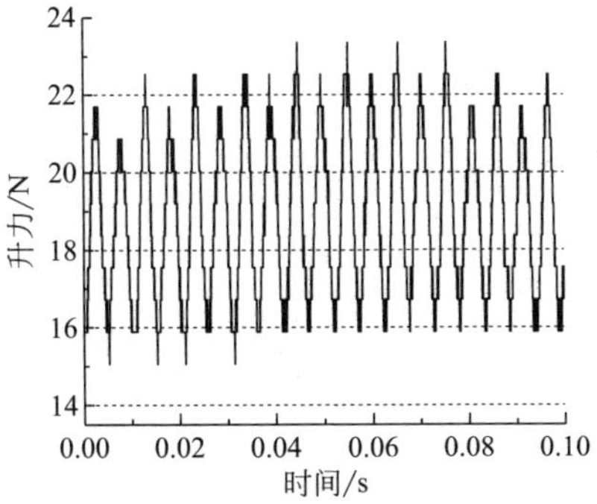

(c) 90%占空比升力曲线

图 7-9 不同占空比的旋翼升力曲线

接下来需要研究升力波动的频率特点，将升力曲线数据（图 7-9）进行频谱分析得到图 7-10 所示的频谱分析结果。旋翼在 PWM 为 30% 占空比、60% 占空比以及 90% 占空比所对应的转速分别为 41.7r/s、67.5r/s 以及 98.3r/s（控制系统中转换为弧度每秒）。图 7-10 给出了 30% 占空比、60% 占空比以及 90% 占空比的升力频谱，分别在 42Hz、68Hz、98Hz 及其谐波处有较大的分量。依据上述分析，旋翼提供的升力是在基值的基础上附加一些频率特性和旋翼转速相关的高频分量，将旋翼在恒定转速 Ω 下产生的升力模型近似等效为

$$\widetilde{f}=f+\sum_{k}A^{k}\sin(2\pi k\Omega t+\varphi^{k}) \tag{7-25}$$

式中，$f=k(\rho,C_1,t)\Omega^2$；A^k 为第 k 次谐波的幅值；φ^k 为第 k 次谐波的相角。对比式(7-21) 与式(7-25) 描述的执行单元升力模型，两式在一段时间内对无人机作用的效果是一致的，但每一时刻产生的力矩与力是不同的。在实际的飞行中，升力波动 $\sum_{k}A^{k}\sin(2\pi k\Omega t+\varphi^{k})$ 带来的扰动力矩与扰动力直接影响无人机的角加速度与加速度，由于系统积分作用，这种扰动对姿态角与空间位置的影响极小。但陀螺仪与加速度计会真实反映升力波动带来的影响。悬停状态下，机

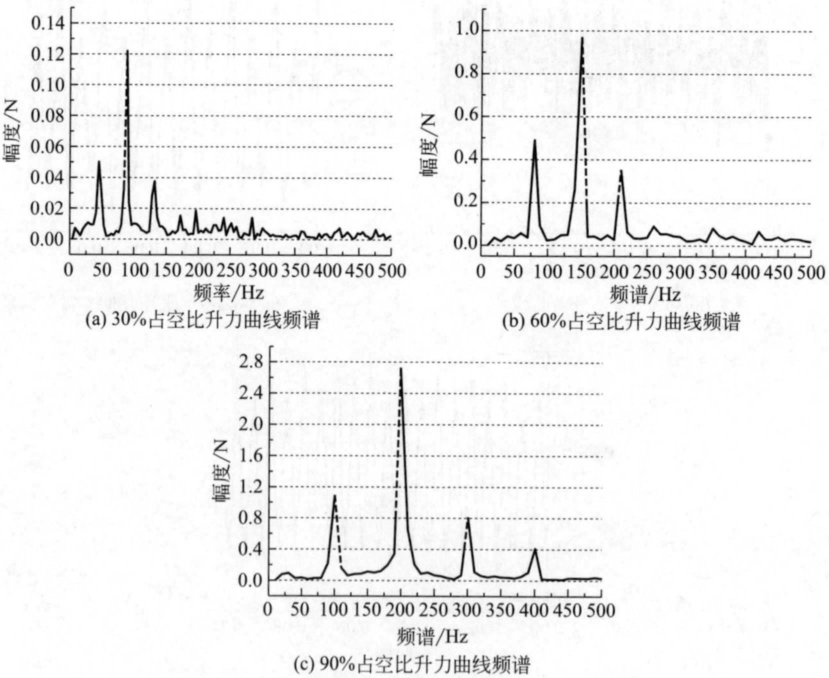

图 7-10 不同占空比的执行单元升力曲线频谱

体坐标系下绕 O_by_b 轴旋转方向角速度 q 与 O_by_b 轴方向加速度 $\tilde{a}_y$ 的测量值为

$$\tilde{q}=\int \frac{\sqrt{3}}{2I_y}\cos\gamma\left(\sum_{j=3,4}k_j(\rho,C_1,t)\Omega_j^2-\sum_{j=1,6}k_j(\rho,C_1,t)\Omega_j^2\right)+\frac{\sqrt{3}}{2I_y}\sin\gamma\left(\sum_{j=3,4}\sum_k A_j^k\sin(2\pi k\Omega_j t+\varphi_j^k)-\sum_{j=1,6}\sum_k A_j^k\sin(2\pi k\Omega_j t+\varphi_j^k)\right)\mathrm{d}t \tag{7-26}$$

$$\tilde{a}_y=\frac{\sqrt{3}}{2m}\sin\gamma\left(\sum_{j=1,4}k_j(\rho,C_1,t)\Omega_j^2-\sum_{j=3,6}k_j(\rho,C_1,t)\Omega_j^2\right)-\frac{G\cos\theta\sin\phi}{m}+\frac{\sqrt{3}}{2m}\sin\gamma\left(\sum_{j=1,4}\sum_k A_j^k\sin(2\pi k\Omega_j t+\varphi_j^k)-\sum_{j=3,6}\sum_k A_j^k\sin(2\pi k\Omega_j t+\varphi_j^k)\right) \tag{7-27}$$

角速度 q 以及加速度 a_y 的理论值表示为

$$q=\int \frac{\sqrt{3}}{2I_y}\cos\gamma\left(\sum_{j=3,4}k_j(\rho,C_1,t)\Omega_j^2-\sum_{j=1,6}k_j(\rho,C_1,t)\Omega_j^2\right)\mathrm{d}t \tag{7-28}$$

$$a_y=\frac{\sqrt{3}}{2m}\sin\gamma\left(\sum_{j=1,4}k_j(\rho,C_1,t)\Omega_j^2-\sum_{j=3,6}k_j(\rho,C_1,t)\Omega_j^2\right)-\frac{G\cos\theta\sin\phi}{m} \tag{7-29}$$

将式(7-26)、式(7-27) 与式(7-28)、式(7-29) 分别做差，得到

$$\Delta\tilde{q}=\int \frac{\sqrt{3}}{2I_y}\sin\gamma\left(\sum_{j=3,4}\sum_k A_j^k\sin(2\pi k\Omega_j t+\varphi_j^k)-\sum_{j=1,6}\sum_k A_j^k\sin(2\pi k\Omega_j t+\varphi_j^k)\right)\mathrm{d}t \tag{7-30}$$

$$\Delta\tilde{a}_y=\frac{\sqrt{3}}{2m}\sin\gamma\left(\sum_{j=1,4}\sum_k A_j^k\sin(2\pi k\Omega_j t+\varphi_j^k)-\sum_{j=3,6}\sum_k A_j^k\sin(2\pi k\Omega_j t+\varphi_j^k)\right) \tag{7-31}$$

显然测量值含有色噪声 $\Delta\tilde{q}$、$\Delta\tilde{a}_y$ [式(7-30)、式(7-31)]，而常用的卡尔曼滤波算法对含有色噪声信号的滤波处理不收敛。因此含有色噪声的陀螺仪与加速度计的测量数据无法直接参与基于卡尔曼滤波算法的数据融合，也无法直接参与基于扩展卡尔曼滤波算法的故障观测器。式(7-30)、式(7-31) 表明 $\Delta\tilde{q}$、$\Delta\tilde{a}_y$ 仅含与旋翼转速相关的高频分量，多旋翼无人机的执行单元转速在 40Hz 以上，而无人机空中机动的运动频率在 10Hz 以下，根据此分析，在传感器数据预处理中加入有限长单位冲激响应（Finite Impulse Response，FIR）低通滤波器，滤除有色噪声。本节选定 Kaiser 窗作为设计 FIR 滤波器的窗函数。Kaiser 窗是一种最优化窗，具有很好的旁瓣抑制性能。设计完成后 FIR 滤波器的频谱特性如图 7-11 所示。

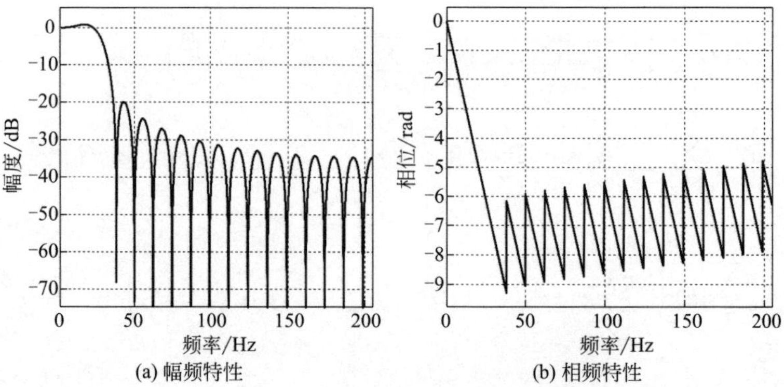

图 7-11 FIR 滤波器频谱特性

在多旋翼无人机悬停时，测量相应的传感器数据验证升力波动对无人机的影响。考虑到无人机三个旋转轴以及三个垂直方向的相似性，在本节中只以角速度 q 与加速度 a_y 为例。得到图 7-12(a) 和图 7-12(b) 所示悬停状态下角速度曲线和加速度曲线。对图 7-12(a) 和图 7-12(b) 中的数据做频谱分析，显然除了低频的运动信息外，传感器测量值的频谱大约在 60Hz、120Hz、180Hz 处有明显的幅值。这是因为原型机悬停时旋翼的转速在 60r/s 左右调整，所以角速度 q 以及加速度 a_y 带有 60Hz 及其谐波的有色噪声。测量数据经 FIR 滤波器处理后输出波形，由图 7-12(c) 和图 7-12(d) 可知角速度 q 以及加速度 a_y 中含有的有色噪声基本滤除。综上所述，滤波后的陀螺与加速度数据可以应用于卡尔曼滤波算法中，同时式(7-21) 描述的升力模型也再次成立。

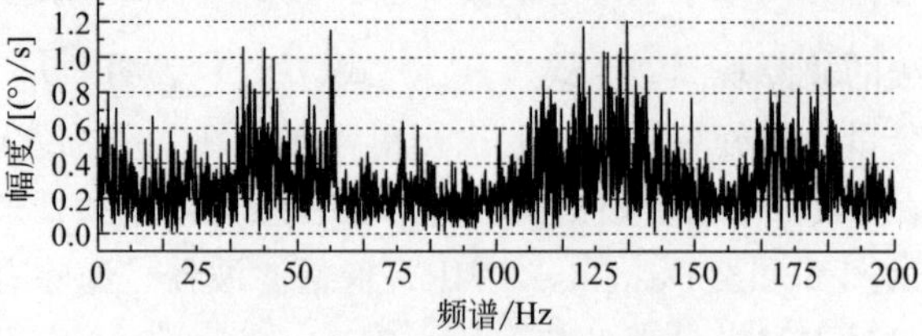

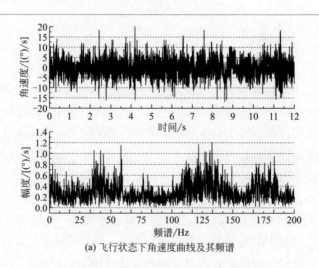

(a) 飞行状态下角速度曲线及其频谱

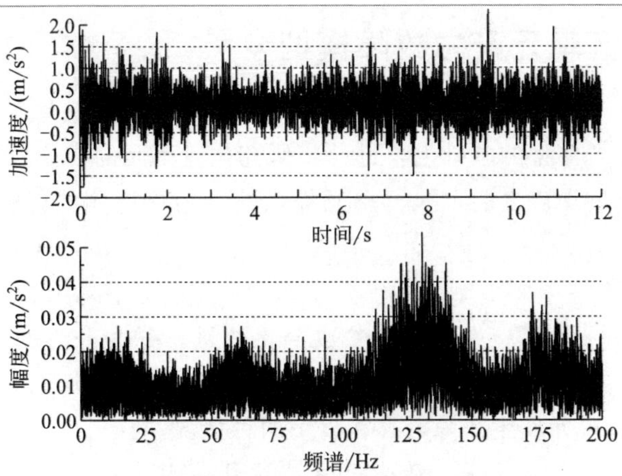

(b) 飞行状态下加速度曲线及其频谱

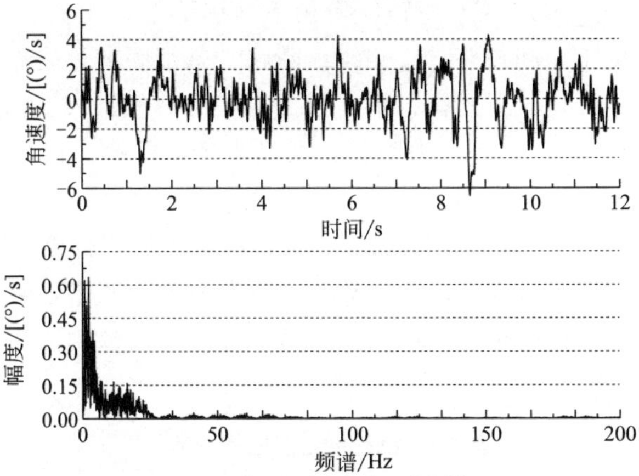

(c) 滤波后角速度曲线及其频谱

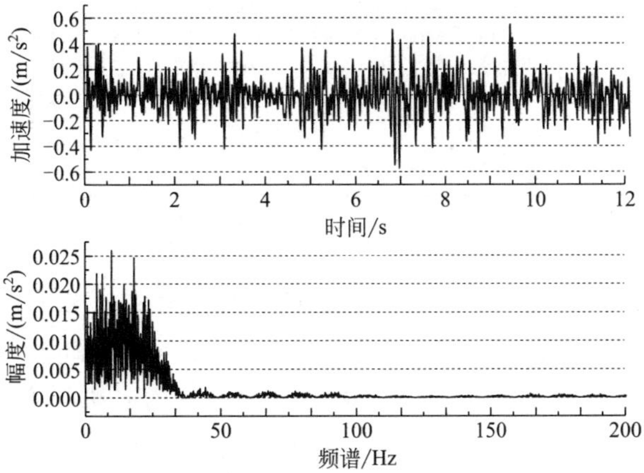

(d) 滤波后加速度曲线及其频谱

图 7-12　角速度及加速度曲线

7.2.4 执行单元升力故障模型

(1) 执行单元常见故障

本节将在升力模型的基础上，进一步研究执行单元的常见故障对升力模型的影响。滤除掉有色噪声之后，执行单元提供的升力可以用式(7-21) 的升力模型简写为

$$f=k\Omega^2 \tag{7-32}$$

式中，$k=k(\rho,C_1,t)$为随环境参数变化的量，称为升力因子；Ω 为旋翼当前转速。当执行单元发生故障时，表现为旋翼提供升力的明显减小甚至消失。根据式(7-32) 执行单元发生故障时存在以下两种情况。

① 旋翼升力因子 k 正常，转速 Ω 无法达到期望转速。这种情况一般是发生了 MOSFET 断路、MOSFET 短路、换相不准确等驱动电路板故障，也可能是无刷直流电动机发生相间短路、某相绕组断路、磁钢脱离等故障，还有可能是一种“卡死”故障，即运算层与执行单元数据交互的 CAN 总线通信失败。

② 电动机转速 Ω 正常，升力因子 k 明显小于正常值。这种情况一般是翼面受损、旋翼松浮等故障导致的。

综上所述，执行单元常见故障如表 7-1 所示。依据执行单元发生故障的位置将故障分为驱动电路板故障、电动机故障、旋翼故障。其中，驱动电路板故障与电动机故障通常导致执行单元无法达到期望转速，旋翼故障往往导致执行单元升力因子的下降。

表 7-1 执行单元常见故障类型

故障位置	故障类型
驱动电路板故障	上桥臂 MOSFET 断路、下桥臂 MOSFET 断路、上桥臂 MOSFET 短路、下桥臂 MOSFET 短路、滞后换相、超前换相、CAN 总线通信失败等
电动机故障	相间短路、某相绕组断路、磁钢脱离等
旋翼故障	旋翼松浮、翼面受损、连接件磨损等

(2) 升力故障模型的建立

本节将分析各种故障对执行单元升力模型的影响得到升力故障模型。首先定义增益型故障和失效性故障的含义。执行单元增益型故障是指：升力因子小于正常的范围，在相同转速下执行单元仅能提供部分升力。执行单元失效性故障是指：在工作状态下，执行单元失去提供升力的能力。

① 执行单元发生电动机故障后，其转速无法达到期望转速甚至降为零。如果不及时处理还有风险诱发驱动板故障。因此在发生电动机故障后，故障的执行

单元将停止工作，可将电动机故障归属于执行单元失效型故障。

② 执行单元发生旋翼故障后，升力因子明显小于正常值，虽然电动机与旋翼可以继续维持工作，但执行单元仅能提供部分升力。可见旋翼故障属于执行单元增益型故障。

③ 执行单元发生驱动电路板故障后，与电动机故障类似，其转速无法达到期望转速甚至降为零。驱动电路板故障属于电学故障，短时间内极有可能恶化，存在严重的安全隐患。在发生驱动电路板故障后，为了规避风险故障的执行单元将停止工作，因此驱动电路板故障属于执行单元失效型故障。

当多旋翼无人机第 i 个旋翼出现增益型故障时，故障模型可描述为

$$F_i^{\text{out}}(t)=(1-\beta_i)F_i^{\text{in}}(t)=(1-\beta_i)k\Omega_i^2 \tag{7-33}$$

式中，Ω_i 为旋翼的转速，F_i^{out} 为第 i 个旋翼实际产生的升力；F_i^{in} 为第 i 个旋翼正常时会提供的升力；β_i 为损伤比例系数，且满足 $0<\beta_i<1$。可以看出 β_i 越大，旋翼实际输出的升力就越小，即可认为旋翼面受到的损失越大。

当多旋翼无人机第 i 个旋翼出现失效型故障时，故障模型可描述为

$$F_i^{\text{out}}(t)=0 \tag{7-34}$$

由此可以看出，多旋翼无人机系统的执行单元故障可被归为两大类，即执行单元的失效型故障与增益型故障，而故障的数学模型也可以统一写为以下形式：

$$F_i^{\text{out}}(t)=(1-\beta_i)F_i^{\text{in}}(t)=(1-\beta_i)k\Omega_i^2 \tag{7-35}$$

式中，当 $0<\beta_i<1$ 时，无人机的故障类型为执行单元的增益型故障；而 $\beta_i=1$ 时，认为无人机发生了执行机构的失效型故障。

7.3 十二旋翼无人机增益型故障容错控制

当系统的某一个执行单元出现故障使其输出只能达到正常情况下输出的一部分时，则称这一执行单元发生了增益型故障。对于多旋翼无人机来说，除了旋翼面受损会引发这类故障之外，电机的控制电路或电源电路等部分出现问题时，也可能导致某一执行单元出现增益型故障。因此本节建立一个统一的增益型故障情况下无人机系统的动力学模型，并为其设计故障检测算法以及自重构容错控制系统，以便有效地克服这类问题。

7.3.1 增益型故障情况下十二旋翼无人机的数学模型

十二旋翼无人机执行单元增益型故障的数学模型可重新改写为

$$F_i = k\alpha_i \Omega_i^2, i=1,2,\cdots,6 \tag{7-36}$$

其中利用 $\alpha_i = 1-\beta_i$ 表示故障程度，即当 $\alpha_i = 1$ 时无故障发生，而当 $0<\alpha_i<1$ 时则认为第 i 个执行单元发生了增益型故障。进一步地，在无人机的动力学模型中可以引入一个故障矩阵函数 $\boldsymbol{f}(t)$ 来表示每一组执行单元的故障情况，其可以表示为

$$\boldsymbol{f}(t)=\begin{cases}\operatorname{diag}(1,1,1,1,1,1) & ,t<T_0\\ \operatorname{diag}(\alpha_1,\alpha_2,\alpha_3,\alpha_4,\alpha_5,\alpha_6) & ,t\geqslant T_0\end{cases} \tag{7-37}$$

式中，T_0 为故障的发生时间。选取 $\boldsymbol{\eta}_1=[x,y,z,\phi,\theta,\psi]^{\mathrm{T}}$ 作为无人机故障条件下动力学方程的状态变量，则可以得到：

$$\begin{bmatrix}\dot{\boldsymbol{\eta}}_1\\ \dot{\boldsymbol{\eta}}_2\end{bmatrix}=\begin{bmatrix}\boldsymbol{\eta}_2\\ \boldsymbol{A}(\boldsymbol{\eta}_1,\boldsymbol{\eta}_2)+\boldsymbol{B}(\boldsymbol{\eta}_1)\boldsymbol{f}(t)\Omega_{\mathrm{c}}+\Delta\boldsymbol{d}\end{bmatrix} \tag{7-38}$$

式中，矩阵 $\boldsymbol{A}(\boldsymbol{\eta}_1,\boldsymbol{\eta}_2)$ 与 $\boldsymbol{B}(\boldsymbol{\eta}_1)$ 可由第 2 章中的研究内容直接得到；变量 $\Delta\boldsymbol{d}=[\Delta\boldsymbol{F},\Delta\boldsymbol{M}]^{\mathrm{T}}$ 为整合后的未建模动态量与未知外部扰动，且认为其满足有界条件 $|\Delta d_i|\leqslant\rho_i$。

7.3.2 十二旋翼无人机增益型故障检测算法设计

故障检测算法是主动容错控制系统研究的主要内容，能够对控制系统中执行单元、传感器和被检对象进行故障检测，并根据故障特征值进行故障的动态补偿或切换故障源。随着科学技术的发展，故障检测技术在不断地发展，从硬件余度，到解析余度，再到智能诊断方法，目前常用的故障检测是利用观测器/滤波器法、等价空间关系方程以及参数估计和辨识等方法产生残差，然后基于某种统计准则或阈值对残差进行评价和决策，从而对系统的故障进行判定与隔离。其中基于观测器/滤波器的方法由于其具有闭环结构使得生成的残差具有很强的鲁棒性，而对于无人机动力学特性的研究也保证了可为设计观测器/滤波器提供可靠的无人机数学模型，因此基于观测器/滤波器方法成为了目前故障检测算法研究中应用最多的算法。

为了能够快速地对执行单元故障做出响应以及所设计的故障检测算法能够方便应用于十二旋翼无人机，在这一小节中将利用基于模型的状态观测器技术设计执行单元故障检测算法。由故障条件下的无人机动力学模型式(7-38) 可知，旋翼单元的增益型故障直接影响无人机的姿态控制，即可通过观察无人机的姿态变化判断故障的发生。考虑到无人机的姿态角速度变量 $\boldsymbol{\omega}=[p,q,r]^{\mathrm{T}}$ 的测量精度较高，更新的速度也比较快，因此在本小节中选择其作为重构的状态观测器的状态信号。定义变量 $\boldsymbol{\varpi}$ 作为对 $\boldsymbol{\omega}$ 的估计变量，则由动力学模型式(7-38) 可以得到

故障检测观测器为

$$\dot{\overline{\boldsymbol{\omega}}} = -\boldsymbol{G}(\overline{\boldsymbol{\omega}} - \boldsymbol{\omega}) + \boldsymbol{A}_{\omega}(\boldsymbol{\eta}_1, \boldsymbol{\eta}_2) + \boldsymbol{B}_{\omega}(\boldsymbol{\eta}_1)\boldsymbol{\Omega}_{\mathrm{c}} \tag{7-39}$$

式中，$\boldsymbol{A}_{\omega}$ 与 $\boldsymbol{B}_{\omega}$ 为式(7-38) 中对应角速度的部分，$\boldsymbol{G} = \mathrm{diag}(g_1, g_2, \cdots, g_6)$为一个 6 维正定对角矩阵，其中每一个元素都满足 $g_i > 0$，表示对变量 $\boldsymbol{\eta}_2$ 中第 i 个元素的逼近速度。定义 $\boldsymbol{\varepsilon} = \boldsymbol{\omega} - \overline{\boldsymbol{\omega}}$ 为状态估计误差，则由式(7-38) 与式(7-39) 可以得到：

$$\dot{\boldsymbol{\varepsilon}} = -\boldsymbol{G}\boldsymbol{\varepsilon} + \boldsymbol{B}(\boldsymbol{f}(t)\boldsymbol{\Omega}_{\mathrm{c}} - \boldsymbol{\Omega}_{\mathrm{c}}) + \Delta\boldsymbol{d} \tag{7-40}$$

这个状态估计误差视为故障检测算法中的残差信号，通过分析其大小来辨别是否有故障发生。由于无人机系统中未知动态特性变量 $\Delta\boldsymbol{d}$ 的存在，使得即使无人机执行单元没有出现故障残差，信号 $\boldsymbol{\varepsilon}$ 也不能保证收敛到零，因此一个死区环节，将被引入到残差决策环节，保证在没有故障的情况下检测算法不会发出故障信号，也不会出现误报情况。由此可知故障检测的残差决策环节可以表示为

$$\begin{cases} |\varepsilon_i| \leqslant \overline{\varepsilon}_i, \forall i \in [1, 2, \cdots, 6], & \text{无故障} \\ |\varepsilon_i| > \overline{\varepsilon}_i, \exists i \in [1, 2, \cdots, 6], & \text{故障发生} \end{cases} \tag{7-41}$$

式中，$\overline{\varepsilon}_i$ 为对应第 i 个元素的死区区间范围。这里需要注意的是由于无人机的直接平动控制力（包括升力）与姿态控制力矩相比数值不在一个数量级之上，因此这里需要加入一个归一化处理，即利用无人机的质量与转动惯量对残差信号进行补偿，使其利用一个带有死区的故障判定算法就可实现故障的检测。

下面对以上故障检测算法的鲁棒性进行分析，首先定义故障被检测到的时间 T_d 满足：

$$T_d \triangleq \inf \bigcup_{i=1}^{4} \{t > T_0 : |\varepsilon_i(t)| > \overline{\varepsilon}_i(t)\} \tag{7-42}$$

在故障发生之前即 $t < T_0$ 时，故障函数矩阵 $\boldsymbol{f}(t) = \boldsymbol{I}$。进一步可以得到状态误差 ε_i 满足：

$$\dot{\varepsilon}_i = -g_i\varepsilon_i + \Delta d_i \tag{7-43}$$

由于未建模动态变量 Δd 满足有界条件 $|\Delta d_i| \leqslant \rho_i$，则由式(7-43) 可以得到 ε_i 在故障发生前关于时间 t 的函数为

$$|\varepsilon_i(t)| \leqslant \rho_i \int_0^t \mathrm{e}^{-g_i(t-\tau)} \mathrm{d}\tau = \frac{\rho_i}{g_i}(1 - \mathrm{e}^{-g_i t}) \tag{7-44}$$

因此可设计一个时变的残差决策死区区间满足下式：

$$\overline{\varepsilon}_i(t) = \frac{\rho_i}{g_i}(1 - \mathrm{e}^{-g_i t}) \tag{7-45}$$

可以满足故障检测算法对于鲁棒性的要求，保证未有误报信号的产生。

7.3.3 多旋翼无人机增益型故障重构容错控制器设计

由十二旋翼无人机的故障动力学模型可知，在执行单元增益型故障的影响下无人机动态特性没有本质上的变化，只是由于驱动单元输出能力上的变化使得模型中的输入矩阵参数产生了变化，可以通过自适应逼近故障函数矩阵 $\boldsymbol{f}(t)$ 并利用其补偿故障对飞行控制效果的影响。因此本小节中设计的自重构容错控制器将包含两个部分：针对无故障情况的标称控制器以及一个辅助的自适应逼近环节。当没有故障被检测到时，利用标称控制器实现无人机的稳定控制。而当故障检测信号产生后，辅助自适应函数被激活用以逼近故障系数，容错控制器利用逼近信号重构控制算法补偿执行单元故障对于飞行控制性能的影响。

标称控制器的设计可基于反步控制理论，首先定义一个辅助变量 $\boldsymbol{z}=[\boldsymbol{z}_1,\boldsymbol{z}_2]^{\mathrm{T}}$，满足 $\boldsymbol{z}_1=\boldsymbol{\eta}_1-\boldsymbol{\eta}_{\mathrm{d}}$，$\boldsymbol{z}_2=\boldsymbol{\eta}_2-\dot{\boldsymbol{\eta}}_{\mathrm{d}}+\boldsymbol{K}_1\boldsymbol{z}_1$。矢量 $\boldsymbol{\eta}_{\mathrm{d}}$ 代表期望姿态与轨迹信号。那么在无故障条件下各个电机的期望转速就可以表示为

$$\boldsymbol{\Omega}_{\mathrm{c}}=(\boldsymbol{B})^{-1}\left(\dot{\boldsymbol{\eta}}_{\mathrm{d}}-\boldsymbol{K}_1\dot{\boldsymbol{z}}_1-\boldsymbol{K}_2\boldsymbol{z}_2-\boldsymbol{z}_1-\boldsymbol{A}-\gamma^2\operatorname{con}(\boldsymbol{z}_2)\sum_{j=1}^{6}\rho_j^2\right) \tag{7-46}$$

式中，$\boldsymbol{K}_1=\operatorname{diag}(k_1^1,k_2^1,\cdots,k_6^1)$ 及 $\boldsymbol{K}_2=\operatorname{diag}(k_1^2,k_2^2,\cdots,k_6^2)$ 为预先设计的控制参数，而函数 $\operatorname{con}(\boldsymbol{z}_2)$ 满足

$$\operatorname{con}(\boldsymbol{z}_2)=\begin{cases}\boldsymbol{z}_2/\|\boldsymbol{z}_2\|^2 & ,\|\boldsymbol{z}_2\|>\nu \\ 0 & ,\|\boldsymbol{z}_2\|\leqslant\nu\end{cases} \tag{7-47}$$

式中，ν 为判别阈值。

故障发生前，无人机在控制算法式(7-46) 控制下的稳定性很容易得到证明。而故障信号产生之后，容错控制器重构其结构并激活故障参数矩阵的自适应估计函数以补偿故障对飞行性能的影响。首先设计一个以 $\boldsymbol{q}=[\boldsymbol{q}_1,\boldsymbol{q}_2]^{\mathrm{T}}$ 为状态变量的辅助函数：

$$\begin{bmatrix}\dot{\boldsymbol{q}}_1\\ \dot{\boldsymbol{q}}_2\end{bmatrix}=\begin{bmatrix}\boldsymbol{q}_2\\ \boldsymbol{\Gamma}\bar{\boldsymbol{e}}_2+\boldsymbol{A}+\boldsymbol{B}\bar{\boldsymbol{f}}(t)\boldsymbol{\Omega}_{\mathrm{c}}+\boldsymbol{\gamma}^2\operatorname{con}(\bar{\boldsymbol{e}}_2)\sum_{j=1}^{6}\rho_j^2\end{bmatrix} \tag{7-48}$$

式中，误差变量 $\bar{\boldsymbol{e}}_2=\boldsymbol{\eta}_2-\boldsymbol{q}_2+\bar{\boldsymbol{e}}_1$，$\bar{\boldsymbol{e}}_1=\boldsymbol{\eta}_1-\boldsymbol{q}_1$；$\boldsymbol{\Gamma}$ 为正定对角系数矩阵。函数 $\bar{\boldsymbol{f}}(t)=\operatorname{diag}(\bar{\alpha}_1,\bar{\alpha}_2,\cdots,\bar{\alpha}_6)$ 为对于故障系数矩阵的自适应逼近函数，且其随时间更新的公式为

$$\frac{\mathrm{d}\bar{f}_i}{\mathrm{d}t}=\lambda_i\Omega_i^2\sum_{j=1}^{6}\bar{e}_2^j b_{ji},i=1,2,\cdots,6 \tag{7-49}$$

式中，$\lambda_i>0$，$i=1$，2，…，6，为式(7-49) 的逼近速率；b_{ji} 为输入矩阵

$\boldsymbol{B}$ 中的对应元素；$\bar{\boldsymbol{e}}_2^j$ 为误差变量 $\bar{e}_2$ 的第 j 个元素。由此可以得到，各个旋翼的期望转速信号被重构为

$$\boldsymbol{\Omega}_{\mathrm{c}}=(\boldsymbol{B}\bar{\boldsymbol{f}})^{-1}\left(-\boldsymbol{\Gamma}\bar{\boldsymbol{e}}_2-\boldsymbol{A}(\boldsymbol{\eta}_1,\boldsymbol{\eta}_2)+\ddot{\boldsymbol{\eta}}_{\mathrm{d}}-\boldsymbol{K}_3\bar{\boldsymbol{z}}_2-\gamma^2\operatorname{con}(\bar{\boldsymbol{e}}_2)\sum_{j=1}^{6}\rho_j^2\right) \tag{7-50}$$

式中，$\bar{\boldsymbol{z}}_2=\boldsymbol{q}_2-\dot{\boldsymbol{\eta}}_{\mathrm{d}}+\bar{\boldsymbol{z}}_1$，$\bar{\boldsymbol{z}}_1=\boldsymbol{q}_1-\boldsymbol{\eta}_{\mathrm{d}}$。

下面证明在十二旋翼无人机的执行单元出现了增益型故障之后，在重构控制算法式(7-50) 以及相关的辅助函数式(7-47) 与故障系数逼近函数式(7-49) 的作用下，无人机仍然可以保持稳定飞行状态。首先引入李雅普诺夫函数：

$$V=\frac{1}{2}\bar{\boldsymbol{e}}_1{}^{\mathrm{T}}\bar{\boldsymbol{e}}+\frac{1}{2}\bar{\boldsymbol{e}}_2{}^{\mathrm{T}}\bar{\boldsymbol{e}}_2+\frac{1}{2}\bar{\boldsymbol{z}}_1{}^{\mathrm{T}}\bar{\boldsymbol{z}}_1+\frac{1}{2}\bar{\boldsymbol{z}}_2{}^{\mathrm{T}}\bar{\boldsymbol{z}}+\sum_{i=1}^{6}\frac{1}{2\lambda_i}\tilde{f}_{\mathrm{i}}^2 \tag{7-51}$$

式中，$\tilde{\boldsymbol{f}}(t)=\boldsymbol{f}_F-\bar{\boldsymbol{f}}$ 为故障逼近的误差；$\boldsymbol{f}_F$ 为实际故障，则计算式(7-51) 关于时间的导数可以得到

$$\begin{aligned}
\dot{V}&=\bar{\boldsymbol{z}}_1^{\mathrm{T}}\dot{\bar{\boldsymbol{z}}}_1+\bar{\boldsymbol{z}}_2^{\mathrm{T}}\dot{\bar{\boldsymbol{z}}}_2+\bar{\boldsymbol{e}}_1^{\mathrm{T}}\dot{\bar{\boldsymbol{e}}}_1+\bar{\boldsymbol{e}}_2{}^{\mathrm{T}}\dot{\bar{\boldsymbol{e}}}_2-\sum_{i=1}^{6}\frac{1}{\lambda_i}\tilde{f}_i\dot{\bar{f}}_i\\
&=\bar{\boldsymbol{z}}_1^{\mathrm{T}}(\bar{\boldsymbol{z}}_2-\bar{\boldsymbol{z}}_1)+\bar{\boldsymbol{z}}_2^{\mathrm{T}}\left(\boldsymbol{\Gamma}\bar{\boldsymbol{e}}_2+\boldsymbol{A}+\gamma^2\operatorname{con}(\bar{\boldsymbol{e}}_2)\sum_{j=1}^{6}\rho_j^2+\boldsymbol{B}\bar{\boldsymbol{f}}\boldsymbol{\Omega}_{\mathrm{c}}-\ddot{\boldsymbol{\eta}}_{\mathrm{d}}+\bar{\boldsymbol{z}}_2-\bar{\boldsymbol{z}}_1\right)\\
&\quad+\bar{\boldsymbol{e}}_1^{\mathrm{T}}(\bar{\boldsymbol{e}}_2-\bar{\boldsymbol{e}}_1)+\bar{\boldsymbol{e}}_2^{\mathrm{T}}\left(-\boldsymbol{\Gamma}\bar{\boldsymbol{e}}_2+\boldsymbol{B}\tilde{\boldsymbol{f}}(t)\boldsymbol{\Omega}_{\mathrm{c}}+\bar{\boldsymbol{e}}_2-\bar{\boldsymbol{e}}_1-\gamma^2\operatorname{con}(\bar{\boldsymbol{e}}_2)\sum_{j=1}^{6}\rho_j^2+\Delta\boldsymbol{d}\right)\\
&\quad-\sum_{i=1}^{6}\tilde{\boldsymbol{f}}_i\left(\sum_{j=1}^{6}\bar{e}_2^jb_{ji}\boldsymbol{\Omega}_j^2\right)\leqslant-\bar{\boldsymbol{z}}_1^{\mathrm{T}}\bar{\boldsymbol{z}}_1-\bar{\boldsymbol{z}}_2^{\mathrm{T}}(\boldsymbol{K}_3-\boldsymbol{I})\bar{\boldsymbol{z}}_2-\bar{\boldsymbol{e}}_1^{\mathrm{T}}\bar{\boldsymbol{e}}_1-\bar{\boldsymbol{e}}_2^{\mathrm{T}}(\boldsymbol{\Gamma}-\boldsymbol{I})\bar{\boldsymbol{e}}_2-\\
&\quad\gamma^2\sum_{j=1}^{6}\rho_j^2+\bar{\boldsymbol{e}}_2^{\mathrm{T}}\Delta\boldsymbol{d}\leqslant-\bar{\boldsymbol{z}}_1^{\mathrm{T}}\bar{\boldsymbol{z}}_1-\bar{\boldsymbol{z}}_2^{\mathrm{T}}(\boldsymbol{K}_3-\boldsymbol{I})\bar{\boldsymbol{z}}_2-\bar{\boldsymbol{e}}_1^{\mathrm{T}}\bar{\boldsymbol{e}}_1-\bar{\boldsymbol{e}}_2^{T}\left(\boldsymbol{\Gamma}-\boldsymbol{I}-\frac{1}{4\gamma^2}\right)\bar{\boldsymbol{e}}_2
\end{aligned} \tag{7-52}$$

由以上的分析可知，在重构的控制算法式(7-50) 的作用下，设计的辅助函数式(7-48) 的状态量 $\boldsymbol{q}$ 将渐进收敛于期望的轨迹信号 $\boldsymbol{\eta}_{\mathrm{d}}$，而且同时状态变量 $\boldsymbol{\eta}$ 也将收敛到辅助变量 $\boldsymbol{q}$。因此可以得到状态变量 $\boldsymbol{\eta}$ 将渐进收敛到轨迹信号 $\boldsymbol{\eta}_{\mathrm{d}}$，即在执行单元的故障条件下，十二旋翼无人机依然能够保证对于期望轨迹信号的跟踪。另外由式(7-52) 也可看出，虽然 $\bar{\boldsymbol{f}}_i$ 被设计成对执行单元故障系数的自适应逼近函数，但在控制算法式(7-50) 以及自适应重新算法式(7-49) 的作用下并不能保证其精确地收敛到故障系数 α_i。对比容错重构控制算法中自适应函数式(7-48) 与故障检测观测器式(7-39) 可以得到，故障检测到之前只有三维函数式(7-39) 进行计算，而只有故障检测到之后六维函数式(7-39) 才被激活，这种

容错结构可以有效地减少计算量。

在主动容错控制系统设计中，要求故障检测算法既具有鲁棒性同时还要具有快速性。在前一小节中，通过引入残差决策的死区环节保证了故障检测的鲁棒性。在这里要对检测算法的快速性进行分析，保证在执行单元出现故障而故障信号尚未产生之前飞行状态依然保持在有界的范围之内。首先，执行单元出现故障时，由式(7-38)～式(7-40)可以得到状态估计误差 $\boldsymbol{\varepsilon}$ 的第 i 个元素，满足下式：

$$\dot{\varepsilon}_i=-g_i\varepsilon_i+b_i(f(t)\Omega_c-\Omega_c)+\Delta d_i \tag{7-53}$$

进一步解得

$$\varepsilon_i(t)=\varepsilon_i(T_0)e^{-g_it}+\int_{T_0}^{t}e^{-g_i(t-\tau)}(b_i(f-I)\Omega_c(\tau)+\Delta d_i(\tau))d\tau \tag{7-54}$$

由于目前故障还没有被检测到，则由式(7-45)与式(7-53)可以得到：

$$\begin{aligned}&\left|\int_{T_0}^{t}e^{-g_i(t-\tau)}b_i(f-I)\Omega_c(\tau)d\tau\right|\\&\leqslant|\varepsilon_i(t)|+|\varepsilon_i(T_0)e^{-g_it}|+\left|\int_{T_0}^{t}e^{-g_i(t-\tau)}\Delta d_i(\tau)d\tau\right|\\&\leqslant\varepsilon_i(T_0)e^{-g_i(t-T_0)}+\frac{\rho_i}{g_i}(1-e^{-g_it})+\left|\int_{T_0}^{t}e^{-g_i(t-\tau)}\Delta d_i(\tau)d\tau\right|\\&\leqslant 2\frac{\rho_i}{g_i}(1-e^{-g_it})\end{aligned} \tag{7-55}$$

设计李雅普诺夫函数为

$$\overline{V}=\frac{1}{2}\boldsymbol{z}_1^T\boldsymbol{z}_1+\frac{1}{2}\boldsymbol{z}_2^T\boldsymbol{z}_2 \tag{7-56}$$

则可以得到在执行单元出现增益型故障的情况下，$\overline{V}$ 关于时间的导数为

$$\begin{aligned}\dot{\overline{V}}&=\boldsymbol{z}_1^T\dot{\boldsymbol{z}}_1+\boldsymbol{z}_2^T\dot{\boldsymbol{z}}_2\leqslant-\boldsymbol{z}_1^T\boldsymbol{K}_1\boldsymbol{z}_1-\boldsymbol{z}_2^T\left(\boldsymbol{K}_2-\frac{1}{4\gamma^2}\right)\boldsymbol{z}_2+\boldsymbol{B}(\boldsymbol{f}-\boldsymbol{I})\boldsymbol{\Omega}_c\\&\leqslant-v_T\overline{V}+\boldsymbol{B}(\boldsymbol{f}-\boldsymbol{I})\boldsymbol{\Omega}_c\end{aligned} \tag{7-57}$$

式中，$v_T=\min\{k_i^1,(k_i^2-1/4\gamma^2)\}$。对式(7-57)的两端进行积分可以得到：

$$\begin{aligned}|\overline{V}|&\leqslant|\overline{V}(T_0)|e^{-v_Tt}+\left|\int_{T_0}^{t}e^{-g_i(t-\tau)}b_i\Delta f_F\Omega_c(\tau)d\tau\right|\\&\leqslant|\overline{V}(T_0)|e^{-v_Tt}+2\frac{\rho_i}{g_i}(1-e^{-g_it})\end{aligned} \tag{7-58}$$

由以上的分析可以得出，当无人机的执行单元出现故障之后，标称控制系统可以保证无人机的飞行姿态保持在一定范围之内，直到故障检测环节发出故障信

号激活自重构控制器。同时这也从另外一方面表明了所设计故障检测算法具有充分的快速性，能保证无人机系统在彻底失控之前检测到故障的发生。

7.3.4 十二旋翼无人机增益型故障容错控制仿真实验

本小节将通过计算机仿真对本章中设计的十二旋翼无人机主动容错控制系统的效果进行验证。首先为验证故障检测算法的鲁棒性，在仿真实验 1 中不引入执行单元的故障并控制无人机从初始状态 $\boldsymbol{\eta}_0=[0,0,0,0.2,0.3,0]^{\mathrm{T}}$ 运动到 $\boldsymbol{\eta}_{\mathrm{d}}=[4,4,6,0,0,0.5]^{\mathrm{T}}$。故障检测算法中观测器收敛系数矩阵 $\boldsymbol{G}$ 的参数选取为 $g_i=5, i=1,2,\cdots,6$，未知扰动的上界被认为 $\rho_i=0.2$。

图 7-13 显示了在没有执行单元故障的条件下标称控制器能精确地控制无人机跟踪期望姿态信号（其中的蓝、红、绿色曲线分别代表滚转角、俯仰角与偏航角）。图 7-14 则显示了在无人机轨迹跟踪飞行过程中故障观测器产生的残差信号曲线以及故障判定门限值的变化曲线（蓝色虚线）。从图 7-14 中可以看出，尽管受到未知扰动的影响使得故障观测器的逼近误差无法收敛到零，但仍然一直保持在故障检测死区区间之内，因此不会有故障信号产生。这就证明了设计的故障检测算法对于未知的外部扰动具有良好的鲁棒性，可以有效地避免误报故障信号的产生。

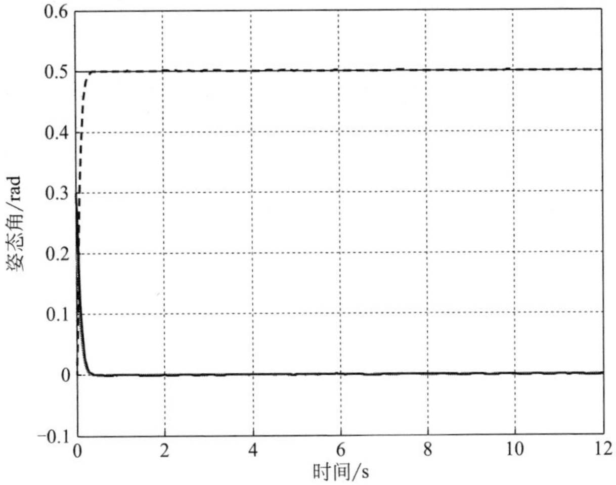

图 7-13 无故障情况下姿态跟踪曲线（电子版）

接下来，仿真实验 2 中将在 $T_0=5\mathrm{s}$ 的时刻在第一个执行单元处引入增益型故障且故障系数矩阵选取为 $\boldsymbol{f}_{\mathrm{H}}=\mathrm{diag}(0.7,1,1,1,1,1)$。在这一故障情况下，故障观测器的残差信号与判定门限信号的曲线如图 7-15 所示，图 7-15(a) 为整个无人机时间区间内的故障检测曲线，图 7-15(b) 则是对残差信号超出检测门限时刻（即故障信号产生时刻）附近的局部放大。由此可见，在 $T_0=5\text{s}$ 时刻引入故障之后，在约为 $T_d=5.003\text{s}$ 时刻残差信号就超出了故障判定的门限值即故障即被检测到。这证明了设计的故障检测算法对于故障的发生比较敏感，故障信号的产生十分地迅速。

十二旋翼无人机的轨迹与姿态的跟踪信号曲线如图 7-16 所示，其中，图 7-16(a) 表示轨迹信号（其中的蓝、红、绿色曲线分别代表沿 x 轴、y 轴与 z 轴的位

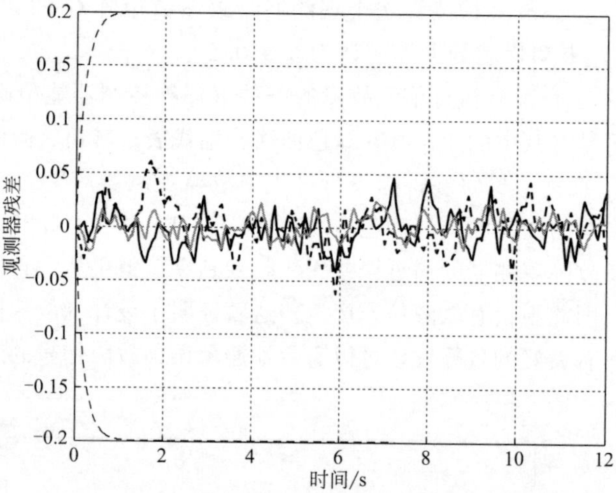

图 7-14 观测器残差信号曲线以及故障判定门限值的变化曲线（电子版）

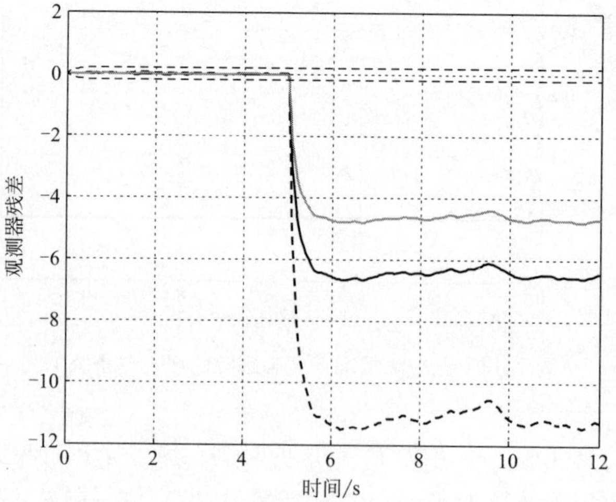

(a)

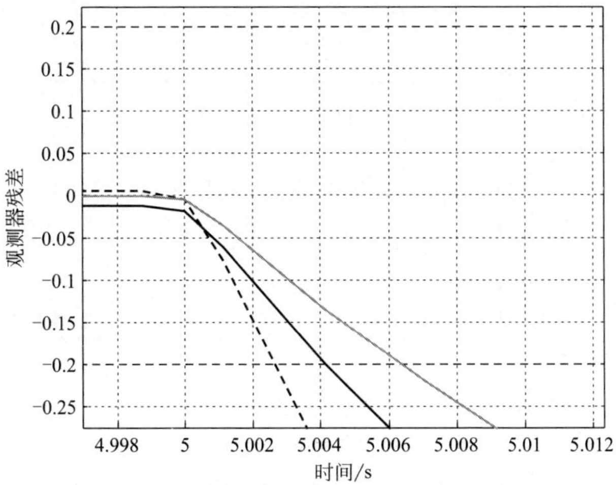

(b)

图 7-15 引入增益故障后观测器残差信号曲线（电子版）

置)，图 7-16(b) 表示姿态角信号（其中的蓝、红、绿色曲线分别代表滚转角、俯仰角与偏航角)。从图 7-16 中可以看出，在故障发生之前无人机准确地沿着期望的轨迹与姿态信号飞行。当第一个执行单元发生故障之后，无人机的姿态受到明显影响。而在故障被检测到之后，在重构控制器的控制下无人机重新保持姿态的稳定性，其充分地验证了容错飞行控制器的自重构算法设计的合理性。同时，仿真结果也表明了在故障发生之后而故障信号尚未产生的时间区间内，无人机在标称控制器的作用下依然保证了不会出现完全的失控现象，这证明了故障检测算法设计满足了快速性要求。

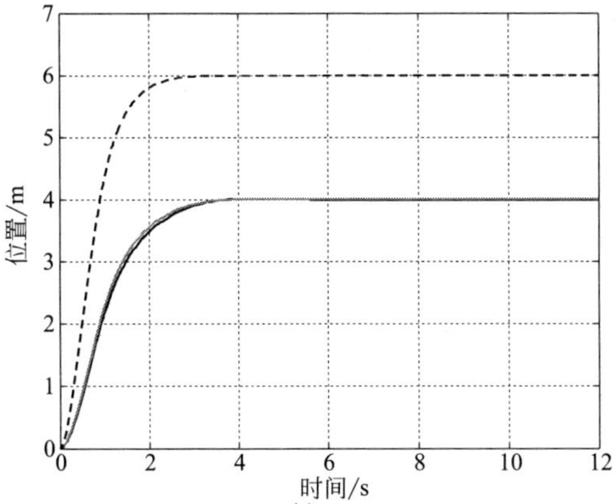

(a)

图 7-16

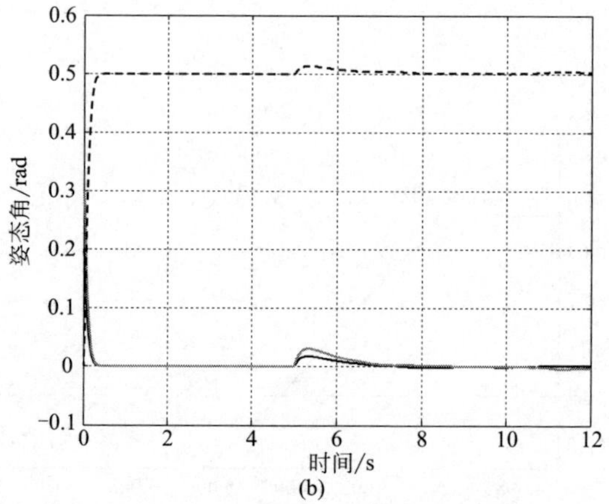

图 7-16　无人机容错飞行轨迹与姿态的跟踪信号曲线（电子版）

为进一步验证主动容错飞行控制系统的性能进行了仿真实验 3。同样设计在 $T_0=5\mathrm{s}$ 的时刻引入增益型故障，不同的是将在两个执行单元上加入故障，故障的系数矩阵则选取为 $\boldsymbol{f}_{\mathrm{H}}=\mathrm{diag}(0.7,0.8,1,1,1,1)$。仿真结果如图 7-17 与图 7-18 所示，其中，图 7-17 显示了期望姿态信号的跟踪曲线，而图 7-18 则表示故障检测的情况。从图 7-17、图 7-18 中可以得出，对于多个执行单元同时发生故障的情况，所设计的主动容错飞行控制系统依然能够保证故障的快速检测以及重构控制器后无人机重新跟踪期望信号，进一步证明设计的主动容错飞行控制系统可以有效地克服旋翼单元增益型故障对飞行性能的影响。

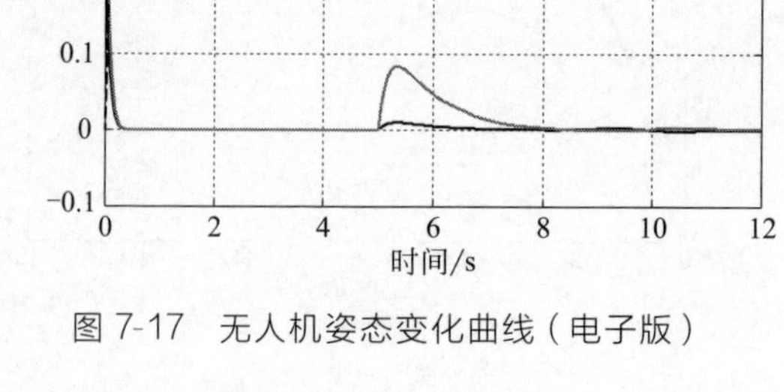

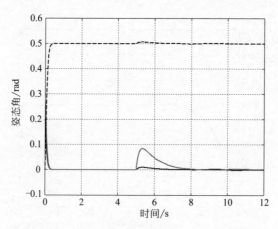

图 7-17　无人机姿态变化曲线（电子版）

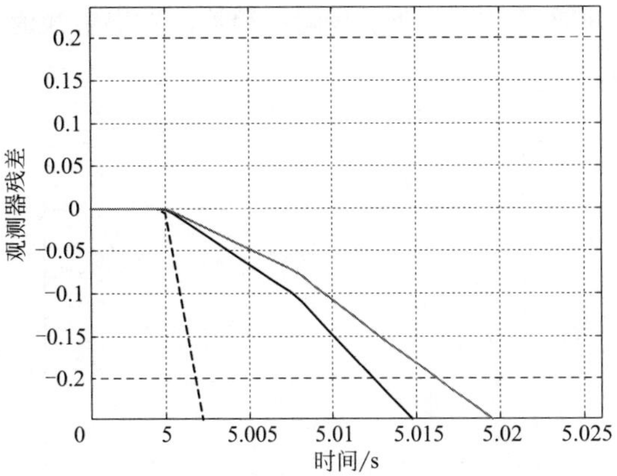

图 7-18　故障检测残差信号(电子版)

7.3.5 对比四旋翼无人机增益型故障容错控制

为实现四旋翼无人机与十二旋翼无人机在容错飞行能力上的对比，本小节将首先对四旋翼无人机在执行单元增益型故障情况下的容错控制问题进行研究。结合已有的四旋翼无人机的动力学模型（可见参考文献［8］），并考虑到四旋翼无人机只有四个旋翼驱动单元，只需选取高度信号与姿态角信号组成的四维变量 $\boldsymbol{\eta}=[z,\phi,\theta,\psi]^{\mathrm{T}}$ 作为状态量建立四旋翼无人机的故障动力学模型：

$$\begin{bmatrix}\dot{\overline{\boldsymbol{\eta}}}_1\\ \dot{\overline{\boldsymbol{\eta}}}_2\end{bmatrix}=\begin{bmatrix}\overline{\boldsymbol{\eta}}_2\\ \overline{\boldsymbol{A}}(\overline{\boldsymbol{\eta}}_1,\overline{\boldsymbol{\eta}}_2)+\boldsymbol{B}(\overline{\boldsymbol{\eta}}_1)\overline{\boldsymbol{f}}(t)\boldsymbol{\Omega}_{\mathrm{c}}+\Delta\boldsymbol{d}\end{bmatrix} \tag{7-59}$$

式中，函数 $\overline{\boldsymbol{A}}(\overline{\boldsymbol{\eta}}_1,\overline{\boldsymbol{\eta}}_2)$ 与 $\boldsymbol{B}(\overline{\boldsymbol{\eta}}_1)$ 定义详见文献［8］；$\overline{\boldsymbol{f}}(t)=\begin{cases}\mathrm{diag}(1,1,1,1), t<T_0\\ \mathrm{diag}(\overline{\alpha}_1,\overline{\alpha}_2,\overline{\alpha}_3,\overline{\alpha}_4), t\geqslant T_0\end{cases}$ 为四维的故障系数矩阵函数；T_0 为故障的发生时间。对比十二旋翼无人机的故障动力学模型式(7-38) 可知，两者除维数不同外具有完全相同的形式，因此为十二旋翼无人机设计的主动容错控制系统可改变维数后直接应用于四旋翼无人机。

为验证四旋翼无人机容错飞行控制效果，进行了两次仿真实验并对比结果。在第一次仿真中不加入执行单元故障，控制无人机从初始状态 $\boldsymbol{\eta}_0=[0,0.2,0.3,0]^{\mathrm{T}}$ 运动到期望状态 $\boldsymbol{\eta}_{\mathrm{d}}=[5,0,0,0.5]^{\mathrm{T}}$，仿真结果如图 7-19 与图 7-20 所示，其中，图 7-19 显示了无故障情况下，四旋翼无人机准确地跟踪了期望信号；而图 7-20 则表明故障观测器产生的残差信号始终保持在故障判定门限之内，即不会有故障误报信号产生。仿真结果既证明了标称控制器在无故障发生的情况下具有良好的效果，也证明了故障检测算法对于未知的外部扰动具有良好的鲁棒性。

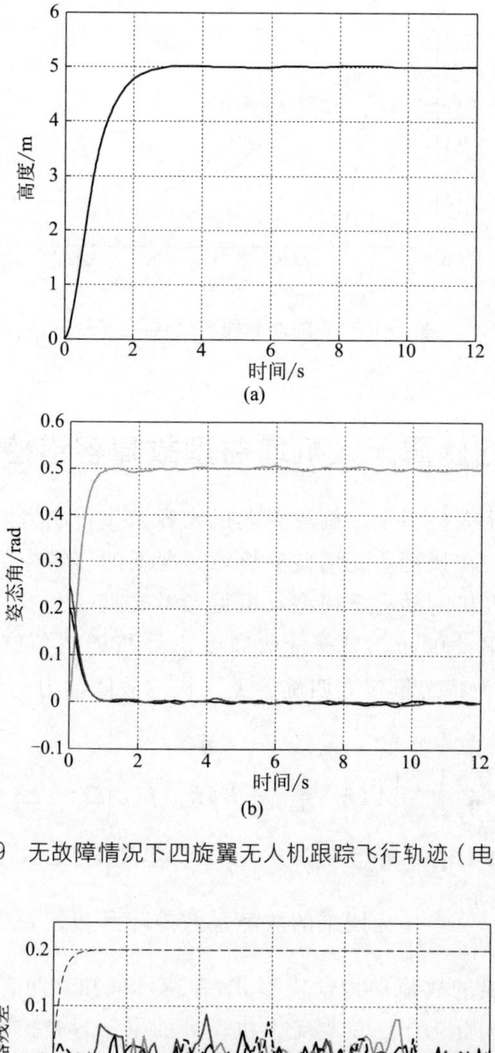

图 7-19 无故障情况下四旋翼无人机跟踪飞行轨迹（电子版）

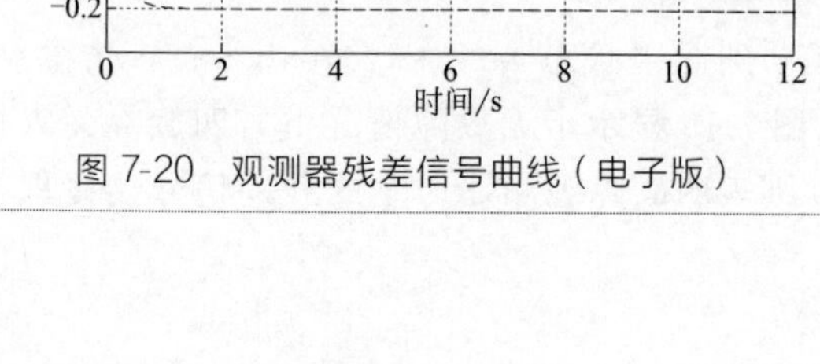

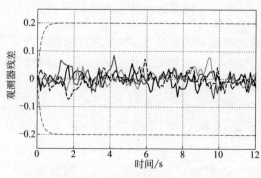

图 7-20 观测器残差信号曲线（电子版）

第二次仿真实验控制无人机沿相同期望轨迹运动，并在 $T_0=5\text{s}$ 时刻引入执行单元失效型故障且故障系数矩阵为 $\boldsymbol{f}_{\text{H}}=\text{diag}(0.7,0.8,1,1)$。无人机的仿真飞行轨迹、故障观测器的残差信号曲线以及故障系数逼近曲线分别如图 7-21～图 7-23 所示。对比之前针对十二旋翼无人机在增益型故障情况下飞行的仿真结果可以看出：四旋翼无人机无论在故障后的状态变化特性、故障残差信号变化曲线以及对于故障系数的估计都与十二旋翼无人机相近。唯一不同的是，对于十二旋翼无人机的故障观测，需要建立六维观测器，而四旋翼无人机只需一个四维观测器即可。这从表面上看，十二旋翼无人机的独特设计反而使其在容错飞行控制上更加复杂。但实际上这种设计使得十二旋翼无人机具有了克服执行单元失效故障的能力，从本质上提升了多旋翼类型无人机的容错性能。

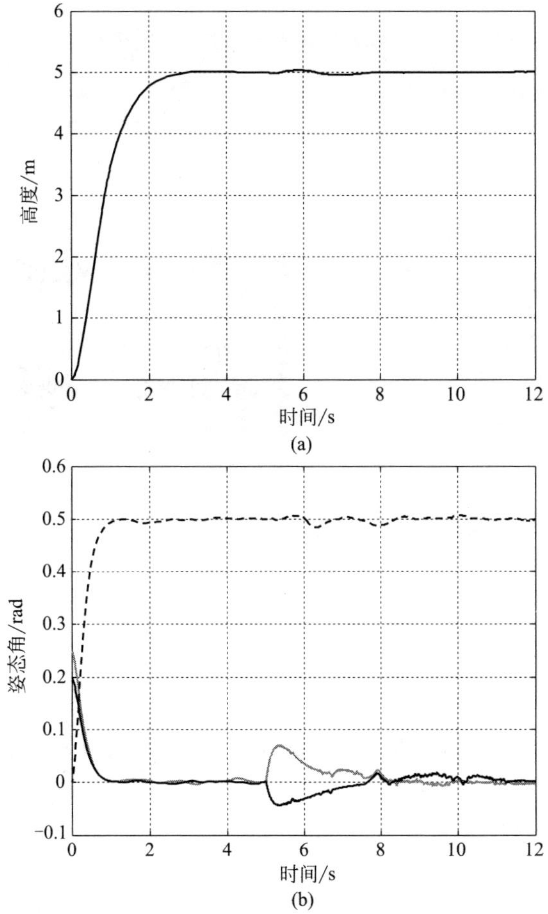

图 7-21　故障情况下无人机飞行状态（电子版）

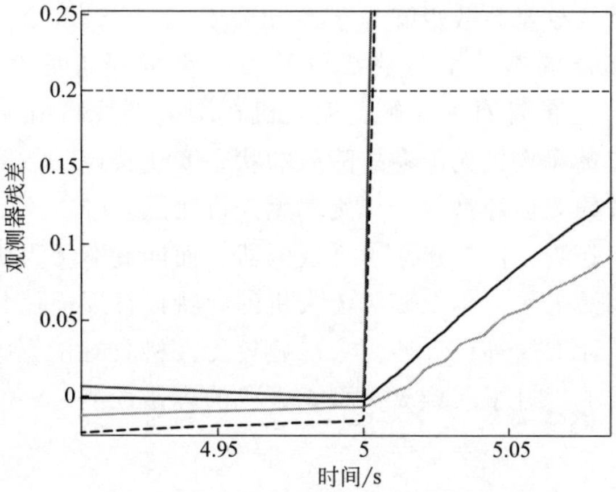

图 7-22 残差信号的局部放大（电子版）

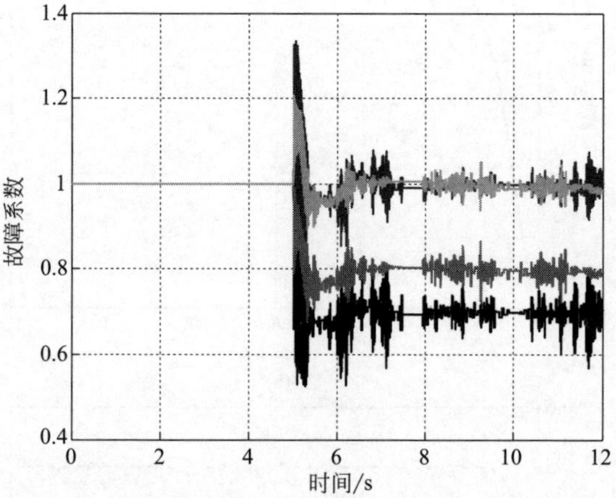

图 7-23 故障系数逼近曲线（电子版）

7.4 十二旋翼无人机执行单元失效型故障容错控制

由前一节的研究可知，对于一定范围内的恒增益型执行机构故障，十二旋翼无人机与四旋翼无人机都可以通过设计快速准确的故障检测算法以及合理安排控制算法进行重构，达到容错轨迹跟踪飞行的目的。但由以往研究与实践经验得知多旋翼无人机的执行单元出现增益型故障的情况比较罕见，而更为常见的故障类型是失效型故障，特别是某一个执行单元完全失效的情况最为常见。执行单元的失效型故障是一类非常严重的故障，失效的执行机构将完全不再具有任何的驱动能力，这时无人机的动力学特性将发生本质上的改变。此时，容错飞行控制的目的不再是继续实现轨迹跟踪飞行，而是将保证无人机的安全作为首要目标。

7.4.1 四旋翼无人机故障下的动力学特性

对于四旋翼无人机而言，旋翼面的松浮以及电机的停转都会导致执行单元的失效型故障，在这种情况下故障单元将不再有驱动能力，由式(7-3) 以及四旋翼无人机的动力学模型可以得到当第 i 个执行单元出现失效型故障之后，四旋翼无人机的姿态控制动力学模型为

$$\boldsymbol{J}\dot{\boldsymbol{\omega}}=-\boldsymbol{\omega}\times\boldsymbol{H}+\boldsymbol{B}\overline{\boldsymbol{f}}_i\boldsymbol{\Omega}_{\mathrm{c}}+\Delta\boldsymbol{M} \tag{7-60}$$

式中，$\boldsymbol{J}$ 为四旋翼无人机的惯性张量；$\boldsymbol{\omega}=[p,q,r]^{\mathrm{T}}$ 为无人机的姿态角速度；$\boldsymbol{H}$ 为无人机相对于质心的动量矩矢量。$\overline{\boldsymbol{f}}_i$ 为第 i 个元素为零其余元素为 1 的四维对角矩阵；$\boldsymbol{\Omega}_{\mathrm{c}}$ 为期望的旋翼转速。输入矩阵 $\boldsymbol{B}\in\boldsymbol{R}^{3\times4}$ 则可表示为

$$\boldsymbol{B}=\begin{bmatrix}0 & -lk_1 & 0 & lk_1\\ -lk_1 & 0 & lk_1 & 0\\ -k_2 & k_2 & -k_2 & k_2\end{bmatrix} \tag{7-61}$$

式中，k_1 为升力系数；k_2 为反扭力矩系数；l 为电机距无人机中心的距离。则由式(7-60) 与式(7-61) 可以看出，尽管四旋翼无人机的姿态控制系统利用四个控制量控制三个状态属于一种冗余控制，但由于输入矩阵 $\boldsymbol{B}$ 的独特结构以及输入控制量 Ω_{c} 中的每个元素均为正数，使得滚转角速度 $\boldsymbol{p}$ 或俯仰角速度 $\boldsymbol{q}$ 无法实现任意的配置。例如当第 1 个驱动单元出现失效型故障时，则有

$$\dot{\boldsymbol{q}}=lk_1\boldsymbol{\Omega}_3^2 \tag{7-62}$$

即不论第 3 号旋翼输出多少，俯仰角 $\boldsymbol{q}$ 的加速度 $\dot{\boldsymbol{q}}$ 将恒大于零，即无人机将对状态量 $\boldsymbol{q}$ 失去控制。

由以上的分析可知，当某一个驱动单元出现失效型故障之后，无论如何改变剩余正常旋翼的转速，四旋翼无人机的姿态都将不再稳定。进一步由四旋翼无人机平动与姿态角之间的运动学关系可知，当姿态失去稳定后，无人机将无法实现期望轨迹的跟踪飞行甚至将会坠毁。正由于四旋翼无人机在克服执行单元失效型故障的能力上存在着本质的不足，自主研发的十二旋翼无人机在设计之初便考虑到克服这类失效型故障的问题而预留了一定的冗余控制能力，在下一小节中针对这一内容进行陈述。

7.4.2 十二旋翼无人机的失效型故障下的动力学分析

考虑到十二旋翼无人机的中心对称特性，可假设旋翼单元1出现失效型故障。则依据十二旋翼无人机的动力学模型以及执行单元失效型故障模型式(7-34)，得到故障后无人机的姿态控制模型为

$$\begin{cases}\dot{\boldsymbol{\eta}}=\boldsymbol{T}\boldsymbol{\omega}\\ \boldsymbol{J}\dot{\boldsymbol{\omega}}=-\mathbf{sk}(\boldsymbol{\omega})\boldsymbol{J}\boldsymbol{\omega}+\boldsymbol{\Gamma}\boldsymbol{B}_1\boldsymbol{\Omega}_{1c}+\Delta\boldsymbol{M}\end{cases} \tag{7-63}$$

式中，$\boldsymbol{\eta}=[\phi,\theta,\psi]^{\mathrm{T}}$ 为无人机姿态角；$\boldsymbol{\omega}=[p,q,r]^{\mathrm{T}}$ 为飞行转动速度在机体坐标上的投影；$\boldsymbol{\Omega}_{1c}=[\Omega_2^2,\Omega_3^2,\Omega_4^2,\Omega_5^2,\Omega_6^2]^{\mathrm{T}}$ 为正常执行单元的旋翼转速。另外为了保持无人机安全还应该考虑对高度的控制，则可将式(7-63) 输入矩阵扩展为

$$\begin{bmatrix}\boldsymbol{M}\\ F_z\end{bmatrix}=\overline{\boldsymbol{\Gamma}}\overline{\boldsymbol{B}}_1\boldsymbol{\Omega}_{1c} \tag{7-64}$$

式中，F_z 为飞行控制系统输出的升力；$\boldsymbol{M}=[M_x,M_y,M_z]^{\mathrm{T}}$ 为由姿态稳定控制算法得到的姿态控制力矩；扩展的输入矩阵 $\overline{\boldsymbol{\Gamma}}=\mathrm{diag}\left(\dfrac{k_1 l\sin\gamma-k_2\cos\gamma}{2},\ \sqrt{3}\dfrac{-k_1 l\sin\gamma+k_2\cos\gamma}{2},\ -k_1 l\cos\gamma-k_2\sin\gamma,\ k_1\sin\gamma\right)$；$\gamma$ 为电机的转轴与十二旋翼无人机机体平面间的夹角；$\overline{\boldsymbol{B}}_1=\begin{bmatrix}1 & 2 & 1 & -1 & -2\\ 1 & 0 & -1 & -1 & 0\\ -1 & 1 & -1 & 1 & -1\\ 1 & 1 & 1 & 1 & 1\end{bmatrix}$。由此可见，尽管旋翼单元1不再提供输出，十二旋翼无人机仍有五个正常工作的旋翼，具有足够的控制能力来控制系统输出的升力姿态控制力矩。通过式 (7-64) 求解剩余旋翼的转速一般会基于伪逆算法：

$$\boldsymbol{\Omega}_{1c}=(\overline{\boldsymbol{\Gamma}}\overline{\boldsymbol{B}}_1)^{\mathrm{T}}(\overline{\boldsymbol{\Gamma}}\overline{\boldsymbol{B}}_1\overline{\boldsymbol{B}}_1^{\mathrm{T}}\overline{\boldsymbol{\Gamma}}^{\mathrm{T}})^{-1}\begin{bmatrix}\boldsymbol{M}\\ F_z\end{bmatrix} \tag{7-65}$$

引入十二旋翼原型机相关参数可得：

$$(\overline{\boldsymbol{\Gamma}}\overline{\boldsymbol{B}}_1)^{\mathrm{T}}(\overline{\boldsymbol{\Gamma}}\overline{\boldsymbol{B}}_1\overline{\boldsymbol{B}}_1^{\mathrm{T}}\overline{\boldsymbol{\Gamma}}^{\mathrm{T}})^{-1}=\begin{bmatrix}0.36 & -1.89 & 0.6 & 0.53\\ 1.09 & -0.63 & -1.79 & 0.53\\ 1.45 & 2.52 & 2.38 & 0\\ -1.09 & 0.63 & -1.79 & 0.53\\ -1.82 & -0.63 & 0.6 & 0.53\end{bmatrix}\times 10^4 \tag{7-66}$$

上式是剩余各个旋翼的期望转速，值得注意的是，4 号旋翼的转速与升力无关。通过分析升力信号与姿态控制力矩信号的数量级可知，4 号旋翼的转速将是一个十分小的量，而在实际情况下旋翼无法实现这一小转速。由此可以得出，根据姿态力矩 $\boldsymbol{M}$ 与升力 F_z 并直接利用伪逆算法求取剩余旋翼转速的方法不符合实际。这是由于十二旋翼无人机的旋翼转轴倾斜于无人机的机体平面，旋翼升力会直接提供大部分的偏航力矩，当旋翼单元 1 无法工作之后，与其相对的旋翼单元 4 产生的偏航力矩依靠其余四个旋翼无法进行补偿，这样就使得在采用伪逆算法计算旋翼转速时出现不符合实际的情况。由此可知，要解决这一问题只能放弃对于偏航姿态的控制，尽管放弃控制姿态角对以后研究故障后无人机继续进行轨迹跟踪的容错控制算法有很大影响，但在此时保证无人机的整体安全应该是首先考虑的内容。这样就得到旋翼单元 1 失效后放弃对偏航姿态进行控制的输入函数：

$$\begin{bmatrix}\boldsymbol{M}'\\F_z\end{bmatrix}=\boldsymbol{\Gamma}'\boldsymbol{B}_1'\boldsymbol{\Omega}_{1c} \tag{7-67}$$

式中，$\boldsymbol{M}'=[M_x,M_y]^{\mathrm{T}}$；输入矩阵 $\overline{\boldsymbol{\Gamma}}=\mathrm{diag}\left(\dfrac{k_1 l\sin\gamma-k_2\cos\gamma}{2},\sqrt{3}\dfrac{-k_1 l\sin\gamma+k_2\cos\gamma}{2},k_1\sin\gamma\right)$；$\boldsymbol{B}_1'=\begin{bmatrix}1&2&1&-1&-2\\1&0&-1&-1&0\\1&1&1&1&1\end{bmatrix}$。

则进一步求取剩余旋翼的转速为

$$\boldsymbol{\Omega}_{1c}=(\boldsymbol{\Gamma}'\boldsymbol{B}_1')^{\mathrm{T}}(\boldsymbol{\Gamma}'\boldsymbol{B}_1'\boldsymbol{B}_1'^{\mathrm{T}}\boldsymbol{\Gamma}'^{\mathrm{T}})^{-1}\begin{bmatrix}\boldsymbol{M}'\\F_z\end{bmatrix} \tag{7-68}$$

代入原型机参数就可以得到：

$$(\boldsymbol{\Gamma}'\boldsymbol{B}_1')^{\mathrm{T}}(\boldsymbol{\Gamma}'\boldsymbol{B}_1'\boldsymbol{B}_1'^{\mathrm{T}}\boldsymbol{\Gamma}'^{\mathrm{T}})^{-1}=\begin{bmatrix}0.24&-2.1&0.59\\1.45&0&0.36\\0.97&1.68&0.24\\-0.73&1.26&0.36\\-1.94&-0.84&0.59\end{bmatrix}\times10^4 \tag{7-69}$$

由此得到当旋翼 1 单元出现失效型故障之后，利用剩余的旋翼实现无人机俯仰角、滚转角与高度稳定控制的方案。由十二旋翼无人机对称性可知，当其他某个旋翼单元出现失效型故障之后，可采用同样容错重构控制策略，只需要根据故障的不同位置改变输入矩阵 $\boldsymbol{B}_i$（i 表示故障旋翼单元编号）。

由以上的分析可知，当某一个旋翼单元出现失效型故障之后，可采用放弃无人机的偏航姿态控制，并基于伪逆算法将升力信号与姿态控制力矩信号重新分配给正常旋翼的容错重构控制策略，以维持十二旋翼无人机的安全，其中重构解算矩阵的求取将依赖于故障的位置。将本小节的内容与上一小节进行对比，有效地证明了十二旋翼无人机在克服失效型故障的能力上相比于四旋翼无人机有了本质上的提高，也就证明了十二旋翼无人机具有更强的可靠性，更能适应某些特定环境。

另外，尽管本节中主要针对有一个旋翼单元出现失效型故障的情况进行研究，但对于十二旋翼无人机，由其独特的对称外形可知，当其对于机体中心相互对称的两个旋翼都出现失效型故障后，无人机仍有能力维持俯仰角与滚转角的稳定并实现高度调节。可以取旋翼1单元与旋翼4单元同时出现失效故障的情况对此加以证明，此时同样放弃对于偏航姿态的控制可以得到：

$$\begin{bmatrix} \boldsymbol{M}' \\ F_z \end{bmatrix} = \boldsymbol{\Gamma B}'_{14} \boldsymbol{\Omega}_{14c} \tag{7-70}$$

式中，输入矩阵 $\boldsymbol{B}'_{14} = \begin{bmatrix} 1 & 2 & -1 & -2 \\ 1 & 0 & -1 & 0 \\ 1 & 1 & 1 & 1 \end{bmatrix}$。进一步就可以得到4个正常旋翼的期望转速与飞行控制系统输出的升力以及姿态控制力矩的关系：

$$\boldsymbol{\Omega}_{1c} = (\boldsymbol{\Gamma}' \boldsymbol{B}'_{14})^{\mathrm{T}} (\boldsymbol{\Gamma}' \boldsymbol{B}'_{14} \boldsymbol{B}'^{\mathrm{T}}_{14} \boldsymbol{\Gamma}'^{\mathrm{T}})^{-1} \begin{bmatrix} \boldsymbol{M}' \\ F_z \end{bmatrix} = \begin{bmatrix} 0 & -2.52 & 0.53 \\ 2.18 & 1.26 & 0.53 \\ 0 & 2.52 & 0.53 \\ -2.18 & -1.26 & 0.53 \end{bmatrix} \times 10^4 \begin{bmatrix} \boldsymbol{M}' \\ F_z \end{bmatrix} \tag{7-71}$$

由上式可以看出旋翼1单元与旋翼4单元同时失效后，无人机的整体对称性没有发生变化，升力信号将平均分配给剩余旋翼，而姿态控制力矩将完全相反地加到互相对称的旋翼单元上。

7.4.3 十二旋翼无人机失效型故障的故障检测算法

考虑到执行单元的失效型故障是十分严重的故障，出现误报、漏报或者检测时间过长的情况都可能导致无人机发生事故，因此本书选择精度较高且信号更新速度较快的角速度信号作为故障观测器的状态矢量。由于十二旋翼无人机具有六组旋翼单元而传感器只能提供滚转、俯仰与偏航三个方向上的角速度信息，因此这里将基于多模型观测器技术（详见参考文献［9,10］）设计故障检测算法。

在没有旋翼单元出现失效型故障的情况下，十二旋翼无人机的姿态动力学方程可表示为

$$\boldsymbol{J}\dot{\boldsymbol{\omega}} = -\boldsymbol{sk}(\boldsymbol{\omega})\boldsymbol{J\omega} + \boldsymbol{\Gamma B \Omega}_{c} + \Delta \boldsymbol{M} \tag{7-72}$$

式中，$\boldsymbol{\Omega}_c = [\Omega_1^2, \Omega_2^2, \cdots, \Omega_6^2]^{\mathrm{T}}$ 为六组旋翼的期望转速；$\boldsymbol{B} = [b_1, b_2, \cdots, b_6]$ 为正常情况下的输入矩阵。当旋翼 i 发生失效后，无人机的姿态数学模型转化为

$$\boldsymbol{J}\dot{\boldsymbol{\omega}} = -\boldsymbol{sk}(\boldsymbol{\omega})\boldsymbol{J\omega} + \boldsymbol{\Gamma B}_i \boldsymbol{\Omega}_{c} + \Delta \boldsymbol{M} \tag{7-73}$$

式中，$\boldsymbol{B}_i$ 为故障后的输入矩阵，它由矩阵 $\boldsymbol{B}$ 的第 i 列元素全部变为零获得。则由式(7-72)与式(7-73)就得到了针对正常情况以及失效型故障情况的状态观测器：

$$\boldsymbol{J}\dot{\tilde{\boldsymbol{\omega}}}=-\boldsymbol{\Lambda}\boldsymbol{e}_{\omega}-\boldsymbol{sk}(\boldsymbol{\omega})\boldsymbol{J}\boldsymbol{\omega}+\boldsymbol{\Gamma}\boldsymbol{B}\boldsymbol{\Omega}_{\mathrm{c}}+\Delta\widetilde{\boldsymbol{M}}$$

$$\boldsymbol{J}\dot{\tilde{\boldsymbol{\omega}}}_i=-\boldsymbol{\Lambda}\boldsymbol{e}_{i\omega}-\boldsymbol{sk}(\boldsymbol{\omega})\boldsymbol{J}\boldsymbol{\omega}+\boldsymbol{\Gamma}\boldsymbol{B}_i\boldsymbol{\Omega}_{\mathrm{c}}+\Delta\widetilde{\boldsymbol{M}}_i \tag{7-74}$$

式中，$\tilde{\boldsymbol{\omega}}$ 为观测器的状态量；$\boldsymbol{e}_{i\omega}=\boldsymbol{\omega}-\tilde{\boldsymbol{\omega}}_i$；$\boldsymbol{\Lambda}$ 为一个渐进收敛的系数矩阵；$\Delta\widetilde{\boldsymbol{M}}_i$ 表示对 $\Delta\boldsymbol{M}$ 的估计且有更新算法如下：

$$\Delta\dot{\widetilde{\boldsymbol{M}}}_i=-\sum(\tilde{\boldsymbol{\omega}}_i)\Delta\overline{\boldsymbol{M}} \tag{7-75}$$

式中，$\Delta\overline{\boldsymbol{M}}$ 代表扰动 $\Delta\boldsymbol{M}$ 的上确界。在以上多模型观测器的基础上，通过引入一个判定函数：

$$\boldsymbol{I}_i(t)=\tilde{\boldsymbol{\omega}}_i^{\mathrm{T}}(t)\tilde{\boldsymbol{\omega}}_i(t)+\alpha\mathrm{e}^{-\lambda(t-t_0)}\int_{t_0}^{t}\tilde{\boldsymbol{\omega}}_i^{\mathrm{T}}(\tau)\tilde{\boldsymbol{\omega}}_i(\tau)\mathrm{d}\tau \tag{7-76}$$

式中，α 与 λ 均大于零，表示观测器以往状态的权重系数。式(7-76)可以判断无人机是否发生失效型故障并确定故障位置。当 $I_i(t)$ 最小时，认为故障模型 i 最接近当前无人机的实际状态，即旋翼单元 i 发生了失效型故障。

7.4.4 十二旋翼无人机失效型故障容错控制仿真实验

本小节通过一组仿真实例验证十二旋翼无人机在旋翼单元失效型故障情况下的容错控制能力。假设无人机的初始状态为一直处于悬浮位置 $\boldsymbol{P}_0=[0,0,8]^{\mathrm{T}}\mathrm{m}$，之后在 $T_{\mathrm{d}}=5\mathrm{s}$ 时刻引入旋翼单元1的失效型故障，整个仿真过程中无人机的状态变化如图7-24所示。其中，图7-24(a)表示高度变化，图7-24(b)表示姿态变化（其中红色曲线代表俯仰角，蓝色曲线表示滚转角）。由此可知，在故障发生之前无人机稳定地悬浮在指定位置，同时也保证了姿态角的稳定。而在旋翼单元1发生故障之后，无人机的姿态迅速失控直到故障被检测到以及对应的控制量重构分配策略被激活。此后无人机就逐渐恢复到稳定状态。对比图7-24(a)与(b)也可以发现，故障发生后无人机姿态角迅速偏离指定位置而高度几乎没有受到任何影响，这是由于故障对于无人机高度的作用相比其对姿态的影响是一个慢变过程，当故障检测算法依据无人机姿态的变化判定故障已发生并重构了控制器结构之后，无人机的高度也不会发生明显变化。这也充分证明了选取无人机的姿态角速度信息作为故障观测器的状态矢量保证了故障检测的快速性。

整个仿真结果证明了前几个小节中为十二旋翼无人机设计的失效型故障主动容错控制系统的良好性能，既可以准确快速地定位故障位置又可以保证无人机系统在故障后的安全飞行。这也反过来证明了十二旋翼无人机具有克服旋翼单元失效性故障的能力，与四旋翼无人机相比，在飞行可靠性上有了本质的提升。

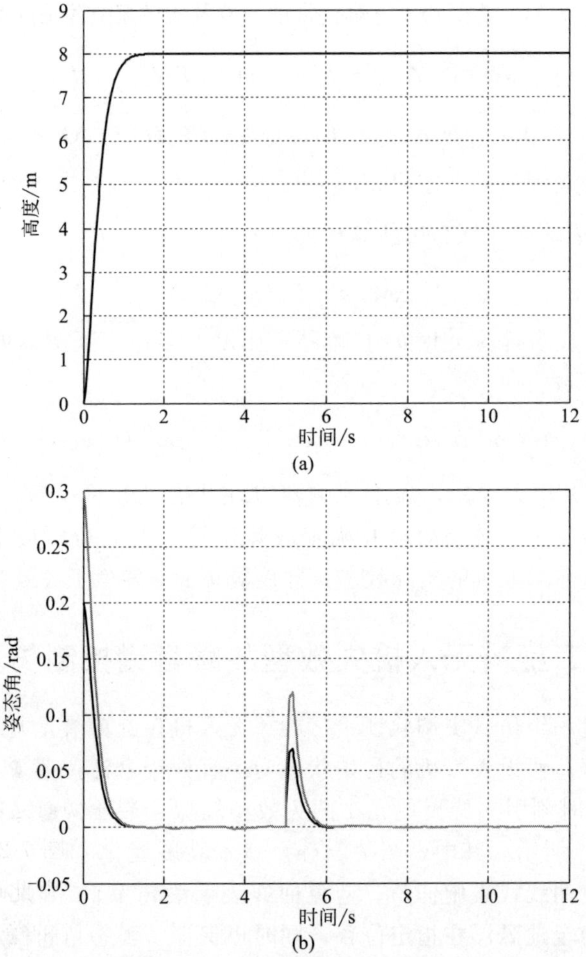

图 7-24 故障前后十二旋翼无人机状态变化曲线（电子版）

7.5 六旋翼无人机容错控制

7.5.1 执行单元故障检测与诊断系统

依据发生故障位置将执行单元故障分为驱动电路板故障、电动机故障及旋翼故障。执行单元发生驱动电路板故障或电动机故障后升力因子 k 正常，转速 Ω

无法达到期望转速，而发生旋翼故障后转速 Ω 正常，升力因子 k 明显小于正常值，本节基于自主研制的六旋翼无人机针对这两种情况分别设计了故障诊断算法。因此，本节执行单元故障检测与诊断系统由两部分构成：基于最优分类面的故障诊断算法和基于扩展卡尔曼滤波算法的故障观测器。基于最优分类面的故障诊断算法主要针对驱动电路板故障与电动机故障设计，在线监测驱动电路板与电动机的工作状况；基于扩展卡尔曼滤波器的故障观测器主要针对旋翼故障而设计，实时估计各个执行单元的升力因子。故障检测与诊断系统的框图如图 7-25 所示。

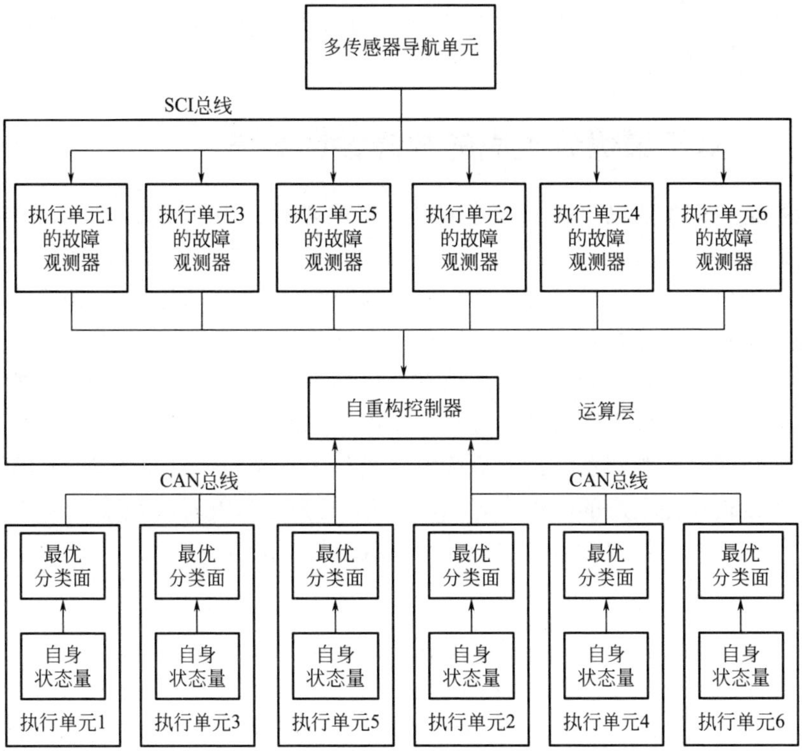

图 7-25 六旋翼无人机执行单元故障检测与诊断系统框图

在每个执行单元中均有一套基于最优分类面的故障诊断算法，提取自身的状态量，监控是否发生驱动电路板故障或电动机故障。根据执行单元故障模型的相关分析，将端电压的幅值、六个扇区的换相间隔、估计的负载阻转矩作为状态量。最优分类超平面是一种学习分类算法，这种算法的学习策略是保持经验风险值固定而最小化置信范围，适合应用于本系统。驱动电路板故障与电动机故障在极短时间内将会恶化，对最优分类面的故障诊断算法的实时性提出很高的要求——应在故障发生后15个电周期内（30ms内）检测到故障，并且尽可能地不产生虚警。

在运算层中设计一组基于扩展卡尔曼滤波算法的故障观测器，每个故障观测器对应一个执行单元，监控执行单元是否发生旋翼故障（升力因子小于正常的范围）。故障观测器将多传感器导航单元提供的无人机状态量作为测量矩阵，并依据无人机的非线性动力学模型得到状态转移矩阵及控制输入矩阵，在线估计对应旋翼的升力因子。

在执行单元无故障的情况下，控制器将根据故障检测与诊断系统提供的观测信息，修正控制输入矩阵的相关参数以便更好地完成无人机姿态角的控制与轨迹跟踪功能；在有故障的情况下，自重构控制器将依据故障信息重构控制输入矩阵，保障无人机系统的稳定性。

7.5.2 基于最优分类面的故障诊断算法

执行单元发生驱动电路板故障或电动机故障后升力因子 k 正常，转速 Ω 无法达到期望转速，若进一步恶化，将导致MOSFET击穿短路故障，危害无人机供电电压的稳定。基于最优分类面的故障诊断算法主要针对这类故障而设计，通过执行单元状态量监督各个驱动电路板与电动机的工作状态，若某执行单元发生故障，则停止其工作，同时将故障信息上传到运算层中激活自重构控制器。直接从执行单元中提取状态量有利于提高故障诊断的准确性，将端电压的幅值、六个扇区的换相间隔、观测器估计的负载阻转矩作为状态量。这是因为MOSFET断路故障将体现在端电压的幅值上，MOSFET短路或换相故障将影响六个扇区的换相均匀性，电动机故障将导致估计的负载阻转矩畸变。

(1) 最优分类超平面

本节通过提取执行单元状态量评估驱动板及电动机的工作状态。接下来需要选择一种合理、准确的学习分类算法。由于驱动电路板故障与电动机故障在极短时间内将会恶化，这对最优分类面的故障诊断算法的实时性与准确性提出了很高的要求——应在故障发生后15个电周期内检测到故障（30ms内），并且尽可能地不产生虚警。相应的学习分类算法应当在线运行速度快、可靠性高，本节采用最优分类超平面。首先假定有训练数据［式(7-77)］可被一个超平面［式(7-78)］分开，有：

$$(\boldsymbol{x}_1,y_1),(\boldsymbol{x}_2,y_2),\cdots,(\boldsymbol{x}_l,y_l),\boldsymbol{x}_i\in\boldsymbol{R}^n,y_i\in\{+1,-1\} \tag{7-77}$$

$$(\boldsymbol{w}\cdot\boldsymbol{x})-b=0 \tag{7-78}$$

式中，$\boldsymbol{x}_i$ 为训练样本向量；l 为样本数量；$\boldsymbol{w}$ 为权系数；b 为分类域值。如果超平面对训练样本向量集合的分类结果没有错误，同时距离超平面最近的向量

与超平面之间的距离是最大的，则可认为训练样本向量集合成功被这个最优超平面分开。上述过程可以表示为

$$y_i[(\boldsymbol{w}\cdot\boldsymbol{x}_i)-b]\geqslant 1, i=1,\cdots,l \tag{7-79}$$

根据结构风险最小准则确定这个超平面，优化目标是求取式(7-80）最小，约束条件为式(7-81)。

$$\Phi(\boldsymbol{w})=\frac{1}{2}(\boldsymbol{ww}) \tag{7-80}$$

$$y_i((\boldsymbol{wx}_i)+b)\geqslant 1 \tag{7-81}$$

上面这个优化问题的解是由式(7-82）表示的拉格朗日函数的鞍点给出的：

$$L(\boldsymbol{w},b,\alpha)=\frac{1}{2}(\boldsymbol{ww})-\sum_{i=1}^{l}\alpha_i\{[(\boldsymbol{x}_i\boldsymbol{w})-b]y_i-1\} \tag{7-82}$$

式中，α_i 为拉格朗日乘子。需要对式(7-82）关于 $\boldsymbol{w}$、b 求其最小值及关于 $\alpha_i>0$ 求其最大值。约束条件为

$$\begin{cases}\dfrac{\partial L(\boldsymbol{w}_0,b_0,\alpha^0)}{\partial b}=0\\ \dfrac{\partial L(\boldsymbol{w}_0,b_0,\alpha^0)}{\partial \boldsymbol{w}}=0\\ \sum\limits_{i=1}^{l}\alpha_i^0 y_i=0 \quad \alpha_i^0\geqslant 0(i=1,\cdots,l)\end{cases} \tag{7-83}$$

式中，b_0 为初始域值；$\boldsymbol{w}_0$ 为训练样本向量的线性组合，表示为

$$\boldsymbol{w}_0=\sum_{i=1}^{l}y_i\alpha_i^0\boldsymbol{x}_i, \alpha_i^0>0, i=1,\cdots,l \tag{7-84}$$

因此支持向量就是可以在 $\boldsymbol{w}_0$ 的展开中具有非零系数 α_i^0。依据库恩-塔克(Kuhn-Tucker）条件可知，最优超平面的充分必要条件是分类超平面满足以下条件：

$$\alpha_i^0\{[(\boldsymbol{w}_0\boldsymbol{x}_i)-b_0]y_i-1\}=0, i=1,\cdots,l \tag{7-85}$$

把 $\boldsymbol{w}_0$ 的表达式代入式(7-72）中，并考虑式(7-74)，最后得到：

$$\begin{cases}\max J(\alpha)=\sum\limits_{i=1}^{l}\alpha_i-\dfrac{1}{2}\sum\limits_{i,j=1}^{l}\alpha_i\alpha_j y_i y_j(x_i x_j)\\ \sum\limits_{i=1}^{l}\alpha_i y_i=0 \quad \alpha_i\geqslant 0(i=1,\cdots,l)\end{cases} \tag{7-86}$$

由式(7-86）求解 α_i，并代入式(7-77）和式(7-78）中，完成最优分类面的求解。

$$\boldsymbol{w}=\sum_{i=1}^{n}\alpha_i y_i \boldsymbol{x}_i \tag{7-87}$$

$$b=-\frac{1}{2}(\boldsymbol{w}(\boldsymbol{x}^{+}+\boldsymbol{x}^{-})) \tag{7-88}$$

式中，$\boldsymbol{x}^{+}$ 为属于 $y=+1$ 的某个（任意一个）支持向量；$\boldsymbol{x}^{-}$ 为属于 $y=-1$ 的某个（任意一个）支持向量。最优分类面的缺点是可能会引起维数灾难，尤其是在向量阶数高和训练数据大的情况下。为此有学者提出了支持向量机的算法，这种算法的核心思想是：通过某种事先选择的非线性映射将输入向量映射到一个高维的特征空间，在这个空间中构造最优分类面。支持向量机利用核函数（内积回旋）将输入向量映射到高维的特征空间，但是核函数的选择并不容易，目前学术界并没有给出易于实现的选择核函数参数的统一方法。考虑到在本系统中训练向量的阶数不高、训练数据不多并且可以离线完成学习的情况，最后采用最优分类面的故障诊断算法。

（2）基于最优分类面的学习机设计

学习问题是利用有限数量的观测来寻找待求解的依赖关系的问题。如图 7-26 所示，三个部分构成了样本学习的一般模型：①产生器（G），产生输入向量 $\boldsymbol{x}\in\boldsymbol{R}^n$，由执行单元产生；②训练器（S），对每个输入向量 $\boldsymbol{x}$ 返回一个输出值 y；③学习机器（LM），能够实现一定的函数集，逼近训练器输出值 y。学习问题就是从给定的函数集中选择出能够最好逼近训练器响应的函数。

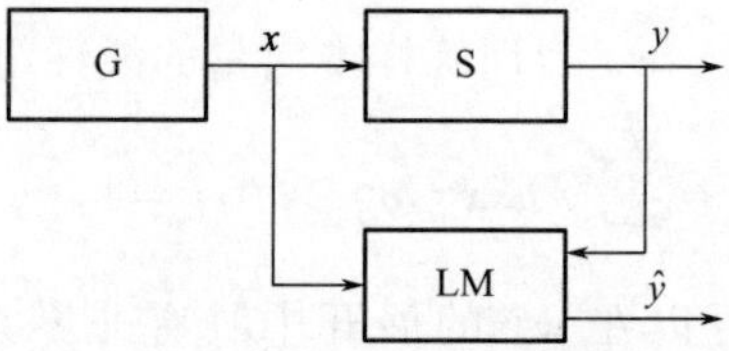

图 7-26 学习机训练模型

在旋翼旋转时，假设最近完成的电周期内六个扇区的时间向量为 $\boldsymbol{T}=[t_{ab},t_{ac},t_{bc},t_{ba},t_{ca},t_{cb}]^{\mathrm{T}}$。其中，$t_{ab}$ 为上桥臂 A 相 MOSFET 与下桥臂 B 相 MOSFET 的导通的时间，以此类推。对时间向量归一化，有：

$$\overline{\boldsymbol{T}}=\frac{[t_{ab},t_{ac},t_{bc},t_{ba},t_{ca},t_{cb}]^{\mathrm{T}}}{\sqrt{t_{ab}^2+t_{ac}^2+t_{bc}^2+t_{ba}^2+t_{ca}^2+t_{cb}^2}} \tag{7-89}$$

需要注意的是，发生某些故障（例如电动机相间短路故障）可能直接导致电动机换相立即停止。这种情况下时间向量 $\overline{\boldsymbol{T}}$ 的值将得不到更新，学习机也无法提取相应状态量完成对执行单元的故障诊断。故发生这种情况后，微控制器将足够大的数值赋给向量 $\overline{\boldsymbol{T}}$ 里的相应值，保证故障诊断算法的运行。

执行单元的微控制器（C8051F500）片内拥有一个 12bit 逐次渐进模数转换器（Analog-to-Digital Converter，ADC），采样速率最高可达 200ksps。在驱动电路板上桥臂 A 相 MOSFET 与下桥臂 B 相 MOSFET 导通时，A 相的端电压作为 u_h，C 相的端电压作为 u_l；经过换相进入下一阶段，驱动电路板上桥臂 A 相 MOSFET 与下桥臂 C 相 MOSFET 导通，此刻 A 相的端电压作为 u_h、C 相的端电压作为 u_l。依次类推，保证每个扇区 u_h 对应导通回路上桥臂的端电压，u_l 对应导通回路下桥臂的端电压。得到最优分类面学习机的训练数据向量（表 7-2）：

$$\boldsymbol{x}=[\bar{t}_{ab},\bar{t}_{ac},\bar{t}_{bc},\bar{t}_{ba},\bar{t}_{ca},\bar{t}_{cb},u_h,u_l,\hat{T}_L]^{T} \tag{7-90}$$

表 7-2 最优分类面学习机的训练数据向量

样本名称	样本数量	样本名称	样本数量
MOSFET 断路故障	10	无故障 30%占空比	5
MOSFET 短路故障	10	无故障 60%占空比	5
换相故障	10	无故障 90%占空比	5
相间短路故障	5	无故障加速	5
某相绕组断路故障	5	无故障减速	5

将上述的训练数据向量代入式(7-86)～式(7-88) 中，完成了最优分类面学习机的求取。在实际运行中最优分类面的故障诊断算法可在每个电周期结束后得到一个诊断结果。为了提高诊断结果的准确性，统计一段时间内（11 个电周期）最多的诊断结果作为执行单元最终诊断结果。这种做法以算法实时性为代价，但是能够有效避免虚警。通过选型及电路设计保证各桥臂的 MOSFET 在 50ms 内不会因反向电动势消失被电枢电流击穿，同时故障诊断算法的反应时间理论上在 30ms 内。根据上述分析，基于最优分类面的故障诊断算法可以及时准确地完成故障分离，保证系统的安全。

7.5.3 基于扩展卡尔曼滤波算法的故障观测器

执行单元发生旋翼故障后转速 Ω 正常，升力因子 k 明显小于正常值。基于扩展卡尔曼滤波器的故障观测器主要针对这类故障设计，利用六旋翼无人机的飞行状态量估计升力因子。为了避免使用期望转速带来的升力变动误差，本节利用换相信号完成了旋翼转速精确测量，并使用 CAN 总线将实时转速上传到运算层中，这样故障观测器中可直接采用各旋翼的实时转速提高估计的准确性。另外，无人机的控制力矩全部由旋翼提供，所以旋翼的气动干扰是无人机扰动的主要成因。根据旋翼升力模型的相关分析，升力因子会随海拔高度、空气黏性和风速的大小方向等因素的变化而有一定程度的波动，所以通过故障观测器提供的观测信息修正控制器中相关参数可以显著提高无人机的控制效果。

本节采用一组并行的观测器，每一个观测器估计一个执行单元的升力因子，依据每个观测器输出的残差判断当前升力因子是否可信，如图 7-27 所示。这种方法是对参数变化的直接响应，可以更快地检测出故障。但是由于六旋翼无人机的非线性动力学模型不能直接使用卡尔曼滤波算法构建观测器，因此需要采用扩展卡尔曼滤波算法。扩展卡尔曼滤波算法其实是对非线性函数的泰勒展开式进行一阶线性化截断，忽略其余高阶项，从而将非线性问题转化为线性问题求解。

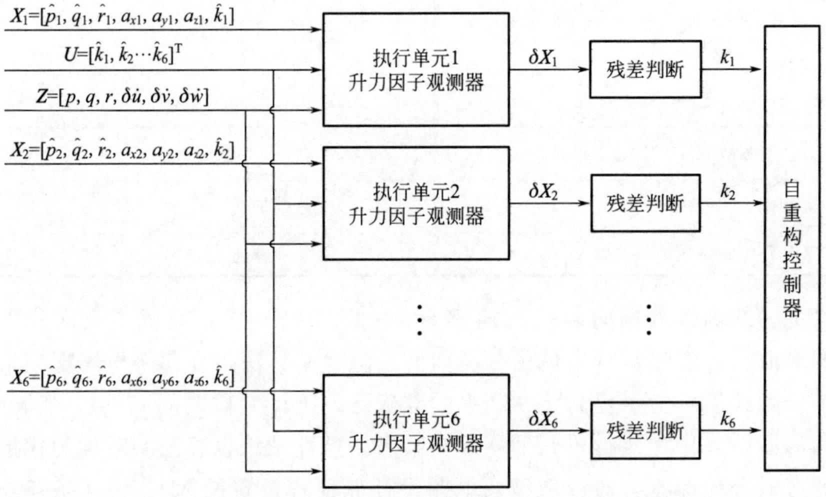

图 7-27 升力因子故障诊断系统框图

(1) 六旋翼无人机非线性动力学模型简化

为了构建基于扩展卡尔曼滤波器的故障观测器，首先需要得到六旋翼无人机的非线性动力学模型。考虑到六旋翼无人机设计特性和工作情况，可以进行如下简化假设。

① 由于执行单元产生的反扭力矩比升力力矩要小一个量级，故在滚转与俯仰的控制力矩中可以将反扭力矩的影响忽略，但是在偏航的控制力矩中需要考虑反扭力矩（详见 7.2.3 节）。

② 六旋翼原型机采用碳纤维材料制造，它是一种含碳量在 95％以上的高强

度新型纤维材料，碳纤维质量很轻，由此忽略旋翼的转动惯量矩。

③ 考虑到由电动机与旋翼组成的执行单元相对于六旋翼无人机自身具有更快速的响应特性，因此在研究无人机控制算法时不考虑驱动部分动力学特性的影响，即直接将各个旋翼转速当作无人机动力学模型的输入。

根据以上假设，可以得到简化后的六旋翼无人机姿态转动及线运动特性的动力学模型如下：

$$\begin{cases}\dot{\boldsymbol{\eta}}=\boldsymbol{T}\boldsymbol{\omega}\\ \boldsymbol{J}\dot{\boldsymbol{\omega}}=-S(\boldsymbol{\omega})\boldsymbol{J}\boldsymbol{\omega}+\boldsymbol{M}\end{cases}\tag{7-91}$$

$$\begin{cases}\dot{\boldsymbol{P}}=\boldsymbol{R}_{b-g}\boldsymbol{V}\\ \dot{\boldsymbol{V}}=-S(\boldsymbol{\omega})\boldsymbol{V}+\mathrm{diag}\left(\dfrac{1}{m},\dfrac{1}{m},\dfrac{1}{m}\right)\boldsymbol{F}\end{cases}\tag{7-92}$$

式中，$\boldsymbol{\omega}=[p,q,r]^{\mathrm{T}}$ 为六旋翼无人机相对于机体坐标系绕各轴旋转的角速度；$\boldsymbol{P}=[x,y,z]^{\mathrm{T}}$ 为六旋翼无人机在惯性坐标系下的位置；$\boldsymbol{V}=[u,v,w]^{\mathrm{T}}$ 为飞行速度在机体坐标系上的投影；$\boldsymbol{M}=[M_x,M_y,M_z]^{\mathrm{T}}$ 为无人机控制姿态力矩；$\boldsymbol{F}=[F_x,F_y,F_z]^{\mathrm{T}}$ 为无人机受到的合力。具体表达式为：

$$\begin{bmatrix}M_x\\M_y\\M_z\end{bmatrix}=\begin{bmatrix}\dfrac{1}{2}L\cos\gamma(-k_1\Omega_1^2-2k_2\Omega_2^2-k_3\Omega_3^2+k_4\Omega_4^2+2k_5\Omega_5^2+k_6\Omega_6^2)\\ \dfrac{\sqrt{3}}{2}L\cos\gamma(-k_1\Omega_1^2+k_3\Omega_3^2+k_4\Omega_4^2-k_6\Omega_6^2)\\ L\sin\gamma(k_1\Omega_1^2-k_2\Omega_2^2+k_3\Omega_3^2-k_4\Omega_4^2+k_5\Omega_5^2-k_6\Omega_6^2)\end{bmatrix}+\begin{bmatrix}0\\0\\ \cos\gamma(L_{\mathrm{a1}}-L_{\mathrm{a2}}+L_{\mathrm{a3}}-L_{\mathrm{a4}}+L_{\mathrm{a5}}-L_{\mathrm{a6}})\end{bmatrix}\tag{7-93}$$

$$\begin{bmatrix}F_x\\F_y\\F_z\end{bmatrix}=\begin{bmatrix}1/2\sin\gamma(k_1\Omega_1^2-2k_2\Omega_2^2+k_3\Omega_3^2+k_4\Omega_4^2-2k_5\Omega_5^2+k_6\Omega_6^2)+G\sin\theta\\ \sqrt{3}/2\sin\gamma(k_1\Omega_1^2-k_3\Omega_3^2+k_4\Omega_4^2-k_6\Omega_6^2)-G\cos\theta\sin\phi\\ \cos\gamma(k_1\Omega_1^2+k_2\Omega_2^2+k_3\Omega_3^2+k_4\Omega_4^2+k_5\Omega_5^2+k_6\Omega_6^2)-G\cos\theta\cos\phi\end{bmatrix}\tag{7-94}$$

式中，$\Omega_1\sim\Omega_6$ 为无人机六个旋翼的转速；$L_{\mathrm{a1}}\sim L_{\mathrm{a6}}$ 为六个执行单元的反扭力矩；M_x 为滚装角的控制力矩；M_y 为俯仰角控制力矩；M_z 为偏航角控制力矩。

（2）扩展卡尔曼滤波算法

经过简化后，六旋翼无人机的非线性动力学模型如式(7-93) 及式(7-94) 所示。由于其存在非线性，线性的卡尔曼滤波算法会遇到本质上的困难。叠加原理也不再成立；系统的状态和输出不再是高斯分布；难以使用简单的递推关系表达状态量。故对于非线性系统通常采用近似线性化的方法来研究非线性滤波问题。扩展卡尔曼滤波算法采用的近似方法是对非线性函数的泰勒展开式进行一阶线性化截断，实现线性化目的。首先，得到六旋翼无人机的状态方程和观测方程，表示为

$$\dot{\boldsymbol{X}}=f(\boldsymbol{X},\boldsymbol{U})+\boldsymbol{W} \tag{7-95}$$

$$\boldsymbol{Z}=h(\boldsymbol{X})+\boldsymbol{V} \tag{7-96}$$

式中，$f(\boldsymbol{X},\boldsymbol{U})$为状态矢量和控制输入矢量的非线性函数集；$\boldsymbol{W}$为零均值随机噪声矢量；$\boldsymbol{V}$为观测噪声矢量；$\boldsymbol{U}=[\hat{k}_1,\hat{k}_2,\cdots,\hat{k}_6]^{\mathrm{T}}$为输入矢量；$\boldsymbol{X}=[\hat{p},\hat{q},\hat{r},\hat{a}_x,\hat{a}_y,\hat{a}_z]^{\mathrm{T}}$为状态矢量；$\boldsymbol{Z}=[p,q,r,a_x,a_y,a_z]^{\mathrm{T}}$为观测矢量。$[a_x,a_y,a_z]^{\mathrm{T}}$具体表示如下：

$$\begin{cases}a_x=(\dot{u}-rv+qw)-G\sin\theta/m\\ a_y=(\dot{v}-pw+ru)+G\cos\theta\sin\phi/m\\ a_z=(\dot{w}-qu+pv)+G\cos\theta\cos\phi/m\end{cases} \tag{7-97}$$

将式(7-95)和式(7-96)进行离散化，并利用泰勒展开式线性化可以得到：

$$\boldsymbol{X}_k=\boldsymbol{\Phi}_{k,k-1}\boldsymbol{X}_{k-1}+\boldsymbol{\Gamma}_{k,k-1}(\boldsymbol{U}_{k-1}+\boldsymbol{W}_{k-1}) \tag{7-98}$$

$$\boldsymbol{Z}_k=\boldsymbol{H}_k\boldsymbol{X}_k+\boldsymbol{V}_k \tag{7-99}$$

式中，$\boldsymbol{H}_k=\mathrm{diag}(1,1,\cdots,1)$、$\boldsymbol{Z}_k$为陀螺仪和加速度计的测量值，其噪声由传感器自身性能决定；$\boldsymbol{\Phi}_{k,k-1}=\boldsymbol{\kappa}_{6\times6}+\boldsymbol{F}_k\boldsymbol{T}_{\mathrm{s}}$为离散转移矩阵，其中$\boldsymbol{\kappa}_{6\times6}=\mathrm{diag}(1,1,1,0,0,0)$，$\boldsymbol{T}_{\mathrm{s}}$为采样时间间隔；$\boldsymbol{F}_k$的具体表达式为

$$\boldsymbol{F}_{k,k-1}=\begin{bmatrix}\begin{matrix}0 & (I_y-I_z)r(k)/I_x & (I_y-I_z)q(k)/I_x\\ (I_z-I_x)r(k)/I_y & 0 & (I_z-I_x)p(k)/I_y\\ (I_x-I_y)q(k)/I_z & (I_x-I_y)p(k)/I_z & 0\end{matrix} & \boldsymbol{O}_{3\times3}\\ \boldsymbol{O}_{3\times3} & \boldsymbol{O}_{3\times3}\end{bmatrix} \tag{7-100}$$

在7.2.1小节中采用相应的方法增加了扩张状态观测器对负载阻转矩的跟踪效果，故而能得到准确的反扭力矩，表示如下：

$$\chi_i=\hat{k}_{Li}/k_i \tag{7-101}$$

结合式(7-93)与式(7-94)，可以得到$\boldsymbol{\Gamma}_{k,k-1}$的表达式如下：

$$
\boldsymbol{\Gamma}_{k,k-1}=\begin{bmatrix}
-\dfrac{L\Omega_1^2T_s\cos\gamma}{2I_x} & -\dfrac{L\Omega_2^2T_s\cos\gamma}{I_x} & -\dfrac{L\Omega_3^2T_s\cos\gamma}{2I_x} & \dfrac{L\Omega_4^2T_s\cos\gamma}{2I_x} & \dfrac{L\Omega_5^2T_s\cos\gamma}{I_x} & \dfrac{L\Omega_6^2T_s\cos\gamma}{2I_x} \\
-\dfrac{\sqrt{3}L\Omega_1^2T_s\cos\gamma}{2I_y} & 0 & \dfrac{\sqrt{3}L\Omega_3^2T_s\cos\gamma}{2I_y} & \dfrac{\sqrt{3}L\Omega_4^2T_s\cos\gamma}{2I_y} & 0 & -\dfrac{\sqrt{3}L\Omega_6^2T_s\cos\gamma}{2I_y} \\
\dfrac{\Omega_1^2T_s(L\sin\gamma+\chi_1\cos\gamma)}{I_z} & -\dfrac{\Omega_2^2T_s(L\sin\gamma+\chi_2\cos\gamma)}{I_z} & \dfrac{\Omega_3^2T_s(L\sin\gamma+\chi_3\cos\gamma)}{I_z} & -\dfrac{\Omega_4^2T_s(L\sin\gamma+\chi_4\cos\gamma)}{I_z} & \dfrac{\Omega_5^2T_s(L\sin\gamma+\chi_5\cos\gamma)}{I_z} & -\dfrac{\Omega_6^2T_s(L\sin\gamma+\chi_6\cos\gamma)}{I_z} \\
\dfrac{\Omega_1^2\sin\gamma}{2m} & -\dfrac{\Omega_2^2\sin\gamma}{m} & \dfrac{\Omega_3^2\sin\gamma}{2m} & -\dfrac{\Omega_4^2\sin\gamma}{2m} & \dfrac{\Omega_5^2\sin\gamma}{m} & -\dfrac{\Omega_6^2\sin\gamma}{2m} \\
\dfrac{\sqrt{3}\Omega_1^2\sin\gamma}{2m} & 0 & -\dfrac{\sqrt{3}\Omega_3^2\sin\gamma}{2m} & \dfrac{\sqrt{3}\Omega_4^2\sin\gamma}{2m} & 0 & -\dfrac{\sqrt{3}\Omega_6^2\sin\gamma}{2m} \\
\dfrac{\Omega_1^2\cos\gamma}{m} & \dfrac{\Omega_2^2\cos\gamma}{m} & \dfrac{\Omega_3^2\cos\gamma}{m} & \dfrac{\Omega_4^2\cos\gamma}{m} & \dfrac{\Omega_5^2\cos\gamma}{m} & \dfrac{\Omega_6^2\cos\gamma}{m}
\end{bmatrix} \tag{7-102}
$$

(3) 故障观测器设计

在上一小节得到离散转移矩阵 $\boldsymbol{\Phi}_{k,k-1}$ 和离散控制输入矩阵 $\boldsymbol{\Gamma}_{k,k-1}$ 的基础上，设计对升力因子 k_1、k_2、…、k_6 的故障观测器。设计增广故障观测器的状态矢量表示如下，将升力因子 $\hat{k}_i$ 包含在状态矢量中：

$$\overline{\boldsymbol{X}}_i=\begin{bmatrix}\boldsymbol{X}_i\\ \hat{\boldsymbol{k}}_i\end{bmatrix} \tag{7-103}$$

增广的状态矢量 $\overline{\boldsymbol{X}}_i$ 的状态方程如下：

$$\overline{\boldsymbol{X}}_{i.k}=\overline{\boldsymbol{\Phi}}_{i.k,k-1}\overline{\boldsymbol{X}}_{i.k-1}+\overline{\boldsymbol{\Gamma}}_{i.k,k-1}(\boldsymbol{U}_k+\overline{\boldsymbol{W}}_{k-1}) \tag{7-104}$$

$$\boldsymbol{Z}_{i.k}=\overline{\boldsymbol{H}}_{i.k}\overline{\boldsymbol{X}}_{i.k}+\boldsymbol{V}_k \tag{7-105}$$

对应增广的状态矢量，需要修改式(7-98) 中的离散转移矩阵。结合式(7-103)，得到增广的离散转移矩阵为

$$\overline{\boldsymbol{\Phi}}_{i.k,k-1}=\begin{bmatrix}\boldsymbol{\Phi}_{k,k-1} & \boldsymbol{\Gamma}_{k,k-1}^{(j)}\\ 0 & 1\end{bmatrix} \tag{7-106}$$

式中，$\boldsymbol{\Gamma}_{k,k-1}^{(j)}$ 为控制输入矩阵 $\boldsymbol{\Gamma}_{k,k-1}$ 的第 j 列。进一步，得到增广后的控制输入矩阵为

$$\overline{\boldsymbol{\Gamma}}_{i.k,k-1}=\begin{bmatrix}\boldsymbol{\Gamma}_{k,k-1}^{(0,j)}\\ 0\end{bmatrix} \tag{7-107}$$

式中，$\boldsymbol{\Gamma}_{k,k-1}^{(0,j)}$ 为控制输入矩阵 $\boldsymbol{\Gamma}_{k,k-1}$ 的第 j 列清零后的矩阵。最后有增广的测量矩阵为

$$\overline{\boldsymbol{H}}_{i,k}=[\boldsymbol{H}_k \quad 0] \tag{7-108}$$

依据式(7-106)～式(7-108)，可以得到执行单元 $i(i\in\{1,2,\cdots,6\})$ 的增广后的离散转移矩阵和控制输入矩阵。卡尔曼滤波的计算过程是一个不断进行的“预测-修正过程”，但是为了避免卡尔曼滤波发散，以降低滤波的最优性为代价来抑制发散，加快滤波器收敛。本文的基本思路是加大观测值在滤波方程中的权重，同时降低陈旧数据对滤波结果的影响，采用 S 加权衰减记忆卡尔曼滤波算法。将前文求得的离散转移矩阵和控制输入矩阵依序代入滤波迭代方程式[式(7-109)]，可以得到执行单元 i 的故障观测器为

$$\begin{cases}\hat{\boldsymbol{X}}_{k/k-1}=\boldsymbol{\Phi}_{k/k-1}\hat{\boldsymbol{X}}_{k-1}+\boldsymbol{\Gamma}_{k,k-1}\dot{\boldsymbol{X}}_{k-1}\\ \hat{\boldsymbol{X}}_k=\hat{\boldsymbol{X}}_{k/k-1}+\boldsymbol{K}_k(\boldsymbol{Z}_k-\boldsymbol{H}_k\hat{\boldsymbol{X}}_{k/k-1})\\ \boldsymbol{K}_k=\boldsymbol{P}_k\boldsymbol{H}_k^{\mathrm{T}}[\boldsymbol{H}_k\boldsymbol{P}_{k/k-1}\boldsymbol{H}_k^{\mathrm{T}}+\boldsymbol{R}_k]^{-1}\end{cases}$$

$$\begin{cases}\boldsymbol{P}_{k/k-1}=\boldsymbol{S\Phi}_{k/k-1}\boldsymbol{P}_{k-1}\boldsymbol{\Phi}_{k/k-1}^{\mathrm{T}}+\boldsymbol{\Gamma}_{k,k-1}\boldsymbol{Q}_{k-1}\boldsymbol{\Gamma}_{k,k-1}^{\mathrm{T}}\\ \boldsymbol{P}_k=(\boldsymbol{I}-\boldsymbol{K}_k\boldsymbol{H}_k)\boldsymbol{P}_{k/k-1}(\boldsymbol{I}-\boldsymbol{K}_k\boldsymbol{H}_k)^{\mathrm{T}}+\boldsymbol{K}_k\boldsymbol{R}_k\boldsymbol{K}_k^{\mathrm{T}}\end{cases} \tag{7-109}$$

接下来，根据残差判断各个执行单元的故障观测器估计的升力因子 $\hat{k}_i$ 是否准确。基本思路是看根据故障观测器残差矢量的二阶范数表征当前观测值 $\hat{k}_i$ 是否准确，如果在一段时间内残差矢量的二阶范数都小于某个常数，可认为当前估计的升力因子 $\hat{k}_i$ 是准确的。依据 $\hat{k}_i$ 求得执行单元损伤比例系数 β_i 表示为

$$\beta_i=1-\hat{k}_i/\bar{k}_i \tag{7-110}$$

式中，$\bar{k}_i$ 为室内标准大气压下测得的升力因子。β_i 越大，旋翼实际输出的升力越小，$\beta_i<0.15$ 认为是环境干扰所引起的；$1>\beta_i>0.15$ 则认为发生了增益性故障；$\beta_i=1$ 可确认发生了失效型故障。最后自重构控制器将根据 β_i 的值判断当前执行单元是否发生故障，并做相应处理，即在有故障时进行容错重构，在无故障时修正控制器中的相关参数。

(4) 仿真验证与分析

在本小节中，通过数值仿真实验验证基于扩展卡尔曼滤波算法的故障观测器有效性。本文为了加快观测器的收敛速度，引入了 S 加权衰减记忆参数，该参数增大表明需要增加观测值在滤波方程中的权重，反之则减小观测值在滤波方程中的权重。但是 S 加权衰减记忆参数过大将导致观测值毛刺较多，故而需要综合考虑合理选择 S 参数的数值。

假设六旋翼无人机中设定的升力因子（红色、蓝色以及绿色曲线）与设定的升力因子（室内标准大气压下的升力因子，为黑色曲线）有一定误差，故障观测器从 0.06s 开始估计升力因子。图 7-28 表明在遗忘因子 $S=1.0$ 时，升力因子跟踪曲线平滑，但是收敛速度慢（0.2s 以上）；在遗忘因子 $S=1.08$ 时，升力因子跟踪曲线毛刺多但是收敛速度快（0.05s 左右）；在遗忘因子 $S=1.04$ 时，升力因子跟踪曲线的毛刺较少并且收敛速度较快（0.08s 左右）。虽然 $S=1.08$ 时跟踪速度快，但是在实际系统中由于传感器噪声等因素的影响，它的毛刺也很大，测量精度较低。根据上述分析，采用 $S=1.04$ 的加权衰减记忆参数。

接下来，通过数值仿真验证升力因子观测器组能否同时对所有执行单元进行升力因子的估计。仿真实验中，六旋翼无人机处于飞行状态，控制器中的升力因子有 15%左右的误差。由图 7-29 可见故障观测器在 0.03s 启动，经过 0.08s 后故障观测器估计的各执行单元升力因子均接近设定值，由此证明设计的故障观测器组能够同时准确跟踪各执行单元的升力因子。

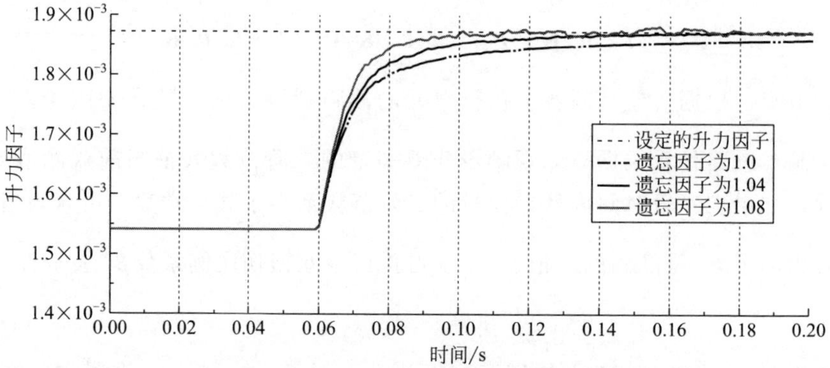

图 7-28 加权衰减记忆参数对故障观测器的影响（电子版）

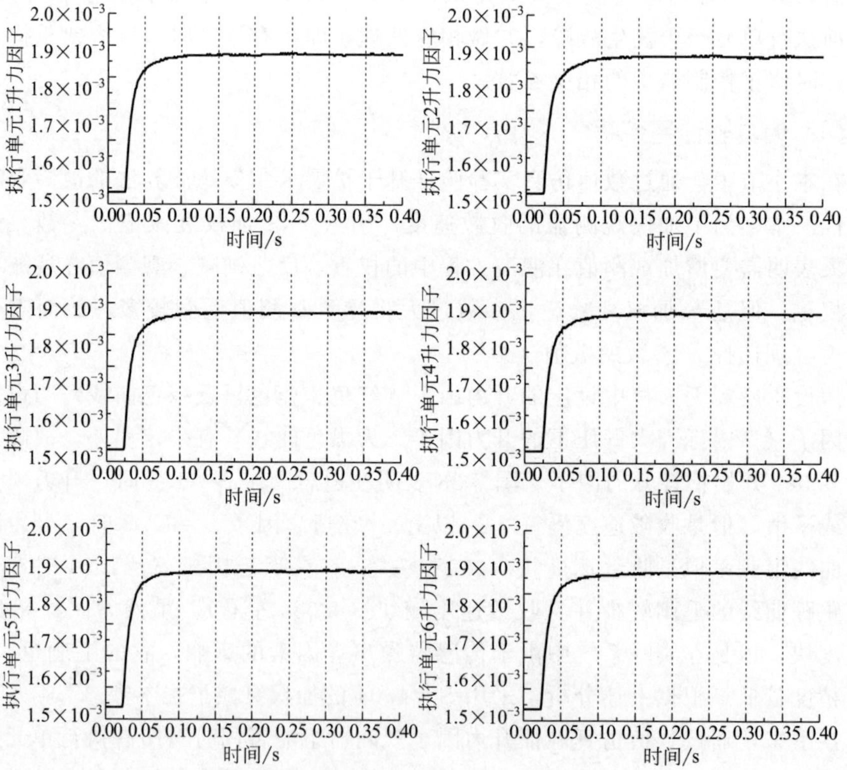

图 7-29 故障观测器组对各执行单元升力因子的估计

最后，仿真验证故障观测器在执行单元发生突发性故障与渐变性故障时的有效性。由图 7-30 可知执行单元 2 在 0.1s 左右发生突发性故障，其升力因子下降

25%左右，故障观测器准确定位故障执行单元位置得到故障后升力因子的值；同时执行单元5在0.22s左右发生渐变故障，设定升力因子以一定的速率下降，故障观测器确定故障执行单元位置并准确跟踪设定的升力因子。综上所述，基于扩展卡尔曼滤波算法的观测器组能够很好地完成故障分离（确认故障位置）与故障识别（测定故障大小），实现在线监控六旋翼无人机执行单元的健康状况。

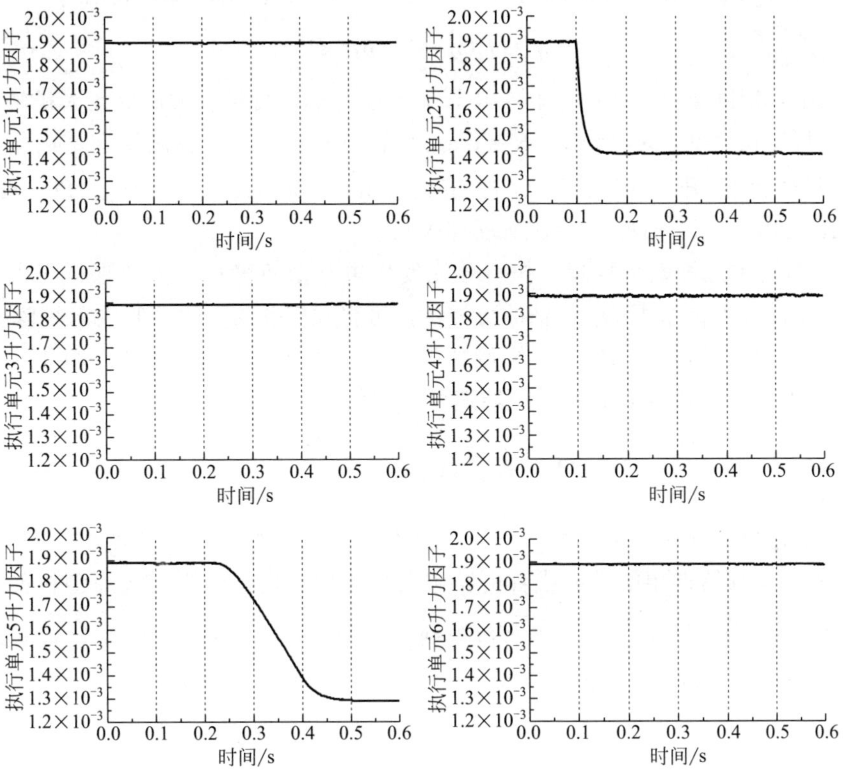

图7-30 故障观测器组对突发性故障与渐变性故障的估计效果

7.5.4 自重构控制算法

依据定义的升力故障模型，损伤比例系数 $1>\beta_i>0.15$ 为增益型故障，损伤比例系数 $\beta_i=1$ 为失效型故障。此时，自重构控制器将根据前面介绍的故障检测与诊断系统（FDD）系统提供的损伤比例系数 β_i 进行参数修正与结构调整。

（1）自重构控制器的设计

首先，研究执行单元发生故障后六旋翼无人机的动力学特性。由故障检测与诊断系统提供的观测信息可知各旋翼的损伤比例系数 β_i，得到损伤比例系数矩阵 $\boldsymbol{\beta}$，表示如下：

$$\boldsymbol{\beta}=\mathrm{diag}(1-\beta_1,1-\beta_2,\cdots,1-\beta_6) \tag{7-111}$$

系数矩阵 $\boldsymbol{\beta}$ 表示故障观测器组估计的升力因子 $\hat{k}_i$ 与室内标准大气压下测得的升力因子 $\bar{k}_i$ 偏差的程度。根据简化后的六旋翼无人机转动动力学方程式以及执行单元升力故障模型可以得到故障后无人机的姿态控制模型，表示为

$$\ddot{\boldsymbol{\eta}}=\boldsymbol{F}(\dot{\boldsymbol{\eta}},t)+\boldsymbol{B}\boldsymbol{K}_{\beta}\boldsymbol{\Omega}^2 \tag{7-112}$$

式中，矩阵 $\boldsymbol{F}(\dot{\boldsymbol{\eta}},t)$ 与矩阵 $\boldsymbol{B}$ 详见文献［8］，可结合大旋翼无人机转动动力学方程转换得到；$\boldsymbol{K}_{\beta}=\boldsymbol{\beta}\bar{\boldsymbol{K}}$，$\bar{\boldsymbol{K}}=\mathrm{diag}(\bar{k}_1,\cdots,\bar{k}_6)^{\mathrm{T}}$ 为各旋翼在室内标准大气压下测得的升力因子组成的矩阵；$\boldsymbol{\eta}=[\phi,\theta,\psi]^{\mathrm{T}}$ 为姿态角；$\boldsymbol{\Omega}^2=[\Omega_1^2,\Omega_2^2,\Omega_3^2,\Omega_4^2,\Omega_5^2,\Omega_6^2]^{\mathrm{T}}$ 为旋翼转速矢量。

① 执行单元增益型故障　执行单元发生增益型故障后，需要保证无人机姿态稳定及惯性坐标系下 $O_{\mathrm{e}}z_{\mathrm{e}}$ 轴的可控性，可将式(7-112) 的控制输入矩阵 $\boldsymbol{B}$ 增广为一个 4×6 的矩阵 $\boldsymbol{B}_{4\times6}$。假设执行单元 1 发生增益型故障（即 $1>\beta_1>0.15$)，求解无人机各旋翼的期望转速可采用伪逆算法，有：

$$\boldsymbol{\Omega}_{\mathrm{d}}^2=\hat{\boldsymbol{K}}^{-1}(\boldsymbol{B}_{4\times6})^{-1}\begin{bmatrix}\boldsymbol{M}_{\mathrm{d}}\\ F_z\end{bmatrix} \tag{7-113}$$

式中，$\boldsymbol{M}_{\mathrm{d}}=[M_x,M_y,M_z]^{\mathrm{T}}$ 为由姿态稳定控制算法得到的期望控制力矩；F_z 为高度控制器期望的升力或者由操作人员遥控给出。将六旋翼原型机的相关参数代入矩阵 $\hat{\boldsymbol{K}}^{-1}(\boldsymbol{B}_{4\times6})^{-1}$ 中可以得到：

$$\hat{\boldsymbol{K}}^{-1}(\boldsymbol{B}_{4\times6})^{-1}=\begin{bmatrix}-0.0715/(1-\beta_1) & -0.124/(1-\beta_1) & 0.569/(1-\beta_1) & 0.584/(1-\beta_1)\\ -0.143 & 0 & -0.569 & 0.584\\ -0.0715 & 0.124 & 0.569 & 0.584\\ 0.0715 & 0.124 & -0.569 & 0.584\\ 0.143 & 0 & 0.569 & 0.584\\ 0.0715 & -0.124 & -0.569 & 0.584\end{bmatrix}\times10^3 \tag{7-114}$$

依据上式可求得各旋翼的期望转速 $\boldsymbol{\Omega}_{\mathrm{d}}^2=[\Omega_{1.\mathrm{d}}^2,\cdots,\Omega_{6.\mathrm{d}}^2]^{\mathrm{T}}$。理论上即使损伤比例系数 β_1 接近 1，只要旋翼转速足够大便可提供足够的控制力矩，实际上旋翼的转速受限于许多因素，在上述情况下无法输出足够的控制力矩。在旋翼 1 无法达到期望转速 $\Omega_{1.\mathrm{d}}^2$ 只能保持自身最高转速 $\widehat{\Omega}_1$ 的情况下，其表现为提供升力下降，等效于原型机中旋翼 1 的升力因子 k_1 等比例减小，此刻旋翼等效的升力因子 $\tilde{k}_1$ 表示为

$$\tilde{k}_1=\hat{\Omega}_1^2 k_i/\Omega_{1.d}^2 \tag{7-115}$$

当损伤比例系数 β_1 增大时，旋翼等效的升力因子 $\tilde{k}_1$ 将会减小，使得控制器的升力因子矩阵 $\hat{\boldsymbol{K}}$ 与旋翼的升力因子矩阵 $\tilde{\boldsymbol{K}}=\mathrm{diag}(\tilde{k}_1, \tilde{k}_2, \cdots, \tilde{k}_6)$ 偏差增大，影响系统的稳定性。可给出判据如下：

$$\dot{V}_2=-\|\sigma^{\mathrm{T}}\|\left(\|\boldsymbol{H}\alpha\|-\hat{\rho}\cdot\hat{\xi}\breve{\rho}\left\|\begin{matrix}A(z_2-\boldsymbol{C}z_1)+\\F(\dot{\eta},t)-\ddot{\eta}_{\mathrm{d}}+C\dot{z}_1\end{matrix}\right\|\right)-\boldsymbol{Z}^{\mathrm{T}}\boldsymbol{QZ}\leqslant 0 \tag{7-116}$$

式中，$\hat{\xi}=\|\boldsymbol{I}-\tilde{\boldsymbol{K}}\hat{\boldsymbol{K}}^{-1}\|$；$\hat{\rho}=\sqrt{\lambda_{\max}(\boldsymbol{B}^{\mathrm{T}}\boldsymbol{B})}$；$\breve{\rho}=\sqrt{\lambda_{\min}(\boldsymbol{B}^{\mathrm{T}}\boldsymbol{B})}$；$\boldsymbol{B}$ 为控制输入矩阵；$\lambda_{\max}$ 为 $\boldsymbol{B}^{\mathrm{T}}\boldsymbol{B}$ 的最大特征值；$\lambda_{\min}$ 为 $\boldsymbol{B}^{\mathrm{T}}\boldsymbol{B}$ 的最小特征值。如果发生增益型故障的自重构控制器不满足判据式(7-116)，则认为无人机姿态角控制可能失稳，将停止故障执行单元工作，采用执行单元失效型故障的处理方式。

② 执行单元失效型故障　假设执行单元 1 发生失效型故障，这时将不产生任何升力（$\beta_1=1$）。这种情况下控制输入矩阵 $\boldsymbol{B}_{4\times6}$ 明显奇异，详见式(7-114)，将其降阶为一个 4×5 的矩阵 $\boldsymbol{B}_{4\times5}$，并求得其伪逆矩阵 $(\boldsymbol{B}_{4\times5})^{-1}$。代入六旋翼原型机的相关参数可以得到：

$$\hat{\boldsymbol{K}}^{-1}(\boldsymbol{B}_{4\times5})^{-1}=\begin{bmatrix}-0.179 & -0.0619 & -0.285 & 0.877\\-0.107 & 0.0619 & 0.853 & 0.877\\0.143 & 0.248 & -1.138 & 0\\0.107 & -0.0619 & 0.853 & 0.877\\0.0357 & -0.1857 & -0.285 & 0.877\end{bmatrix}\times10^3 \tag{7-117}$$

上式表明执行单元 4 的期望转速非常小并且可能为负。由于电动机换相必须依靠反向电动势，在实际情况中旋翼无法实现这一要求。故利用伪逆算法求取剩余旋翼转速的方法在执行单元失效型故障的情况下并不适用。这是由六旋翼无人机的结构决定的——发生失效型故障后与其相对的执行单元产生的偏航力矩无法依靠其余四个执行单元补偿。解决这一问题只能放弃对于偏航通道的控制，尽管放弃控制偏航角将对完成轨迹跟踪飞行有很大影响，但在此时保证无人机的整体安全应该是首先考虑的内容。假设执行单元 1 发生失效型故障，将控制输入矩阵 $\boldsymbol{B}_{4\times6}$ 修改为一个 3×5 的矩阵 $\boldsymbol{B}_{3\times5}$，其伪逆矩阵为 $(\boldsymbol{B}_{3\times5})^{-1}$ 表示为

$$\boldsymbol{\Omega}_{(1).\mathrm{d}}^2=\hat{\boldsymbol{K}}_{(1)}^{-1}(\boldsymbol{B}_{3\times5})^{-1}\begin{bmatrix}M_x\\M_y\\F_z\end{bmatrix} \tag{7-118}$$

式中，$\boldsymbol{\Omega}_{(1).\mathrm{d}}^2=[\Omega_2^2,\Omega_3^2,\Omega_4^2,\Omega_5^2,\Omega_6^2]^{\mathrm{T}}$，$\hat{\boldsymbol{K}}_{(1)}=[\hat{k}_2,\cdots,\hat{k}_6]^{\mathrm{T}}$，控制输入矩

阵为

$$\boldsymbol{B}_{3\times5}=\begin{bmatrix}\dfrac{l\cos\gamma}{I_x} & \dfrac{l\cos\gamma}{2I_x} & \dfrac{l\cos\gamma}{2I_x} & \dfrac{l\cos\gamma}{I_x} & \dfrac{l\cos\gamma}{2I_x}\\ 0 & \dfrac{\sqrt{3}l\cos\gamma}{2I_y} & \dfrac{\sqrt{3}l\cos\gamma}{2I_y} & 0 & -\dfrac{\sqrt{3}l\cos\gamma}{2I_y}\\ \cos\gamma & \cos\gamma & \cos\gamma & \cos\gamma & \cos\gamma\end{bmatrix} \tag{7-119}$$

由此表明 $\boldsymbol{B}_{3\times5}$ 在俯仰通道与滚转通道均不对称将导致控制器发散。因此需要对此时的六旋翼无人机进行坐标转换重新定义机体坐标系，假设执行单元 1 发生失效型故障坐标转换方法为：$O_b x_b$ 轴与执行单元 1 的连杆重合，指向外为正；$O_b z_b$ 轴不变；$O_b y_b$ 轴与其余两轴成右手直角坐标系，得到坐标转换后的控制输入矩阵为

$$\overline{\boldsymbol{B}}_{3\times5}=\begin{bmatrix}\dfrac{-\sqrt{3}l\cos\gamma}{2I_x} & \dfrac{-\sqrt{3}l\cos\gamma}{2I_x} & 0 & \dfrac{\sqrt{3}l\cos\gamma}{2I_x} & \dfrac{\sqrt{3}l\cos\gamma}{2I_x}\\ \dfrac{-l\cos\gamma}{2I_y} & \dfrac{l\cos\gamma}{2I_y} & \dfrac{l\cos\gamma}{I_y} & \dfrac{l\cos\gamma}{2I_y} & \dfrac{-l\cos\gamma}{2I_y}\\ \cos\gamma & \cos\gamma & \cos\gamma & \cos\gamma & \cos\gamma\end{bmatrix} \tag{7-120}$$

若设计反步滑模控制器如下：

$$U=(\hat{\boldsymbol{K}}_{(1).\mathrm{d}})^{-1}(\overline{\boldsymbol{B}}_{3\times5})^{-1}\begin{pmatrix}-\boldsymbol{A}_{(1)}(\boldsymbol{z}_{(1).2}-\boldsymbol{C}_{(1)}\boldsymbol{z}_{(1).1})-\boldsymbol{F}_{(1)}(\dot{\boldsymbol{\eta}}_{(1)},t)+\ddot{\boldsymbol{\eta}}_{(1).\mathrm{d}}\\ -\boldsymbol{C}_{(1)}\dot{\boldsymbol{z}}_{(1).1}-\boldsymbol{H}_{(1)}(\sigma_{(1)}+\alpha_{(1)}\mathrm{sign}(\sigma_{(1)}))\end{pmatrix} \tag{7-121}$$

式中，$\boldsymbol{A}_{(1)}$、$\boldsymbol{C}_{(1)}$、$\boldsymbol{H}_{(1)}$、$\boldsymbol{z}_{(1).2}$、$\boldsymbol{z}_{(1).1}$、$\boldsymbol{F}_{(1)}$ （$\dot{\boldsymbol{\eta}}_{(1)}$，$t$）为降阶后的矩阵和矢量（放弃偏航通道的控制）；$\alpha_{(1)}$、$\sigma_{(1)}$ 为降价后的反演滑模控制器参数；$\dot{\boldsymbol{\eta}}_{(1)}$、$\ddot{\boldsymbol{\eta}}_{(1).\mathrm{d}}$ 为坐标转换后并降阶的反馈量。定义状态变量 $\boldsymbol{Z}_{(1)}=[z_{(1).2},\ z_{(1).1}]^{\mathrm{T}}$，则可得到：

$$\dot{V}_2\leqslant-\|\sigma_{(1)}^{\mathrm{T}}\|\begin{pmatrix}\|\boldsymbol{H}_{(1)}\alpha_{(1)}\|-\|\overline{\boldsymbol{B}}_{3\times5}\boldsymbol{K}_{(1)}\hat{\boldsymbol{K}}_{(1)}^{-1}(\overline{\boldsymbol{B}}_{3\times5})^{-1}\boldsymbol{H}_{(1)}\|\\ \left\|\begin{matrix}\boldsymbol{A}_{(1)}(z_{(1).2}-\boldsymbol{C}_{(1)}z_{(1).1})-\ddot{\boldsymbol{\eta}}_{(1).\mathrm{d}}\\ +\boldsymbol{F}_{(1)}(\dot{\boldsymbol{\eta}}_{(1)},t)+\boldsymbol{C}_{(1)}\dot{z}_{(1).1}\end{matrix}\right\|\end{pmatrix}-\boldsymbol{Z}_{(1)}^{\mathrm{T}}\boldsymbol{Q}_{4\times4}\boldsymbol{Z}_{(1)} \tag{7-122}$$

首先构造矩阵 $\boldsymbol{H}_{(1)}$ 使得 $\overline{\boldsymbol{B}}_{3\times5}\boldsymbol{K}_{(1)}\ \hat{\boldsymbol{K}}_{(1)}^{-1}\ (\overline{\boldsymbol{B}}_{3\times5})^{-1}\boldsymbol{H}_{(1)}$ 为一个对称阵，$R_i(i=1,2)$是 $\overline{\boldsymbol{B}}_{3\times5}\boldsymbol{K}_{(1)}\ \hat{\boldsymbol{K}}_{(1)}^{-1}\ (\overline{\boldsymbol{B}}_{3\times5})^{-1}\boldsymbol{H}_{(1)}$ 所有的主子式，表示为

$$R_1=\sum_{i\neq 1,4}^{6}0.25\Delta k_i>0 \tag{7-123}$$

$$R_2=\sum_{i=2}^{5}\left(\sum_{j>i,j\neq i+3}^{6}0.125\Delta k_i\Delta k_j\right)>0 \tag{7-124}$$

经由式(7-123）与式(7-124）证明 $\overline{\boldsymbol{B}}_{3\times5}\boldsymbol{K}_{(1)}\ \hat{\boldsymbol{K}}_{(1)}^{-1}\ (\overline{\boldsymbol{B}}_{3\times5})^{-1}\boldsymbol{H}_{(1)}$ 必为正定阵，进一步得到：

$$\dot{V}_2\leqslant-\|\sigma_{(1)}^{T}\|\left(\|\boldsymbol{H}_{(1)}\alpha_{(1)}\|-\hat{\rho}\hat{\xi}\breve{\rho}\left\|\begin{matrix}\boldsymbol{A}_{(1)}(\boldsymbol{z}_{(1).2}-\boldsymbol{C}_{(1)}\boldsymbol{z}_{(1).1})+\\ \boldsymbol{F}_{(1)}(\dot{\boldsymbol{\eta}}_{(1).\mathrm{d}},t)-\ddot{\boldsymbol{\eta}}_{(1).\mathrm{d}}+\boldsymbol{C}_{(1)}\dot{z}_{(1).1}\end{matrix}\right\|\right)$$
$$-\boldsymbol{Z}_{(1)}^{\mathrm{T}}\boldsymbol{Q}_{4\times4}\boldsymbol{Z}_{(1)}\leqslant0 \tag{7-125}$$

最后，调节参数 $\alpha_{(1)}$ 可保证跟踪误差 $\boldsymbol{z}_{(1).1}$ 与 $\boldsymbol{z}_{(1).2}$ 最终有界收敛，完成执行单元失效后控制器的重构过程。此处仅举执行单元 1 为例，其他执行单元处理方法与之类似，不再赘述。

(2）六旋翼无人机容错控制实验

本节将在六旋翼原型机实际的飞行情况下测试自重构控制器的稳定性和控制效果。首先进行执行单元发生增益型故障的飞行实验。实验环境为室外，风速 3.2～4m/s，东南风。发生增益型故障后，虽然执行单元升力因子下降，但是通过增加无刷直流电机的转速可以在一定程度上补偿升力因子下降的影响。图 7-31 表明无人机执行单元 6 在 1.9s 左右发生增益型故障（升力因子大约为正常状况下的 70%）。图中红色曲线为期望给定，黑色曲线为实际跟踪曲线，自重构控制器经过 0.4s 完成控制器重构并重新将姿态角稳定控制，并具备一定的机动能力和控制品质。根据上述分析，自重构控制器保证了增益型故障后六旋翼无人机姿态控制的稳定性以及良好的控制品质，提高了无人机的可靠性。

接下来，进行执行单元发生失效型故障的飞行实验，实验环境与前面相同。发生失效故障后，执行单元完全失去驱动力，控制输入矩阵将发生改变。为了保证无人机的安全，需要放弃对偏航角的控制，仅控制俯仰角、滚转角和飞行高度。图 7-32(a）表示执行单元 5 在 3.5s 左右发生失效（图中红色曲线为期望给定，黑色曲线为实际跟踪曲线）完全丧失驱动力，导致原型机在滚转通道产生一个高达 12°的尖峰，此时系统有失稳的危险，依靠自重构控制器最终稳定控制滚转角；图 7-32(b）表明虽然执行单元 5 不参与俯仰角的控制，但是由于非线性系统的耦合关系，俯仰角控制效果下降。实验证明在执行单元发生失效型故障时通过自重构控制器可保障无人机的整体安全。

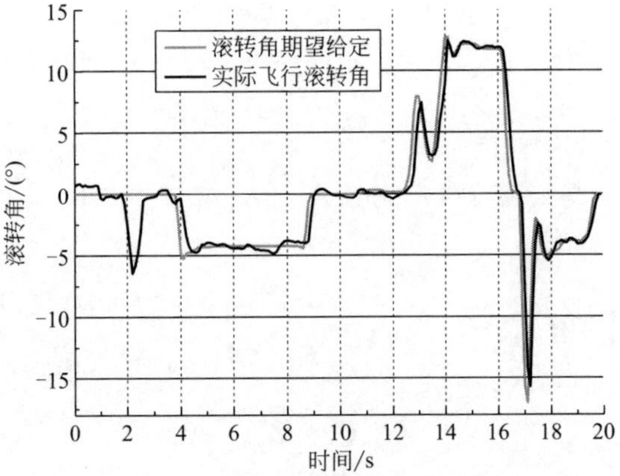

(a) 滚转角跟踪曲线

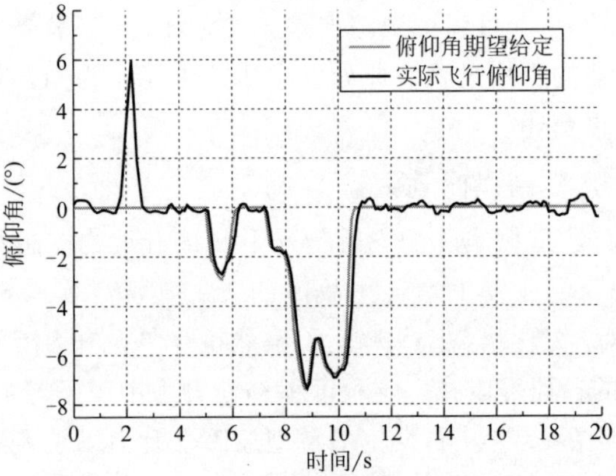

(b) 俯仰角跟踪曲线

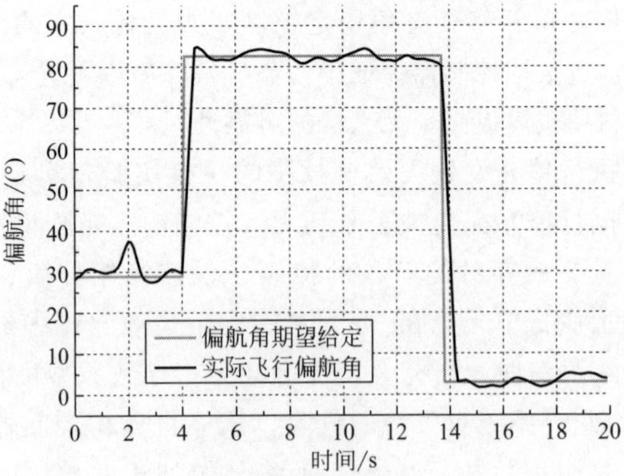

(c) 偏航角跟踪曲线

图 7-31 执行单元增益型故障姿态角跟踪曲线（电子版）

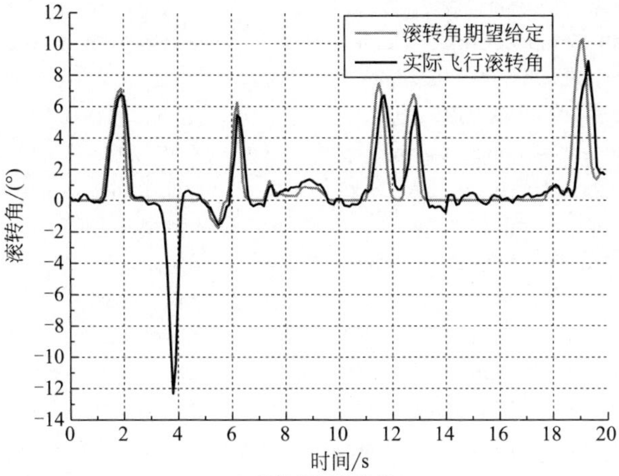

(a) 滚转角跟踪曲线

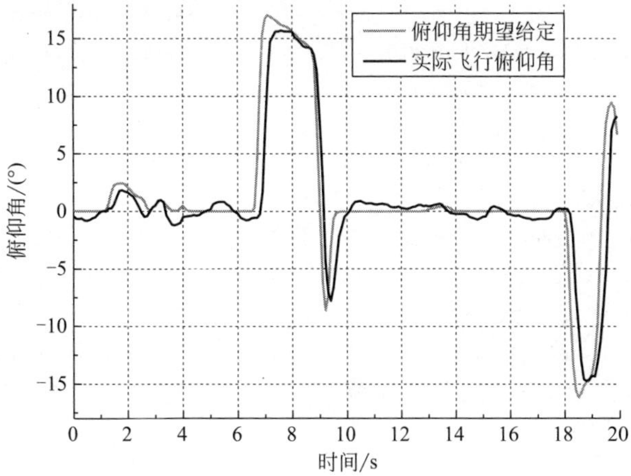

(b) 俯仰角跟踪曲线

图 7-32 执行单元失效型故障姿态角跟踪曲线（电子版）

参考文献

[1] ZHANG R，WANG X，CAI K. Quadrotor aircraft control without velocity measure-

ments[C]. Proceedings of the 48th IEEE Conference on Decision and Control and the 28th Chinese Control Conference, Shanghai, China, 2009.

[2] ZHOU Q, ZHANG Y, RABBATH C A, et al. Design of feedback linearization control and reconfigurable control allocation with application to a quadrotor UAV[C]. Proceeding of the 2010 Conference on Control and Fault Tolerant Systems, Nice, France, 2010.

[3] KHORASANI R M. Fault recovery of an under-actuated quadrotor aerial vehicle [C]. Proceeding of the 49th IEEE Conference on Decision and Control, Atlanta, GA, USA, 2010.

[4] FREDDI A, LONGHI S, Monteriù A. Actuator fault detection system for a mini-quadrotor [C]. Proceeding of the 2010 IEEE International Symposium on Industrial Electronics, 2010.

[5] BATEMAN F, NOURA H, OULADSINE M. Fault diagnosis and fault-tolerant control strategy for the aerosonde UAV [J]. IEEE Transactions on Aerospace and Electronic Systems, 2011, 47 (3): 2119-2137.

[6] BOSKOVIC J D, MEHRA R K. A decentralized fault-tolerant control system for accommod-ation of failures in higher-order flight control actuators [J]. IEEE Transactions on Control System Technology, 2010, 18 (5): 1103-1115.

[7] CIESLAK J, HENRY D, ZOLGHADRI A. Fault tolerant flight control: from theory to piloted flight simulator experiments[J]. IET Control Theory and Applications, 2010, 4 (8): 1451-1464.

[8] CASTILLO P, LOAZANO R, DZUL A. Stabilization of a mini rotorcraft with four rotors[J]. IEEE Control Systems Magazine, 2005, 25 (6): 45-55.

[9] MAYBECK P S. Application of multiple model adaptive algorithms to reconfigurable flight control[J]. Control Dynamic System, 1992, 52: 291-320.

[10] RU J, LI X R. Variable-structure multiple-model approach to fault detection, identification, and estimation[J]. IEEE Transactions on Control Systems Technology, 2008, 16 (5): 1029-1038.

[11] VAPNIK V N, VAPNIK V. Statistical learning theory [M]. New York: Wiley, 1998.

[12] 付梦印，邓志红，张继伟. Kalman 滤波理论及其在导航系统中的应用[M]. 北京：科学出版社，2003.

[13] OHNSON B W. Design & analysis of fault tolerant digital systems[M]. Addison-Wesley Longman Publishing Co, Inc, 1988.

[14] YIN S, LUO H, DING S X. Real-time implementation of fault-tolerant control systems with performance optimization [J]. Industrial Electronics, IEEE Transactions on, 2014, 61 (5): 2402-2411.

第8章

多旋翼无人机载荷系统

8.1 光电载荷云台设计

8.1.1 光电载荷云台

多旋翼无人机所使用的光电载荷云台具有以下两方面的功能：其一，接受地面遥控调整其末端载荷姿态；其二，对无人机的振动做出补偿，实现稳像。

云台需要一套机械结构来实现其诸多功能。通常一个云台主要由以下几个部件与系统构成。

① 动力系统：为云台提供动力，接受主控板的控制以实现姿态控制与稳像功能。

② 电路控制系统：接收地面控制站的指令，实现云台的姿态控制，利用加速度传感器通过控制算法实现稳像。

③ 减振系统：通过带阻尼的减振器，为云台初步吸收无人机传来的振动。

④ 支撑结构：为云台其他部件提供安装平面。

传统的多旋翼无人机云台常见结构有两轴云台与三轴云台两种形式。两轴云台包括横滚轴与俯仰轴，三轴云台在两轴云台的基础上增加了方位轴。其中，俯仰轴与横滚轴可以用来补偿无人机的振动，而方位轴主要负责目标的瞄准。对于多旋翼无人机而言，无人机可以沿任何方向平动，也可以迅速改变其方位角。通过改变无人机的方位角可以不必使用第三轴方位轴。因此，本书以两轴云台为方案进行设计。设计结构如图 8-1 所示，整个云台系统质量小于 500g，俯仰轴最大转动角度为 360°，横滚轴最大转动角度为±45°，满足多旋翼无人机航拍任务需要。

8.1.2 光电载荷云台静力学分析

本章利用 ANSYS 软件对其机械结构进行静力学分析。静力学分析用于确定最佳结构的位移、应力、应变或反力等。忽略阻尼和惯性影响，假设结构加载及响应随时间变化缓慢。线性材料的静力学分析是最基本但又是应用最为广泛的一类分析类型。静力学分析方程表示为

$$[\boldsymbol{K}]\{\boldsymbol{x}\}=[\boldsymbol{F}] \tag{8-1}$$

式中，$[\boldsymbol{K}]$ 为刚度矩阵；$\{\boldsymbol{x}\}$ 为位移矢量；$[\boldsymbol{F}]$ 为静力载荷。假设材料为线弹性，结构变形小，则 $[\boldsymbol{K}]$ 为常量矩阵，并且是连续的，$[\boldsymbol{F}]$ 为静态加载到模型上的力，该力不随时间变化，不包括惯性影响因素。对于云台结构，首先要效验其刚度和强度是否合理，以对零件做出优化。

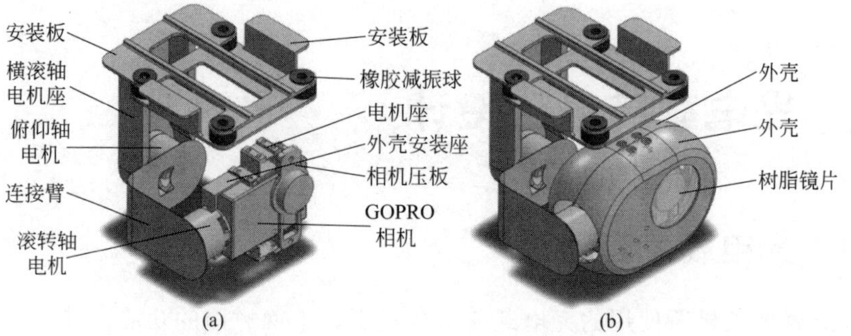

图 8-1 云台装配体结构图

静力学分析结果如图 8-2 所示，最大应力发生于连接臂的转折处，这些区域主要受到载荷带来的转矩作用，其最大应力为 1.006×10^{8} Pa。框架采用的材料为铝合金 2A12，屈服强度极限为 3.25×10^{8} Pa。很明显，应力的最大值仍然远远小于材料的屈服强度极限。同时，由于受到的转矩较大，使得零件产生了微小形变。这些形变累积起来，最终导致电机安装平面发生偏移。对于整个系统，其位移最大处其位移为 $\Delta x=9.9091$mm。其对该二轴光电云台的正常使用产生了不良影响。

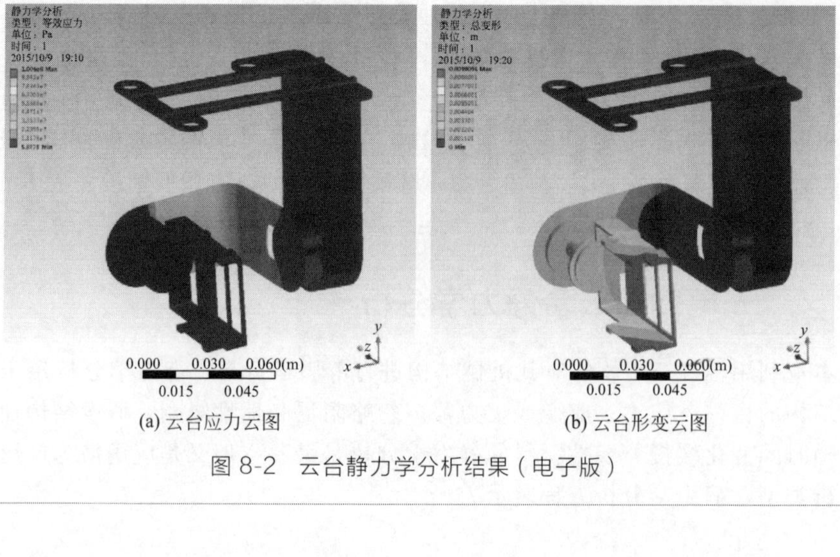

(a) 云台应力云图 (b) 云台形变云图

图 8-2 云台静力学分析结果（电子版）

8.1.3 光电载荷云台振动分析

这里针对多旋翼无人机的振动情况进行了分析，利用加速度计对多旋翼无人机飞行时的振动数据进行了采样，得出了无人机飞行时的振动加速度频谱，如图 8-3 所示，工作时振动频率集中于 60Hz、120Hz、140Hz、180Hz。

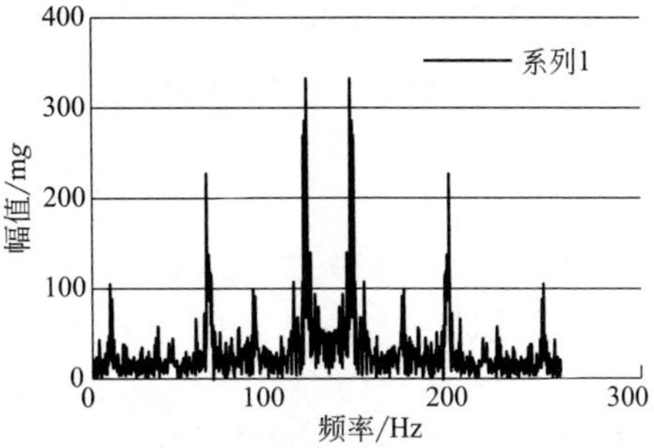

图 8-3　多旋翼无人机振动频谱

在多旋翼无人机飞行时的振动环境下，通过安装减振球对云台进行减振设计。减振球通常以橡胶或硅胶为材料，这类材料的物理化学性质稳定、工作可靠性高、价格低廉，橡胶的变形能力强，通常能伸长五到十倍，撤销外力后又能恢复至原形。橡胶的杨氏弹性模量并不固定，随橡胶的伸长量而变化，除此之外，橡胶的杨氏弹性模量和阻尼也会随其振动的频率和环境温度而变化。

图 8-4 描述了云台主体结构模态分析振型固有频率分布。表 8-1 为减振系统各振型分析。第一阶到第六阶模态中，减振球与云台的其他部分都参与到了振动中，振动主要包括以 x 轴、y 轴、z 轴为中心的角振动和云台的平动。第七阶振

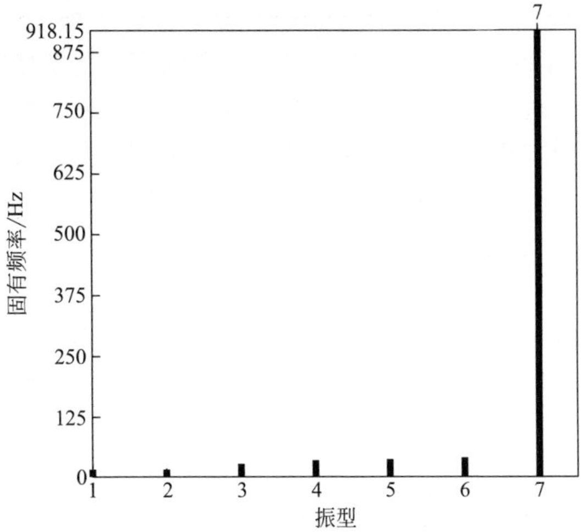

图 8-4　云台主体结构模态分析振型固有频率分布图

型的固有频率突然增大，达到 918.15Hz，此时只有减振球参与振动，云台的稳定性良好，并且在这个振型的固有频率远超过无人机工作时产生的振动频率，这个范围的频率对云台的影响十分微小。因此可以忽略第七阶及其以后的振型。在线振动与角振动中，角振动对云台成像效果影响较大。从振型上来看对云台运动较大的为第一阶、第二阶、第三阶振型，以角振动为主，这三阶振型的运动对云台成像效果影响最大。然而，同时这三阶振型的固有频率较小。以第三阶振型为例，将其代入振动传递率公式：

$$T=\frac{1}{\sqrt{[1-(f/f_0)^2]^2+(2\xi f/f_0)^2}} \tag{8-2}$$

式中，f 为多旋翼无人机振动频率；f_0 为云台的固有频率；ξ 为减振球的阻尼比。取 $\xi=0$、$f=60\text{Hz}$、$f_0=25.843\text{Hz}$ 对传递率进行估算，得 $T=0.228$。

表 8-1　减振系统各振型分析

模态振型	固有频率/Hz	振型
第一阶	13.753	云台以 z 轴为中心进行振动
第二阶	14.239	云台以 x 轴为中心进行振动
第三阶	25.843	云台以 y 轴为中心进行振动
第四阶	32.378	云台的前端向下倾斜
第五阶	34.594	云台右后方向上倾斜
第六阶	38.258	云台左侧向上倾斜
第七阶	918.15	云台保持不变，减振球被压缩膨胀

为进一步确定云台减振系统在无人机工作环境下的减振性能，此处对其做进一步的响应谱分析。输入的无人机振动频谱如图 8-3 所示。振动方向为 y 方向。作用点为减振球的固定点，即减振球与无人机连接处。得出其在 x、y、z 三个方向的位移云图，如图 8-5 所示，其 x 方向上的位移为 1.9708mm，y 方向上的位移为 7.682mm，z 方向上位移为 1.7906mm。三个方向上的最大位移都发生在载荷处。

为了对减振球的减振效果进行验证，对未经过减振的云台进行响应谱分析。同样输入振动频谱与经过减振的云台对比，图 8-6 为未经减振的云台的响应谱分析图。

未经减振的云台在 x、y、z 三个方向上振动幅度都比较大。其 x 方向上的位移为 2.901mm，y 方向上的位移为 14.026mm，z 方向上位移为 2.069mm。三个方向上的最大位移都发生在载荷处。

与之前结果对比，经过减振后的云台在 x、y、z 方向上的振幅为减振前的

67.9%、54.8%、86.47%。这说明对减振系统在减振方面起到了作用。

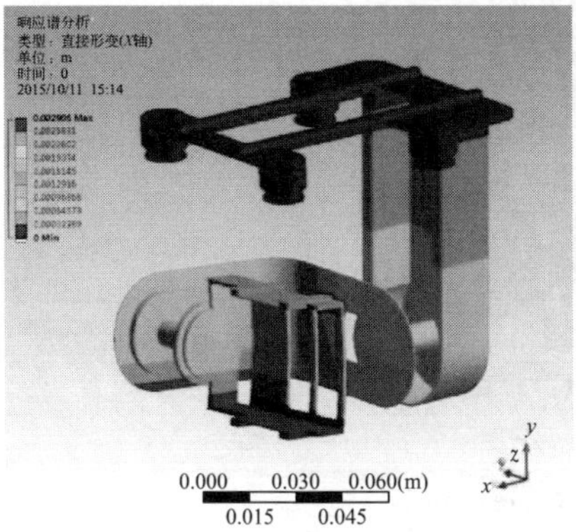

(a) X轴方向上位移云图

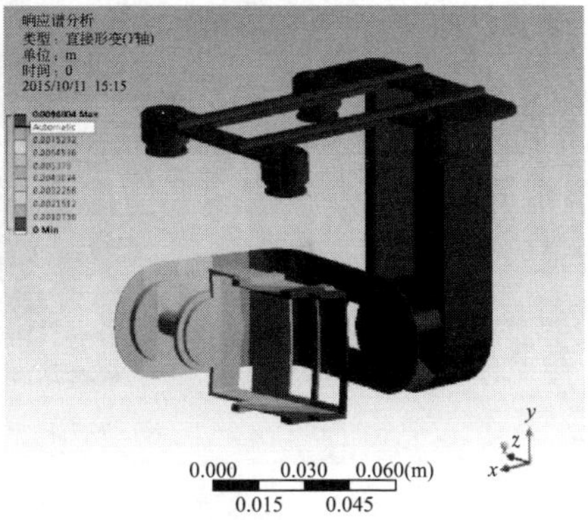

(b) Y轴方向上位移云图

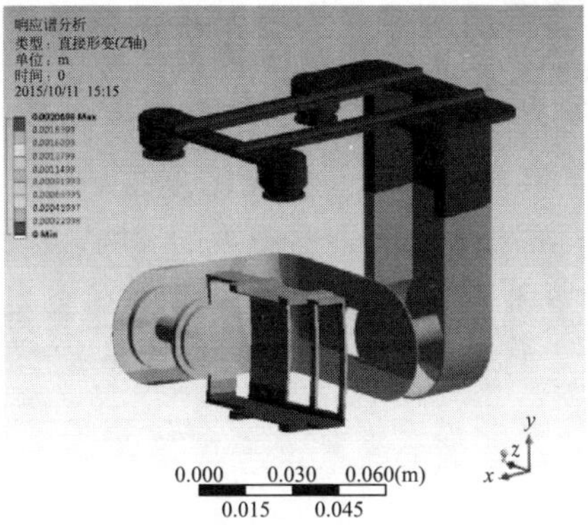

(c) Z轴方向上位移云图

图 8-5 经减振的云台的响应谱分析图（电子版）

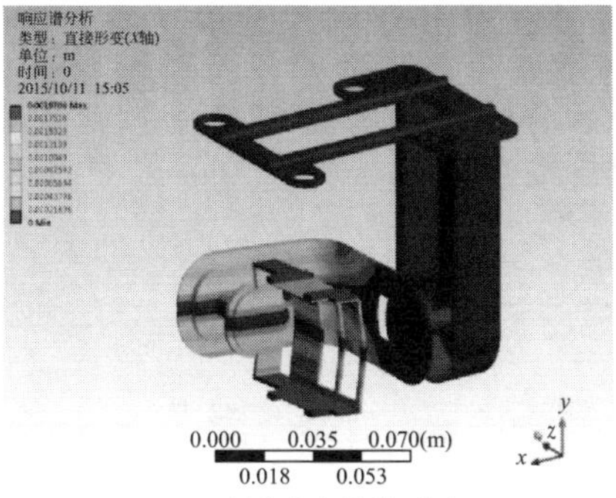

(a) X轴方向上位移云图

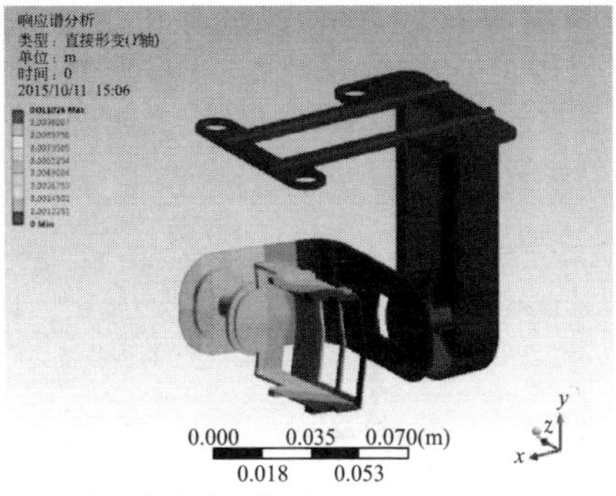

(b) Y轴方向上位移云图

图 8-6

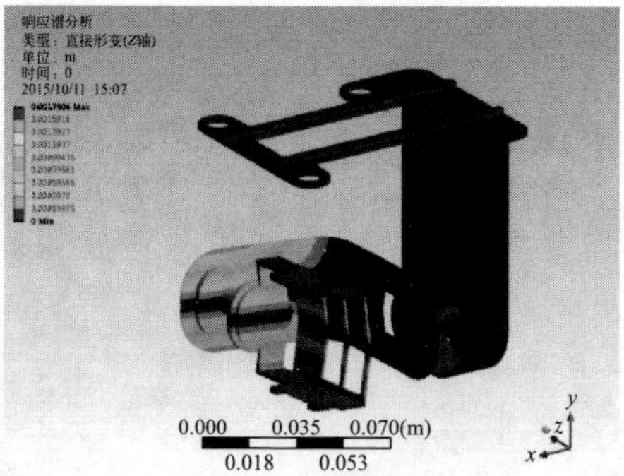

(c) Z轴方向上位移云图

图 8-6 未经减振的云台的响应谱分析图（电子版）

8.1.4 光电载荷云台结构优化

本章对光电载荷云台系统进行了结构优化。首先对电机结构参数进行优化，电机轴承的安装位置对轴的抗弯曲性能有很大的影响，仿真得到电机轴承位置与电机轴最大形变关系，如图 8-7 所示。电机轴承位置与电机轴最大应力关系如图 8-8 所示。由此可知，当电机的刚度不满足设计要求时，可以通过增加轴承间的跨度来增强电机刚度。

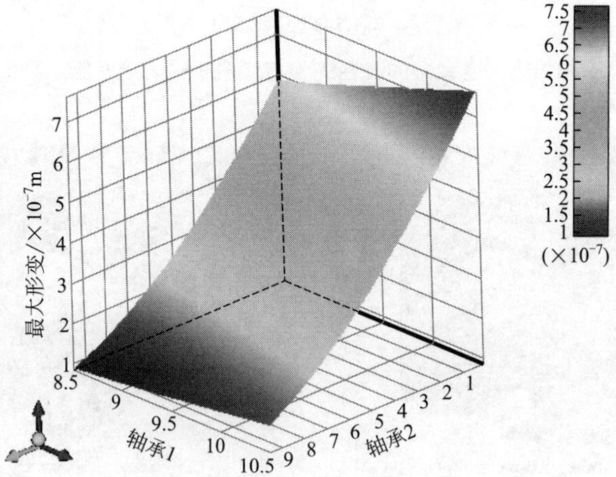

图 8-7 电机轴承位置与电机轴最大形变关系（电子版）

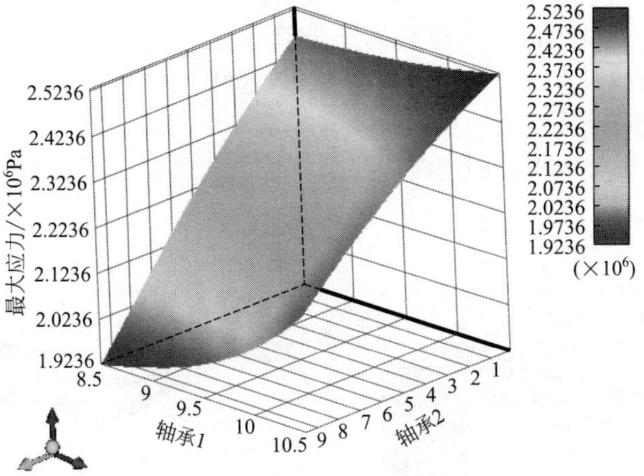

图 8-8　电机轴承位置与电机轴最大应力关系（电子版）

在对云台静力学分析中，连接臂是在静力学分析中形变最大的零件，其变形主要是抗扭强度不足引起的，故本章以加强筋的厚度和宽度为自变量对连接臂进行了优化，其优化结果如图 8-9 所示。图 8-10 为优化后的零件图。初期连接臂的形变随加强筋的宽度和厚度的增加急剧减少，当宽度超过 2mm、厚度超过 3mm 时，其形变曲线也随之平缓。因而，采用宽为 2mm、厚为 3mm 的加强筋可以有效地增强抗扭能力又不造成过大的重量。

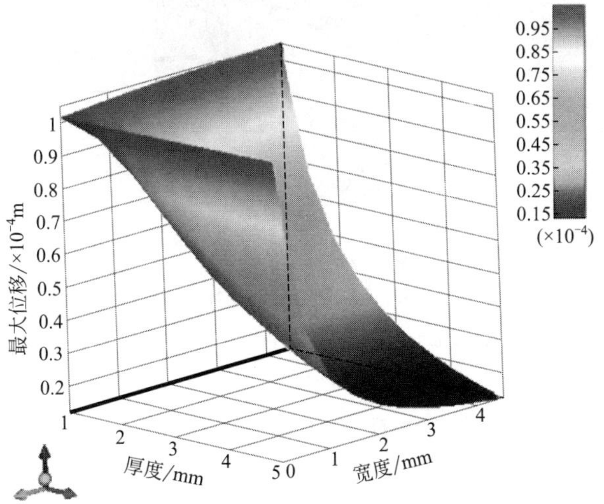

图 8-9　连接臂加强筋厚度、宽度与其最大位移的关系图（电子版）

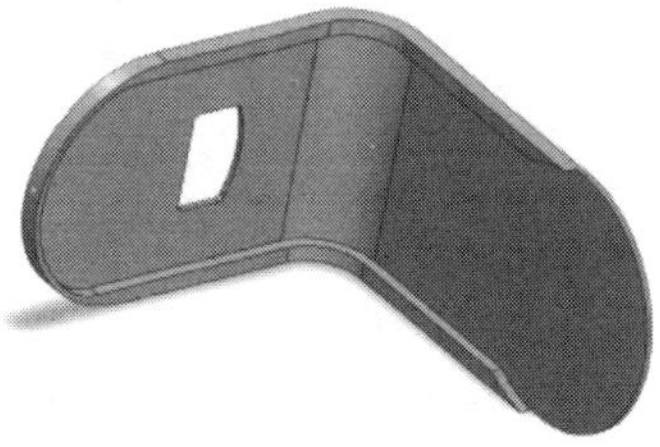

图 8-10　优化后的连接臂零件

对优化后的零件进行组装，进行静力学分析，见图 8-11。优化后的最大位移为 0.9818mm，优化前的最大位移为 9.9091mm；优化后的最大应力为 6.5281×10^{7} Pa，优化前的最大应力为 1.006×10^{8} Pa。优化后，虽然增加了整个零件的工艺复杂度，但同时整个结构的抗扭强度得到了提升，总质量得到了控制。在适当增加零件的加工难度的同时，提升了云台在多旋翼无人机这个特殊环境下的适用性。

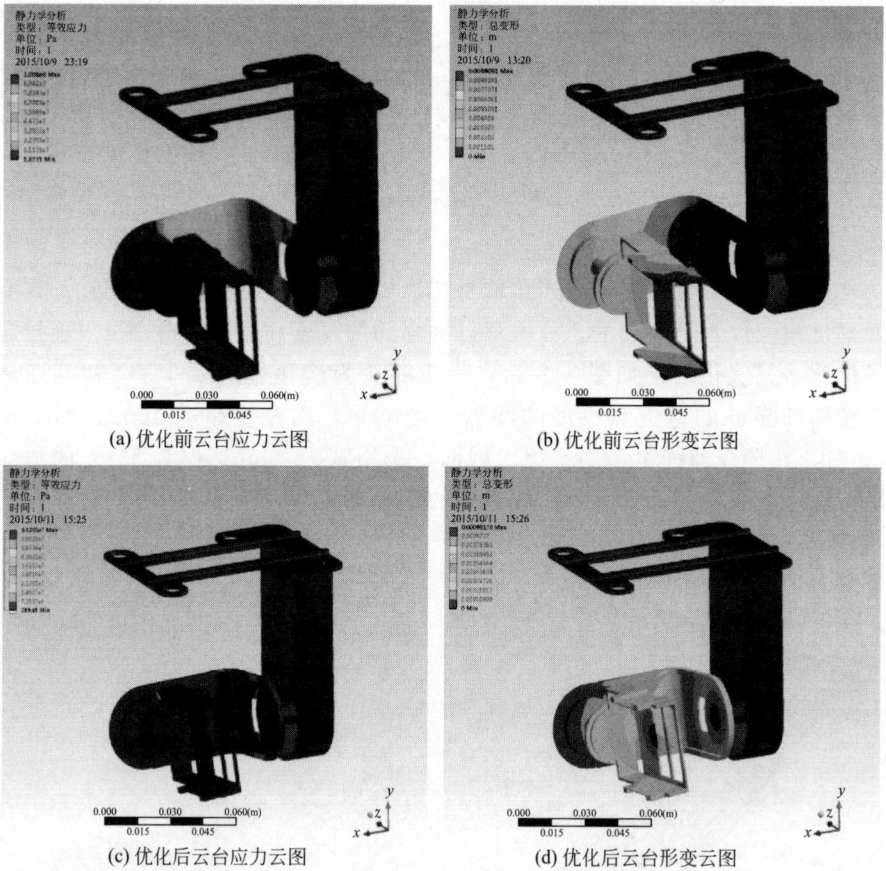

(a) 优化前云台应力云图　(b) 优化前云台形变云图

(c) 优化后云台应力云图　(d) 优化后云台形变云图

图 8-11　云台静力学分析结果对比（电子版）

动力学分析以多旋翼无人机振动频谱为输入对其进行响应谱分析。结果如图 8-12 所示，与之前对比差异不大。说明优化后的零件没有对云台减振性能造成不良影响，其依然具备良好的减振性能。

通过对比可知，优化后的云台在静止不动重力环境下发生的最大位移为 0.9818mm，较之前减小了 8.9273mm；在无人机振动环境下最大位移为 7.9127×

10^6 Pa。较之前减少了 2.222×10^6 Pa。这说明优化后，云台刚度得到了增强，云台的静态与动态特性有较好的提升。

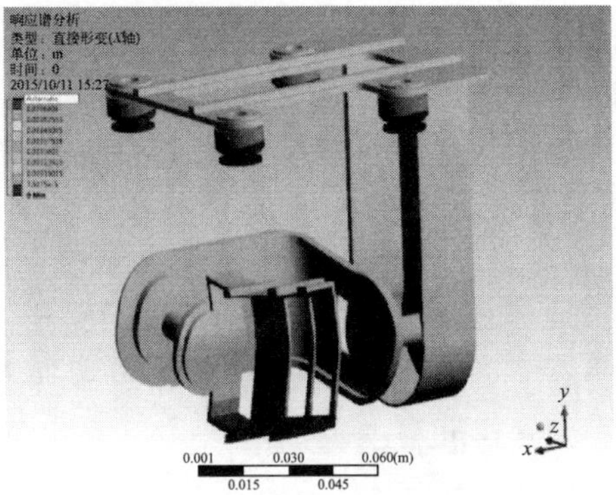
(a) x轴方向上位移云图

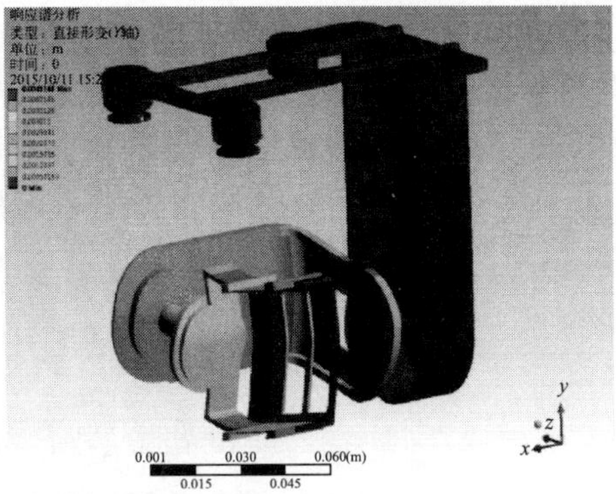
(b) y轴方向上位移云图

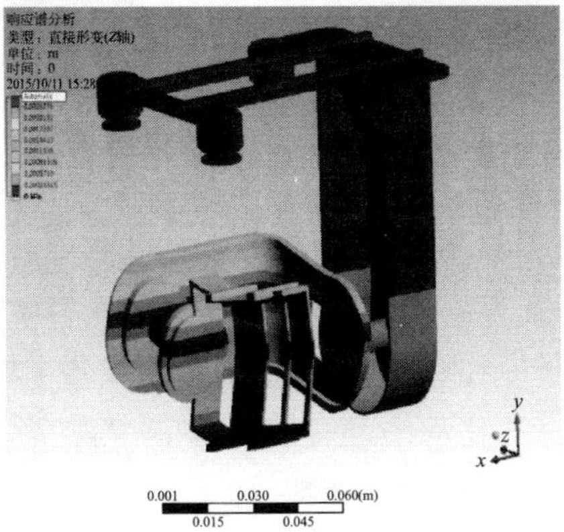
(c) z轴方向上位移云图

图 8-12　优化后云台的响应谱分析图（电子版）

8.1.5　光电载荷云台控制系统设计

由于多旋翼无人机具有重量轻、体积小以及在低空环境飞行等特点，使得其搭载的机载云台极易受到姿态变化、气流扰动、摩擦以及其他未知扰动等因素干扰，造成载荷的视轴稳定精度下降，导致视频图像颤抖、模糊，特别是在采用长焦距对目标区域的敏感目标进行实时跟踪时，上述干扰对系统跟踪稳定性的影响将更为明显。本章针对多旋翼无人机机载云台的扰动补偿和稳定控制要求，提出一种基于改进扰动观测器（IVDOB）的模糊自适应补偿控制方法。该方法通过改进扰动观测器对扰动进行实时估计和补偿，同时，利用模糊系统来在线估计机载云台的其他非线性未知扰动，进一步提升机载云台的稳定精度，保证系统的稳定性能，实现对机载云台的扰动补偿和稳定控制，保证获得的机载视频图像稳定且清晰，为飞行任务的成功执行提供有力保障。

（1）执行机构动力学模型

根据多旋翼无人机机载云台转速低和转矩大的驱动要求，该系统选用直流力矩电机。整个执行机构由驱动器和各个转动轴上的直流力矩电机构成。结合力矩电机在电学上的电枢电压平衡原理和电磁作用原理以及动力学原理有：

$$u_m = K_e \dot{\theta}_m + R_a i + L_a \frac{di}{dt} \tag{8-3}$$

$$T_m = K_t i \tag{8-4}$$

$$J_m \ddot{\theta}_m + B_m \dot{\theta}_m + T_l = T_m \tag{8-5}$$

$$T_l = K_s(\theta_m - \theta_l) \tag{8-6}$$

$$J_l \ddot{\theta}_l + B_l \dot{\theta}_l = T_l - T_d \tag{8-7}$$

式中，u_m 为电枢电压；R_a 为电枢电阻；i 为电枢电流；L_a 为电枢电感；K_e 为反电动势系数；θ_m 为转子角位置；T_m 为电机的输出转矩；K_t 为电磁转矩系数；J_m 为电机的惯性矩；B_m 为电机的黏滞摩擦系数；T_l 为载荷的转矩；K_s 为转动轴的机械强度；θ_l 为载荷角位置；J_l 为载荷的惯性矩；B_l 为载荷的黏滞摩擦系数；T_d 为干扰力矩。

为了能够更容易地获得对象的动力学模型，假设每个转动轴均为刚体，则转动轴的机械强度值 $K_s = \infty$，由式(8-6) 可知：$\theta_l = \theta_m$。将式(8-5) 与式(8-7) 相加后得到：

$$J_a \ddot{\theta}_m + B_a \dot{\theta}_m = T_m - T_d \tag{8-8}$$

式中，$J_a = J_m + J_l$，$B_a = B_m + B_l$。

同时，考虑到电枢电感值较小，我们将其忽略，即 $L_a \approx 0$。于是动力学方程表示为：

$$\frac{R_a J_a}{K_t} \times \frac{\mathrm{d}^2\theta_m}{\mathrm{d}t^2} + \left(K_e + \frac{R_a B_a}{K_t}\right)\frac{\mathrm{d}\theta_m}{\mathrm{d}t} = u \tag{8-9}$$

令 $a_1 = \frac{R_a J_a}{K_t}$，$a_2 = K_e + \frac{R_a B_a}{K_t}$，且 $\theta = \theta_m$，则动力学方程化简为：

$$a_1 \ddot{\theta} + a_2 \dot{\theta} = u \tag{8-10}$$

然而，实际工作时执行机构通常存在着多种的未知扰动，定义未知扰动为 u_d。在考虑未知扰动的情形下，其动力学方程为：

$$a_1 \ddot{\theta} + a_2 \dot{\theta} + u_d = u \tag{8-11}$$

式中，θ 为电机的位置角度；u_d 为未知扰动；u 为控制输出的电压。

在实际应用中，$a_1=\hat{a}_1+\delta a_1$，$a_2=\hat{a}_2+\delta a_2$，其中 $\hat{a}_1$ 和 $\hat{a}_2$ 是变量 a_1 和 a_2 实际的测量值，δa_1，δa_2 是扰动引起变量 a_1 和 a_2 发生的变化量。此时：

$$\hat{a}_1\ddot{\theta}+\delta a_1\ddot{\theta}+\hat{a}_2\dot{\theta}+\delta a_2\dot{\theta}+u_d=u \tag{8-12}$$

定义非线性未知扰动函数 $f(\cdot)=\delta a_1\ddot{\theta}+\delta a_2\dot{\theta}+u_d$，$f(\cdot)$ 包括模型误差、参数波动、u_d 以及其他非线性未知扰动等。于是实际工作时执行机构的动力学模型为：

$$\hat{a}_1\ddot{\theta}+\hat{a}_2\dot{\theta}+f(\cdot)=u \tag{8-13}$$

(2) 系统控制律设计

基于 IVDOB 的模糊自适应控制采用位置环与速度环的双闭环控制结构，如图 8-13 所示。其中位置环由 PD 控制器、前馈控制器、模糊自适应控制器以及鲁棒控制器四部分构成，速度环由 IVDOB 和模糊自适应控制器来控制实现。

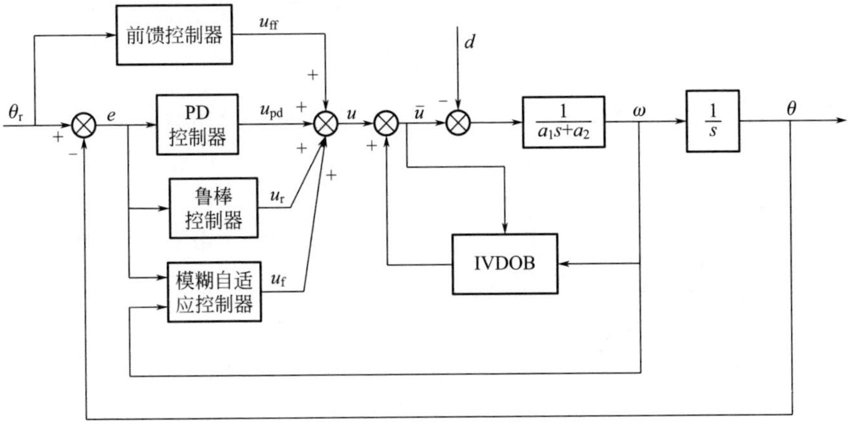

图 8-13 基于 IVDOB 的模糊自适应控制结构图

由图 8-13 可知，控制系统的位置跟踪误差为

$$e=\theta_r-\theta \tag{8-14}$$

式中，θ_r 为期望云台位置角度。设计系统的控制律为

$$u=u_{ff}+u_{pd}+u_r+u_f \tag{8-15}$$

式中，u_{ff} 为前馈控制器的输出；u_{pd} 为 PD 控制的输出；u_r 为鲁棒控制器的输出；u_f 为模糊自适应控制器的输出。

前馈控制器的输出表示为

$$u_{ff}=\hat{a}_1\ddot{\theta}_r+\hat{a}_2\dot{\theta}_r \tag{8-16}$$

PD 控制器的输出表示为

$$u_{\mathrm{pd}}=k_{\mathrm{p}}e+k_{\mathrm{d}}\dot{e} \tag{8-17}$$

利用模糊万能逼近特性来进一步对系统的非线性未知扰动进行补偿，模糊自适应控制器的输出为

$$u_{\mathrm{f}}=f(\cdot) \tag{8-18}$$

模糊系统是一个从模糊集 $U\in\boldsymbol{R}^2$ 到 $\boldsymbol{R}$ 的映射。定义模糊规则如下：

$\boldsymbol{R}^{(j)}$：ifθ_1 isA_1^j andθ_2 isA_2^j，thenu_{f} isB^j。

其中，模糊系统的输入 $\underline{\boldsymbol{\theta}}=(\theta_1,\theta_2)=(\theta,\dot{\theta})\in U$，模糊系统输出 $u_{\mathrm{f}}\in\boldsymbol{R}$，$A_1^j$、$A_2^j$ 为集合 $U_i(i=1,2)$上的模糊集，$B^j(j=1,2,\cdots,N)$为集合 $\boldsymbol{R}$ 上的模糊集。模糊系统根据上述模糊规则实现了从 U 到 $\boldsymbol{R}$ 的映射。

［引理 8-1］ 若模糊推理系统中，采用乘积推理机、单值模糊器及平均解模糊器，则其中包含了以下形式的所有函数：

$$u_{\mathrm{f}}(\underline{\boldsymbol{\theta}})=\frac{\sum_{j=1}^{N}\overline{u}_{\mathrm{f}}^j\left[\prod_{i=1}^{2}\mu_{A_i^j}(\theta_i)\right]}{\sum_{j=1}^{N}\left[\prod_{i=1}^{2}\mu_{A_i^j}(\theta_i)\right]} \tag{8-19}$$

式中，$\overline{u}_{\mathrm{f}}^j$ 为隶属函数；$\mu_{A_z^j}(\theta_i)$ 为最大值对应的横坐标函数值。

令 $\zeta_j(\underline{\boldsymbol{\theta}})=\dfrac{\left[\prod_{i=1}^{2}\mu_{A_i^j}(\theta_i)\right]}{\sum_{j=1}^{N}\left[\prod_{i=1}^{2}\mu_{A_i^j}(\theta_i)\right]}$，$\underline{\boldsymbol{\psi}}=[\overline{u}_{\mathrm{f}}^1,\ \overline{u}_{\mathrm{f}}^2,\ \cdots,\ \overline{u}_{\mathrm{f}}^M]^{\mathrm{T}}$，且 $\underline{\boldsymbol{\psi}}$ 未知，其估计值为 $\hat{\underline{\boldsymbol{\psi}}}$，并引入模糊基矢量 $\underline{\boldsymbol{\zeta}}(\underline{\boldsymbol{\theta}})=[\zeta_1(\theta_1),\cdots,\zeta_N(\theta_N)]^{\mathrm{T}}$，则有：

$$u_{\mathrm{f}}=u_{\mathrm{f}}(\underline{\boldsymbol{\theta}})=\underline{\boldsymbol{\psi}}^{\mathrm{T}}\underline{\boldsymbol{\zeta}}(\underline{\boldsymbol{\theta}}) \tag{8-20}$$

将式(8-16)、式(8-17) 和式(8-20) 代入式(8-15)，则有：

$$u=\hat{a}_1\ddot{\theta}_{\mathrm{r}}+\hat{a}_2\dot{\theta}_{\mathrm{r}}+k_{\mathrm{p}}e+k_{\mathrm{d}}\dot{e}+\hat{\underline{\boldsymbol{\psi}}}^{\mathrm{T}}\underline{\zeta}(\underline{\theta})+u_{\mathrm{r}} \tag{8-21}$$

利用模糊系统来逼近系统的非线性未知干扰 $f(\cdot)$，则根据式(8-18) 一定有：

$$f(\cdot)=\underline{\boldsymbol{\psi}}^{*\mathrm{T}}\underline{\boldsymbol{\zeta}}(\underline{\boldsymbol{\theta}})+\delta \tag{8-22}$$

式中，$\underline{\psi}^*=\min\limits_{\underline{\psi}\in\Omega_\psi}[\sup\limits_{\underline{\theta}\in\Omega_\theta}\|f(\cdot)-\underline{\boldsymbol{\psi}}^{\mathrm{T}}\underline{\boldsymbol{\zeta}}(\underline{\boldsymbol{\theta}})\|]$为参数 $\underline{\boldsymbol{\psi}}$ 的最优估计值；δ 为逼近误差，$|\delta|<\varphi$，$\varphi>0$。且存在参数 $\underline{\boldsymbol{\psi}}$ 和 φ 的估计值$\hat{\underline{\boldsymbol{\psi}}}$、$\hat{\varphi}$，使得其估计误差 $\tilde{\underline{\boldsymbol{\psi}}}=\underline{\boldsymbol{\psi}}^*-\hat{\underline{\boldsymbol{\psi}}}$，$\tilde{\varphi}=\varphi-\hat{\varphi}$。进而有：

$$\hat{a}_1\ddot{\theta}+\hat{a}_2\dot{\theta}+f(\cdot)=\hat{a}_1\ddot{\theta}_r+\hat{a}_2\dot{\theta}_r+k_pe+k_d\dot{e}+\hat{\underline{\boldsymbol{\psi}}}^T\underline{\boldsymbol{\zeta}}(\underline{\boldsymbol{\theta}})+u_r \tag{8-23}$$

则得到：

$$\hat{a}_1\ddot{e}+(\hat{a}_2+k_d)\dot{e}+k_pe=\underline{\widetilde{\boldsymbol{\psi}}}^T\underline{\boldsymbol{\zeta}}(\underline{\boldsymbol{\theta}})+\delta-u_r \tag{8-24}$$

令 $\boldsymbol{X}=\begin{bmatrix}e\\ \dot{e}\end{bmatrix}$，$\boldsymbol{A}=\begin{bmatrix}0 & 1\\ -\dfrac{k_p}{\hat{a}_1} & -\dfrac{\hat{a}_2+k_d}{\hat{a}_1}\end{bmatrix}$，$\boldsymbol{B}=\begin{bmatrix}0\\ \dfrac{1}{\hat{a}_1}\end{bmatrix}$，$\boldsymbol{\Delta}=\underline{\widetilde{\boldsymbol{\psi}}}^T\underline{\boldsymbol{\zeta}}(\underline{\boldsymbol{\theta}})+\delta-u_r$，则得到系统控制律的状态空间形式为

$$\dot{X}=\boldsymbol{AX}+\boldsymbol{B\Delta} \tag{8-25}$$

(3) 系统鲁棒稳定性分析

对于矩阵 $\boldsymbol{A}=\begin{bmatrix}0 & 1\\ -\dfrac{k_p}{\hat{a}_1} & -\dfrac{\hat{a}_2+k_d}{\hat{a}_1}\end{bmatrix}$ 而言，由于其是渐进稳定的，因此对于任意给定的正定对称矩阵 $\boldsymbol{Q}$，则存在唯一正定对称矩阵 $\boldsymbol{P}$，使得李雅普诺夫方程

$$\boldsymbol{A}^T\boldsymbol{P}+\boldsymbol{PA}=-\boldsymbol{Q} \tag{8-26}$$

成立。

因此，可定义李雅普诺夫函数如下：

$$V=\frac{1}{2}\boldsymbol{X}^T\boldsymbol{PX}+\frac{1}{2\gamma_1}\mathrm{tr}(\underline{\widetilde{\psi}}^T\underline{\widetilde{\psi}})+\frac{1}{2\gamma_2}\widetilde{\varphi}^2 \tag{8-27}$$

式中，γ_1 和 γ_2 为学习系数，且 $\gamma_1>0$，$\gamma_2>0$。将式（8-27）对时间求导，有：

$$\dot{V}=\frac{1}{2}\boldsymbol{X}^T(\boldsymbol{A}^T\boldsymbol{P}+\boldsymbol{PA})\boldsymbol{X}+\boldsymbol{\Delta}^T\boldsymbol{B}^T\boldsymbol{PX}+\frac{1}{\gamma_1}\mathrm{tr}(\underline{\widetilde{\psi}}^T\dot{\underline{\widetilde{\psi}}})+\frac{1}{\gamma_2}\widetilde{\varphi}\dot{\widetilde{\varphi}} \tag{8-28}$$

式中，$\boldsymbol{A}^T\boldsymbol{P}+\boldsymbol{PA}=-\boldsymbol{Q}$，$\boldsymbol{P}$、$\boldsymbol{Q}$ 均为正定对称矩阵，取正定对称矩阵 $\boldsymbol{P}=\begin{bmatrix}p_{11} & p_{12}\\ p_{21} & p_{22}\end{bmatrix}$，$\lambda=\dfrac{p_{22}}{\hat{a}_1}\dot{e}+\dfrac{p_{21}}{\hat{a}_1}e$，则 $\boldsymbol{\Delta}^T\boldsymbol{B}^T\boldsymbol{PX}=\boldsymbol{\Delta}\lambda$，式(8-28) 可简化为

$$\dot{V}=-\frac{1}{2}\boldsymbol{X}^T\boldsymbol{QX}+\underline{\widetilde{\boldsymbol{\psi}}}^T\underline{\boldsymbol{\zeta}}(\underline{\boldsymbol{\theta}})\lambda+\delta\lambda-u_r\lambda-\frac{1}{\gamma_1}\underline{\widetilde{\boldsymbol{\psi}}}^T\dot{\underline{\boldsymbol{\psi}}}+\frac{1}{\gamma_2}\hat{\varphi}\dot{\hat{\varphi}}-\frac{1}{\gamma_2}\varphi\dot{\hat{\varphi}} \tag{8-29}$$

令参数自适应律为

$$\dot{\hat{\underline{\boldsymbol{\psi}}}}=\gamma_1\lambda\underline{\boldsymbol{\zeta}}(\underline{\boldsymbol{\theta}}) \tag{8-30}$$

$$\dot{\hat{\varphi}}=\gamma_2\lambda\,\mathrm{sign}(\lambda) \tag{8-31}$$

鲁棒控制器的输出为

$$u_r=\hat{\varphi}\,\mathrm{sign}(\lambda) \tag{8-32}$$

将式(8-30)～式(8-32) 代入式(8-29) 有：

$$\dot{V}=-\frac{1}{2}\boldsymbol{X}^{\mathrm{T}}\boldsymbol{Q}\boldsymbol{X}+\delta\lambda-\varphi|\lambda|\leqslant-\frac{1}{2}\boldsymbol{X}^{\mathrm{T}}\boldsymbol{Q}\boldsymbol{X}+|\lambda|(|\delta|-\varphi) \tag{8-33}$$

由于有 $|\delta|<\varphi$，且 $\boldsymbol{Q}$ 为正定对称矩阵，则得到

$$\dot{V}\leqslant-\frac{1}{2}\boldsymbol{X}^{\mathrm{T}}\boldsymbol{Q}\boldsymbol{X}<0 \tag{8-34}$$

根据李雅普诺夫直接法，结合所定义李雅普诺夫函数和 $\dot{V}<0$ 的结论，对跟踪误差 e、参数估计误差 $\underline{\tilde{\boldsymbol{\psi}}}$ 和 $\tilde{\varphi}$ 而言，是全局一致有界的。由于参数 $\underline{\boldsymbol{\psi}}>0$，$\varphi>0$ 且有 $\underline{\tilde{\boldsymbol{\psi}}}=\underline{\boldsymbol{\psi}}^{*}-\underline{\hat{\boldsymbol{\psi}}}$，$\tilde{\varphi}=\varphi-\hat{\varphi}$，其估计值 $\underline{\hat{\boldsymbol{\psi}}}$、$\hat{\varphi}$ 也是全局一致有界的。此外，位置给定 θ_{r} 有界，根据系统的位置跟踪误差可知，系统输出 θ 全局一致有界，那么，系统的速度输出 ω 也有界。

综合上述分析，对于式(8-13) 代表的系统模型，在系统存在模型误差、参数波动、外界扰动以及其他非线性未知扰动的情况下，当系统采用分别为 $u_{\mathrm{ff}}=\hat{a}_1\ddot{\theta}_{\mathrm{r}}+\hat{a}_2\dot{\theta}_{\mathrm{r}}$、$u_{\mathrm{pd}}=k_{\mathrm{p}}e+k_{\mathrm{d}}\dot{e}$、$u_{\mathrm{r}}=\hat{\varphi}\mathrm{sign}(\lambda)$、$u_{\mathrm{f}}(\underline{\boldsymbol{\theta}})=\underline{\hat{\boldsymbol{\psi}}}^{\mathrm{T}}\underline{\boldsymbol{\zeta}}(\underline{\boldsymbol{\theta}})$、$u=u_{\mathrm{ff}}+u_{\mathrm{pd}}+u_{\mathrm{r}}+u_{\mathrm{f}}$ 的控制律以及参数自适应律 $\dot{\underline{\hat{\boldsymbol{\psi}}}}=\gamma_1\lambda\underline{\boldsymbol{\zeta}}(\underline{\boldsymbol{\theta}})$、$\dot{\hat{\varphi}}=\gamma_2\lambda\mathrm{sign}(\lambda)$ 时，跟踪误差 e 有界，且系统渐进稳定。

8.1.6 光电载荷云台复合补偿控制方法

多旋翼无人机在俯仰、滚转和偏航方向上的运动和振动会通过连接机构耦合到机载云台系统上，造成机载云台的振动，从而引起光电载荷的抖动，严重影响到成像的质量，使得地面站获取的机载视频图像变得模糊。因此必须采用必要的稳定控制技术，补偿引起抖动的扰动，保持机载云台稳定在一定的精度范围内。机载云台的稳定控制通常采用陀螺惯性平台结构，实质上是一种速度伺服控制系统。

针对目前常用的基于陀螺速度的单速度环控制结构难以在低速运动时有效地抑制扰动和机载云台复杂非线性特性对控制性能的影响、难以同时抑制云台系统外部的耦合扰动和云台系统内部的力矩扰动、难以抑制机载云台系统的高频扰动，本节提出一种采用陀螺仪为速度内环，光电编码器微分后构成速度外环的双速度环闭环控制结构，并引入加速度信号进一步估计和补偿系统的扰动，以提升控制结构的抗扰动性能、动态响应性能及鲁棒性能。

在稳定控制方法上，根据机载稳定云台系统的特点和多旋翼无人机的应用需求，提出一种模糊自适应 PID 复合控制方法。模糊自适应控制提高系统的自适应能力和动态响应性能；变速积分 PID 控制保证系统更高的稳定精度；在切换方式上采用一种基于“模糊切换规则”的模糊切换方式，实现了复合控制的平稳

切换。最后，为了抑制机载云台的振动，根据多旋翼无人机的振动特点和隔振理论确定了减振装置的参数和安装布局。将伺服控制系统与隔振系统相结合，构成了机载云台的复合补偿控制系统，实现机载云台的扰动补偿和稳定控制。

(1) 机载云台复合补偿控制系统结构

本节提出的机载云台的复合补偿控制系统结构如图 8-14 所示。该复合补偿控制结构由伺服控制系统和隔振系统构成。在伺服控制系统隔离载体扰动、提升控制结构的抗扰动性能的基础上，利用隔振系统对机载云台振动做进一步的抑制，提高系统的补偿扰动能力和稳定精度。同时隔振系统对高频振动的平滑作用改善了伺服控制系统的时延。整个复合补偿控制系统结构简单、易于工程实现。

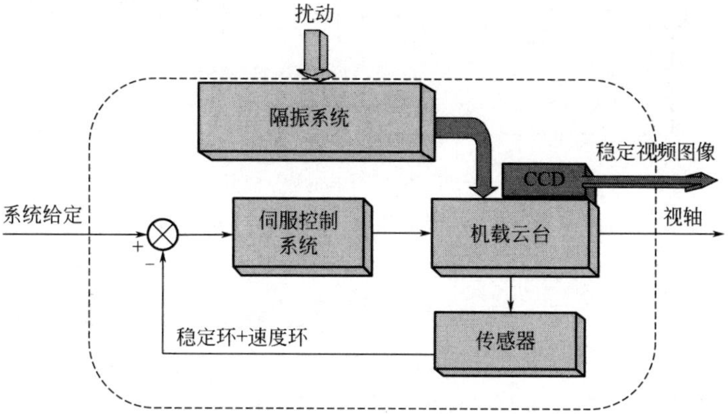

图 8-14 机载云台的复合补偿控制系统结构

(2) 基于扰动补偿的伺服控制结构分析

为实现机载光电平台的扰动补偿和稳定控制，并达到要求的稳定精度，将速度环的抗干扰力矩功能和稳定环的隔离载体运动功能分开设计，提出采用双速度环稳定的方法，即以 MEMS 陀螺仪进行数字测速组成速度内环，而利用角度编码器得到的角度微分后组成速度外环。

① 基于单速度环的伺服控制结构　首先，采用单速度环控制方式实现机载云台的稳定控制。其结构框图和数学模型如图 8-15 所示。其中，$G_1(s)$ 为速度回路校正环节，$G_2(s)$ 为电机及负载传递函数，ω_r 为速度给定，ω_1 为外界载体力矩干扰引起的干扰速度，ω_2 为电机的转速输出，ω_o 为负载速度输出，u_d 为内部干扰引起的速度，K_{pwm} 为功率放大器的放大系数，K_{gyro} 为陀螺标度系数。该模型中将电机与负载之间的由于弹性形变引起的振荡环节忽略，认为电机和负载为一个刚体的单质量伺服系统。

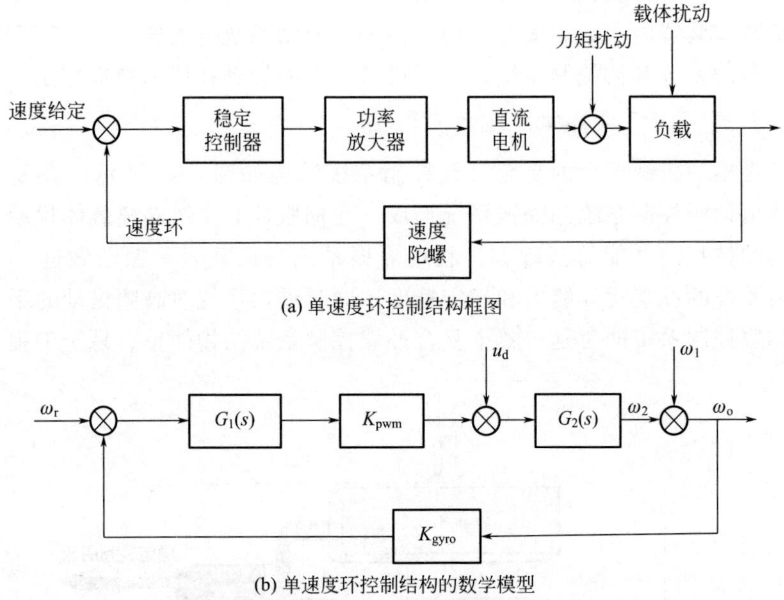

图 8-15 基于单速度环的伺服控制结构

在图 8-15 中，将 ω_r、u_d、ω_1 均视为系统的输入，得到负载速度输出 ω_o 相对于 u_d、ω_1 和 ω_r 的拉氏变换，表示如下：

$$\omega_o=\frac{G_2(s)u_d+K_{pwm}G_1(s)G_2(s)}{1+K_{pwm}K_{gyro}G_1(s)G_2(s)} \tag{8-35}$$

在设计速度控制器 $G_1(s)$ 时应满足：

$$|K_{pwm}K_{gyro}G_1(s)G_2(s)|\gg 1 \tag{8-36}$$

则式(8-35) 可以简化为

$$\omega_o=\frac{u_d}{K_{pwm}K_{gyro}G_1(s)}+\frac{\omega_1}{K_{pwm}K_{gyro}G_1(s)G_2(s)}+\frac{\omega_r}{K_{gyro}} \tag{8-37}$$

从式(8-37) 中可知，在单速度环控制中，u_d 和 ω_1 对 ω_o 的影响均由校正环节完成，且各种扰动间相互影响，这必然造成稳定控制器 $G_1(s)$ 难以协调实现。此外，抑制载体干扰速度 ω_1 还与电机及负载传递函数 $G_2(s)$ 有关。因此视轴的稳定效果会受到系统特性参数变化的影响，仅仅靠调节速度校正很难达到稳定隔离的目的。

② 基于双速度环的伺服控制结构　结合基于串级控制的优点，伺服控制系统的结构采用以速度陀螺获取的速率组成速度环，以光电编码器微分构成稳定环的双速度环伺服控制结构。速度环抑制力矩干扰，消除被控对象非线性特性对系统的影响；稳定环抑制外部载体扰动的影响，实现载荷的稳定控制。

图 8-16(a) 为基于双速度环的伺服控制结构框图，图 8-16(b) 为其数学模型。

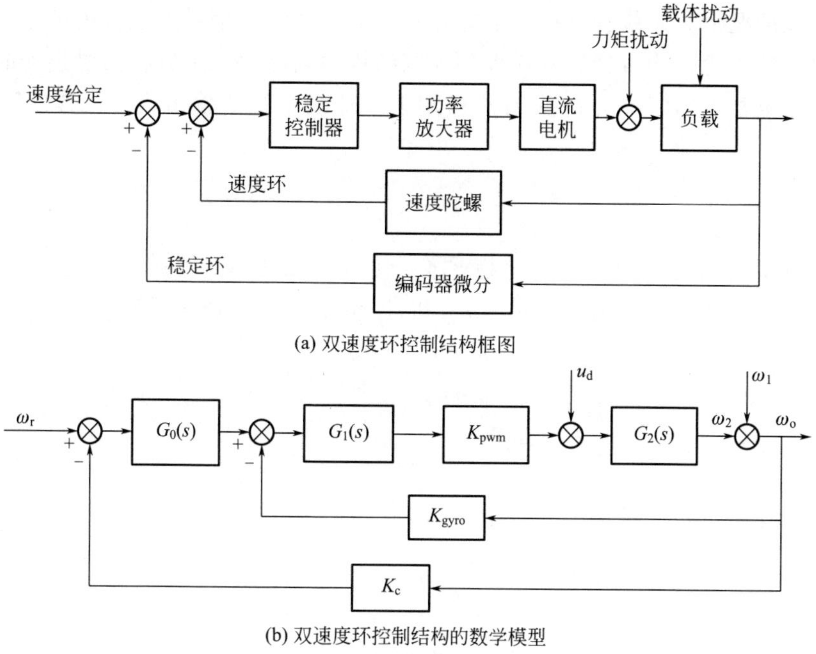

图 8-16 基于双速度环的伺服控制结构

③ 双速度环性能分析 本节从抑制扰动性能、鲁棒性能和动态响应性能三个方面出发，对双速度环伺服控制结构的性能进行讨论。

a. 抑制扰动性能分析。将系统的各种扰动速度看作系统的输入，依据图 8-16 可以得到双速度控制系统输出对于系统输入和系统干扰的传递函数为

$$\omega_o=\frac{G_2(s)u_d+[1+K_{pwm}K_{gyro}G_1(s)G_2(s)]\omega_1+K_{pwm}G_0(s)G_1(s)G_2(s)\omega_r}{1+K_{pwm}G_1(s)G_2(s)[K_{gyro}+K_cG_0(s)]} \tag{8-38}$$

在设计速度调节器 $G_1(s)$ 和稳定控制器 $G_0(s)$ 时应满足：

$$|K_{gyro}K_{pwm}G_1(s)G_2(s)|\gg 1 \tag{8-39}$$

$$|K_{pwm}G_1(s)G_2(s)[K_{gyro}+K_cG_0(s)]|\gg 1 \tag{8-40}$$

则式(8-38) 可以简化为

$$\omega_o=\frac{u_d}{K_{pwm}G_1(s)[K_{gyro}+K_cG_0(s)]}+\frac{K_{gyro}\omega_1}{K_{gyro}+K_cG_0(s)}+\frac{G_0(s)\omega_r}{K_{gyro}+K_cG_0(s)} \tag{8-41}$$

由式(8-41)可知，在基于双速度环的伺服结构中，$G_1(s)$ 在稳定控制器 $G_0(s)$ 的辅助调节下对力矩干扰 u_d 进行抑制；而速度调节器 $G_1(s)$ 起到了隔离载体扰动、稳定视轴的作用，且与机载云台系统的特性参数的变化无关。

一般情况下，系统抑制扰动的能力可以通过系统的信噪比进行衡量。为此引入信噪比的概念，通过计算双速度环控制结构的信噪比，来分析其对扰动的抑制能力。假定某一给定值 r 与扰动 d 作用下，控制系统的输出为 y，其信噪比 D 可表示为

$$D=\frac{y/r}{y/d} \tag{8-42}$$

若 y/r 越接近常值，y/d 越趋近零，则其抗扰动能力越强。

在单速度环控制结构中，对于 u_d 和 ω_1 的信噪比分别表示为

$$D_{1u}=\frac{\omega_o/\omega_r}{\omega_o/u_d}=K_{pwm}G_1(s) \tag{8-43}$$

$$D_{1\omega}=\frac{\omega_o/\omega_r}{\omega_o/\omega_d}=K_{pwm}G_1(s)G_2(s) \tag{8-44}$$

在双速度环控制结构中，对于 u_d 和 ω_1 的信噪比分别表示为

$$D_{2u}=\frac{\omega_o/\omega_r}{\omega_o/u_d}=K_{pwm}G_0(s)G_1(s) \tag{8-45}$$

$$D_{2\omega}=\frac{\omega_o/\omega_r}{\omega_o/\omega_d}=\frac{K_{pwm}G_0(s)G_1(s)G_2(s)}{1+K_{gyro}K_{pwm}G_1(s)G_2(s)} \tag{8-46}$$

在设计过程中，内环的阶次一般较低，因此 $G_1(s)$ 可以取较大的增益系数。对比式(8-43)和式(8-45)，为不失一般性，当控制器采用比例控制时，可以使得 $|D_{2u}|\gg|D_{1u}|$，使得双速度环控制结构的抗扰动能力远远大于单速度环控制结构的抗扰动能力，对干扰力矩 u_d 具有更强的抑制能力；而对于外部机体干扰 ω_1，内回路的存在使得被控对象的动态特性也得到改善，相位裕度提高，开环增益增大。相比之下，其抗扰动能力也有一定改善。

b. 鲁棒性分析。随着速度内环的引入，系统的鲁棒性能也发生了改变。通过霍洛维茨（Horowitz）定义的灵敏度来求解双速度环结构的灵敏度，进而分析系统的鲁棒性能。假设通过分析和测试得到，机载云台特性变化前后的传递函数分别为 $Q_m(s)$ 和 $Q'_m(s)$。当系统变化前，单速度环和双速度环的开环传递函数分别表示为

$$P_1(s)=K_{pwm}G_1(s)Q_m(s) \tag{8-47}$$

$$P_2(s)=\frac{K_{pwm}G_1(s)G_0(s)Q_m(s)}{1+K_{gyro}K_{pwm}G_1(s)Q_m(s)} \tag{8-48}$$

当系统变化后，单速度环和双速度环的开环传递函数分别表示为

$$P_1'(s)=K_{\mathrm{pwm}}G_1(s)Q_{\mathrm{m}}'(s) \tag{8-49}$$

$$P_2'(s)=\frac{K_{\mathrm{pwm}}G_1(s)G_0(s)Q_{\mathrm{m}}'(s)}{1+K_{\mathrm{gyro}}K_{\mathrm{pwm}}G_1(s)Q_{\mathrm{m}}'(s)} \tag{8-50}$$

由霍洛维茨定义的 k 变化引起 $\varphi(s)$ 变化的灵敏度函数表达式为

$$S_k^{\varphi}=\frac{\mathrm{d}\varphi(s)/\varphi(s)}{\mathrm{d}k/k} \tag{8-51}$$

式中，k 为发生变化的对象；$\varphi(s)$ 为由于 k 变化而引起变化的传递函数。

得到单速度环和双速度环系统的灵敏度分别表示为

$$S_{Q_{\mathrm{m}}}^{P_1}=\frac{\Delta P_1(s)/P_1(s)}{\Delta Q_{\mathrm{m}}(s)/Q_{\mathrm{m}}(s)}=\frac{[P_1(s)-P_1'(s)]/P_1(s)}{[Q_{\mathrm{m}}(s)-Q_{\mathrm{m}}'(s)]/Q_{\mathrm{m}}(s)}=1 \tag{8-52}$$

$$\begin{aligned}S_{Q_{\mathrm{m}}}^{P_2}&=\frac{\Delta P_2(s)/P_2(s)}{\Delta Q_{\mathrm{m}}(s)/Q_{\mathrm{m}}(s)}=\frac{[P_2(s)-P_2'(s)]/P_2(s)}{[Q_{\mathrm{m}}(s)-Q_{\mathrm{m}}'(s)]/Q_{\mathrm{m}}(s)}\\&=\frac{1}{1+K_{\mathrm{gyro}}K_{\mathrm{pwm}}G_1(s)Q_{\mathrm{m}}'(s)}<1\end{aligned} \tag{8-53}$$

由上式可知，在双速度环控制结构中，当设计速度调节器 $|G_1(s)|\gg 1$ 时，可以使得系统灵敏度值 $S_{Q_{\mathrm{m}}}^{P_2}\ll 1$，表明有效地抑制了机载云台特性、参数变化对控制系统性能的影响，系统的鲁棒性能得到了提高。

c. 动态响应分析。电机的电磁时间常数 $T_{\mathrm{e}}=L_{\mathrm{a}}/R_{\mathrm{a}}$，可分析得到控制对象传递函数描述为

$$G_2(s)=\frac{1/K_{\mathrm{e}}}{(T_{\mathrm{e}}s+1)(T_{\mathrm{m}}s+1)} \tag{8-54}$$

引入速度内环后，外环的控制对象传递函数变为内环的闭环传递函数，其表达式为

$$G_2'(s)=\frac{G_1(s)G_2(s)}{1+k_{\mathrm{gyro}}G_1(s)G_2(s)} \tag{8-55}$$

令 $k_1=K_{\mathrm{pwm}}/K_{\mathrm{e}}$，考虑电机负载传递函数与功率放大系数，则式 (8-55) 可表述为

$$\begin{aligned}G_2'(s)&=\frac{k_1G_1(s)}{(T_{\mathrm{e}}s+1)(T_{\mathrm{m}}s+1)+k_1k_{\mathrm{gyro}}G_1(s)}\\&=\frac{k_1G_1(s)}{1+k_1k_{\mathrm{gyro}}G_1(s)}\frac{1}{\dfrac{T_{\mathrm{e}}T_{\mathrm{m}}}{1+k_1k_{\mathrm{gyro}}G_1(s)}s^2+\dfrac{T_{\mathrm{e}}+T_{\mathrm{m}}}{1+k_1k_{\mathrm{gyro}}G_1(s)}+1}\end{aligned} \tag{8-56}$$

由式(8-56) 可知，在双速度环控制结构中，当设计速度调节器 $|G_1(s)|\gg 1$ 时，控制对象的等效时间常数减小为原来的 $1/[1+k_1k_{\mathrm{gyro}}G_1(s)]$。因此，引入速度内环后，被控对象的阶次得以降低，时间常数减小，系统的工作频率提高，

从而使得被控对象响应和调节时间减小，改善了系统的动态响应性能。

综合上述分析，双速度环控制结构提高了系统的抗扰动性能和鲁棒性，并且系统的响应性能也得以改善，这非常有利于提高机载云台的稳定精度。

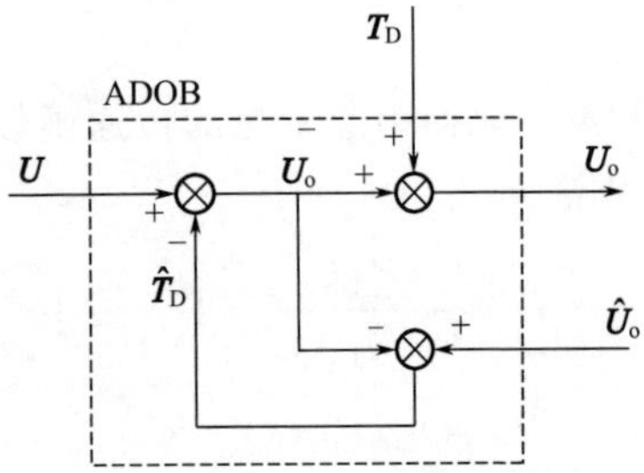

图 8-17 ADOB 结构原理图

④ 基于加速度信号的扰动补偿 利用加速度信息与力矩直接相互关联的特点，从机载云台系统可测的加速度信息出发对不可直接测量的扰动信息进行估计，提出一种基于加速度信号的扰动观测器（Acceleration Disturbance Observer，ADOB）结构，并将其引入到伺服系统控制回路中，进一步补偿机载云台的扰动，提高其稳定精度。ADOB 的结构原理图如图 8-17 所示。

图 8-17 中，$\boldsymbol{T}_\mathrm{D}$ 代表不可测的扰动因素，$\hat{\boldsymbol{T}}_\mathrm{D}$ 是扰动 $\boldsymbol{T}_\mathrm{D}$ 的估计值，$\boldsymbol{U}$ 是经过控制器后的观测器输入，$\boldsymbol{U}_\mathrm{o}$ 是经过观测器的输出，也是直流电机的控制输入，$\hat{\boldsymbol{U}}_\mathrm{o}$ 是对控制输出 $\boldsymbol{U}_\mathrm{o}$ 的估计。控制输出的估计值表示为

$$\hat{\boldsymbol{U}}_\mathrm{o}=c\hat{\boldsymbol{M}}\boldsymbol{\xi} \tag{8-57}$$

式中，c 为常数；$\hat{\boldsymbol{U}}_\mathrm{o}\in\boldsymbol{R}^{3\times1}$；$\boldsymbol{\xi}=[\ddot{\theta}_\mathrm{p},\ \ddot{\theta}_\mathrm{q},\ \ddot{\theta}_\mathrm{r}]^\mathrm{T}$ 为由加速度计得到的值；$\hat{\boldsymbol{M}}$ 为由被控对象惯性矩 I_{xx}、I_{yy}、I_{zz} 构成的矩阵；$\hat{\boldsymbol{M}}=\begin{bmatrix}\hat{I}_{xx} & 0 & 0\\ 0 & \hat{I}_{yy} & 0\\ 0 & 0 & \hat{I}_{zz}\end{bmatrix}$。

从图 8-17 中可知，扰动估计值 $\hat{\boldsymbol{T}}_\mathrm{D}$ 为

$$\hat{\boldsymbol{T}}_\mathrm{D}=\hat{\boldsymbol{U}}_\mathrm{o}-\overline{\boldsymbol{U}}_\mathrm{o} \tag{8-58}$$

而 $\overline{\boldsymbol{U}}_\mathrm{o}=\boldsymbol{U}_\mathrm{o}-\boldsymbol{T}_\mathrm{D}$，则有

$$\hat{\boldsymbol{T}}_\mathrm{D}=\hat{\boldsymbol{U}}_\mathrm{o}-\boldsymbol{U}_\mathrm{o}+\boldsymbol{T}_\mathrm{D} \tag{8-59}$$

同样，可以推出未引入 ADOB 的系统控制输出为

$$\boldsymbol{U}_\mathrm{o}=\boldsymbol{U}+\boldsymbol{T}_\mathrm{D} \tag{8-60}$$

若对控制输出的估计能够做到完全准确，即 $\hat{\boldsymbol{U}}_\mathrm{o}=\boldsymbol{U}_\mathrm{o}$，根据式(8-59) 可知，便能够做到对系统中不可测扰动因素的精确估计，即 $\hat{\boldsymbol{T}}_\mathrm{D}=\boldsymbol{T}_\mathrm{D}$。这将使得系统得

到一个无其他因素干扰的控制输入，即 $\boldsymbol{U}=\boldsymbol{U}_0$，扰动 $\boldsymbol{T}_D$ 得以完全消除。其从理论上验证了 ADOB 对系统扰动的补偿能力。

(3) 基于模糊自适应 PID 的复合控制策略

由于机载云台的伺服控制系统在外部受到机体扰动、气流扰动、机载振动等载体的随机扰动因素干扰，在内部存在摩擦等力矩扰动，俯仰、滚转和偏航通道之间强的扰动耦合以及模型误差等干扰因素，且这些扰动大多存在非线性函数，无法实现精确的建模补偿，这就决定了机载云台系统是难以精确建模的、具有很强非线性和不确定性的伺服控制系统。此外，系统的随机扰动因素众多，工作环境较为恶劣。因此，对机载云台的控制策略提出了更高的要求。首先，算法要具有自适应能力和鲁棒性，以适应机载云台系统特性参数的变化。其次，整个系统的控制响应时间通常很短，就要求算法具有快速动态响应性能和高质量的稳定性能，而且算法简单有效，易于工程实现。

根据上述分析，为了满足机载云台稳定控制在响应速度和稳定精度上的要求，从工程易实现的角度出发，将模糊自适应控制与变速积分 PID 控制相结合，提出一种模糊自适应 PID 的复合控制方法。在系统的暂态过程中，利用模糊自适应控制保证系统的快速响应能力；在系统的稳态过程中，利用变速积分 PID 控制保证系统的高稳定精度；在控制方法的切换方式上提出了一种具有基于“模糊切换规则”的模糊切换方式。复合控制结构如图 8-18 所示。

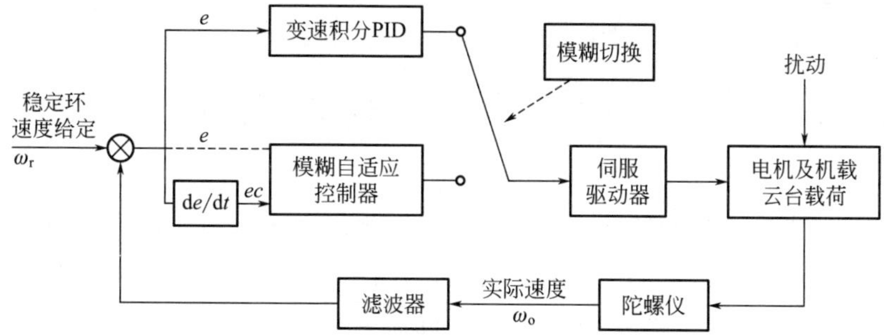

图 8-18 模糊自适应 PID 复合控制结构图

① 变速积分 PID 控制　传统的 PID 控制方法在进行稳定环的控制时，由于积分环节的存在，容易导致速度偏差的累加，造成积分饱和，引起系统出现大的超调甚至是振荡现象，使得过渡时间增大，动态性能变差。为了避免传统 PID 控制方法存在的问题，提高系统的品质，提出采用变速积分 PID 控制方法。该方法的基本思想是使积分值累加速度和偏差大小相对应。也就是说，根据速度偏差的大小改变积分的累加速度。

设变速积分比例因子为 $f[e(k)]$，它是偏差 $e(k)$ 的函数，可以表述为

$$f[e(k)]=\begin{cases}1 & |e(k)\leqslant b| \\ \dfrac{a-|e(k)|+b}{a} & b<|e(k)|\leqslant a+b \\ 0 & |e(k)|>a+b\end{cases} \tag{8-61}$$

变速积分比例因子 $f[e(k)]$ 应满足：$f[e(k)]$ 的值在区间 $[0,1]$ 之间变化，且当 $|e(k)|$ 增大时，$f[e(k)]$ 减小；当 $|e(k)|$ 减小时，$f[e(k)]$ 增大。参数 a、b 无须精确，易整定。

变积分 PID 控制方法中的积分项为

$$u_{\mathrm{i}}=k_{\mathrm{i}}\{\sum_{i=1}^{k-1}e(i)+f[e(k)]e(k)\}T \tag{8-62}$$

当 $|e(k)|>a+b$ 时，$f[e(k)]$ 的值为 0，积分项 u_i 对当前的速度偏差 $e(k)$ 不进行累加；当 $|e(k)\leqslant b|$ 时，积分项 u_{i} 对当前的速度偏差 $e(k)$ 进行累加，此时积分项 u_{i} 与传统 PID 的积分项相同，即积分速度达到最大：

$$u_{\mathrm{i}}=k_{\mathrm{i}}\sum_{i=1}^{k}e(i)T \tag{8-63}$$

当 $b<|e(k)|\leqslant a+b$ 时，积分项 u_{i} 仅对部分当前的 $e(k)$ 进行累加，它的值在 $0\sim|e(k)|$ 之间，随着 $|e(k)|$ 的变化而变化。因此，它的积分速度在 $k_{\mathrm{i}}\sum_{i=1}^{k-1}e(i)T$ 和 $k_{\mathrm{i}}\sum_{i=1}^{k}e(i)T$ 之间。

变速积分 PID 控制算法表示为

$$u(k)=k_{\mathrm{p}}e(k)+k_{\mathrm{i}}\{\sum_{i=1}^{k-1}e(i)+f[e(k)]e(k)\}T+k_{\mathrm{d}}[e(k)-e(k-1)]/T \tag{8-64}$$

② 模糊自适应控制器　通常情况下，常规模糊控制中的控制规则是根据数量有限的专家经验来确定的，而且假设被控对象特性参数的变化不会超出操作者的经验范围，这在一定程度上限制了控制规则的数量，造成了控制规则的不完善。由于控制规则的数量有限、控制参数以及固定隶属度函数的限制，使得模糊控制适应被控对象参数变化的能力较差，在有些必要的情况下不会产生必要的动作。

针对上述问题，为了提高模糊控制的品质，将自适应调整方法引入到模糊控制中，在保持其优点的基础上，同时具备了对外界扰动、参数变化等情况的鲁棒适应能力。因此，本节提出了一种模糊自适应控制器，控制结构框图如图 8-19 所示。该控制器在常规模糊控制的基础上，引入一种自适应调整因子对输出比例因子在线修正，改善其动态性能和稳态性能；在先验知识有限的情况下，提出一

种基于系统误差和误差变化的自适应交互学习算法，实现控制规则的调整和自学习，满足机载云台系统不同状态下的控制要求。

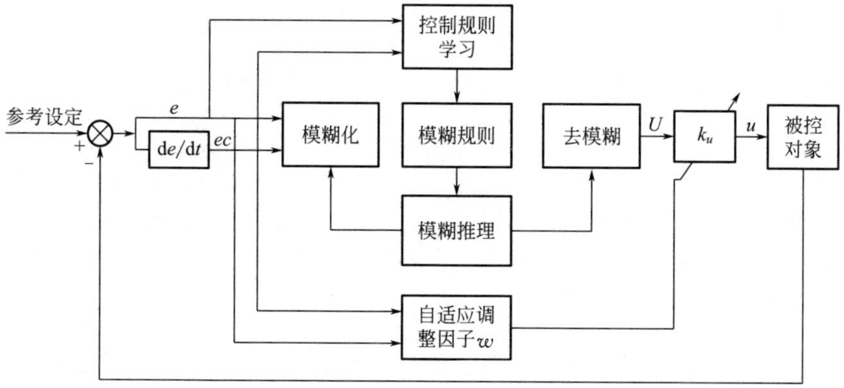

图 8-19　模糊自适应控制结构框图

a. 模糊控制器设计。采用双输入、单输出的形式来设计模糊控制器。两个输入分别为误差 E 和误差变化 EC，分别是实际速度跟踪误差 e 及其变化 ec 的模糊语言变量，输出 U 为控制输出电压 u 的模糊语言变量。E、EC 和 U 的模糊子集均为 {NB，NM，NS，Z，PS，PM，PB}，其隶属度函数采用对称、均匀分布、全交迭的三角形形式，如图 8-20 所示。

实际变量分别表示为

$$e(k)=\omega_r(k)-\omega_o(k) \tag{8-65}$$

$$ec(k)=e(k)-e(k-1) \tag{8-66}$$

$$u(k)=f[e(k),ec(k)] \tag{8-67}$$

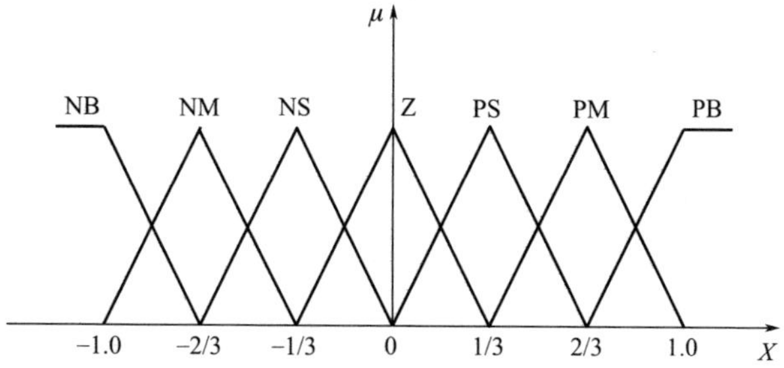

图 8-20　隶属度函数

由于在实际系统中，考虑变量 $e(k)$、$ec(k)$ 和 $u(k)$ 存在不对称的情况，设其基本论域分别为$[e_{\min},e_{\max}]$、$[ec_{\min},ec_{\max}]$和$[u_{\min},u_{\max}]$，归一化模糊论域为 $[-1,1]$，论域正规化变换公式为

$$\begin{cases} E=k_e\left(e-\dfrac{e_{\min}+e_{\max}}{2}\right),k_e=\dfrac{2}{e_{\max}-e_{\min}} \\ EC=k_{ec}\left(ec-\dfrac{ec_{\min}+ec_{\max}}{2}\right),k_{ec}=\dfrac{2}{ec_{\max}-ec_{\min}} \\ U=\left(u-\dfrac{u_{\min}+u_{\max}}{2}\right)/k_u,k_u=\dfrac{u_{\max}-u_{\min}}{2} \end{cases} \tag{8-68}$$

式中，k_u 为输出变量的比例因子；k_e、k_{ec} 为输入变量的量化因子。应用常规模糊关系和模糊条件建立“IF A_i and B_i THEN C_i”形式的模糊规则，如表 8-2 所示。

表 8-2 模糊控制规则

EC \ U	E						
	NB	NM	NS	Z	PS	PM	PB
NB	NB	NB	NM	NM	NS	NS	Z
NM	NB	NM	NM	NS	NS	Z	PS
NS	NM	NM	NS	NS	Z	PS	PM
Z	NM	NS	NS	Z	PS	PS	PM
PS	NM	NS	Z	PS	PS	PM	PM
PM	NS	Z	PS	PS	PM	PM	PB
PB	Z	PS	PS	PM	PM	PB	PB

根据 Mamdani 的 min-max 模糊推理法则有：

$$\begin{cases} R=\bigcup\limits_{i=1}^{n} R_i=\bigcup\limits_{i=1}^{n}(A_i\times B_i)\times C_i \\ \mu_{R_i}=\min\{\mu_{A_i}(E),\mu_{B_i}(EC),\mu_{C_i}(U)\} \\ \mu_C(U)=\max\limits_{E,EC}\{\mu_{A\times B}(E,EC),\mu_R(E,EC,U)\} \end{cases} \tag{8-69}$$

采用加权平均去模糊化得到输出为

$$U=\frac{\sum\limits_i \mu_{C_i}(U_i)C_i}{\sum\limits_i \mu_{C_i}(U_i)} \tag{8-70}$$

最终得到实际控制输出为

$$u(k)=k_u(k)U+\frac{u_{\max}+u_{\min}}{2} \tag{8-71}$$

b. 自适应调整因子的引入。模糊控制的动态性能和静态性能之间存在着一定的矛盾，这就要求系统能在不同的工作阶段对控制器的比例因子进行调整，改善控制器性能，通过参数的修正获得满意的控制效果。即当系统接近稳态时，误差 E、误差变化 EC 较小，细微调节控制输出，保证系统的控制精度，减小 k_u，使得控制量减小；当系统处于暂态时，E 和 EC 较大，应增大 k_u，使得控制量增加，提高系统的动态响应性。为此，本节引入一个在线自适应调整因子来实现比例因子，可以根据速度偏差及偏差变化进行自修正，从而保证系统超调小，且快速响应，具有优良的动、静态性能和抗扰动性。

在线自适应调整因子 $w(e,ec)$ 是速度偏差 e 和速度偏差变化 ec 的函数，即

$$w(e,ec)=1-\gamma\exp(-(\alpha e^2+\beta ec^2)),0\leqslant w\leqslant 1 \tag{8-72}$$

式中，γ 为积分常数，且 $0<\gamma<1$；α 为 e 的加权系数，$\alpha>0$；β 为 ec 的加权系数，$\beta>0$。假设比例因子的初始值为 $k_u(0)$，由式(8-72) 得到 k_u 表达式为

$$k_u(k)=k_u(0)w(e(k),ec(k)) \tag{8-73}$$

式(8-72) 分别对速度偏差、偏差变化求偏导有

$$\frac{\partial w}{\partial e}=2\gamma\alpha e\exp(-(\alpha e^2+\beta ec^2)) \tag{8-74}$$

$$\frac{\partial w}{\partial ec}=2\gamma\beta ec\exp(-(\alpha e^2+\beta ec^2)) \tag{8-75}$$

下面分别讨论加权系数 α、β 及积分常数 γ 对 $w(e,ec)$ 的影响。

当 e 和 ec 趋近于 0 时，有

$$\frac{\partial w}{\partial e}\Big|_{e\to 0}\approx 2\gamma\alpha e\exp(-\beta ec^2) \tag{8-76}$$

$$\frac{\partial w}{\partial ec}\Big|_{ec\to 0}\approx 2\gamma\beta ec\exp(-\alpha e^2) \tag{8-77}$$

由式(8-76) 可以看出，α 越大，$\left|\frac{\partial w}{\partial e}\right|$ 就越大，说明相对于速度偏差而言，w 的变化较快，k_u 在这个区域内的变化很快；相反地，α 越小，$\left|\frac{\partial w}{\partial e}\right|$ 就越小，k_u 的变化越慢。同理，由式(8-77) 可知，β 越大，$\left|\frac{\partial w}{\partial ec}\right|$ 就越大，说明相对于速度偏差变化而言，k_u 在这个区域内的变化也很快；反之亦然。

当 e 和 ec 趋近于 1 时，有：

$$\frac{\partial w}{\partial e}\Big|_{e\to 1}\approx 2\gamma\alpha\exp(-\beta ec^2)/\exp(\alpha) \tag{8-78}$$

$$\frac{\partial w}{\partial ec}\Big|_{ec\to 1}\approx 2\gamma\beta\exp(-\alpha e^2)/\exp(\beta) \tag{8-79}$$

由式（8-78）可以看出，α 越大，$\left|\frac{\partial w}{\partial e}\right|$就越小，说明相对于速度偏差而言，$w$ 的变化较小，k_u 在这个区域内的变化很小；相反地，α 越小，函数 w 的变化相对于 e 在区间 $[-1,1]$ 的任何点处都很小。同理，由式(8-79) 可知，β 越大，$\left|\frac{\partial w}{\partial ec}\right|$就越小，说明相对于速度偏差变化而言，$k_u$ 在这个区域内的变化也很小。

当 $e=ec=0$ 时，系统处于平衡状态，由式(8-72) 有 $w(e,ec)=1-\gamma$。若 $\gamma=1$，则 $w(e,ec)=0$，此时 $k_u(k)=0$，系统的输出控制量为零，则系统稳定在平衡状态；若 $\gamma=0$，则 $w(e,ec)=1$，此时 k_u 始终保持不变。此外，对于同一个点根据式(8-74) 和式(8-75) 可以看出，γ 越小，$w(e,ec)$的偏导数就越小，这就意味着自适应调整因子的变化不大。

通过 $w(e,ec)$的引入，k_u 也得到调整，使得系统的输出控制量能够根据 e 和 ec 的变化自适应地调节，改善了控制品质。在 e 和 ec 的变化都较大时，增大 k_u，加强控制作用来快速减小误差、加快动态响应；随着 e 和 ec 的减小，减小 k_u，减弱控制作用对输出进行细微调节，保证稳态精度。因此自适应调整因子的引入有效地提高了机载云台系统的动态性能和稳态性能。

c. 控制规则自学习。控制规则的确定和自学习能力对于机载云台伺服控制系统的性能具有决定性的作用。由于本系统的先验知识缺乏，操作经验较少，被控对象的非线性和时变性，再加上多种干扰的影响，必然造成所得控制规则的不完善。为了实现控制规则的可调整性，本节引入一种基于负梯度下降的交互学习算法实现控制规则的在线调整，实现机载云台系统的自适应控制。定义如下性能指标函数：

$$J=\sum_{k=1}^{n}\sqrt{e^2(k)+\rho ec^2(k)} \tag{8-80}$$

式中，k 为采样时间；ρ 为加权系数且 $\rho>0$。上式分别对速度偏差、偏差变化求偏导有

$$\frac{\partial J}{\partial e}=\frac{e(k)}{\sqrt{e^2(k)+\rho ec^2(k)}} \tag{8-81}$$

$$\frac{\partial J}{\partial ec}=\frac{\rho ec(k)}{\sqrt{e^2(k)+\rho ec^2(k)}} \tag{8-82}$$

则性能优化的负梯度为

$$-|\nabla J|=-\left|\frac{e(k)}{\sqrt{e^2(k)+\rho ec^2(k)}}\right|-\rho\left|\frac{ec(k)}{\sqrt{e^2(k)+\rho ec^2(k)}}\right| \tag{8-83}$$

根据优化控制对控制信号进行调整，则得到

$$\Delta U(k)=\eta(-|\nabla J|)\begin{bmatrix}e(k)\\ec(k)\end{bmatrix} \tag{8-84}$$

式中，η 为学习速率，且 $0<\eta<1$。则控制规则算法表示为

$$\Delta C_i=\Delta U\frac{\mu_{C_i}(U_i)}{\sum\limits_i \mu_{C_i}(U_i)},C_i=C_i+\Delta C_i \tag{8-85}$$

式中，ΔC_i 为第 i 条控制规则的修改量；$\mu_{C_i}(U_i)$ 为第 i 条控制规则的激活度。

控制规则通过上述依据系统性能的自适应学习算法来实现在线自动调整。

③ 复合控制切换条件　模糊自适应 PID 复合控制结合了模糊自适应控制和变速积分 PID 控制各自的优点，根据误差的变化范围切换不同的控制器来实现复合控制。当系统处于暂态时利用模糊自适应控制器良好的动态性能，稳态时利用变速积分 PID 控制器的理想稳态性能，从而保证了系统的控制品质。

通常两种控制的切换采用的是事先设定切换阈值 e_{m} 的切换方法，其基本原理如图 8-21 所示。

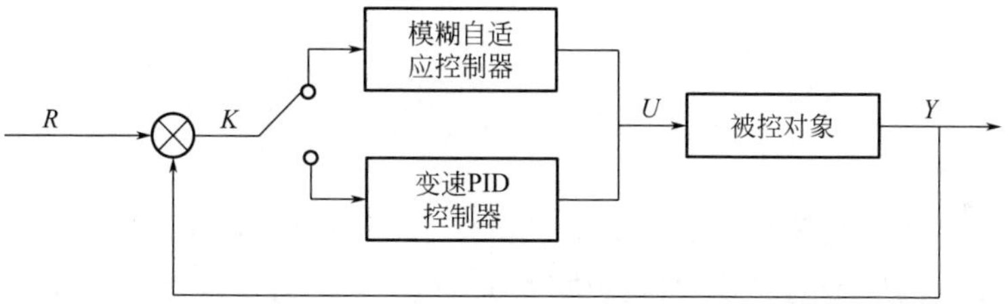

图 8-21　阈值切换方法原理图

这种切换方法存在着缺陷：第一，切换阈值的选取是影响系统性能的关键。当阈值 e_{m} 较大时，影响系统的动态响应，延长动态过程；当阈值 e_{m} 较小时，容易造成切换抖动。当过早切换时，超调增大，无法发挥模糊自适应控制的优点；当过迟切换时，在模糊自适应控制器存在大的静差的情况下，可能无法进入变速积分 PID 控制模式。第二，两种控制模式切换时，为了使输出控制量连续输出，防止输出控制量的跃变，在该切换点处，两种控制模式的输出量必须保证相等。而在实际工作中，当闭环控制系统进行模式切换时，保证系统控制量输出连续且相等是很困难的，因此在采用阈值切换时不可避免地存在着切换扰动，这样会使得系统的超调量增大，动态性能下降。

针对上述问题，本节提出采用一种“基于模糊规则”的模糊切换方式，其切换原理如图 8-22 所示。

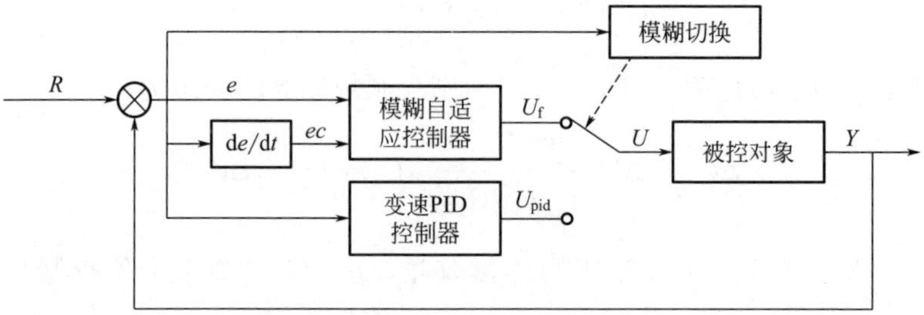

图 8-22 基于模糊切换的原理图

“模糊切换控制规则”为：IF e is Z then U is U_{pid}，ELSE U is U_f。其中，U_{pid} 和 U_f 分别表示变速积分 PID 控制输出和模糊自适应控制输出，其输出强度系数分别为 λ_{pid} 和 λ_f，Z 表示模糊切换的隶属度函数，如图 8-23 所示。当输入偏差为 e_0 时，$m=Z(e_0)$，则 $\lambda_{pid}=m$，而 $\lambda_f=1-\lambda_{pid}$，采用加权平均法得到混合输出为

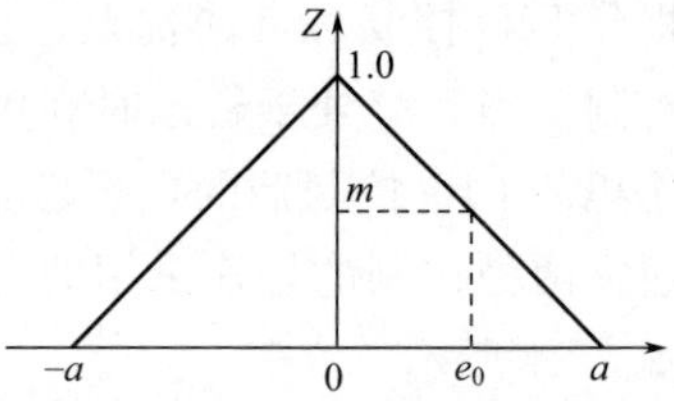

图 8-23 切换规则的隶属度函数

$$U=\frac{\lambda_{pid}U_{pid}+\lambda_f U_f}{\lambda_{pid}+\lambda_f}=\lambda_{pid}U_{pid}+\lambda_f U_f \tag{8-86}$$

由上式可知，当偏差 e 较大，系统处于暂态过渡过程时，λ_f 值较大，输出控制量主要由模糊自适应控制器提供。当由暂态进入稳态，偏差 e 较小时，λ_{pid} 值较大，系统由变速 PID 控制实现稳态控制。由此实现了复合控制的平稳切换，避免了阈值切换方式中阈值选取和切换扰动的问题。

(4) 隔振系统的设计

① 振动对机载视频图像的影响

a. 振动产生像移的机理。振动均可分解成各阶的简谐振动，通过研究在简谐振动下的响应来讨论振动产生像移的一般规律。通常，简谐振动可表述为

$$S=S_0\sin(\omega t+\phi) \tag{8-87}$$

$$V=\omega_0 S_0\sin(\omega t+\phi) \tag{8-88}$$

式中，S 为振动的位移；V 为振动的速度；ω_0 为振动的角频率；S_0 为振幅；ϕ 为相位。

下面通过对由简谐振动引起的线位移、角位移的像移计算来分析振动产生像移的一般规律。

首先，进行线位移的像移计算。沿 OX 轴方向由线位移引起的像移如图 8-24

所示。设曝光时间为 T，则 OX 方向相机振动位移 ΔD 为

$$\Delta D = D' - D = VT \tag{8-89}$$

将式(8-88)代入式(8-89)，得到 OX 轴方向上的像移为

$$\Delta x = \frac{f}{h}\omega_0 T S_{ox}\cos(\omega t + \phi_x) \tag{8-90}$$

进而得到 OZ 轴方向上的像移为

$$\Delta z = \frac{r_1}{h}\omega_0 T S_{oz}\cos(\omega t + \phi_z) \tag{8-91}$$

式中，r_1 为物点与中心像点的距离。

在实际工程设计中，取 Δx 和 Δz 的最大值作为 OX 和 OZ 方向上的像移，即

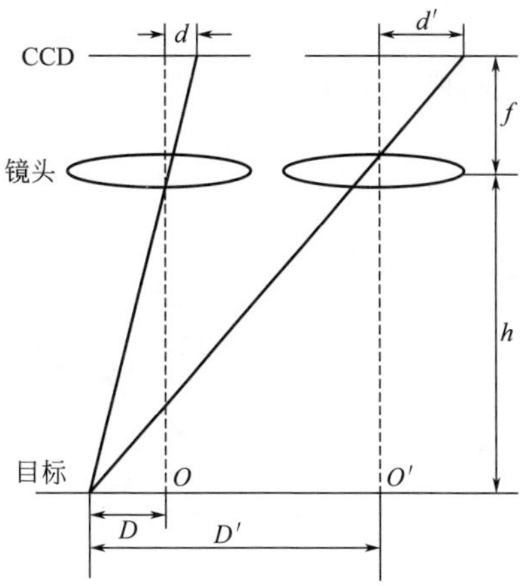

图 8-24　沿 OX 轴线位移引起的像移

$$\Delta x = \frac{f}{h}\omega_0 T S_{ox} \tag{8-92}$$

$$\Delta z = \frac{r_1}{h}\omega_0 T S_{oz} \tag{8-93}$$

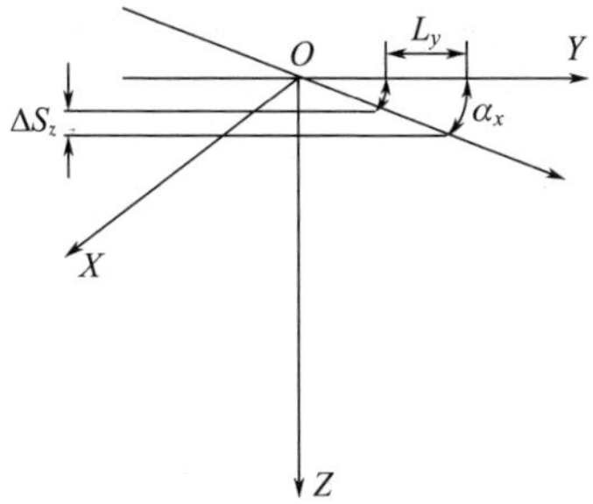

图 8-25　绕 OX 轴转动示意图

接下来，进行角位移的像移计算。多旋翼无人机在姿态变化或受到外界扰动时，需调整各个旋翼电机的转速来维持无人机的稳定飞行，这势必会引起振动的相位和振幅在载荷的各固定点上的不一致，造成载荷的角位移。角位移可以分解成绕 OX 轴的转动、绕 OY 轴的转动和 OZ 轴的转动。由于无人机在结构上的对称性，可以认为在 OX 和 OY 方向上是对称的。

绕 OX 方向（OY 方向）的转动如图 8-25 所示。在绕 OX 轴发生转动时，视轴转过的角度 α_x 表示为

$$\alpha_x = \frac{\Delta S_z}{L_y} \tag{8-94}$$

式中，ΔS_z、L_y 为 Y 轴上的两固定点在 Z 方向上和在 Y 方向上的距离差。

假设在这两固定点上的振幅相同，代入简谐振动的形式有

$$\alpha_x = \frac{S_z\sin(\omega t + \phi_1) - S_z\sin(\omega t + \phi_2)}{L_y} \tag{8-95}$$

在 $|\phi_1 - \phi_2| = 180°$ 时，α_x 取得最大值：

$$\alpha_{x\max}=\frac{2S_z\sin(\omega t+\phi_x)}{L_y} \tag{8-96}$$

同理，得到在简谐振动下，绕 OZ 方向的角振动为

$$\alpha_{z\max}=\frac{2S_z\sin(\omega t+\phi_z)}{L_x} \tag{8-97}$$

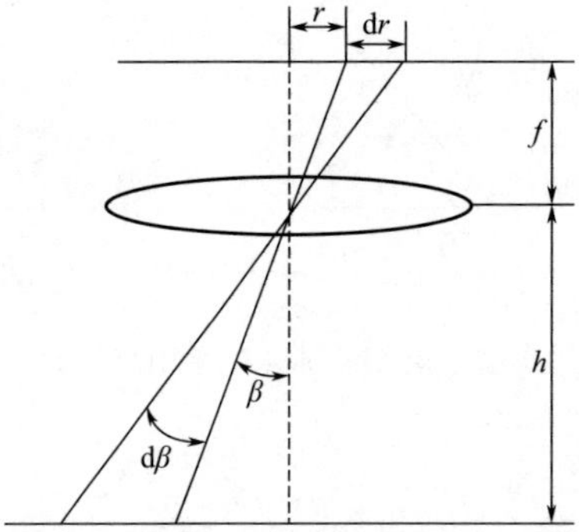

图 8-26 绕 OX 轴小角度转动示意图

如图 8-26 所示，转动前与 OZ 轴成 β 角度的目标在距离中心 r 处成像，即

$$r=f\tan\beta \tag{8-98}$$

在 OX 方向上振动产生微小的角转动后，成像点的变化量为

$$\mathrm{d}r=(f\cos^2\beta)\mathrm{d}\beta \tag{8-99}$$

式中，$\mathrm{d}\beta$ 为载荷转动产生的小角度变化，且 $\mathrm{d}\beta=\alpha_x$，那么，由绕 OX 轴发生转动时引起的像移可以表示为

$$\Delta x=VT=\frac{f}{\cos^2\beta}\times\frac{\mathrm{d}\alpha_x}{\mathrm{d}t}T \tag{8-100}$$

将式(8-94) 和式(8-98) 代入式(8-100) 中，得到在简谐振动条件下，绕 OX 轴转动时引起的像移表示式为

$$\Delta x=\frac{f^2+r^2}{f}\frac{2T\omega S_z\cos(\omega t+\phi_x)}{L_y} \tag{8-101}$$

同理，由绕 OZ 轴发生转动引起的像移可以表示为

$$\Delta z=\frac{r\,\mathrm{d}\alpha_z}{\mathrm{d}t}T \tag{8-102}$$

将式(8-97) 代入式(8-102) 中，得到在简谐振动条件下，绕 OZ 轴转动时引起的像移表示式为

$$\Delta x=\frac{2Tr\omega S_z\cos(\omega t+\phi_z)}{L_y} \tag{8-103}$$

b. 像移造成机载视频图像模糊的分析。一般来说，像移量 $S_{像移}$ 的大小决定着焦平面上产生的像移对成像质量的影响大小，而像移量的大小又与像移的速度 $V_{像}$ 和积分时间有关，即

$$S_{像移}=\int_t V_{像}\,\mathrm{d}t \tag{8-104}$$

式中，t 为快门时间。由式(8-104) 可知，减小像移速度 $V_{像}$ 或使得 $V_{像}=0$，或减小快门时间 t，均可减小或消除像移。

目标或者光学成像系统的运动都会导致动态图像调制传递函数（MTF）发生衰减，在运动时，动态图像的前后帧重叠，使得其对比度变坏，引起 MTF 的下降。因此，利用 MTF 作为分析工具来对像移引起的机载视频图像模糊进行分析，为抑制振动和减小像移提供理论依据。

运动会使图像产生模糊，特别是在运动比积分时间更快时，图像的细节都会变得模糊。即便是在每帧图像清晰存在运动的情况下，由于人眼积分时间的限制，图像的边缘仍然会变得模糊。下面分析随机振动和线性运动引起的像移对图像模糊的影响。

Ⅰ.随机振动对图像模糊的影响。对于高频运动来说，积分时间内图像的高频运动满足中心限制理论。根据中心限制理论可知，随机振动满足高斯分布，因此，MTF 与随机振动的关系可以表述为

$$\mathrm{MTF}(N)=\mathrm{e}^{-2\pi^2\delta_r^2N^2} \tag{8-105}$$

式中，N 为空间频率；δ_r 为积分时间内由随机振动引起像移的均方根值。随机振动引起的像移对图像的影响如图 8-27 所示。

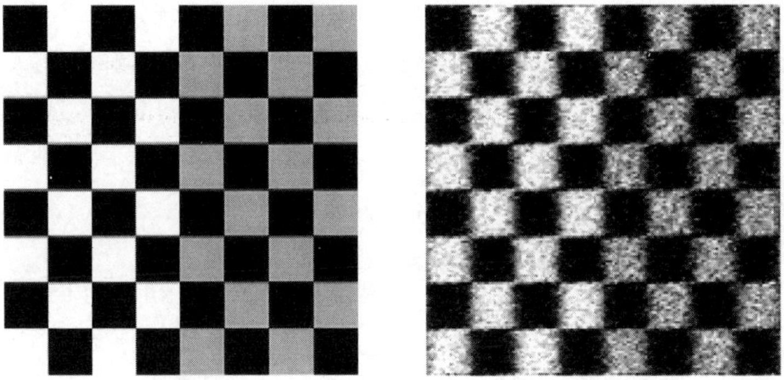

(a) 原始图像　　(b) 模糊图像

图 8-27　随机振动对图像的影响

Ⅱ.线性运动对图像模糊的影响。MTF 与目标像移的关系可以表述为

$$\mathrm{MFT}=\frac{\sin(\pi\delta_pN)}{\pi\delta_pN} \tag{8-106}$$

式中，N 为空间频率；δ_p 为像移量。线性运动产生的像移对图像的影响如图 8-28 所示。

② 被动隔振技术在载荷稳像中的应用　机载云台系统在使用过程中是建立在无人机这个“动基座”的基础上的，载机的振动、姿态变化和相对目标的位移都将对成像质量造成影响，使得机载视频图像变得抖动、模糊。目前，机械稳

像、电子稳像、光学稳像、被动隔振稳像等是减小或消除由振动引起图像模糊的有效方法。

(a) 原始图像

(b) 模糊图像

图 8-28 线性运动对图像的影响

a. 稳像方法及被动减振特点。

ⓐ 机械稳像方法。机械稳像方法是利用伺服控制系统及传感器两者构成的机载稳定云台，通过补偿机载云台的相对运动，从而达到稳像的效果。其稳像的基本原理如图 8-29 所示。这种机械稳像方式实质上是通过惯性测量单元来测量得到其姿态的变化，通过放大其输出信号，用来驱动执行结构从维持视轴的稳定，从而保证输出机载视频图像序列的稳定、清晰。

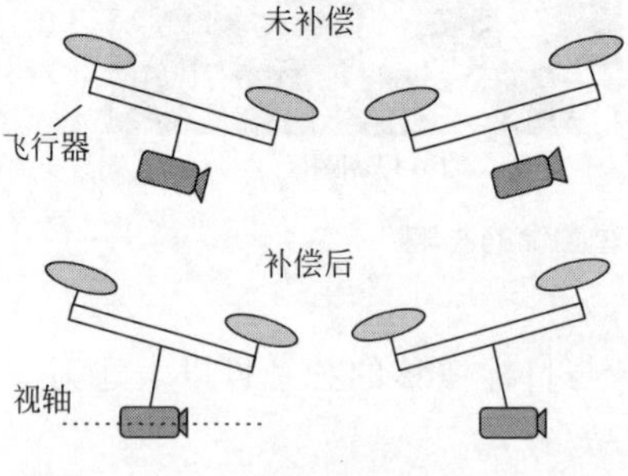

(a) 俯仰通道

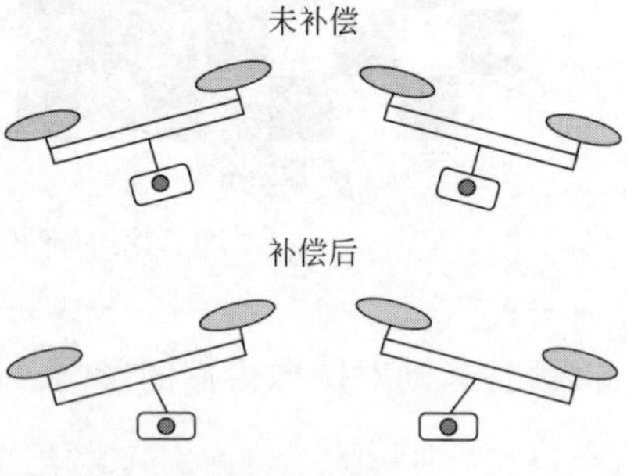

(b) 滚转通道

图 8-29 机械稳像原理

ⓑ 光学稳像方法。光学稳像方法主要是通过在光学载荷中增加镜头组或者 CCD 等感光元件的特殊的结构，利用这些结构来最大限度地降低由于振动造成所拍摄视频或图像的不稳定性，其基本原理如图 8-30 所示。图 8-30(a) 中，当

振动造成镜头前部向下时，由于光线不能通过镜头的中央到达像方焦平面，因此像方焦平面上的图像中心也会向下移动；当光学补偿元件工作时，如发生振动，光轴补偿光学元件移动，以保证得到没有抖动的图像，如图 8-30(b) 所示。但是，光学稳像方法所用的光学设备价格昂贵、维护复杂且寿命短。这些都在很大程度上限制了其在稳像领域中应用。

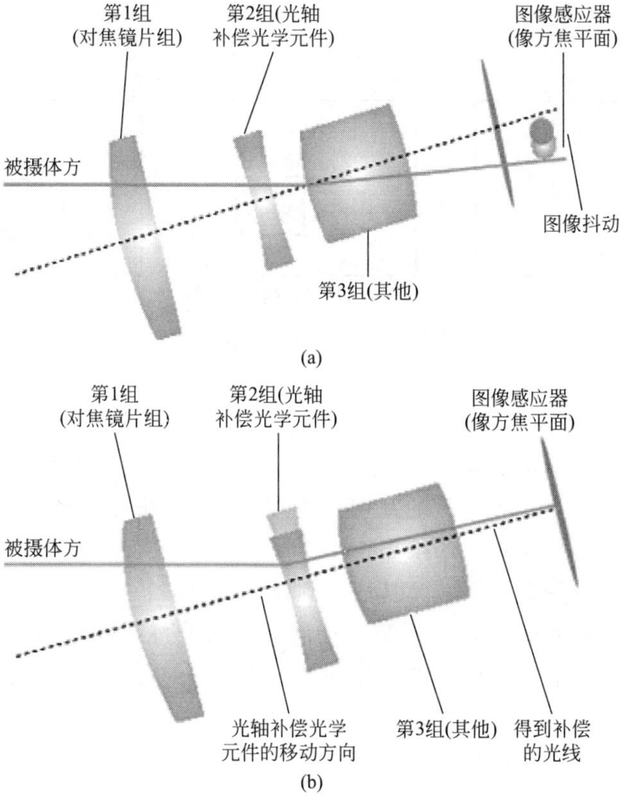

图 8-30 光学稳像基本原理

ⓒ 电子稳像方法。随着半导体技术的快速发展和高速运算处理芯片的出现，电子稳像技术近几年才达到实用化程度，使得利用图像处理算法实现稳像成为可能。电子稳像技术的原理是利用图像处理的方法处理模糊的图像，通过补偿计算图像的像素偏移量来实现稳像的目的。其基本原理如图 8-31 所示。

理论上讲，在机载视频图像完全稳定的条件下，参考帧和当前帧的图像是完全重合的，即大小为 $m \times n$ 的任意图像块 Block1 和 Block2 是完全重合的。但由于扰动的存在，使得光学载荷发生了抖动，此时，图像块 Block1 和 Block2 将不再完全重合，产生了相对运动。为了能够找到与图像块 Block1 相匹配的图像块 Block2，电子稳像方法将按照如菱形搜索、全搜索等算法，最终找到匹配的图像块 Block2。然后依据图像块 Block1 和 Block2 的初始坐标差（x_1-x_2, y_1-y_2）表示当前帧相对于参考帧的运动位移矢量，利用运动估计算法求解出运动位移矢量后，对图像块 Block2 进行运动补偿，直至两帧图像重合，从而得到清晰的图像。

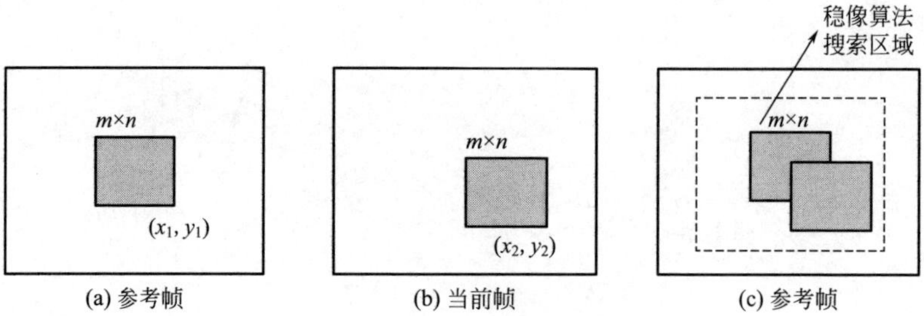

图 8-31 电子稳像基本原理图

ⓓ 被动隔振稳像方法。机载云台与无人机载体相连接，各点振动的振幅与相位不一致时，载荷的视轴发生线位移和角位移，均会引起机载视频图像的抖动、模糊。被动隔振技术稳像的基本原理就是通过在机载云台与无人机载体的连接处增加合理的隔振系统，来削弱由于气流扰动、电机振动等因素引起无人机载体扰动对光学载荷视轴的影响，从而达到稳像的目的。

在进行隔振系统设计时尽可能地控制无人机载体传递到机载云台上的角位移，并且应排除机载云台内部的线振动转为角位移的可能性。一般来讲，被动隔振稳像方法通过合理采取隔振措施，可以消除载体 10Hz 以上高频振动扰动，而且无能源、可靠、结构简单、经济实用。

b. 隔振系统的数学模型。通常情况下，考虑隔振系统质心偏离其平衡位置的 3 个主轴方向上的平动位移 x_0、y_0、z_0 和分解为 3 个主轴方向上转角的绕质心的转动角 α、β、γ 来描述机载云台的隔振系统模型。那么，对于机载云台上任意一点的位置坐标（x_i, y_i, z_i）的位移（dx_i, dy_i, dz_i）和速度（$\dot{x}_i, \dot{y}_i, \dot{z}_i$），可分别表示为

$$\begin{cases} dx_i = x_0 - y_i\gamma + z_i\beta \\ dy_i = y_0 - z_i\alpha + x_i\gamma \\ dz_i = z_0 - x_i\beta + y_i\alpha \end{cases} \tag{8-107}$$

$$\begin{cases}\dot{x}=\dot{x}_0-y_i\dot{\gamma}+z_i\dot{\beta}\\ \dot{y}=\dot{y}_0-z_i\dot{\alpha}+x_i\dot{\gamma}\\ \dot{z}=\dot{z}_0-x_i\dot{\beta}+y_i\dot{\alpha}\end{cases}\tag{8-108}$$

式中，(x,y,z)为载机固定坐标系下的坐标值；(x_0,y_0,z_0)为机载云台的动坐标系下的坐标值。

隔振系统的刚体动能为

$$E=\frac{1}{2}m(\dot{x}_0^2+\dot{y}_0^2+\dot{z}_0^2)+\frac{1}{2}(J_x\dot{\alpha}^2+J_y\dot{\beta}^2+J_z\dot{\gamma}^2)\tag{8-109}$$

式中，m 为总质量；J_x、J_y、J_z为沿 x、y、z 轴方向上的转动惯量。

设减振器在 x、y、z 轴方向上的刚度分别为 k_{xi}、k_{yi}、k_{zi}，则隔振系统的应变势能可表述为

$$U=\frac{1}{2}\sum_i\{k_{xi}\mathrm{d}x_i^2+k_{yi}\mathrm{d}y_i^2+k_{zi}\mathrm{d}z_i^2\}\tag{8-110}$$

将式(8-109) 和式(8-110) 代入拉格朗日方程中，得到无阻尼时机载云台发生自由振动的动力学方程组为

$$\boldsymbol{M}\ddot{\boldsymbol{q}}(t)+\boldsymbol{K}\boldsymbol{q}(t)=\boldsymbol{0}\tag{8-111}$$

式中，$\ddot{\boldsymbol{q}}(t)$为加速度，$\boldsymbol{q}(t)=[x_0,y_0,z_0,\alpha,\beta,\gamma]^{\mathrm{T}}$，

$$\boldsymbol{M}=\begin{bmatrix}m&&&&&\\&m&&&&\\&&m&&&\\&&&J_x&&\\&&&&J_y&\\&&&&&J_z\end{bmatrix},\ \boldsymbol{K}=\begin{bmatrix}K_{xx}&&&&K_{x\beta}&K_{x\gamma}\\&K_{yy}&&K_{y\alpha}&&K_{y\gamma}\\&&K_{zz}&K_{z\alpha}&K_{z\beta}&\\&K_{\alpha y}&K_{\alpha z}&K_{\alpha\alpha}&K_{\alpha\beta}&K_{\alpha\gamma}\\K_{\beta x}&&K_{\beta z}&K_{\beta\alpha}&K_{\beta\beta}&K_{\beta\gamma}\\K_{\gamma x}&K_{\gamma y}&&K_{\gamma\alpha}&K_{\gamma\beta}&K_{\gamma\gamma}\end{bmatrix}。$$

由隔振系统的动力学模型可知，线振动和角振动构成了机载云台的位移动力响应，而模型的刚度矩阵 $\boldsymbol{K}$ 中的 1～3 行和列、4～6 行和列的元素表明，角振动的响应不只是来自机载云台系统外部，如旋翼电机等扰动源，线振动也会在一定程度上耦合产生。

c. 应用于机载云台的关键问题。机载云台系统是多自由度耦合的，在对其分析时，为了各个自由度上的运动能够实现部分解耦或者是完全解耦，需注意隔振装置位置的合理安排和隔振系统参数。因此，在设计应用机载云台的隔振装置时应考虑到：尽量保持隔振装置的刚度中心与机载云台的重心重合；保证隔振装置的弹性轴对称且相互平行，保持好的线性度；保证机载云台的振动主频率与隔振系统的频率匹配，消除振动频率对视轴稳定的影响；通过合理的布局，最大限度

地限制振动环境中的角振动和线角耦合；多旋翼无人机带载能力有限，减振装置的增加势必会增大机载云台的总质量，因此，在应用减振装置时其重量也是需要考虑的因素之一。

③ 隔振系统的设计　对于机载云台而言，由于其工作环境的复杂性引起的振动通过刚性连接结构传递到机载云台的框架，从而引起机载相机等光学载荷的振动，降低机载视频图像的质量。通常可以将无人机机架底部-减振装置-光学载荷近似简化为一个单自由度的弹簧-质量-阻尼系统。假设机载云台的振动为

$$S_a = A\sin\omega_j t \tag{8-112}$$

式中，A 为振幅；ω_j 为振动角频率。

根据力学定律得到减振装置的力学模型为

$$\frac{d^2 s}{dt^2} + 2\beta\omega_0 \frac{d(s-s_a)}{dx} + \omega_0^2(s-s_a) = S_a \tag{8-113}$$

式中，β 为阻尼比，$\beta = c/(2m\omega_0)$；c 为阻尼系数；ω_0 为机载云台系统的固有频率，且 $\omega_0 = \sqrt{K/m}$；K 为减振装置刚度。由此可得

$$\begin{aligned} s &= s_1 + s_2 \\ &= B\mathrm{e}^{-\beta\omega_0 t}\sin(\sqrt{1-\beta^2}\,\omega_0 t + \theta) + A\sqrt{\frac{1+4\beta^2\left(\dfrac{\omega_j}{\omega_0}\right)^2}{\left(1-\left(\dfrac{\omega_j}{\omega_0}\right)^2\right)^2 + 4\beta^2\left(\dfrac{\omega_j}{\omega_0}\right)^2}}\sin(\omega_j t - \theta_0) \end{aligned} \tag{8-114}$$

式中，B 为自由振动振幅。

由此分析可见，振动由两部分构成，一部分是振幅随时间增加而减小的自由振动 s_1，即当 $t \to \infty$ 时，$\mathrm{e}^{-\beta\omega_0 t} \to 0$，$s_1 \to 0$；另一部分是振幅不衰减的强迫振动 s_2。自由振动对系统的影响会很快消失，而强迫振动则不容忽视。因此振动规律可表示为

$$\begin{aligned} s &= A\sqrt{\frac{1+4\beta^2\left(\dfrac{\omega_j}{\omega_0}\right)^2}{\left(1-\left(\dfrac{\omega_j}{\omega_0}\right)^2\right)^2 + 4\beta^2\left(\dfrac{\omega_j}{\omega_0}\right)^2}}\sin(\omega_j t - \theta_0) \\ &= TRA\sin(\omega_j t - \theta_0) \end{aligned} \tag{8-115}$$

减振装置的性能主要由 ω_j/ω_0 和刚度系数 K 决定。图 8-32 所示为隔振系数随频率比和阻尼比的变化曲线，根据隔振系数 TR 与 ω_j/ω_0 以及阻尼比 β 三者之间的关系，为达到减振的目的，$\omega_j/\omega_0 > \sqrt{2}$，$\beta$ 要适当小些，这里选取 $\beta = 0.5$。

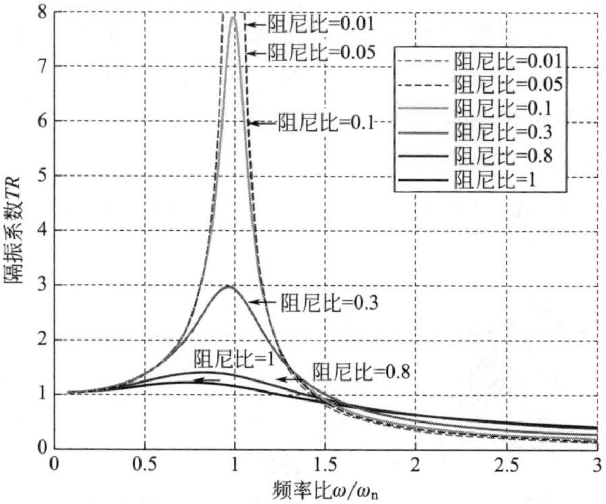

图 8-32　隔振系数随频率比和阻尼比的变化曲线（电子版）

机载云台系统总质量为 1.2kg，机载云台的三个转动自由度严重地影响机载视频图像的质量，因此，采取对称布置性能参数相同的四个减振装置，则每个减振装置承受的力 $F=mg/4=3\text{N}$。为了得到机载云台系统振动的固有频率，对加速度值进行采样，加速度计的采样频率为 165Hz，对得到的加速度信息进行 FFT 频域分析，得到机载云台系统振动的频率分布如图 8-33 所示。

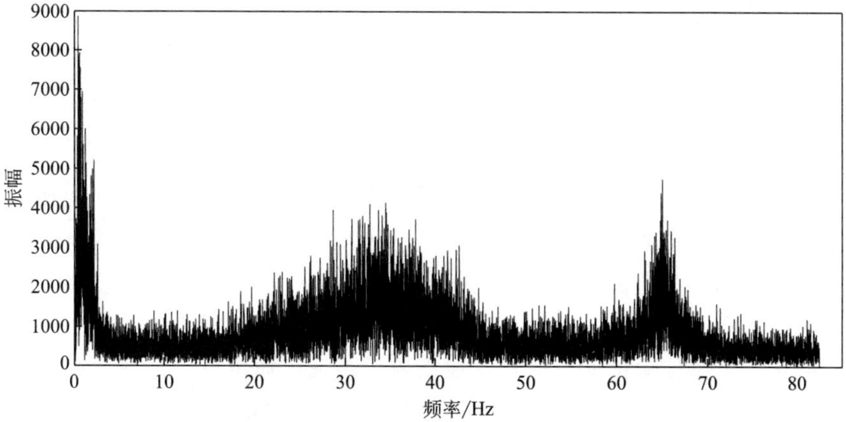

图 8-33　机载云台的振动频率

由图 8-33 可知，机载云台系统振动的固有频率约为 35Hz 左右，则机载云台系统振动的角频率为 $\omega_j=2\pi f\approx219.91\text{rad/s}$。多旋翼无人机的振动幅度一般在毫米级，可假设其振动幅度为 0.2mm，机载图像要求振幅不超过 0.04mm，可以得到 $\omega_j/\omega_0 \approx 2.94$，则刚度系数 $K=\omega_0^2 m \approx 1.65\text{N/mm}$。根据刚度系数 K 和阻尼比 β 就能够确定减振装置的结构和材料，如图 8-34 所示。

机载云台的质心尽量落在由四个减振装置支点所决定的平面内，最大限度地限制云台内部组件的振动响应线角耦合，保证隔振装置在各个自由度间的线性非耦合关系。图 8-34 中 A、B、C、D 是相对于质心 O 对称分布的安装点。

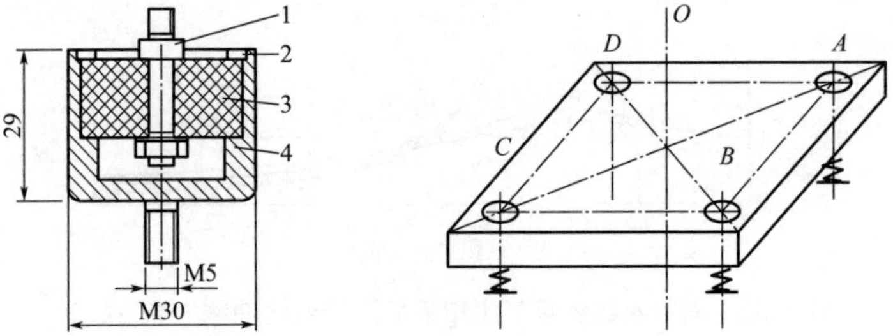

图 8-34 减振装置的结构与安装图

1—支杆；2—底座；3—橡胶垫；4—外壳

综上所述，在设计隔振装置刚度系数 K 时，应保证隔振系统与原系统的频率项匹配，在不增加 x、y、z 轴方向上的振动的前提下，尽可能地降低角振动方向上的传递率。增大阻尼可以有效地减小发生共振时的最大振幅，但是大阻尼又会使得振动传递率增大。所以要结合工程实际经验对阻尼的参数进行合理选取。

8.1.7 系统设计与实验分析

（1）伺服控制系统结构

伺服控制系统主要通过主控制器对机体扰动的隔离和对其他扰动的补偿或抑制来保持光学载荷在惯性空间上的稳定性，从而使得地面站获取到的机载视频图像稳定且清晰。其结构框图如图 8-35 所示。

系统的结构主要包括：主控单元、惯性测量单元、电机驱动单元、光电编码器反馈单元、图像传输单元、遥控器控制单元、飞控通信单元、地面站通信单元以及主控制器与上位机通信单元和人机交互界面。各主要部分的功能如下。

① 主控单元：是整个控制系统的核心，利用高性能微处理器 STM32F103RCT6 实现如对扰动的估计与补偿、机载云台系统的稳定控制以及与飞控、地面站等的通信等控制系统的各项功能。

② 惯性测量单元：利用 MEMS 测量元件获取主控单元所需的角速率信息和

加速度信息。角速率信息构成了基于双速度环的伺服控制结构中的速率环反馈，加速度信息为 ADOB 提供反馈输入，完成对不可直接测量的扰动信息的估计，实现机载云台扰动的进一步补偿。

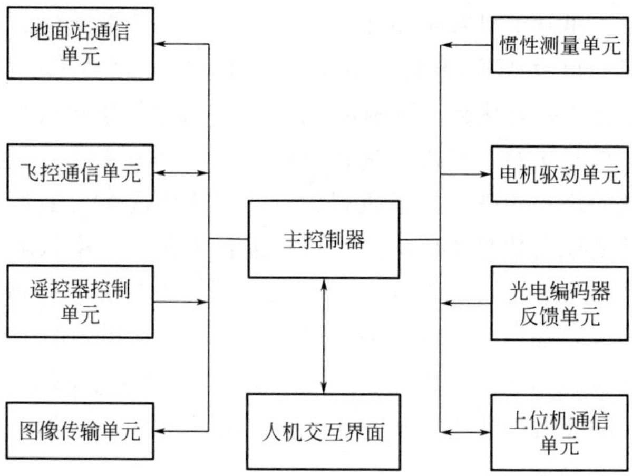

图 8-35 伺服控制结构框图

③ 电机驱动单元：由光电隔离和功率放大构成。光电隔离部分将模拟与数字信号隔离，防止模拟部分对数字部分的干扰。功率放大部分用于放大驱动信号，驱动直流电机的执行动作。

④ 光电编码器反馈单元：利用光电编码器获取主控单元所需的角度信息。角位置信息微分后得到的角速度信息构成了基于双速度环的伺服控制结构中的稳定环反馈。

⑤ 图像传输单元：实现机载视频图像的无线传输，由发射机和接收机构成。机载视频信息连接到发射机上，以 2.4GHz 频率无线发送到安装于地面站系统中的接收机上，经过视频采集卡的转换，最终机载视频在地面站监控界面中实时显示。

⑥ 遥控器控制单元：分为两种控制模式，速度控制模式下，油门的大小直接反映机载云台调整的快慢；位置控制模式下，油门的位置直接反映机载云台在俯仰、滚转自由度上的惯性空间位置。同时，将无人机的 RC 操作与云台的 RC 操作分离，降低了飞控操作者的难度，可更快速有效地获取有价值的机载视频图像信息。

⑦ 飞控通信单元：实现与飞控系统的数据通信。飞控系统可随时读取机载云台的姿态信息，通过对飞行姿态的调整，对地面目标进行更加全面的监测和跟踪。

⑧ 上位机通信单元：实现与 PC 计算机的数据通信。上位机通过 USB 连接读取 MEMS 传感器的即时数据，获取当前机载云台的姿态数据。也可以实现主

控单元的控制程序进行读写操作，实现 RC 控制模式的选择及模式下各参数的选择，实现传感器的校正，以及控制参数的读写等。

⑨ 人机交互界面：更为直观地实现对机载云台伺服控制系统进行参数的读取和修改。主要包括控制参数修改、电机配置、MEMS 传感器校正等；陀螺仪和加速计的补偿、低通滤波器的设置以及 RC 遥控模式的选择、RC 控制范围的设定等高级设置；以及 MEMS 传感器实时数据的显示等。

伺服系统工作的流程大致可以描述为机载云台系统上电之后，对 MEMS 传感器的初始姿态信息进行自校准，进行初始姿态信息的解算，驱动力矩电机将机载云台调整到初始姿态位置，完成机载云台的初始化过程。在无人机的飞行过程中，根据传感器的实时信息不断对姿态信息进行更新，主控单元依据更新后的姿态信息不断地调整机载云台在惯性空间中的位置，保持光学载荷视轴的稳定性。光学载荷通过图像传输链路和视频采集卡实时地将机载视频图像传输到地面监控系统，并在监视设备中显示。RC 遥控器依据设定的工作模式，通过操作手的实时操作和 RC 控制链路对机载云台进行控制，从不同角度对地面目标进行实时监测。其工作流程图见图 8-36。

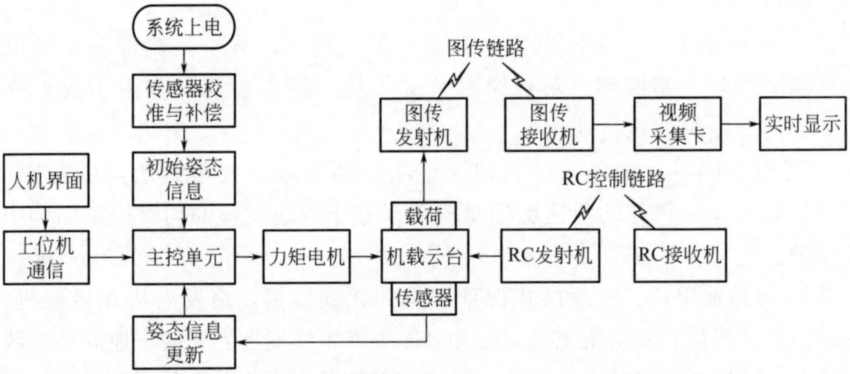

图 8-36 机载云台控制系统工作流程图

(2) 伺服控制系统软件设计

伺服控制系统软件用以实现机载云台系统的补偿控制算法和功能，因此它设计的质量直接影响到整个系统的控制性能。由于伺服控制部分采用了 STM32F103RCT6 作为主控处理器，因此本书基于德国 KEIL 软件公司开发的 Keil MDK 开发环境，采用 C 语言进行程序的模块化设计。C 语言具有生成目标代码质量高、程序执行效率高、可以直接对硬件进行操作等优点，同时程序的模块化设计使程序结构清晰，便于系统的调试和维护。

① 主控程序结构　主程序完成的主要功能有：对主控处理器 I/O 口、定时器、串行通信、IIC 协议、MPU6050 内存储器、位置参数、速度参数、控制参数以及中断向量和优先级进行初始化；确定机载云台在惯性空间内的坐标位置，输出 PWM 信号驱动电机达到预先设定位置等。主控程序流程见图 8-37。

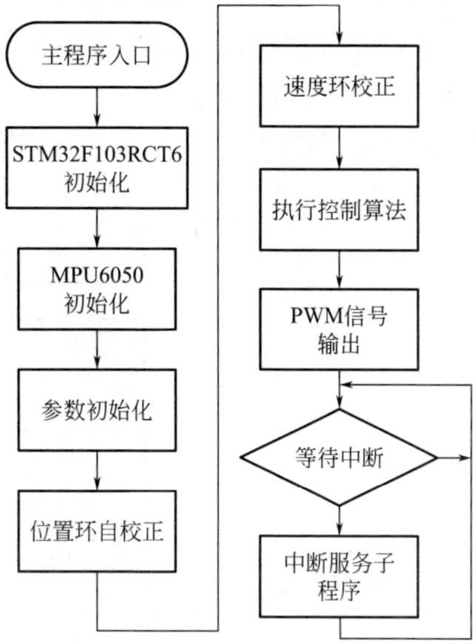

图 8-37　主控程序流程图

② 中断子程序　中断子程序包括与飞控系统的串口通信中断子程序和外部定时中断子程序。串口通信中断子程序主要用于接收飞控系统发送的工作指令和传送机载云台姿态信息。在该子程序中还要完成帧校验、接收飞控单元的姿态发送指令及向飞控系统发送姿态信息等功能。其流程图见图 8-38。

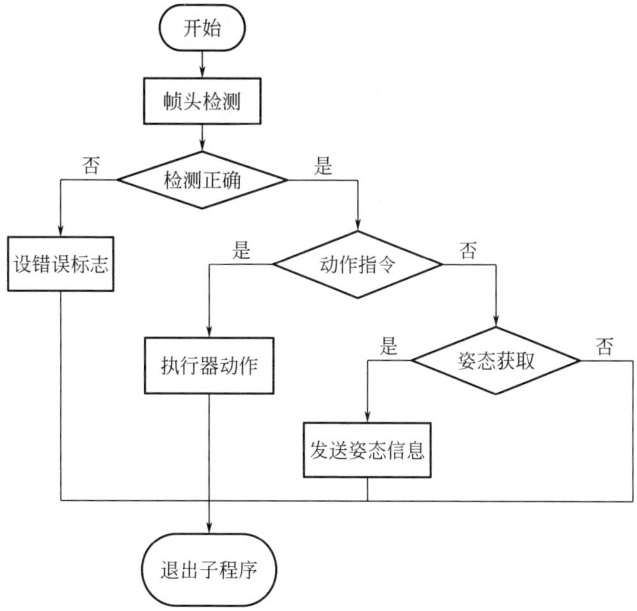

图 8-38　串口通信中断子程序流程图

在每个控制周期内，外部定时中断子程序需要完成以下几部分工作：获取MEMS传感器的速率和加速度值；获取光电编码器数据，完成微分运算；根据RC指令，完成相应校正位置环的运算；根据飞控系统指令，完成相应位置环的校正运算；完成速度环、稳定环的校正运算，执行补偿控制算法；生成PWM信号驱动直流电机。因此，外部定时中断子程序流程如图8-39所示。

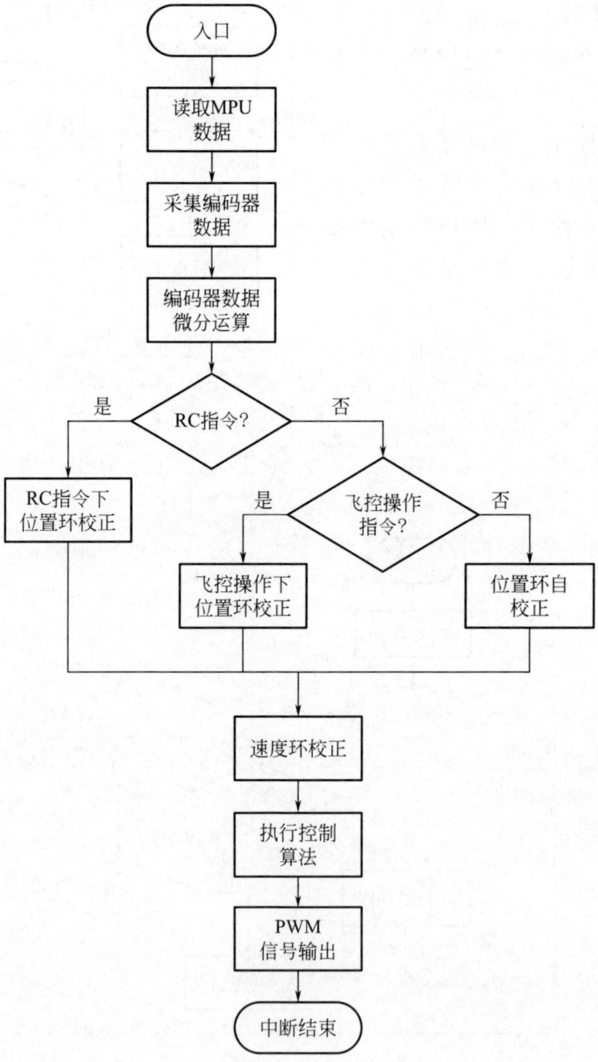

图8-39 外部定时中断子程序流程图

③ 模糊自适应补偿控制算法 模糊自适应补偿控制算法可分为三个过程。

首先，对算法的参数进行初始设置，包括标称模型参数 $\hat{a}_1$ 和 $\hat{a}_2$、PD 控制参数 k_p 和 k_d、模糊系统的隶属度函数 $\mu_{A_i^j}(\theta_i)(i=1,2;j=1,2,\cdots,5)$、自学习系数 γ_1 和 γ_2 以及给定的对称正定矩阵 $\boldsymbol{Q}$。而后根据模糊推理系统得到模糊控制器输出 u_f，进而得到自适应律 $\dot{\underline{\boldsymbol{\psi}}}$、$\dot{\varphi}$ 和鲁棒控制器的输出 u_r。最后得到系统的控制输出。模糊自适应补偿控制算法流程见图 8-40。

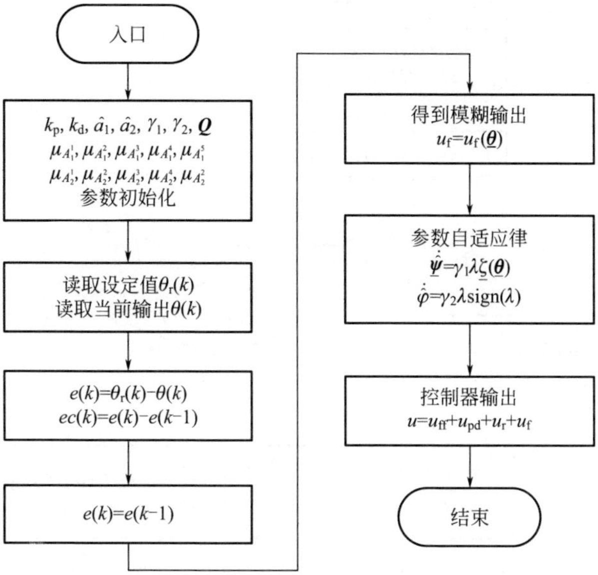

图 8-40 模糊自适应补偿控制算法流程图

④ 复合补偿控制算法的实现 复合补偿控制算法由变速积分 PID 控制和基于自调整比例因子的模糊自适应控制组成，并通过模糊切换方式，在当偏差 e 较大时，输出控制量主要由模糊自适应控制器提供。偏差 e 较小时，系统主要由变速 PID 控制实现稳态控制。因此，算法的设计可以分为变速积分 PID 控制的设计、模糊自适应控制的设计以及模糊切换的设计共三大部分。

变速积分 PID 控制器是根据偏差 $|e(k)|$ 的大小，来相应地改变积分项的大小，避免了积分饱和、大超调甚至是振荡现象的发生，提高了控制的品质。其流程图如图 8-41 所示。

模糊自适应控制方法中，通过引入一个在线自适应调整因子来实现比例因子根据速度偏差及偏差变化的自修正，保证了系统超调小，且响应快速；引入一种基于负梯度下降的控制规则交互学习算法实现在线调整，实现系统的自适应控制。其流程图如图 8-42 所示。

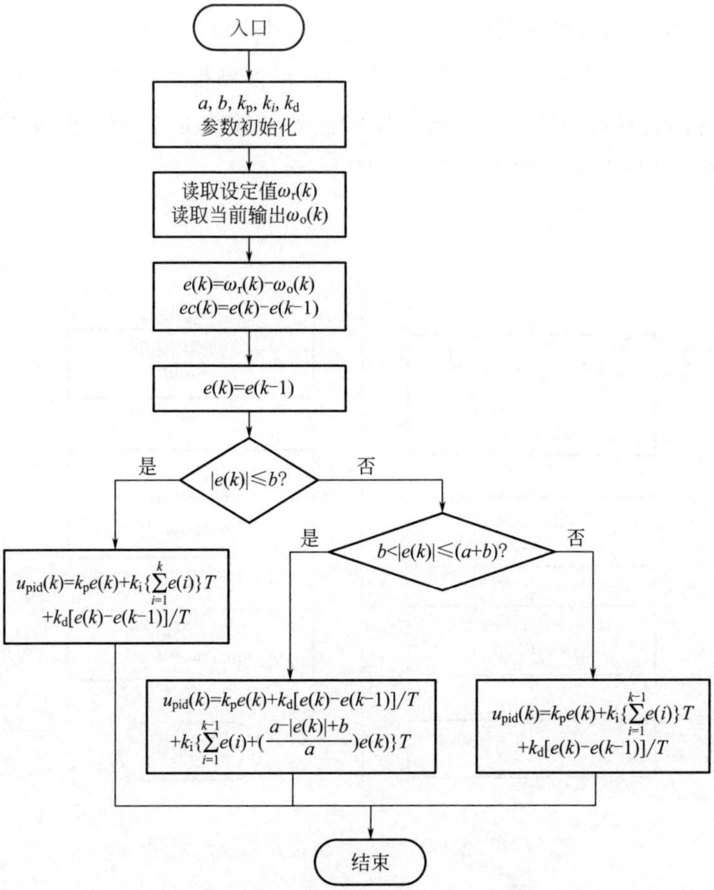

图 8-41 变速积分 PID 控制流程图

模糊切换方式是依据“模糊切换规则”获取两种控制方式的控制强度分量，使得当偏差 e 较大、系统处于暂态过渡过程时，输出控制量主要由模糊自适应控制器提供。当由暂态进入稳态，偏差 e 较小时，系统主要由变速 PID 控制实现稳态控制。模糊切换方式的流程见图 8-43。

(3) 实验及结果分析

① 基于 IVDOB 的模糊自适应控制实验及结果分析　本章对基于 IVDOB 的模糊自适应控制进行了实验，系统采用 STM32F103RCT6 作为处理器，整个控制周期约为 30ms；采用光电编码器作为位置传感器；采用某 MEMS 陀螺仪和加速度计作为速率传感器和加速度传感器。

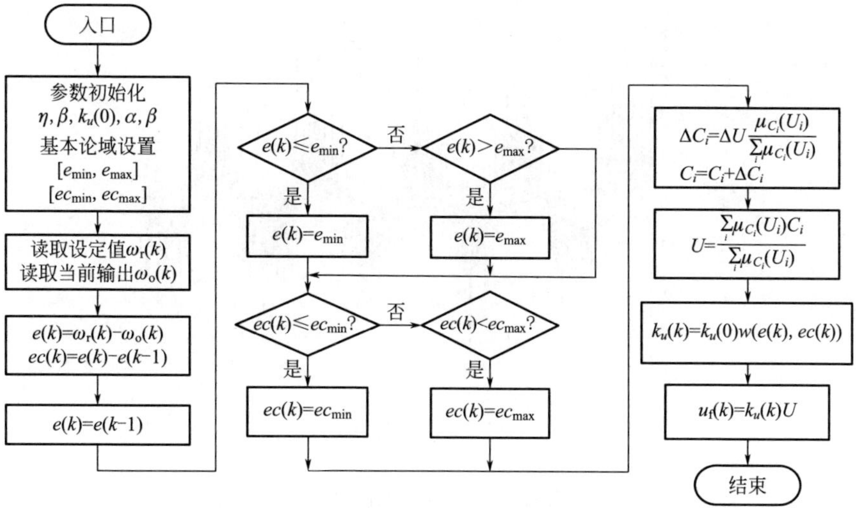

图 8-42 模糊自适应控制流程图

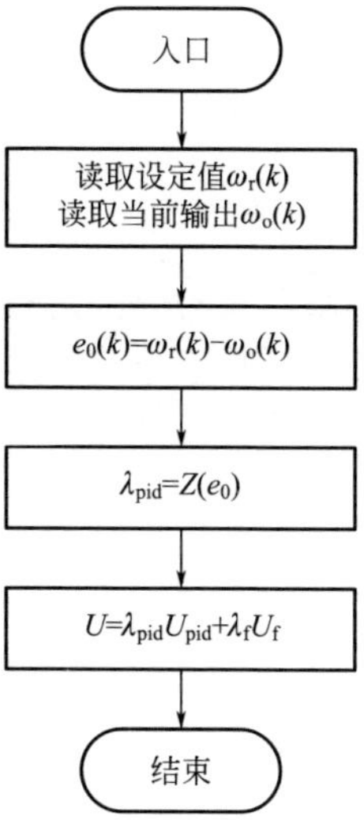

图 8-43 模糊切换方式流程图

图 8-44 为光电载荷云台抑制力矩扰动的对比结果。由力矩扰动引起的云台速度响应均方值从 0.139(°)/s 下降到 0.055(°)/s。图 8-45 为云台对机体速度扰动补偿能力的对比结果。在引入 VDOB 后，速度响应曲线还存在一定的偏差，其速度响应均方值约 0.015(°)/s，引入 IVDOB 后，其速度响应均方值约为 0.003(°)/s。可见，IVDOB 补偿力矩和速度扰动的能力均明显提高。

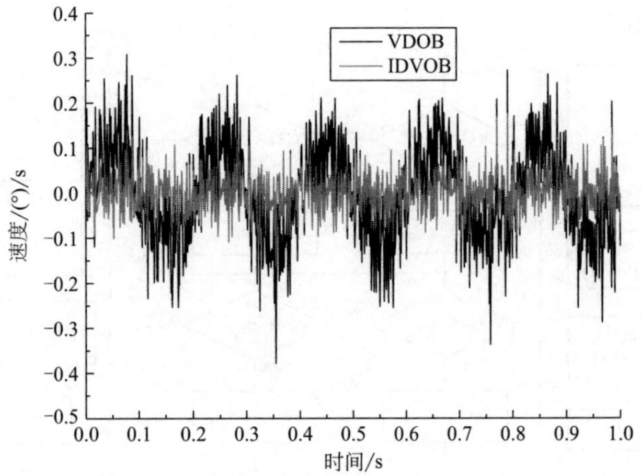

图 8-44 抑制力矩扰动的对比结果（电子版）

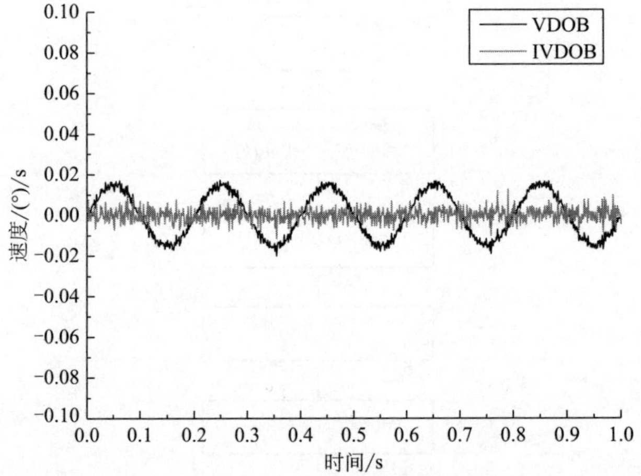

图 8-45 抑制速度扰动的对比结果（电子版）

图 8-46(a) 描述采用 VDOB 后视轴的角度误差曲线，其角度误差最大值不超过 0.8°，误差均方值小于 0.25°。图 8-46(b) 描述采用 IVDOB 后视轴的角度误差曲线，其误差均方值小于 0.02°。显然 IVDOB 结构相对 VDOB 具有更好的抑制载体扰动能力和更高的稳定精度。图 8-47(a) 为未知干扰，模糊自适应控制补偿力矩扰动 T_D 的结果见图 8-47(b)。模糊自适应控制的输出与扰动曲线基本一致，说明了其对力矩扰动良好的补偿能力。

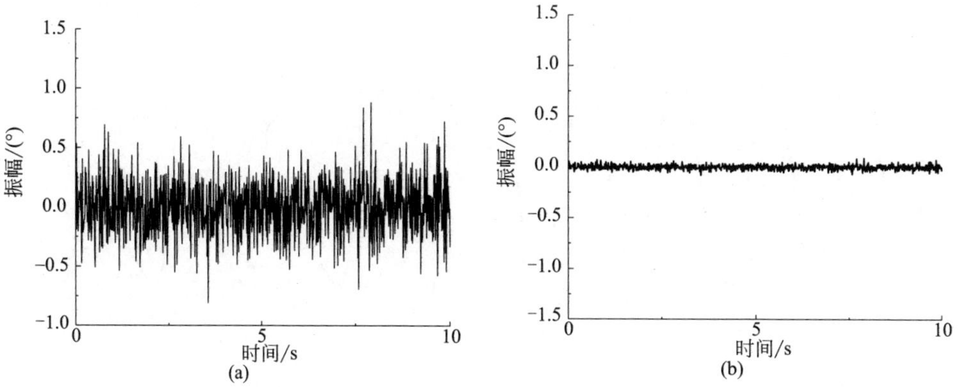

图 8-46 视轴稳定误差对比结果

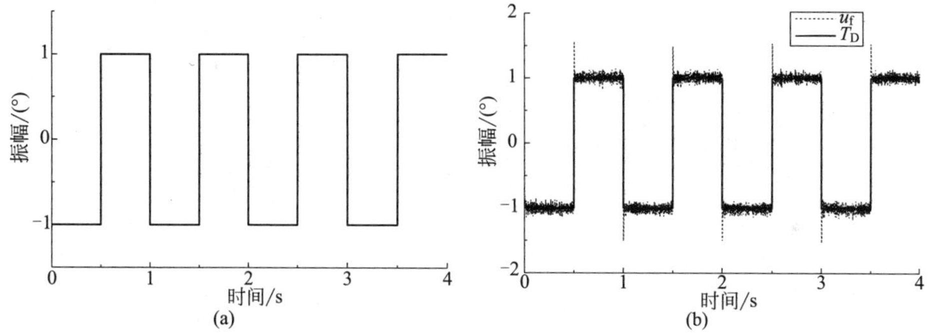

图 8-47 引入的力矩扰动 T_D 与模糊自适应控制器补偿效果

图 8-48 所示为未引入模糊自适应控制器的跟踪曲线及跟踪误差。可以看出，其跟踪误差达到了 0.2°，难以实现机载云台对给定信号的精确跟踪。图 8-49(a) 所示为采用本章设计的补偿控制方法对正弦信号的跟踪曲线，其跟踪误差最大值不超过 0.08°，且跟踪误差有界，如图 8-49(b) 所示。显然，本章设计的控制方法跟踪效果较为理想，能够精确跟踪给定位置信号。

图 8-50 所示为采用模糊自适应补偿控制方法，在外界风速约为 3.2m/s 时对给定信号的跟踪效果和跟踪误差曲线。从图 8-50 中可以看出，在外界有风干扰时能够精确跟踪给定位置信号，在给定切换点处存在的误差不超过 0.8°，且基本不存在振荡。在非切换处的误差不超过 0.1°。

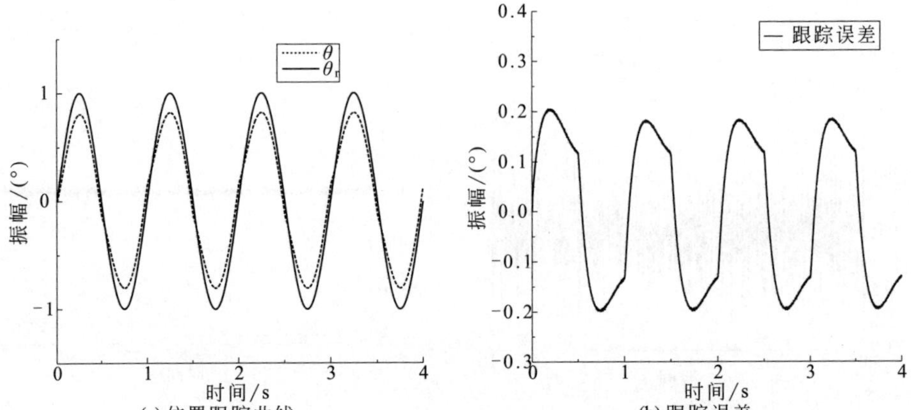

(a) 位置跟踪曲线　(b) 跟踪误差

图 8-48　未引入模糊自适应控制的跟踪曲线和跟踪误差

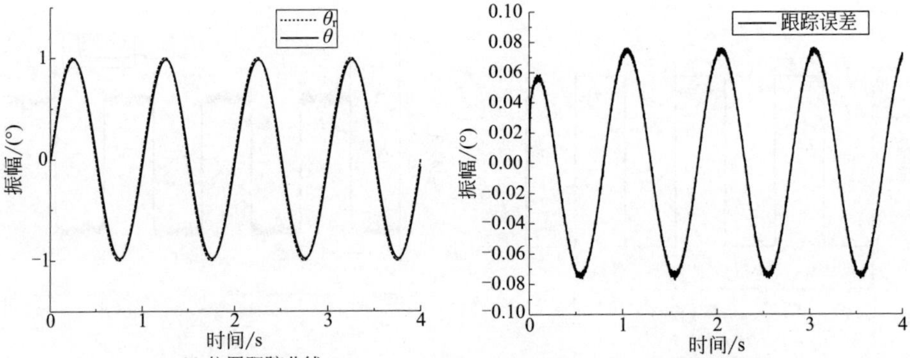

(a) 位置跟踪曲线　(b) 跟踪误差

图 8-49　引入模糊自适应控制器的跟踪曲线和跟踪误差

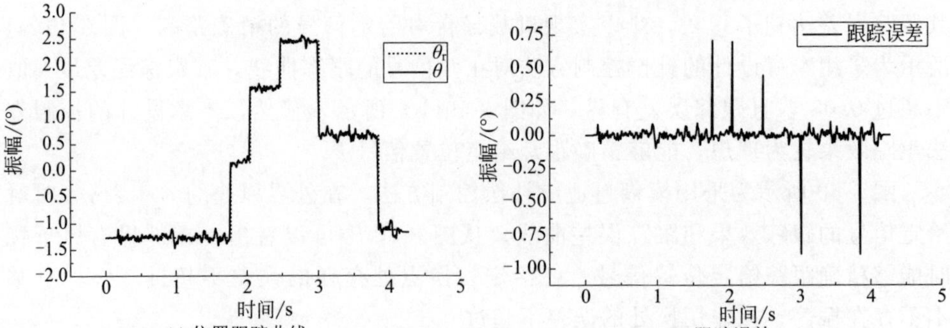

(a) 位置跟踪曲线　(b) 跟踪误差

图 8-50　在外界有风时的跟踪曲线和跟踪误差

② 复合补偿控制实验及结果　在同种稳定控制器作用下，分别采用单速度环结构和双速度环结构来验证这两种控制结构对扰动的抑制能力。其视轴稳定结果如图 8-51 所示。可以看出，采用单速度环结构时视轴稳定误差最大值为 0.10°，采用双速度环结构时视轴稳定误差值最大值约为 0.06°。结果表明，双速度环结构具有更好的抑制扰动的能力。

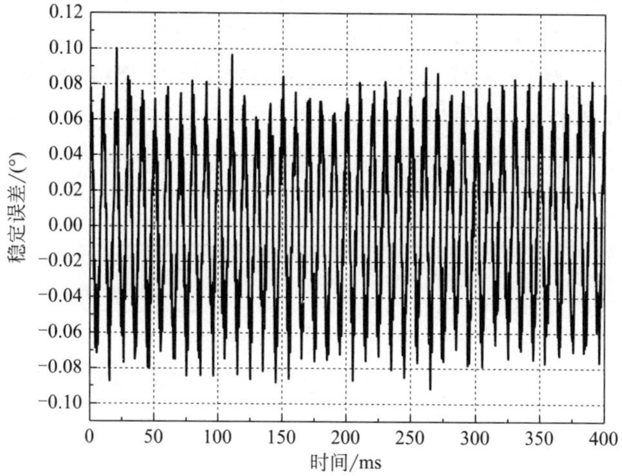

(a) 单速度环

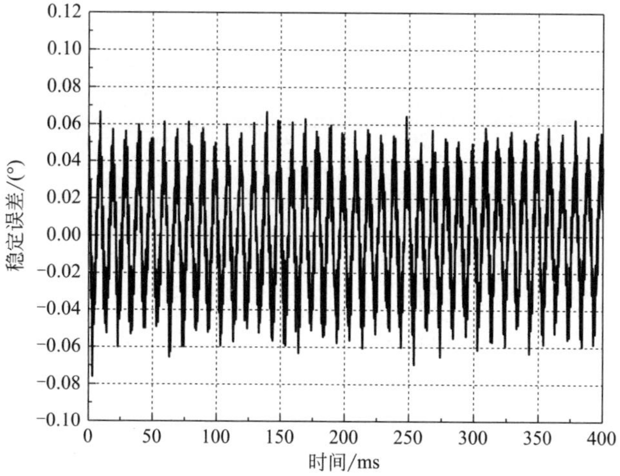

(b) 双速度环

图 8-51　控制结构的视轴稳定对比实验

通过伺服控制系统的动态响应和稳态精度的对比实验来对模糊自适应 PID 复合控制方法进行验证。其中速度跟踪误差 e、误差变化 ec 以及控制输出量的

基本论域分别为 [−50, 50] [(°)/s]、[−500, 500] [(°)/s^2] 和 [−12.5, 12.5] (V)；模糊系统输入模糊化的量化因子 $k_e=1/50$，$k_{ec}=1/500$，自调整比例因子初始值 $k_u(0)=8$，自适应调整因子的参数初始值分别取 $\alpha=3$，$\beta=1.5$，$\gamma=0.75$，则自适应调整因子为：$w(e,ec)=1-0.75\exp[-(3e^2+1.5ec^2)]$，控制规则的自学习的参数分别取 $\rho=3$ 和 $\eta=0.2$。实际运行过程中，利用自适应机构的自学习功能来在线修正 $w(e,ec)$和控制规则。采用临界比例度法对变速积分 PID 控制器参数进行初步整定，再依据控制结果进行修正。

a. 伺服控制系统的动态响应实验。通过分别采用常规模糊控制器和模糊自适应 PID 复合控制器时系统的阶跃响应曲线来对比分析系统的动态性能。在给定速度为 20 [(°)/s] 时系统的阶跃响应曲线对比结果如图 8-52 所示。

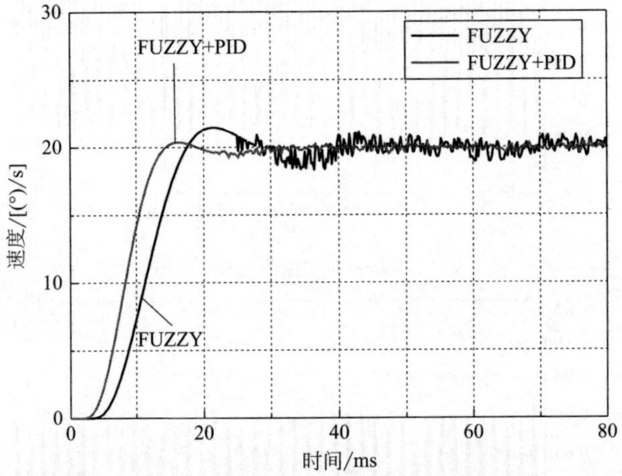

图 8-52　与常规模糊控制方法的稳定控制阶跃响应对比（电子版）

由图 8-52 可见，模糊自适应 PID 控制的超调量约为 5.2%，调节时间约为 20ms；常规模糊控制的超调量约为 10.5%，调节时间约为 40ms。复合控制的设计以及自适应机构的引入对抑制超调、提高系统响应速度起到了有效作用，提高了其稳态精度。同时，由于采用了模糊切换方式，复合控制的切换抖动也得到了抑制。

b. 伺服控制系统的稳态精度实验。其稳态性能通过视轴稳定误差对比实验来验证。在机载云台给定速度为 0 时，采用常规模糊控制器和本文提出的复合控制器的稳定误差曲线如图 8-53 所示。

图 8-53(a) 为采用常规模糊控制的稳定误差结果，其稳定误差在 ±0.02°之间，稳定精度约为 0.26mrad；图 8-53(b) 为采用模糊自适应 PID 复合控制器的

稳定误差曲线，其稳定误差均小于 0.01°，稳定精度约为 0.13mrad，其稳定精度和运动平稳性均优于常规模糊控制，表明模糊自适应 PID 复合控制克服了由非线性扰动因素产生的偏差，具有良好的控制性能和鲁棒性。

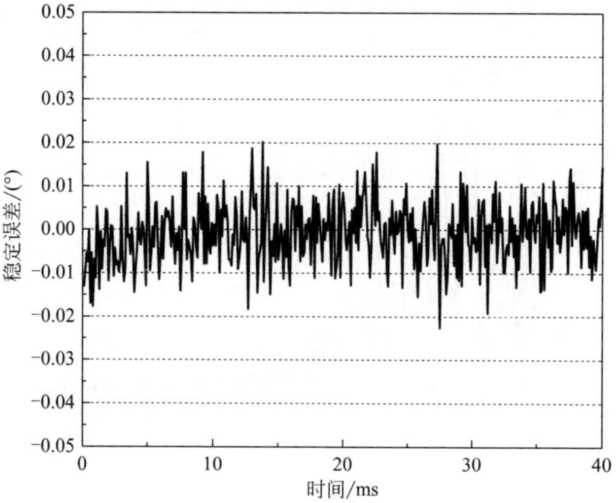

(a) 常规模糊控制方法

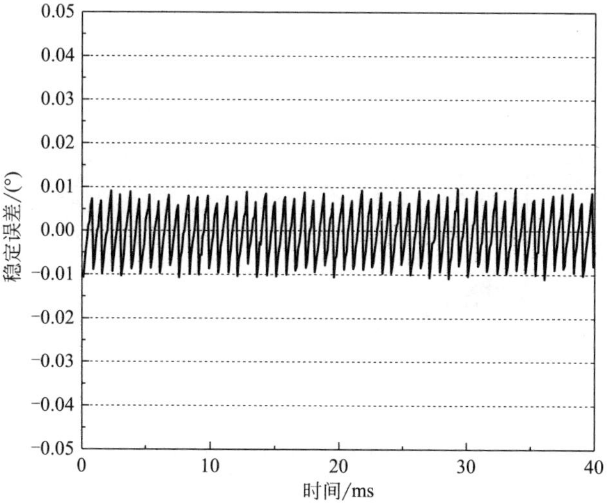

(b) 模糊自适应PID复合控制方法

图 8-53 视轴稳定误差曲线对比

通过对机载云台振动的频域分析来验证隔振系统与基于模糊自适应 PID 复合控制相结合的复合补偿控制方法的有效性。以俯仰通道为例，加速度计采样频率是 330Hz，对加速度信息进行 FFT 振动分析，实验结果如图 8-54 所示。图 8-54(a)

是未引入隔振系统前，机载环境中振动范围广、幅度大。图 8-54(b) 是引入隔振系统后，振动幅值约下降至引入前的 1/5，振动隔离度提高了约 15dB，尤其振动高频部分显著减小。

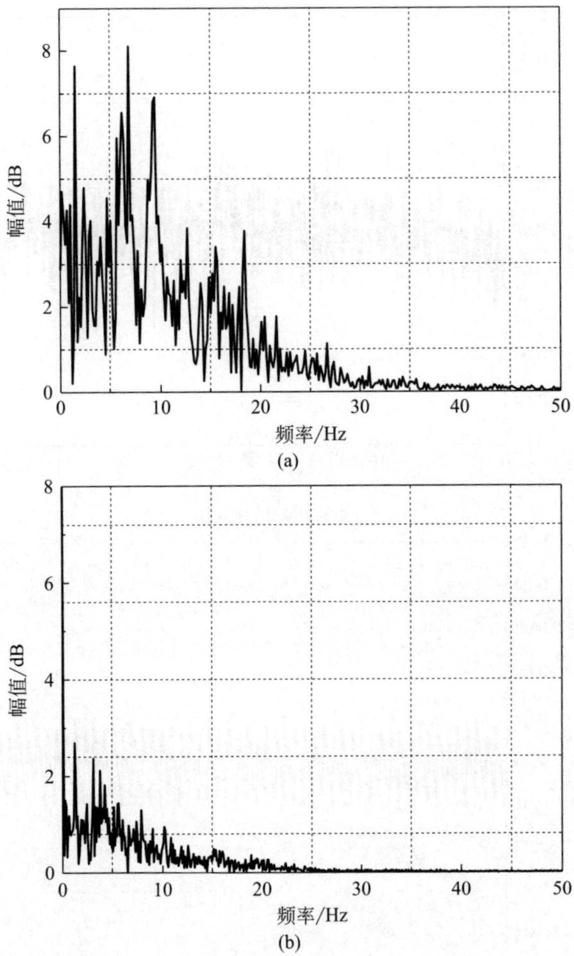

图 8-54 隔振系统抑制振动对比结果

8.2 生物制剂投放装置设计

多旋翼无人机在生物防治上具有良好的应用价值。为了更好地进行农作物病虫害防治，作者所在团队设计了一种适用于防治旱地及水田作物害虫的赤眼蜂智能投放系统。投放桶（如图 8-55 所示）由纤维一体化制成，置于多旋翼无人机的正下方，通过桶边的支架固定在起落架上，其中充满了装有赤眼蜂虫卵的小球，投放桶底装有舵机和投放阀门，控制器通过通信总线从无人机获取飞行信息，传输 PWM 信号控制舵机的开关，使阀门开启、闭合，从而控制赤眼蜂的投放速率和投放时机。赤眼蜂投放装置结构示意图如图 8-56 所示。

图 8-55　赤眼蜂投放桶

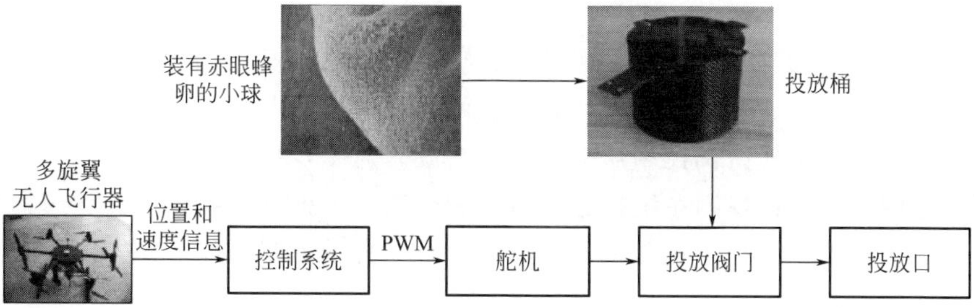

图 8-56　赤眼蜂投放装置结构示意图

多旋翼无人机自主飞行过程中，根据预设投放间距给出目标动作点位置，实际作业中考虑平动速度导致赤眼蜂呈抛物线轨迹的情况，根据飞行高度、当前位置、飞行速度，解算得到提前投放动作位置，保证赤眼蜂着陆点为预设间距对应位置。同时对动作点位置信息进行存储，作业完成后可根据实际着陆点检验精准投放技术的有效性。

8.3 农药喷洒装置设计

目前，相对于成熟发达的欧美、日本无人机喷洒系统，国内机载农药喷洒专用装置，尤其是具备变量喷洒功能的机载喷洒装置还存在较大的空白。德国VARIO公司多用途无人机研制了机载喷雾系统，并设计了专用于无人机喷雾的远程控制系统，通过地面远程遥控控制喷雾系统的施药工作，但其研制的是定量喷洒系统，无法根据无人机飞行速度调整其喷洒速率，以达到均匀喷洒的效果。

本项目基于可调速流量泵，设计了一种PWM调速变流量喷洒技术，首先给出整机挂载农药桶的整机结构如图8-57所示。

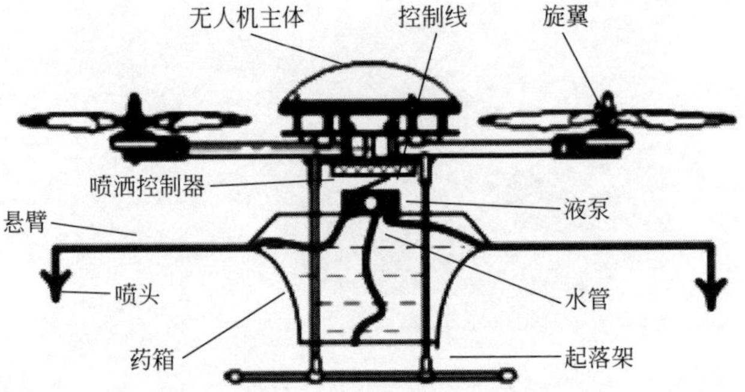

图 8-57 农药桶整机结构图

图8-58描述了农药喷洒装置的控制框图，其中无人机控制系统导航模块给出当前飞行速度，通过飞行速度计算对应流量泵电机的PWM占空比，即驱动电机的转速。喷头旋转微调控制器控制各喷头旋转速度，可对农药喷洒面的大小进行调整。同时无人机控制系统根据流量的积分时间，推算满载运行后农药桶的农药余量，余量不足时提示控制台进行返航。根据变量控制原理，具体设计方法描述如下。

① 驱动电机PWM值范围为0～100。

② 飞行速度每增加1m/s，PWM值线性增加10%，飞行速度超过10m/s，PWM最大。

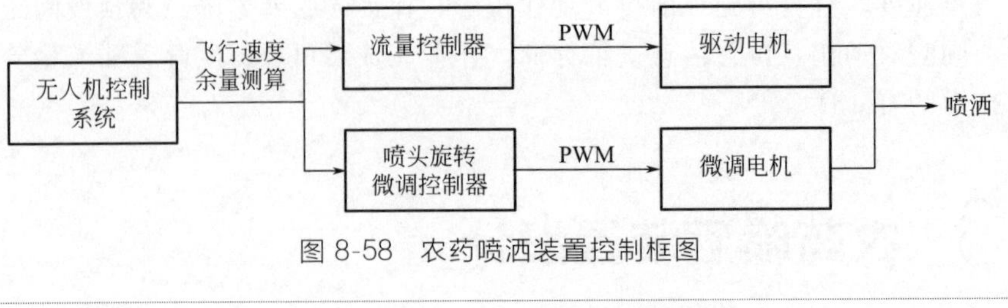

图 8-58 农药喷洒装置控制框图

③ 飞行速度达到1m/s时，开启流量泵，否则关断。

④ 喷头旋转微调 PWM 值范围为 0～90，占空比 0%时不进行旋转，农药以水龙头形式进行喷洒；占空比 90%时，以近似平面状态进行离心喷雾。

多旋翼无人机带载喷洒装置进行农田作业情况如图 8-59 所示。药箱容积为 10L，喷杆上排列四个压力离心喷头，喷幅宽度为 6m，流量可调，流量范围为 0～4.5L。经实验，喷洒系统喷洒均匀，喷洒效果良好。

图 8-59　农药喷洒装置作业情况

参考文献

[1] 刘瑞，蒋蓁，雷小光. 小型机载云台结构设计和分析[J]. 机电工程，2010，2：5-7.

[2] 范大鹏，张智永，范世珣，等. 光电稳定跟踪装置的稳定机理分析研究[J]. 光学精密工程，2006，14（8）：673-680.

[3] 王晓军，贾继强，王俊善. 机载三轴稳定平台跟踪方法研究与仿真[J]. 计算机仿真，2008，25（5）：51-54.

[4] 王合龙，朱培申，姜世发. 陀螺稳定平台框架伺服系统变结构控制器的设计和仿真[J]. 电光与控制，1998，70（2）：24-29.

[5] MARATHE R，KRISHNA M. H∞ Control law for line-of sight stabilization for mobile land vehicles [J]. Optical Engineering，2002，41（11）：2935-2944.

[6] 安源，许晖，金光，等. 动载体光电平台角振动隔振设计[J]. 半导体光电，2006，5：614-617.

[7] 董岩. 基于神经网络的机载三轴稳定平台控制系统算法应用研究 [D]. 长春：中国科学院长春光学精密机械与物理研究所，2011.

[8] 卢广山，姜长生，张宏. 机载光电跟踪系统模糊控制的优化与仿真 [J]. 航空学报，2002，23（1）：85-87.

[9] 扈宏杰，王元哲. 机载光电平台的复合补偿

方法 [J]. 光学精密工程，2012，20(6)：1272-1281.

[10] WANG L X. Fuzzy basis functions，universal approximation，and orthogonal least-squares learning [J]. IEEE Transactions on Neural Networks，1992，3(2)：807-814.

[11] PARK S，KIM B K，YOUM Y. Single Mode Vibration Suppression for a Beam-Mass-Cart System Using Input Preshaping with a Robust Internal-Loop Compensator [J]. Sound vib，2001，241(4)：693-716.

[12] ZHOU H R，KUMAR K S P. A "current" statistical model and adaptive algorithm for estimating maneuvering target [J]. AIAA Journal，Guidance，Control and Dynamics，1984，7(5)：596-602.

[13] 黄永梅，马佳光，傅承毓. 预测滤波技术在光电经纬仪中的应用仿真 [J]. 光电工程，2002，29(4)：5-9.

[14] KALATA P R. The tracking index：a generalized parameter for α-β，α-β-γ target trackers [J]. IEEE Transaction on Aerospace and Electronic Systems，1984，20(2)：174-182.

[15] VERHAEGEN M，DOOREN P. V. Numerical aspects of different Kalman filter [J]. IEEE Transaction on Automatic Control，1986，31(10)：907-917.

[16] 胡祐德，马东升，张莉松. 伺服系统原理与设计 [M]. 北京：北京理工大学出版社，1999.

第9章

多旋翼无人机应用示范

9.1 生物防治应用

生物防治技术的大面积推广与应用，是实现环境友好安全、持续有效控制害虫的有效措施。我国生物防治产业的发展虽然已经取得显著成效，然而还存在技术瓶颈。如赤眼蜂的应用面积大，只靠人工淹没式释放，劳动力成本高，时效性差，漏防面积大，降低防治效果。目前，基于多旋翼无人机的智能投放系统具有机动灵活、效率高、成本低、可操作性强等多优点，对促进传统生物防控产业发展和技术提升具有重要意义。

作者所在团队使用自主研制的多旋翼无人机智能投放系统在辽宁、黑龙江、内蒙古、吉林等地共作业 10 万余亩次，测产结果显示：使用生物防治相比于化学农药防治玉米每亩增产 130 元、油菜每亩增产 110 元，减施增效明显。其中，玉米生物防治平均驻穗率减低 76.8%、增产 9.31%、机收掉棒率减低 82.6%，每亩增加直接经济效益约 120 元（玉米按 0.8 元/斤计算）。

9.1.1 基于多旋翼无人机的智能投放系统应用示范

将需要作业田块的四个角点 GPS 坐标进行高斯-克吕格（Gauss-Kruger）投影变换至平面坐标，在地图上标记出田块边界，进行多旋翼无人机的自主飞行轨迹规划，如图 9-1 所示。假设赤眼蜂孵化后的活动范围为半径为 r_1 的红色圆形区域，试验田块为 $a\times b$ 的矩形。为保证完全覆盖，则投放间隔和飞行的间距定为 s_1，且 $s_1<\sqrt{2}r_1$，以“之”字形往返完成投放任务，其中第一个投放点距离田块两边距离要小于$\sqrt{2}r_1/2$，此时理论上可以对田块进行全覆盖。

在内蒙古自治区呼伦贝尔市海拉尔某农场约 106m×310m 近似菱形的油菜田给出示范验证。飞行轨迹和期望规划轨迹对比结果如图 9-2 所示，图中红色曲线为期望飞行轨迹，由操作员在地面软件系统的三维地图中直接绘制；蓝色曲线为实际飞行轨迹，是多旋翼无人机将飞行数据实时传输给上位机，由地面软件系统自动描绘。可以看出实际飞行轨迹基本符合规划。

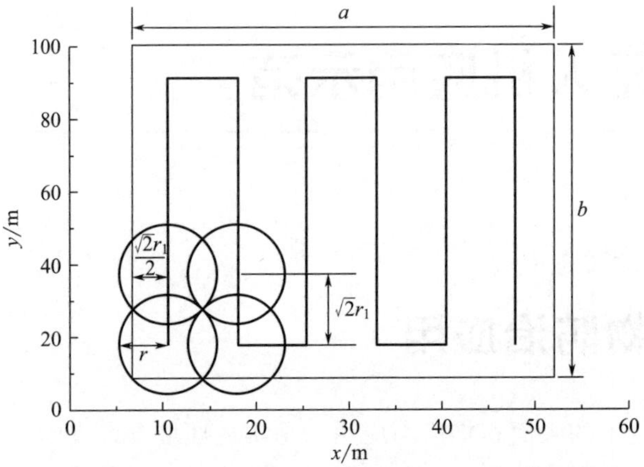

图 9-1 轨迹规划示意图

图 9-2 实际飞行轨迹和期望规划轨迹对比图（电子版）

不同农艺的作业质量评价指标也不同，对油菜的赤眼蜂投放系统而言，投放的覆盖率和整个投放系统的单位时间作业面积，会直接影响到作业效果。为检验自主模式下的赤眼蜂智能投放系统的作业效果和质量，假设赤眼蜂卵质量均匀，孵化率理想，且不考虑气流造成的投放偏差，赤眼蜂卵的实际投放地点满足如下公式：

$$\begin{bmatrix} x_1 \\ y_1 \end{bmatrix} = \begin{bmatrix} x_2 \\ y_2 \end{bmatrix} + \begin{bmatrix} \sin\psi \\ \cos\psi \end{bmatrix} \sqrt{\frac{2h}{g}} v m^2 \tag{9-1}$$

式中，x_2、y_2 为多旋翼无人机投放赤眼蜂的位置；x_1、y_1 为赤眼蜂卵掉落的位置；ψ 为无人机航向；h 为飞行高度；g 为当地的大地加速度；v 为飞行速度；m 为单次投放的质量。

根据实际作业航线和传回的实际飞行数据得到赤眼蜂投放点，如图 9-3 所示。根据事先实验，每次投放的赤眼蜂卵的有效范围为半径 12m 的圆形区域，面积约为 $452m^2$。投放赤眼蜂的有效覆盖图如图 9-4 所示。

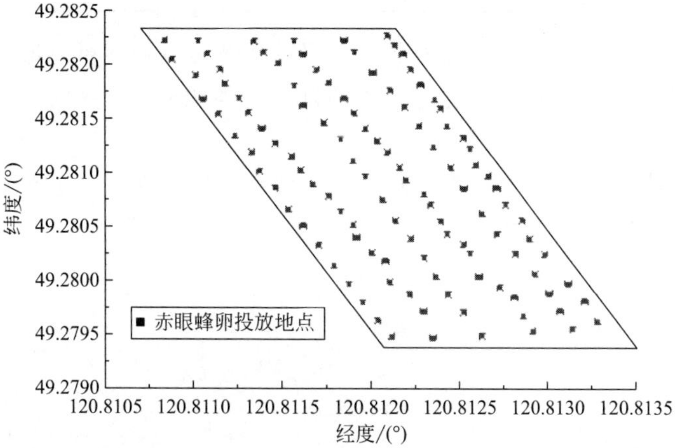

图 9-3　赤眼蜂投放点

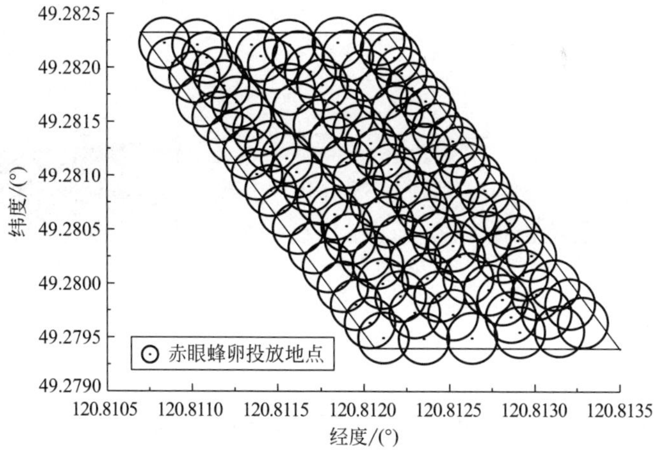

图 9-4　赤眼蜂投放有效覆盖范围

后期进行了 3 次田间孵化率调查，结果分别为 87.57%、82.95%、86.92%，平均孵化率为 85.81%。对该次飞行作业的投放面积、覆盖面积及单位时间投放面积等评价指标做简单的估算，统计结果如表 9-1 所示。

表 9-1 赤眼蜂投放系统相关参数估计

参数	数值	参数	数值
实验田总面积/m^2	31000	平均孵化率/%	85.81
投放覆盖面积/m^2	接近 31000	投放时间/s	190
投放遗漏面积/m^2	0	单位时间投放面积/(m^2/min)	9700
覆盖率/%	100		

由此可见，基于多旋翼无人机的智能投放系统可以稳定可靠地完成赤眼蜂的投放工作，投放效率和经济效益方面表现良好，实现了多旋翼无人机的自主生物防治。

图 9-5 描述了基于多旋翼无人机的智能投放系统在呼伦贝尔农垦、黑龙江农垦、辽宁两家子农场、沈阳军区、松原市、公主岭市等地进行生物防治应用示范。

(a) 呼伦贝尔农垦，油菜　(b) 吉林省公主岭，水稻　(c) 吉林省松原，玉米

(d) 黑龙江农垦，玉米　(e) 沈阳军区老菜农场，玉米　(f) 辽宁两家子农场，玉米

图 9-5 生物防治应用示范

9.1.2 基于多旋翼无人机的智能投放系统标准化操作流程

基于多旋翼无人机智能投放赤眼蜂的智能投放系统的标准化操作流程如下。

实验目的：采用多旋翼无人机智能投放系统投放赤眼蜂，生态防治玉米螟。

实验设备：多旋翼无人机，赤眼蜂智能投放装置，无人机地面站。

参试人员：无人机驾驶员，地面站操作人员。

实验方法如下。

① 根据待作业田地的大小，将田地划分为一个或多个区域。每个区域的形状接近矩形，区域的长宽比不宜过大，区域面积要小于无人机单次飞行所能覆盖的面积。在作业任务前，进行多旋翼无人机和赤眼蜂智能投放装置的安装及检查。

② 在每个区域飞行前，将无人机放置在该区域附近并接通电源。地面站操作人员使用地面站编辑无人机在该区域内的飞行航线，设置合适的无人机飞行高度、飞行速度和航线间距，使赤眼蜂播撒范围充分覆盖该区域。

③ 飞行航线编辑完成后，如果地形开阔平坦，地面站操作人员可以直接使用地面站控制无人机在GPS模式下自主起飞，之后直接进入航线飞行。如果地形狭窄、地面起伏变化大，无人机驾驶员采用手动模式人工操纵起飞，待升到一定高度后，切换到GPS模式，进入航线自主飞行。无人机在GPS模式自主飞行中，无人机驾驶员一直手持遥控器，监视无人机的飞行状况，在出现意外情况时迅速切换到手动模式进行迫降。同时地面站操作人员监视地面站上无人机的飞行轨迹和飞行参数，及时与无人机驾驶员进行沟通。在无人机升空以后，赤眼蜂投放装置开始工作，每隔一定间距投放一定量的赤眼蜂。对于某些需要补充投放赤眼蜂的地方，可以再次编辑航线或者采用人工操纵进行补充飞行投放赤眼蜂。

④ 完成该区域的全部航线飞行任务后，无人机驾驶员将无人机切换到手动模式降落到指定地方，检查电源电量和赤眼蜂存储量，及时更换电池、添加赤眼蜂，进行下一个区域的飞行投放。

9.2 精准农业应用

在传统农业生产方式下，农民无法得知病虫害的详细分布信息，仅仅依靠经验用药，会造成农药的过量使用，既污染了土壤、水体和大气，又带来了严重的食品安全问题。精准农业与传统农业相比最大的优点是以高新技术和科学管理换取对资源的最大节约，是农业实现低耗、高效、优质、环保的根本途径。由于实行了因土而异、因时而异、因作物而异的耕作方法，它在节约各种原料的投入、降低农业生产成本、提高土地收益率和环境保护等方面都明显优于传统农业。

当前多旋翼无人机具有成本低、起降灵活、操作便捷等特点，已经成为精准农业领域一个重要的使用工具。以多旋翼无人机为载体，结合传感器与光谱仪等技术，在植保过程中同时收集农业虫害、长势等信息数据，以近于免费的方式高效、大规模地获取高时效性、高置信度的农业信息，实现精准用肥用药，解决制约我国农业现代化进程中最大的瓶颈问题。

9.2.1 多旋翼无人机光谱遥感系统

作者所在团队结合自主研制的多旋翼无人机和机载光谱仪建立光谱遥感数据采集系统。其中，采用遥感载荷-飞行平台-无人机的传输方式，能够实时传输位置信息和遥感信息。系统在这 3 个工作节点，都对采集的遥感数据进行了实时存储，实现多环节数据存储和备份，如图 9-6 所示，使用的美国 ASD（Analytical Spectral Device）FieldSpec HandHeld 便携式光谱仪将采集的遥感数据进行本地存储备份，同时回传至飞行平台。平台对数据进行校验和板载 SD 卡存储。在飞行平台与地面站的实时通信中，将遥感数据和位置信息组合成数据包，通过 900M 的无线数传模块上传至地面站窗口显示并保存。飞行平台备份遥感载荷数据会产生极少量数据误码，地面站备份时由于无线传输会产生微量误码。然而多环节的备份可为实验自由选择数据源提供方便，选择地面站数据时可以直接通过窗口观测遥感数据，使用飞行平台 SD 卡的遥感数据，可以在实验结束后详细分析多项参数。

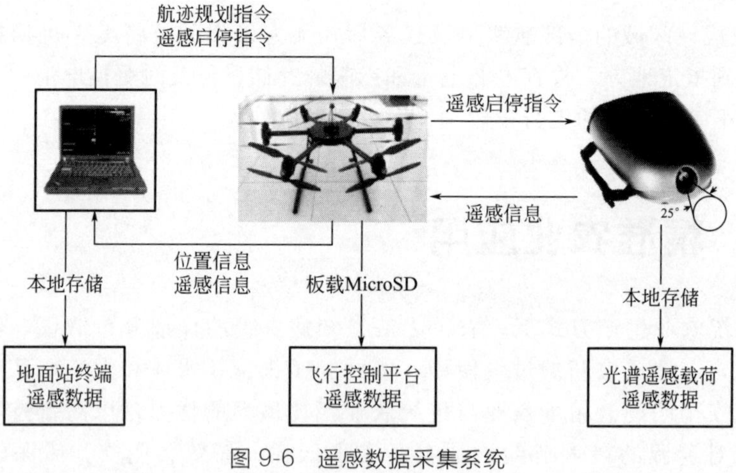

图 9-6 遥感数据采集系统

ASD FieldSpec HandHeld 便携式光谱仪适用于从遥感测量、农作物监测、森林研究到工业照明测量，海洋学研究和矿物勘察的各方面应用。其操作简单，软件包功能强大。此仪器可用于测量辐射、辐照度、CIE 颜色、反射和透射。其具体参数指标如表 9-2 所示。

表 9-2 ASD FieldSpec HandHeld 便携式光谱仪参数

参数	数值	参数	数值
波长范围/nm	350～1050	积分时间/ms	$2n$[①]×17
波长精度/nm	0.5	扫描时间/ms	100
波长重复性/nm	优于 0.3	续航时间/h	2.5
光谱分辨率/nm	3	质量/kg	1.5

① $n \in \mathbf{N}$。

9.2.2 水稻氮元素光谱实验分析

基于光谱遥感数据采集系统对水稻 4 个生长关键时期氮素含量进行了航空遥感测量。实验地点位于吉林省公主岭市水稻研究所实验田（124°44′E，43°28′N），该地区为平原地区，土壤类型为水稻土。设计 4 个施氮水平实验区域，分别为不施氮区（N_1）、施氮量 50kg/hm^2（N_2）、施氮量 100kg/hm^2（N_3）和施氮量 200kg/hm^2（N_4）四个区域。

选择天气条件良好、晴朗无风的上午 9:00～10:30，分别在水稻分蘖期、拔节期和抽穗期测定水稻冠层光谱反射率。实验测试时多旋翼无人机遥感系统距离测试区上空 10m 并保持静止，光谱仪视场通过三轴稳定云台保持垂直向下，每个测量区域在不同位置均进行 5 次测量，每次测量开始和结束都对采集位置的光谱进行白板校正，以 5 次实验测量点平均值作为该区域光谱反射值。实验时的数据源选择飞行平台存储的遥感数据，实验场景如图 9-7 所示。

(a) 地面测试

(b) 空中测试

图 9-7 旋翼无人机遥感系统实验场景

(1) 水稻冠层反射光谱特性

图 9-8(a)～(c) 分别为分蘖期、拔节期、抽穗期不同氮素水平下水稻冠层光谱反射率曲线。可以看出，水稻冠层光谱反射率在分蘖期、拔节期和抽穗期随氮

素水平呈现一定的规律性：在可见光区水稻冠层反射率随氮素水平增加呈减小趋势，其中区域 N_1 最高，区域 N_4 最低；在近红外区，光谱反射率一开始随氮素水平增加而增大，但氮素水平增大到一定程度后再增加氮素导致反射率降低，近红外区光谱反射率顺序为 $N_3>N_4>N_2>N_1$。同时高氮素水平下，水稻冠层在近红外区的反射率较高，在可见光区的反射率较低，主要是由于高氮素水平对应着较高的叶绿素含量，而叶绿素在可见光区对蓝、红光具有强烈吸收特性而在近红外区具有高度的反射、散射特性，叶绿素在可见区形成了一个可见光区的小反射峰，能看到对红光与蓝光波段的强吸收，使绿色波段的反射渐近突出。另外，近红外区的光谱反射率 $N_3>N_4$ 表明，当施氮水平超过一定量时，过高的氮素供应反倒影响水稻叶绿素积累，而叶绿素含量是作物长势的重要参数，因此，过高的氮素供应不但造成浪费，还会影响水稻生长。

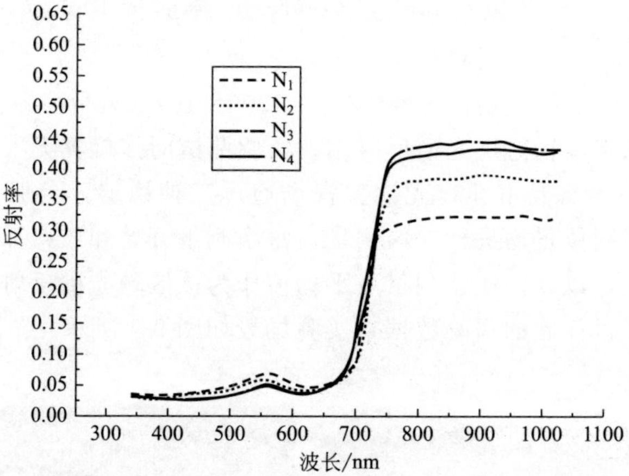

(a) 分蘖期

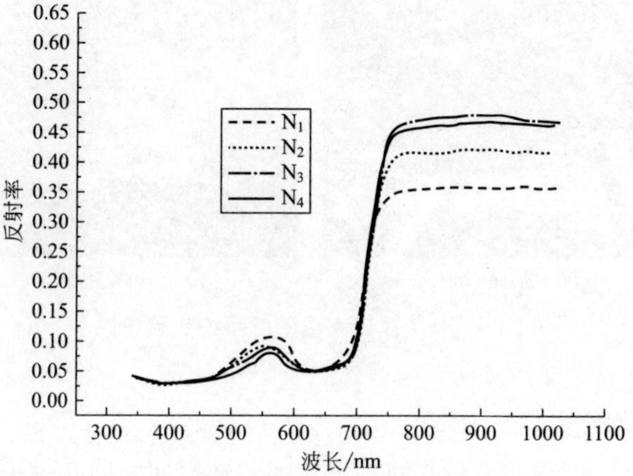

(b) 拔节期

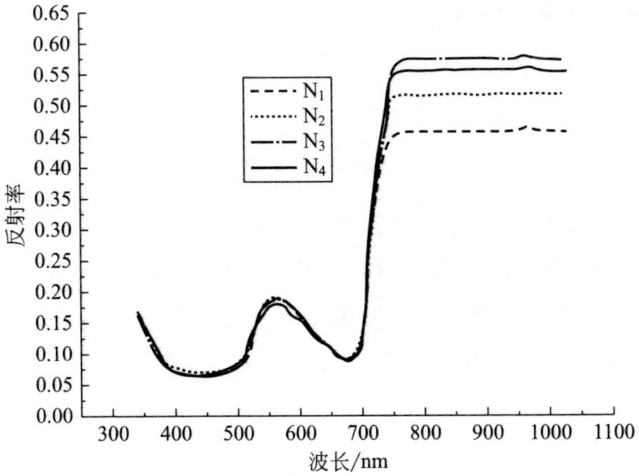

(c) 抽穗期

图 9-8 不同时期、不同区域、不同氮素含量的水稻冠层光谱反射率曲线（电子版）

图 9-9 为 N_3 施氮水平水稻冠层光谱反射率随生长进程变化曲线，可以看出，随着水稻生长进程的增加，水稻冠层光谱反射率增加，其原因是随着生长进程增加，叶绿素的含量不断提高，使得对蓝、红光的吸收效应和近红外的反射效应增强。

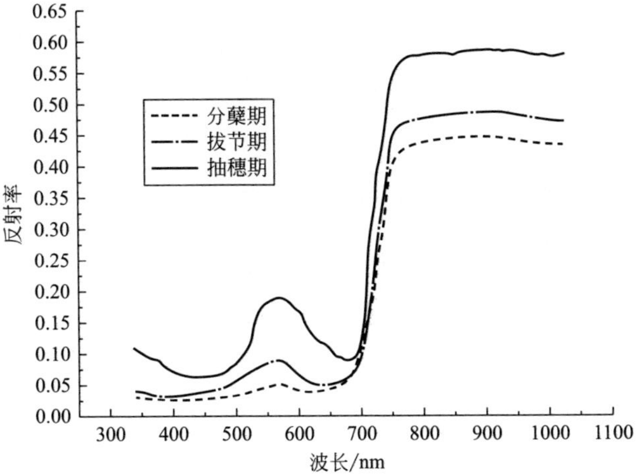

图 9-9 N_3 施氮水平水稻冠层光谱反射率随生长进程变化曲线

（2）不同氮素下水稻植被指数分析

本节给出不同氮素水平下水稻植被指数的变化分析。植被指数用来表征作物生长水平，本节采用比值植被指数（*RVI*）和归一化植被指数（*NDVI*）来分析水稻氮素水平和植被指数的关系：

$$\left\{\begin{aligned} RVI &= \frac{NIR}{R} \\ NDVI &= \frac{NIR-R}{NIR+R} \end{aligned}\right\} \tag{9-2}$$

式中，*NIR* 为红外波段光谱反射率；*R* 为红光光谱反射率。图 9-10 描述由光谱反射率计算得到的植被指数 *RVI* 和 *NDVI*，为减小单点光谱误差影响，*NIR* 为红外波段光谱，选择 760～900nm，*R* 为红光光谱，选择 630～690nm，选择范围与美国陆卫 5 卫星上专题制图仪波段 TM4（760～900nm）、TM3（630～690nm）相当。

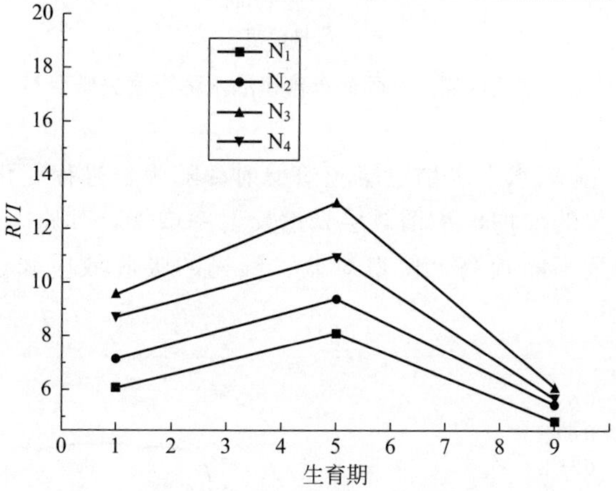

(a) *RVI*

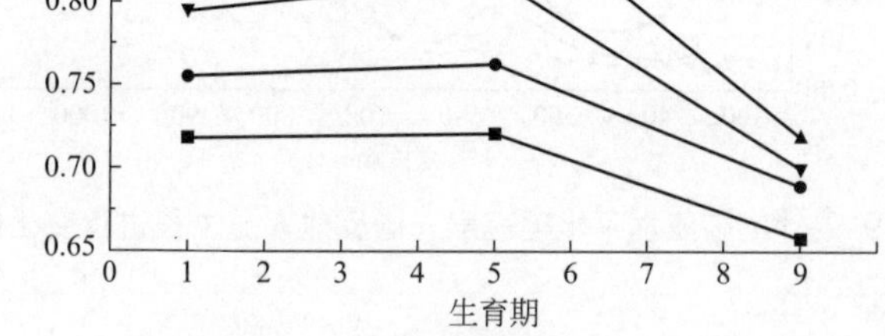

(b) *NDVI*

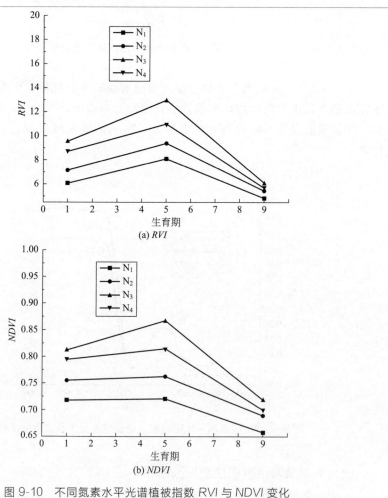

图 9-10　不同氮素水平光谱植被指数 *RVI* 与 *NDVI* 变化

图 9-10 中的水稻生育期划分为九个阶段，分别为发芽期（0-1）、幼苗期（0-1）、分蘖期（1-2）、拔节期（2-3）、孕穗期（3-4）、抽穗期（4-5）、扬花期（5-6）、乳熟期（6-7）、蜡熟期（7-8）、完熟期（8-9）。

从图 9-10(a) 中可看出，水稻植被指数 *RVI* 随生育期进程先增大再减小。四种氮素水平 $N_1 \sim N_4$ 条件下，分蘖期到拔节期之间 *RVI* 不断增大，拔节期至抽穗期之间逐渐减小，且抽穗期 *RVI* 值小于其分蘖期 *RVI* 值。上述变化原因分析为：水稻生长进程中，植株不断壮大，随着叶面积不断增加以及叶绿素含量的增高，对近红外波段的反射率不断增强，同时叶绿素含量的提升使作物对可见波段红光的吸收增强，因此 *RVI* 值在分蘖期到拔节期随生长进程显著增加。从拔节期到抽穗期生长进程中 *RVI* 值显著减小，分析其原因，随着生长进程不断趋于成熟，叶面积逐渐减小，水稻冠层对近红外波段的反射强度逐渐减小，对可见光波段的红光吸收效应减弱，导致 *RVI* 显著减小。另外，随着生长，水稻穗数逐渐增多，稻穗的反射光谱在近红外波段和可见波段，和水稻冠层叶片的反射光谱之间的差异逐渐增大，直接体现为稻穗对水稻冠层光谱的影响不断增强。同时随着水稻成熟进程的增加，水稻叶片颜色逐渐由绿转黄，叶绿素对红光的吸收减弱，可见波段的红光反射增强。因此，水稻 *RVI* 随拔节期向抽穗期进程显著减小。

归一化植被指数 *NDVI* 在分蘖期至抽穗期的生育期内变化如图 9-10(b) 所示，可以看出，*NDVI* 也呈明显的规律性变化，四种氮素水平 $N_1 \sim N_4$ 条件下，从分蘖期到拔节期 *NDVI* 都逐渐增大，拔节期至抽穗期逐渐减小，且抽穗期 *NDVI* 值小于其分蘖期 *NDVI* 值。归一化植被指数 *NDVI* 对简单比值植被指数 *RVI* 进行了非线性归一化处理并限制了 *RVI* 的无界增长，从图 9-10(b) 中也可以看出 *NDVI* 的整体变化规律同 *RVI* 是一致的。

由此可见，相对 N_3 的施氮水平，N_4 施氮水平下水稻 *RVI* 和 *NDVI* 两种植被指数均小于同生育期 N_3 施氮水平水稻的植被指数。因此，植被指数 *RVI* 和 *NDVI* 都可以反映和水稻长势密切相关的叶绿素含量，两种植被指数的大小与氮含量、叶绿素含量有直接对应关系，对过量施用氮素影响水稻生长的现象也可以直观反映在植被指数 *RVI* 和 *NDVI* 上。

9.2.3 水稻叶片信息获取与分析

在本次实验中，光谱遥感系统使用的光谱仪为长春光机所自主研发的商品化微型高光谱仪 MNS2001，参数如表 9-3 所示，微型高光谱仪 MNS2001 实物图如图 9-11 所示。

表 9-3 微型高光谱仪 MNS2001 参数

参数	数值	参数	数值
光谱范围	300～900nm	积分时间	2ms～1min
分辨率	1.4nm(FWHM)	信噪比	300∶1
波长重复性	±0.3nm	体积	70mm×67mm×40mm
杂散光	<0.5%@600nm	质量	275g

图 9-11 微型高光谱仪 MNS2001

为了验证本章设计的无人机光谱遥感系统的稳定性，对水稻进行了田间实验，实验地点位于吉林省公主岭市水稻研究所实验田，时间为 2018 年 7 月 3 日，水稻处于拔节期。实验前，考虑到积分时间对光谱稳定性对比有一定的影响，调节高光谱仪的积分时间为 10ms，实验时将遥感系统飞至测试区上空 10m 并保持悬停状态，光谱仪视场通过三轴云台保持垂直向下。本次实验为验证遥感系统的稳定性，直接测量值为波长－相对光强，而下一步水稻叶面的反射光谱分析人员需要用白板作为基底获得反射谱，因此每次采集目标光谱前后均进行白板校正测量，消除随时间变化太阳光的波动影响。遥感系统实验时在相同测试区域重复测量五次，以验证遥感平台的有效性与稳定性。实验测量时天气晴朗无云，测量时间为上午 10:30～11:30。

测试结果如图 9-12 所示，图 9-12(a) 为本章设计的光谱遥感系统五次测量水稻叶片的相对光强信息，图 9-12(b) 为五次测量的相对误差。

由图 9-12(a) 可以看出，测试结果在 565nm（红波段）相对光强较小，在 680nm（绿波段）相对光强最大。无人机搭载光谱遥感设备 5 次同位置采集所得的相对光强基本接近，验证了该无人机遥感系统的稳定性。

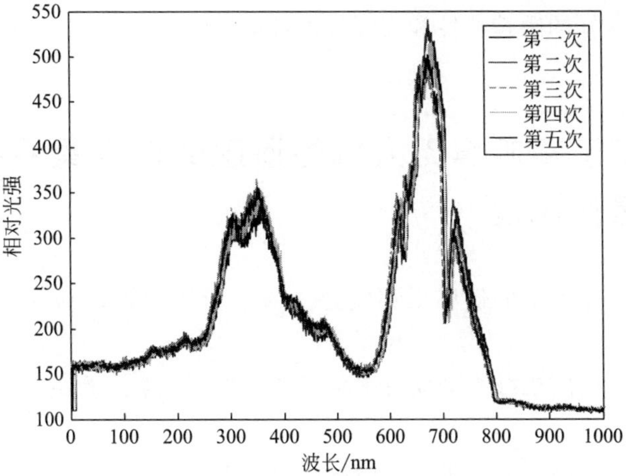

(a) 5次测量值

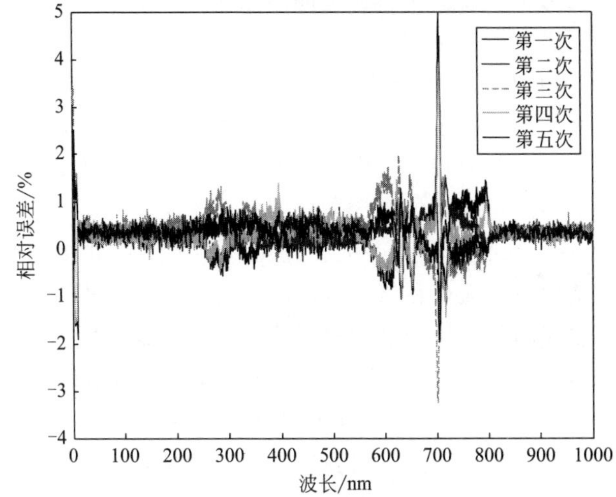

(b) 5次测量相对误差

图 9-12 遥感系统测试结果(电子版)

由图 9-12(b) 可以看出，五次重复测量实验的相对光强相对误差小于 5%，光谱遥感平台具有良好的跟踪特性。遥感系统使用的商品化微型高光谱仪 MNS2001 同位置多次测试的精度优于 0.5%，光谱遥感系统五次测量的最大相对误差约为 5%，超过高光谱仪本身的误差，分析原因主要如下几个方面：①实验设计的五次测量针对同一片区域，无人机控制器的当前位置受 GPS 定位精度的限制，每次测量时会产生偏差；②五次测量时光照会有一定变化，导致每次测量结果有偏差；③风扰情况下搭载光谱仪的两轴云台自稳会产生延迟，每次测量时光谱仪指向有偏差。但是小于5%的相对误差，充分验证了该无人机遥感系统使用时，具有良好的跟踪特性和实际使用价值。

9.2.4 基于多旋翼无人机的遥感数据采集系统标准化操作流程

基于多旋翼无人机的遥感采集氮元素的整套技术体系制定了标准化操作流程，介绍如下。

实验目的：使用机载光谱仪对水稻或者玉米氮元素进行测量，为精准施肥提供参考数据。

实验设备：多旋翼无人机，光谱仪，无人机地面站，数据采集与处理系统。

参试人员：无人机驾驶员1人，地面站操作人员1人，数据处理人员1人。

实验方法如下。

① 根据待检测玉米或水稻田地的大小，将玉米或水稻田地划分为一个或多个区域。每个区域的形状接近矩形，区域的长宽比不宜过大，区域面积要小于无人机单次飞行所能覆盖的面积。在作业任务前，进行多旋翼无人机和光谱仪的安装及检查。

② 在每个区域飞行前，将无人机放置在该区域附近并接通电源。地面站操作人员使用地面站编辑无人机在该区域内的飞行航线，设置合适的无人机飞行高度、飞行速度和航线间距，使光谱仪检测范围充分覆盖该区域。

③ 飞行航线编辑完成后，如果地形开阔平坦，地面站操作人员可以直接使用地面站控制无人机在GPS模式下自主起飞，之后直接进入航线飞行。如果地形狭窄、地面起伏变化大，无人机驾驶员采用手动模式人工操纵起飞，待升到一定高度后，切换到GPS模式，进入航线自主飞行。无人机在GPS模式自主飞行中，无人机驾驶员一直手持遥控器，监视无人机的飞行状况，在出现意外情况时迅速切换到手动模式进行迫降。同时地面站操作人员监视地面站上无人机的飞行轨迹和飞行参数，及时与无人机驾驶员进行沟通。在无人机升空以后，机载光谱仪开始工作，采集并记录飞行航线下方水稻的光谱数据，航线完成后数据处理人员检测光谱数据，对于某些需要补充采集数据的地方，可以再次编辑航线或者采用人工控制进行补充飞行检测。

④ 完成该区域的全部航线飞行任务后，无人机驾驶员将无人机切换到手动模式降落到指定地方，检查电源电量，及时更换电池，进行下一个区域的飞行检测。

参考文献

[1] 任留成，杨晓梅. 空间 Gauss-Kruger 投影研究[J]. 测绘学院学报，2004，21(1)：73-78.

[2] 哈布热，张宝忠，李思恩，等. 基于冠层光谱特征的冬小麦植株含水率诊断研究[J]. 灌溉排水学报，2018，37(10)：9-15.

[3] 孙红，李民赞，周志艳，等. 基于光谱技术的水稻稻纵卷叶螟受害区域检测[J]. 光谱学与光谱分析，2010，30(4)：1080-1083.

[4] 葛明锋，亓洪兴，王义坤，等. 基于轻小型无人直升机平台的高光谱遥感成像系统[J]. 红外与激光工程，2015，44(11)：3402-3407.

[5] 李冰，刘镕源，刘素红，等. 基于低空无人机遥感的冬小麦覆盖度变化监测[J]. 农业工程学报，2012，28(13)：160-165.

[6] 李继宇，张铁民，彭孝东，等. 四旋翼飞行器农田位置信息采集平台设计与实验[J]. 农业机械学报，2013，44(5)：202-206.

[7] 殷春渊，张庆，魏海燕，等. 不同产量类型水稻基因型氮素吸收、利用效率的差异[J]. 中国农业科学，2010，43(1)：39-50.

[8] 巩盾. 空间遥感测绘光学系统研究综述[J]. 中国光学，2015，8(5)：714-724.

[9] 吴龙国，王松磊，何建国，等. 基于高光谱成像技术的土壤水分机理研究及模型建立[J]. 发光学报，2017，38(10)：1366-1376.

[10] 史舟，梁宗正，杨媛媛，等. 农业遥感研究现状与展望[J]. 农业机械学报，2015，46(2)：247-260.

索　引

Y

Z